Michael Wiescher

# Radioaktivität

Michael Wiescher

# Radioaktivität

## Ursprung und Auswirkungen eines Naturphänomens

Band 1 (Teil 1 und 2)

wbg Academic

Für meine Kusinen

Brigitte Roos und Ulrike Bäumle

Die Deutsche Nationalbibliothek verzeichnet diese Publikation
in der Deutschen Nationalbibliographie; detaillierte bibliographische
Daten sind im Internet über http://dnd.d-nb.de abrufbar

wbg Academic ist ein Imprint der Verlag Herder GmbH

Umschlagsabbildung: Shutterstock – Erd-Grafik, ESA/Hubble (Crab Nebula via
Wikipedia), creation/design – Hrair Aprahamian
Satz und eBook: Satzweiss.com Print, Web, Software GmbH
Gedruckt auf säurefreiem und
alterungsbeständigem Papier
Printed in Germany

Besuchen Sie uns im Internet: www.wbg-wissenverbindet.de

ISBN 978-3-534-40453-7

Elektronisch sind folgende Ausgaben erhältlich:
eBook (PDF): 978-3-534-40455-1
eBook (epub): 978-3-534-40454-4

# Inhaltsverzeichnis

Teil 1

# Grundlagen und Formalismus

# 1 Einleitung

Die Entdeckung der Radioaktivität und die Interpretation dieses Naturphänomens gelten als einer der großen Erfolge der Naturwissenschaften zu Beginn des 20. Jahrhunderts. Der Begriff *Radioaktivität* wurde zum Schlüsselwort in der modernen Physik, das nicht nur in der Wissenschaftsgeschichte, sondern auch in der und für die Politik- und Sozialgeschichte eine enorme Rolle spielt. Radioaktivität ist und bleibt Gegenstand gesellschafts- und wirtschaftspolitischer Auseinandersetzungen. Sie betreffen einen physikalischen Prozess, der zum Fundament der modernen Naturwissenschaften zählt und die neue, revolutionäre Theorie der Quantenphysik experimentell bestätigte.

Dieses Buch soll weder Lehrbuch der Kernphysik noch wissenschaftshistorische Darstellung sein, sondern möglichst unvoreingenommen die Rolle von Kernphysik und Radioaktivität im täglichen Leben und Dasein der Menschen darstellen. Das Naturphänomen Radioaktivität bietet, wie alles in der Natur Vorkommende, bei kleiner Dosierung Vorteile, ist aber in großen Mengen gefährlich. Obwohl häufig bestritten, trifft auch für Radioaktivität der Satz zu, der Paracelsus[1] zugeschrieben wird: *Omnia sunt venena, nihil est sine veneno. Sola dosis facit venenum (Alle Dinge sind Gift, und nichts ist ohne Gift. Allein die Dosis macht, dass ein Ding kein Gift ist).*

Radioaktivität gehört zur Chemie unserer Körper und ist womöglich Grund und Ursprung unserer Entwicklung als biologische Wesen. Wir unterliegen täglich radioaktivem Einfluss. Radioaktivität können wir nutzen, müssen uns aber mit ihren großen Gefahren und Risiken auseinandersetzen. Vorher sollten wir sie jedoch verstehen. Das Buch möchte deshalb Ursprung und Rolle der Radioaktivität in unserem heutigen Dasein soweit wie möglich allgemeinverständlich darstellen.

## 1.1 Wissenschaftsentwicklung im frühen 20. Jahrhundert

Die Entdeckungsgeschichte der Radioaktivität beschränkt sich zumeist auf die Geschichte der beteiligten Forscher. Dabei entsteht oft der Eindruck, dass sich die Erkenntnisse herausragender Persönlichkeiten auf eine Folge zufälliger Beobachtungen und zusammenhangloser Entdeckungen reduzieren. Das ist nicht der Fall: Die Erforschung der Radioaktivität ist die Geschichte effektiven Informationsaustauschs innerhalb einer eng vernetzten, kleinen Gruppe

[1] Theophrastus Bombast von Hohenheim (1493–1541), deutscher Arzt und Reformator der Medizin.

von Forschern, die gezielt zu neuen Experimenten und Entdeckungen führte. Dieses Vorgehen war und ist auch heute noch die Arbeitsweise innerhalb der Wissenschaftlergemeinschaft. Der Unterschied zu früher: E-Mail und Internet haben diese wissenschaftsinterne Kommunikation erheblich beschleunigt.

Erstaunlich bleibt jedoch, wie schnell sich die Beteiligten im späten 19. und frühen 20. Jahrhundert gegenseitig informieren konnten, obwohl sich der wissenschaftliche Austausch auf handgeschriebene Briefe und publizierte Ergebnisse in Fachzeitschriften beschränkte. Fachzeitschriften als wissenschaftliches Kommunikationsmittel entstanden vorwiegend zu Beginn des 19. Jahrhunderts und entwickelten sich schnell zum idealen Medium für Bekanntmachung, Verbreitung und Diskussion neuer wissenschaftlicher Ergebnisse und Thesen. Gegen Ende des 19. Jahrhunderts war das System fest etabliert; nur die Transportgeschwindigkeiten von Schiff und Eisenbahn bewirkten Zeitverzögerungen. Heute diktiert lediglich die Zeit, die Forscher benötigen, um ihre Ergebnisse ins Internet zu stellen, das Tempo der Wissensübermittlung.

Eine im renommierten Wissenschaftsperiodikum *Nature* veröffentlichte Analyse der Korrespondenzen von Charles Darwin (1809–1882) und Albert Einstein (1879–1955), den wohl bekanntesten Forscherpersönlichkeiten des 19. und 20. Jahrhunderts, zeigt, dass ihr Kommunikationsverhalten mathematisch mit ähnlichem Formalismus beschrieben werden kann wie das moderne Kommunikationsverhalten per Internet[2]. Darwin schrieb mindestens 7591 Briefe und erhielt 6530; Einstein verschickte über 14 500 Briefe und erhielt mehr als 16 200 – jeweils in den letzten 30 Jahren ihrer wissenschaftlichen Karrieren. Dieser Austausch konnte nur durch strenge Priorisierung aufrechterhalten werden, indem die als wichtig erachteten Briefe zuerst und überhaupt beantwortet wurden. In beiden Fällen lag die Rate der Antworten bei 25 bis 30 Prozent, wobei die Zeitskala für die Antwort dem jeweiligen Stellenwert entsprach, den die Forscher dem Problem und dem Schreiber zumaßen.

Ähnliches Verhalten prägt unsere heutige E-Mail-Kommunikation. Das heißt, dass Forscher schon um 1900 in eng vernetzten Gruppen arbeiteten und Anregungen und Ideen innerhalb ihrer spezifischen Forschergruppe folgten. Das ist heute nicht anders. Der Umfang der Forschergruppen bleibt ungefähr konstant, bedingt durch zunehmende Spezialisierung, die direkt mit der wachsenden Komplexität des Forschungsgebietes korreliert. Befassten sich zu Beginn des 20. Jahrhunderts nur wenige Forscher mit Radioaktivität, sind es gegenwärtig Tausende, die aber in Hunderten kleiner, hochspezialisierter Gruppen zu verschiedenen Aspekten dieser Thematik arbeiten. Innerhalb solch kleiner Gruppen kann die Kommunikationszeit sehr weit optimiert werden.

---

2 Die Angaben folgen: João Gama Oliveira & Albert-László Barabási: Human dynamics: Darwin and Einstein correspondence patterns. Nature 437, S. 1251 (2005).

Ein Beispiel für die Kommunikationsdichte der Kernphysikergemeinde ist die Vermutung des Ehepaars Irène Joliot-Curie (1897–1956, die Tochter von Marie und Pierre Curie) und Frédéric Joliot-Curie (1900–1958) im Januar 1934, dass der radioaktive Stickstoff-13 durch Bombardierung von Bor mit Alpha-Teilchen erzeugt werden kann[3]. Dieses Ergebnis war am 15. Januar 1934 in den wöchentlichen Sitzungsberichten der *Académie des Sciences* zu lesen und am 10. Februar in der *Nature* veröffentlicht worden. Schon Ende Februar 1934 wiederholten drei unabhängige Institute in Cambridge, Großbritannien, am *California Institute for Technology* (Caltech, Pasadena) und in Berkeley, Kalifornien, USA, das Experiment, publizierten die Ergebnisse und bestätigten die Vermutung der Joliots. Auch die Entdeckung der Kernspaltung durch Otto Hahn (1879–1968) und Fritz Straßmann (1902–1980) im Dezember 1938 wurde schnell in die USA kommuniziert. Ende desselben Monats interpretierten Lise Meitner (1878–1969) und ihr Neffe Otto Frisch (1904–1979) in ihrem Exil in Schweden die chemischen Beobachtungsergebnisse von Otto Hahn und Fritz Straßmann als Resultat einer Kernspaltungsreaktion. Niels Bohr (1885–1962), von Frisch in Kopenhagen informiert, reiste im Januar 1939 in die USA und teilte den Kernphysikern an der *Columbia University*, New York, wie dem kurz zuvor emigrierten italienischen Kernphysiker Enrico Fermi (1901–1954) die Ergebnisse mit. Hahn und Straßmann publizierten sie Anfang Januar in der deutschen Fachzeitschrift *Naturwissenschaften*. Joliot in Paris erkannte nach Erhalt des Journals die Bedeutung der Entdeckung. Am 26. Januar 1939 wurde das Experiment in Kopenhagen, Paris und an der Columbia University wiederholt und sein Ergebnis bestätigt.

Die Forschung zur Radioaktivität bietet auch ein Beispiel für die Umsetzung wissenschaftlicher Ergebnisse in praktische oder ökonomisch vorteilhafte Anwendungen. Wilhelm Conrad Röntgen (1845–1923) beobachtete Ende 1895, dass bestimmte, zuvor unbekannte Strahlen Materialien verschiedener Dichte durchdrangen und sich durch die unterschiedliche Absorption auf einer Fotoplatte visualisieren ließen. Das wurde sofort als Möglichkeit für die Medizin erkannt, Körperteile ohne operativen Eingriff zu untersuchen. Innerhalb weniger Jahre entwickelte sich die Röntgendiagnostik zu einem weltweit blühenden Medizin-Gewerbe. Die Gefahren intensiver Röntgenstrahlung wurden jedoch nicht gleich erkannt und weit unterschätzt. Das führte in vielen Fällen zu schweren Schädigungen bei den diagnostizierenden Ärzten und Technikern (Abbildung 1-1).

Aber auch die radioaktive Strahlung aus dem Zerfall der Atomkerne fand schnell eine Anwendung. Schon Pierre Curie (1859–1906) beobachtete die Verbrennungsmerkmale auf der Haut – eine Folge intensiver Strahlung. Über längere Zeiträume hinweg trug er Radiumgestein an der Haut, um Dauer und Wirkung der Strahlung im Selbstversuch zu bestimmen. Das

[3] Dies ist das erste Mal, dass Radioaktivität künstlich durch menschliche Aktivität erzeugt wurde, allgemein als anthropogene Radioaktivität bezeichnet.

berühmteste Beispiel ist die Verbrennungsstelle an seinem inneren Arm (Abbildung 1-1). Das brachte schon Pierre Curie auf den Gedanken möglicher Anwendung für medizinische Zwecke, zum Beispiel die Zerstörung unerwünschter Gewebewucherungen von der Warze bis zum Tumor.

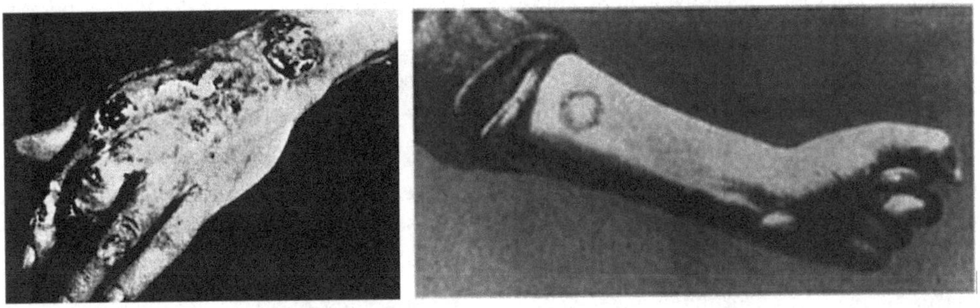

*Abb. 1-1: Links: Hautkrebs an der linken Hand eines frühen Röntgenarztes nach mehr als 15 Jahren Arbeit mit Röntgenquellen zur medizinischen Untersuchung. Rechts: Verbrennung am inneren Arm von Pierre Curie nach Selbstversuch mit einer Radiumprobe, die er für mehrere Tage am Arm trug.*

Dies sei den Ausführungen zur Entdeckungsgeschichte der Radioaktivität und ihrer Anwendungen vorausgeschickt. Es macht deutlich, dass eine kleine, aber international eng vernetzte Forscher-Gemeinschaft ihre Untersuchungen auf den neuesten Ergebnissen aufbaute, um die physikalischen Grundlagen zu verstehen, aber auch mögliche Anwendungen zu entwickeln und zu nutzen.

## 1.2 Die erste Forschergeneration und ihre Ergebnisse

Die Entdeckung der Radioaktivität wird oft als glücklicher Zufall dargestellt. Der französische Physiker Henri Becquerel (1852–1908) hatte sich schwach leuchtende, phosphoreszierende Mineralien besorgt, unter anderem Uransalze. Er wollte weiterführende Versuche zu Natur und Ursprung von Röntgenstrahlung[4] machen. Sie rief bei bestimmten Materialien fluoreszierende Effekte hervor, brachte sie also zum Leuchten. Becquerel wollte herausfinden, ob auch das Sonnenlicht Röntgenstrahlung enthält und dadurch die Leuchtkraft dieser so bestrahlten Materialien erhöht werden kann. In der Tat wiesen die Versuche mit einer empfindlichen

[4] In der englischsprachigen Literatur wird vornehmlich die von Röntgen selbst eingeführte Bezeichnung x-Strahlen oder x-rays verwandt.

Fotoplatte nach Sonnenlichtbestrahlung ein schwaches Leuchten nach. Dieser Effekt wird heute gezielt als Thermolumineszenz in der Archäometrie zur Altersbestimmung kristalliner Materialien verwendet.

Im Frühjahr 1896 hatte Becquerel diese Uranproben gemeinsam mit lichtempfindlichen Fotoplatten in seiner Schublade eingeschlossen. Als er nach einigen Tagen die Platten herausnahm, fand er sie wesentlich stärker belichtet als erwartet vor. Deutlich zeigten sie die Silhouette der uranhaltigen Proben. Er schloss daraus, dass diese Belichtung direkt durch unsichtbare Strahlung der Mineralien herrühren müsse. Aus diesem Grund gilt die Entdeckung als glücklicher Zufall. Im gewissen Sinne ist das korrekt, aber Henri Becquerel folgte einem Plan, der durch Entdeckung der Röntgenstrahlung und ihrer Eigenschaften inspiriert war. Er deutete seine Beobachtung schnell als Zeichen einer neuen Strahlungsart. Die Physikergemeinschaft war durch diese Ergebnisse hochmotiviert, das neuartige Phänomen weiter zu erforschen und nach Eigenschaften und Ursprüngen dieser neuen Art der Strahlung zu fragen. Becquerels korrekte Interpretation der belichteten Fotoplatten als Signatur einer neuen Art von Strahlung war der entscheidende Schritt.

Maria Salomea Skłodowska, besser bekannt als Marie Curie (1867–1934), war 1891 aus Warschau nach Paris zum Studium der Physik gekommen. Dort hatte sie bei der Suche nach einem Arbeits- und Promotionsplatz den jungen französischen Physiker Pierre Curie kennengelernt und geheiratet. Marie Curie war von den Ergebnissen Henri Becquerels fasziniert und versuchte zusammen mit ihrem Mann, neben dem Uran weitere Stoffe zu finden, die die neue, geheimnisvolle Strahlung aussenden. Diese Arbeiten verlangten eine zeitraubende chemische Aufbereitung mineralogischer Proben, darunter große Mengen uranhaltiger Rohmaterialien. Marie Curie fand heraus, dass außer Uran auch das Element Thorium die rätselhafte Strahlung aussandte. Thorium war 1815 in Norwegen im Gestein einer Kupfermine gefunden und nach dem germanischen Gott Thor benannt worden. Curies Entdeckung deutete darauf hin, dass radioaktive Stoffe in alten Gesteinen eingebettet sein könnten. Das Ehepaar Curie erweiterte die Suche auf andere Mineralien. Sie entdeckten, dass Pechblende (Uraninit) vielfach intensiver als Uran oder Thorium strahlt. Dieses uranhaltige Material verwendete die böhmische Glasindustrie zur Färbung von Kristallgläsern. Marie Curie und ihr Mann ließen sich große Mengen aus der böhmischen Bergbaustadt Sankt Joachimsthal (heute: Jáchymov, damals Österreich-Ungarn, heute Tschechien) schicken und begannen ausführliche Experimente, um Art und Verhalten der Strahlung zu bestimmen.

Die Curies benutzten keine fotografischen Platten, sondern eine Methode, die auf der von ihnen entdeckten Ionisation[5] von Gasen durch radioaktive Strahlung beruht. Hohe Radioaktivität

---

[5] Ionisation heißt, dass aus der Hülle des neutralen Atoms ein Elektron herausgeschlagen wird, das als unabhängiges, negativ geladenes Teilchen einen elektrischen Strom erzeugt.

erzeugt elektrischen Strom, der direkt gemessen werden kann. Das Forscher-Ehepaar arbeitete mit rein chemischen Verfahren und entdeckte, dass außer Uran zwei weitere Bestandteile der Pechblende strahlten. Das erste war ein metallisches Element, das die Curies Radium, das Strahlende, nannten. Dem zweiten Element gaben sie den Namen Polonium, zu Ehren des Herkunftlandes von Marie Curie. Als es darum ging, spezielle Eigenschaften wie Atomgewicht und chemisches Bindungsverhalten zu bestimmen, waren große Mengen Pechblende erforderlich, in Chargen zu jeweils 20 kg aufbereitet. Marie Curie extrahierte mit verschiedenen Verfahren metallische Bestandteile aus der Pechblende. Pierre Curie untersuchte die jeweilige Radioaktivität des entsprechenden Metalls. Dabei benutzte er neben dem Ionisationsmeter auch fluoreszierenden Materialien wie Zinksulfid ZnS, die, durch Strahlung angeregt, zu leuchten beginnen.

*Abb. 1-2: Henri Becquerel (links) und das Ehepaar Curie teilten sich 1903 den Nobelpreis für Physik*

Die Ergebnisse dieser Arbeiten legte Marie Curie im Juni 1903 als Doktorarbeit unter dem schlichten Titel *Recherches sur les substances radioactives* (Forschungen zu radioaktiven Substanzen) vor. Sie beschrieb nicht nur die chemische Separierung der neuen radioaktiven Substanzen, sondern diskutierte auch die dafür entwickelten Nachweistechniken sowie Beobachtungen zur zeitlichen Variation der radioaktiven Komponenten und der Charakteristik der Strahlung selbst. Außerdem beschrieb sie die lumineszierenden Eigenschaften der Strahlung sowie deren Durchdringen von Materialien und Ablenkung in elektrischen Feldern. Nach den 1898 veröffentlichten Arbeiten des neuseeländischen Physikers Ernest Rutherford (1871–1937) bildete das die Basis für die Klassifikation der Strahlung in $\alpha$- und $\beta$-Strahlung. Das Gutachterkomitee schrieb, dass es sich bei der Arbeit um die größte wissenschaftliche Leistung handele, die je in einer Doktorarbeit vorgelegt worden sei. Noch im gleichen Jahr erhielten Henri Becquerel und das Ehepaar Curie in Stockholm den Nobelpreis für Physik. Ein Jahr später lag Marie Curies Dissertation, in viele Sprachen übersetzt, der Wissenschaftsgemeinschaft vor.

Pierre Curie war insbesondere an möglichen Anwendungen der Strahlung interessiert, nicht zuletzt vom raschen Erfolg der Röntgenstrahlung in der medizinischen Diagnostik motiviert. Curie dachte an direkte Anwendung in der Krebstherapie und führte verschiedene Selbstversuche aus. So band er einen mit Radiumsalzen gefüllten Behälter für zehn Stunden an seinen Arm und beobachtete die Entwicklung der durch die intensive Strahlung entstandenen Brandwunde über mehrere Wochen. Er notierte, wie das Gewebe zerstört wurde und nach 50 Tagen nur eine graue Narbe zurückblieb. Daraus schloss er, dass die Strahlung auch Krebsgewebe zerstören könne, was in den darauffolgenden Jahren zu ersten Ansätzen der sogenannten Brachytherapie[6] in der Krebsbehandlung führte.

Um die Strahlung zu quantifizieren, führte Marie Curie die erste Einheit für die Intensität radioaktiver Strahlung[7] ein: Als 1 Curie (Ci) gilt die Strahlenmenge, die 1 g Radium emittiert. Diese Definition gibt nur die Strahlenmenge pro Zeit oder Aktivität an und sagt nichts über die Art der Strahlung und ihre Auswirkung auf chemische oder biologische Materialien wie den menschlichen Körper aus. Heute gilt neben dem Ci eine andere Einheit für die Strahlung, die sich weniger an chemischen Begriffen wie die Menge des strahlenden Materials, sondern am physikalischen Prozess des radioaktiven Zerfalls eines Elements orientiert, der Strahlung erzeugt. Diese physikalische Einheit ist das nach dem Entdecker der Radioaktivität benannte Becquerel (Bq), das einem Zerfallsprozess pro Sekunde und damit einem emittierten radioaktiven Strahlungsteilchen pro Sekunde entspricht. Ein Gramm Radium hat 37 Milliarden Zerfälle pro Sekunde, meist ausgedrückt als $3{,}7 \cdot 10^{10}$ Zerfälle/s. Das entspricht $3{,}7 \cdot 10^{10}$ Bq oder 37 GBq[8]. Wenn man davon ausgeht, dass die Curies ungefähr zehn Tonnen Pechblende von 158 kBq/g chemisch aufbereitet hatten, setzten sie sich unbewusst der Gefahr einer Strahlung von zirka 1,58 Tera-Becquerel (TBq) aus – eine enorme Strahlendosis, wenn man bedenkt, dass das Reaktorunglück von Tschernobyl eine Strahlungsmenge von ungefähr 26 Tbq freigesetzt hat. Die 1,58 TBq sind vermutlich eine Unterschätzung, denn die Curies führten mit dem extrahierten Stoff zahllose Experimente durch, die die Dosis erheblich erhöht haben dürften. Dies belegt ihr Nachlass: Der Wohnbereich und die Notizen der Curies sind nach wie

---

6 Dabei wird radioaktiv strahlendes Material so nahe wie möglich zum Tumor platziert, um einen maximalen Bestrahlungs- und Zerstörungseffekt zu bewirken.

7 Dies ist ein weit verbreiteter umgangssprachlicher Begriff, der semantisch nicht ganz korrekt ist, da Strahlung selbst nicht radioaktiv ist, sondern von radioaktiven Stoffen emittiert wird. Dabei gibt es unterschiedliche Strahlungsarten, wie in den folgenden Kapiteln noch ausführlich behandelt wird.

8 Vielfach verwandte Größeneinheiten für physikalische Einheiten: $10^{-15} \equiv$ femto (f), $10^{-12} \equiv$ pico (p), $10^{-9} \equiv$ nano (n) $10^{-6} \equiv$ micro (μ), $10^{-3} \equiv$ milli (m), $10^{3} \equiv$ kilo (k), $10^{6} \equiv$ Mega (M), $10^{9} \equiv$ Giga (G) $10^{12} \equiv$ Tera (T), $10^{15} \equiv$ Peta (P)

vor hochkontaminiert und werden heute aufgrund der gesetzlichen Strahlenschutzbestimmungen ohne Schutzkleidung nicht zugänglich gemacht. Selbst Marie Curies Kochbuch ist radioaktiv verseucht, was vermuten lässt, dass auch das Essen nicht unbetroffen blieb.

Die Folgen blieben nicht aus: Verbrennungen an Fingern und Händen, Müdigkeit und andere Symptome, die man heute der sogenannten Strahlenkrankheit zuschreibt. Kollegen wie Ernest Rutherford beobachteten das zunehmende Zittern von Pierre Curies Händen, die kaum mehr Materialien halten konnten. Pierre Curie starb 1906 an den Folgen eines Verkehrsunfalls. Geistesabwesend überquerte er eine Straße und geriet unter die Räder eines schwerbeladenen Pferdefuhrwerks. Man vermutet, dass diese Unachtsamkeit eine Folge überhöhter Strahlendosis gewesen sein könnte, der er durch Selbstversuche mit großen Mengen Radium am Körper ausgesetzt war, um die Verbrennungswirkung der Strahlung direkt zu untersuchen[9]. Marie Curies Hände waren durch die permanente Bestrahlung, während der chemischen Arbeiten zunehmend vernarbt. Gegen Ende ihres Lebens galten sie als verkrüppelt und konnten kaum mehr Instrumente halten. Marie Curie starb 28 Jahre nach dem Tode ihres Mannes am 4. Juli 1934 an Leukämie, vermutlich die Langzeitfolge der enormen Strahlenbelastung[10].

## 1.3 Physikalische Interpretation der Radiumchemie

Wie die Arbeiten von Marie und Pierre Curie die ersten wissenschaftlichen Untersuchungen zur Radioaktivität dominierten, spielte der in Neuseeland geborene Physiker Ernest Rutherford eine vergleichbare Rolle in der physikalischen Interpretation des Phänomens. Schon damals versuchten viele Forscher, den Geheimnissen der Radioaktivität auf die Spur zu kommen. Ihre Beiträge sollten nicht unterschätzt werden, doch erst Rutherford zog die richtigen Schlüsse aus der Interpretation der Daten. Ihm verdanken wir die Charakterisierung der Radioaktivität als physikalischen Zerfallsprozess eines Atomkerns. Er beschrieb auch den Atomkern selbst als

---

9 Richard F. Mould: Pierre Curie, 1859–1905. Curr Oncol. 14(2), 2007, S. 74–82.

10 Der 2004 erschienene Roman *Das Buch von Blanche und Marie* von Per Olov Enquist beschreibt die Geschichte von Blanche Wittman (1859–1913), einem im Paris der Jahrhundertwende bekannten Hypnose-Medium. In ihrer zweiten Karriere soll die Laborassistentin später die Geliebte von Marie Curie gewesen sein. Das Buch beschreibt, dass die bei ihrer Arbeit entstandene Strahlenbelastung so extrem war, dass erst die Arme und später auch ein Bein von Blanche Wittman amputiert werden mussten und sie nur noch als Torso bis zu ihrem qualvollen Tod weiterexistierte. Dieses Buch erzeugte große Aufregung. Nachfolgende Untersuchungen ergaben aber, dass eine Blanche Wittman nie als Assistentin im Institut der Marie Curie angestellt war. Die Frankfurter Allgemeine Zeitung vom 16. März 2005 schreibt, dass *die Tagebücher der Blanche, die das Gravitationszentrum des Romans bilden*, niemals existiert hätten und die Geschichte vom qualvollen Strahlentod wohl mehr dichterischer Freiheit als historischer Wahrheit zu verdanken sei.

kleines Zentralteilchen in der mikro-planetarischen Leere der Elektronenhülle des Atoms. Er gilt deswegen zu Recht als der Vater der modernen Kernphysik.

Schon als Doktorand von Joseph John Thomson (1856–1940) am *Cavendish Laboratory* in Cambridge befasste sich Rutherford kritisch mit der Ionisation von Gasen durch Strahlungsteilchen[11]. Im Rahmen dieser Forschung untersuchte er auch das Vermögen radioaktiver Strahlung, Materialien zu durchdringen. Auf der Basis seiner Ergebnisse postulierte er 1898, nachdem er eine Stelle an der kanadischen *McGill University* in Montreal angenommen hatte, die Existenz von zwei Strahlungskomponenten, die er der Einfachheit halber als α- und β-Strahlung bezeichnete, wobei die α-Strahlung im Gegensatz zur β-Strahlung nur sehr geringes Durchdringungsvermögen besitzt. Ein Jahr später gelang der Nachweis unterschiedlicher Ladung beider Teilchen, da magnetische Felder sie in verschiedene Richtungen ablenkten. 1900 entdeckte der französische Physiker und Chemiker Paul Villard (1860–1934) eine dritte Komponente, die sich nicht durch Magnetfelder ablenken ließ und ein sehr hohes Durchdringungsvermögen aufwies. Diese dritte Strahlungsart nannte Rutherford γ-Strahlung. 1907 kehrte er aus Kanada zurück, um eine Professorenstelle an der *University of Manchester* anzunehmen. Dort konzentrierte er seine Forschung darauf, zusammen mit seinen Studenten die Identität der verschiedenen Strahlungsarten festzustellen. In den folgenden Jahren wurde die positiv geladene α-Strahlung als Kerne des Edelgaselements Helium identifiziert. Ebenso wurde gezeigt, dass die negativ geladene β-Strahlung aus Elektronen besteht. Kurz vor Beginn des Ersten Weltkrieges bestätigte Rutherford die Vermutung, dass es sich bei γ-Strahlung ähnlich wie bei Röntgenstrahlung um eine sehr energiereiche elektromagnetische Strahlungswelle handelt.

Neben dieser Klassifizierung der Strahlung gab es allerdings noch eine weitere Beobachtung, die Henri Becquerel, Marie und Pierre Curie, Ernest Rutherford und andere Forscher bei der Untersuchung des Strahlungsverhaltens von Uran, Radium und Thorium verblüfften: die zeitliche Variation der Strahlung. In manchen Fällen schien die Strahlungsintensität abzunehmen, in anderen zuzunehmen. Auch schien Strahlung aus den Proben als chemisch inaktives Gas zu entweichen. Diese Änderungen wurden genau vermessen; die Ergebnisse zeigten, dass sowohl die Abnahme wie auch der Anstieg einer Strahlungsart eine charakteristische exponentielle Zeitabhängigkeit aufwies.

Schon an der McGill University suchte Rutherford mit seinem Studenten, dem Engländer Frederick Soddy (1877–1956), nach einer Lösung, um nicht nur den Mechanismus, der die Strahlung hervorrief, sondern auch den Grund für diese zeitabhängigen Änderungen in der Strahlungsart und Intensität zu verstehen. Die frühen Beobachtungen von Becquerel

[11] Für diese Arbeiten erhielt Thomson 1906 den Nobelpreis für Physik.

und anderen Forschern am Uran sowie eigene Experimente mit Thorium schienen zu zeigen, dass sich die Menge der verschiedenen radioaktiven Elemente verändert und auch auf die Natur der Strahlung auswirkt. Basierend auf diesen Beobachtungen entwickelte Rutherford die Hypothese, dass die Radioaktivität mit der Umwandlung von Elementen verknüpft ist. Demnach emittiert ein radioaktives Element Strahlung und verändert im Fall von $\alpha$-Strahlung Masse und Ladungszahl, so dass graduell mit dem Zerfall ein neues Element entsteht. Ähnliches gilt für die $\beta$-Strahlung, wobei nur die Ladungszahl verändert wird, die Masse allerdings mehr oder weniger konstant bleibt. Auch dies führt zur Bildung eines neuen Elements. Dabei wird das zerfallende Element als radioaktiver Mutterkern und das sich aufbauende Element als Tochterkern bezeichnet. In einem noch heute lesenswerten Buch veröffentlichte Ernest Rutherford 1904 eine Zusammenfassung des Forschungsstands zur Radioaktivität.[12] Darin beschreibt er nicht nur die physikalischen Prinzipen, Charakteristiken und das technische Design der Instrumente, die für die Messung der Strahlung verwendet wurden, sondern auch die zahllosen Experimente und Informationen, die insbesondere in Europa zur raschen Entwicklung des Forschungsstands beitrugen. Rutherford fasste die Beobachtungsergebnisse zusammen und lieferte neben dem Zerfallsgesetz auch eine erste Interpretation der Zerfallsreihen, bei der allerdings noch viele Mütter- und Töchter-Elemente unbekannt und unbenannt blieben.

Was Rutherford und andere Forscher als Variation in der Strahlung und den damit assoziierten Elementen beobachtet hatten, kennen wir heute als natürliche Zerfallsreihen. Ausgehend vom langsamen Zerfall langlebiger Uran- und Thorium-Atome, bauen sie neue radioaktive Elemente auf, die wiederum zerfallen. Dies bildet eine Kette von Zerfällen, die erst mit dem Aufbau des stabilen Atomkerns von Blei ihren Endpunkt findet. Die Zerfallskette selbst besteht aus Sequenzen von $\alpha$- und $\beta$-Zerfällen. Das erklärt den Massenunterschied sowie den Unterschied in der Ladungszahl zwischen den schweren Uran- und Thorium-Atomkernen und den wesentlich leichteren Blei-Kernen. Der Chemiker und Rutherford-Schüler Frederick Soddy formulierte später die sogenannten radioaktiven Verschiebungssätze, die über die Änderung von Massen- und Ordnungszahl den schrittweisen Ablauf der Zerfallsprozesse in den Zerfallsreihen beschreiben. Dieses Verfahren wird noch heute bei der Suche nach superschweren neuen Elementen angewandt. Soddy gilt deswegen als einer der Väter der Kernchemie.

Diese Entdeckung schien den Traum der mittelalterlichen Alchemisten zu erfüllen, durch Transmutation von Elementen neue Elemente wie Gold zu schaffen. Beobachtet wurde jedoch keine künstlich stimulierte Transmutation, sondern ein natürlicher, langsam ablaufender

---

12 Ernest Rutherford: Radio-Activity. Cambridge University Press, 1904.

Prozess, bei dem schwere Elemente durch Aussendung energiereicher Strahlung sich langsam in weniger schwere Elemente verwandeln. Dieser Prozess findet in allen uranhaltigen Mineralien des Felsgesteins statt.

Rutherford und Soddy waren sich der Bedeutung ihrer Entdeckung bewusst, als sie 1901 nachwiesen, dass sich das radioaktive Thorium durch Zerfall in Radium verwandelte[13]. Als Soddy das realisierte, rief er spontan aus: *Rutherford, this is transmutation!* Rutherford fuhr ihn an: *For Christ's sake, Soddy, don't call it transmutation. They'll have our heads off as alchemists.*[14]

Irène und Frédéric Joliot-Curie gelang es 1933 zum ersten Mal, radioaktive Elemente künstlich zu erzeugen – eine wissenschaftliche Revolution. Durch den Beschuss von verschiedenen Materialien wie Bor, Aluminium und Magnesium mit α-Teilchen aus radioaktiven Quellen konnten sie neue radioaktive Produkte erzeugen, die sie bei näherer Analyse als neue Isotope der Elemente Stickstoff, Phosphor und Silizium identifizierten. Aufgrund ihrer kurzen Halbwertszeiten kommen sie nicht in der Natur vor. Dies war der erste Schritt zur Erzeugung künstlicher oder anthropogener Radioaktivität. Im Gegensatz zur radiogenen und kosmogenen Radioaktivität beruht sie nicht auf natürliche Erzeugungsprozesse wie dem Zerfall langlebiger Aktinoiden[15] im Erdreich (radiogene Radioaktivität) oder der Produktion durch hochenergetische kosmische Strahlung (kosmogene Radioaktivität). Das künstliche Erzeugen radioaktiver Elemente durch Kernreaktionen läutete eine neue Ära ein. Künstliche (oder anthropogene) Radioaktivität nahm in der Entwicklung der Menschheit und ihren Erfahrungen immer mehr Raum ein. Heute, im beginnenden 21. Jahrhundert, kommt rund 50 Prozent der radioaktiven Strahlung, der der Durchschnittsmensch ausgesetzt ist, von künstlich in Kernreaktoren oder Teilchenbeschleunigern hergestellten radioaktiven Elementen, kurz Radio-Isotopen her.

---

13 Muriel Howorth: Pioneer Research on the Atom: The Life Story of Frederick Soddy. New World, London 1958, S. 83–84; Lawrence Badash: Radium, Radioactivity and the Popularity of Scientific Discovery. Proceedings of the American Philosophical Society 122, 1978: 145–54; Thaddeus J. Trenn: The Self-Splitting Atom: The History of the Rutherford-Soddy Collaboration. Taylor & Francis, London 1977, S. 42, 58–60, 111–117.

14 *Um Himmels Willen, Soddy, bezeichne es nicht als Transmutation, die denken, wir wären Alchemisten und reißen uns den Kopf ab.*

15 Der Begriff Aktinoide (oder Aktinide) umfasst eine Gruppe ähnlicher schwerer Elemente. Zugerechnet werden ihr das Actinium und die 14 im Periodensystem folgenden Elemente: Thorium, Protactinium, Uran und die darauffolgenden Transurane Neptunium, Plutonium, Americium, Curium, Berkelium, Californium, Einsteinium, Fermium, Mendelevium, Nobelium und Lawrencium, die alle zumeist nur künstlich durch Bestrahlung hergestellt werden können.

*Abb. 1-3. Nobelpreisverleihung 1935 – von links: James Chadwick (Physik) für die Entdeckung des Neutrons, das Ehepaar Irène und Frédéric Joliot-Curie (Chemie) für die Entdeckung künstlicher Radioaktivität, Hans Spemann (Medizin). (Quelle: atomicheritage.org)*

Bei ihren Versuchen zur Herstellung künstlicher Radioaktivität produzierte das Ehepaar Joliot-Curie 1928 eine neue Art des β-Zerfalls, bei dem Positronen – elektronenartige Teilchen mit positiver Ladung – anstelle von negativ geladenen Elektronen abgestrahlt werden. Sie erkannten allerdings nicht die Bedeutung dieser Entdeckung. Erst 1932 wurden die Positronen bei der der Untersuchung von kosmischer Strahlung am *California Institute for Technology* (Caltech) durch den jungen Physiker Carl David Anderson (1905–1991) als die Antiteilchen von Elektronen identifiziert. Dies war die erste Entdeckung des Phänomens der Antimaterie[16]. Seither unterscheidet man beim radioaktiven Zerfall zwischen $\beta^+$- und $\beta^-$-Strahlung.

[16] Die Atome der Antimaterie setzen sich aus Antiteilchen zusammen: Elektronen stehen Positronen mit positiver Ladung gegenüber, analog Protonen Antiprotonen mit negativer Ladung und Neutronen Antineutronen. Neben der Ladung unterscheiden sich die Teilchen der normalen Materie von ihren

Das Ehepaar Joliot-Curie übersah bei seinen Versuchen ein weiteres Teilchen, das zwar experimentell extrem schwierig zu messen ist, aber von Ernest Rutherford schon lange erwartet und vorhergesagt worden war. Es handelt sich um das Neutron – ein Teilchen, das eine ähnliche Masse wie das Proton besitzt, aber nicht elektrisch geladen ist. Ohne elektrische Ladung wirkte es nur wenig direkt auf die damals gängigen Instrumente. Das Neutron war der Schlüssel zum ersten Verständnis der Struktur des atomaren Kerns. Es hat 30 Jahre intensiver Forschungstätigkeit gekostet, diesen Schlüssel zu finden.

## 1.4 Frühe Atommodelle und die Struktur des Atomkerns

Zu Beginn des 20. Jahrhunderts herrschte große Unsicherheit über die mikroskopische Struktur der Materie. Die naturwissenschaftliche Gemeinde war sich nicht einmal absolut sicher, ob die antike Idee stimme, die Grundstruktur von Materie sei atomaren Charakters, setze sich also aus kleinsten unteilbaren Teilchen zusammen. So hatten es die antiken griechischen Philosophen Leukippos (lebte im 5. Jahrhundert v. u. Z.) und sein Schüler Demokritos (460/459–gegen 370) postuliert. Die humanistische Prägung des ausgehenden 19. Jahrhunderts gab den antiken Ideen einen hohen Stellenwert und beeinflusste die Fragestellungen und Interpretationen sehr, wie die Auseinandersetzung zwischen den zwei großen österreichischen Physikern Ernst Mach (1838–1916) und Ludwig Boltzmann (1844–1906) widerspiegelt. Dabei betrachtete Boltzmann das Atom als kleinstes Teilchen, auf dem sich die Materie aufbaut[17] wohingegen Mach einen anti-atomistischen Standpunkt (*Haben Sie schon mal* eins *gesehen*?) einnahm und die Energie als maßgebliches Medium des Universums postulierte.

Doch wenn man das Atom als Urbaustein annimmt, ergeben sich sofort Fragen, wie sich die Materie aus den Atomen zusammensetzt, und was die Struktur des Atoms als kleinstes Elementarteilchen ausmacht. Das Atom war neutral und musste sich deswegen gleichmäßig aus entgegengesetzt geladenen Teilchen zusammensetzen. Joseph Thomson interpretierte die im 19. Jahrhundert von Julius Plücker (1801–1868) und Johann Wilhelm Hittorf (1824–1914)

---

Antiteilchen durch die Umkehr anderer wichtiger Quantencharakteristiken. Teilchen und Antiteilchen vernichten sich gegenseitig und werden beim Zusammentreffen vollständig in $\gamma$-Strahlung umgewandelt, deren Energie gemäß $E=mc^2$ der Masse der beiden Teilchen entspricht. Dies ist die Grundlage der Positron-Emission-Tomographie (PET), heute eine wichtige Methode in der medizinischen Diagnostik. Neben den Positronen können heute auch schwerere Antiteilchen hergestellt werden, allerdings nicht in den Mengen, die Dan Brown in seinem Roman *Illuminati* vorhergesagt hat.

17 Carlo Cercignani: Ludwig Boltzmann, The Man Who Trusted Atoms. Oxford University Press (1998).

entdeckten Kathodenstrahlen als Strom negativer Teilchen mit kleiner Masse, den Elektronen. Ihnen mussten nun positiv geladene Teilchen großer Masse entgegengestellt werden, um das notwendige Atomgewicht zu erreichen.

Joseph Thomson, einer der führenden Denker seiner Zeit, gilt als Lehrer der gesamten nachfolgenden Forschergeneration, insbesondere seines Doktoranden Ernest Rutherford. Thomson spekulierte 1904 über das sogenannte Plumpudding-Modell (Rosinen-Brot) des Atoms, in dem die negativen Elektronen in einer Masse positiv geladener Teilchen eingebettet waren – wie die Rosinen im Pudding. Damit neutralisierten sich die entgegensetzten Ladungen. Dank des großen Ansehens und des noch größeren intellektuellen Einflusses von Thomson auf die Physikergemeinde blieb diese Modell trotz verschiedener Unstimmigkeiten für fast zehn Jahre das allgemein akzeptierte Modell des Atoms, bis es durch das Rutherford-Modell abgelöst wurde.

*Abb. 1-4: Von links: Joseph J. Thomson und die beiden von ihm nach Cambridge geholten Physiker Ernest Rutherford und Francis Aston im Jahre 1921. Aston (1877–1945) war der Erfinder des Massenspektrometers, mit dem in den folgenden Jahrzehnten die Massen zahlreicher Atome mit bis dahin nicht erreichbarer Präzision gemessen werden konnten. (Quelle: AIP Emilio Segrè Visual Archives, Gift of C.J. Peterson)*

Trotzdem meldeten sich zunehmend Stimmen des Zweifels. Der österreichische Physiker Arthur Erich Haas (1884–1941) postulierte 1908 eine modifizierte Form des Thomson-Modells: In ihm waren die Elektronen an der Oberfläche einer positiv geladenen Kugel angeordnet. Er konnte damit zum erstenmal die Verbindung zwischen Spektrallinien des Wasserstoffs und einem Atommodell zeigen. Ebenso gab er den Radius des Wasserstoffs an, der mit dem später formulierten Bohr-Radius gut übereinstimmte.[18] Der französische Physiker Jean Perrin (1870–1942) spekulierte zur gleichen Zeit über eine besondere Anordnung der Elektronen, die seiner Ansicht nach, ähnlich wie Planeten um die Sonne, auf Bahnen um einen atomaren Kern kreisen sollten. Dies war eine schöne Theorie, aber nach dem damaligen Verständnis der klassischen Elektrodynamik würden solche kreisenden Elektronen als elektrischer Strom kontinuierlich elektromagnetische Strahlung abgeben, Energie verlieren und in den Kern stürzen.

Ernest Rutherford war mit all diesen Theorien wohlvertraut. Er galt als begnadeter Experimentator und setzte sich daran, durch experimentelle Untersuchungen direkt Informationen über die Struktur des Atoms zu gewinnen. In dem von ihm entwickelten experimentellen Aufbau bestrahlte er eine dünne Goldfolie mit $\alpha$-Teilchen aus einer Uranprobe. Eine Blende bündelte sie zu einem genau definierten Strahl. Im Rahmen dieses Experiments, in mehreren Versuchsreihen zwischen 1908 und 1913 durchgeführt, beobachteten Rutherford, sein deutscher Assistent Hans Geiger (1882–1945)[19] und sein Student Ernest Marsden (1889–1970) das Streuverhalten der Teilchen als Funktion des Streuwinkels. Als Nachweis benutzten sie Zinksulfid, das schon von den Curies zur Messung der Strahlung benutzt worden war. Die $\alpha$-Teilchen durchquerten die Goldfolie zumeist ungehindert, aber der durch Blenden konzentrierte Strahl weitete sich aus. Zudem beobachteten die Forscher auch einige wenige $\alpha$-Teilchen, die zurückgestreut wurden. Rutherford verglich dies mit einer Gewehrkugel, die an einem dünnen Stück Papier zurückprallt. Daraus schloss er, dass die Masse der Goldfolie nicht gleichmäßig dicht verteilt sein kann, sondern sich auf wenige punktuelle Zentren hoher Dichte beschränkt, die manchmal von der $\alpha$-Strahlung getroffen werden und zum Rückprall führen. Aus den gewonnenen Daten zur Winkelverteilung der gestreuten $\alpha$-Teilchen schloss Rutherford, dass die Masse des Goldatoms sich in seinem Inneren, im sogenannten Atomkern, konzentriert. Dessen Radius ließ sich aus den Streudaten abschätzen. Demnach musste der Atomkern des Goldes ungefähr 10 000-mal kleiner sein als das Goldatom mit seiner vollen Elektronenhülle. Das waren revolutionäre Ergebnisse, die bis heute unser Verständnis vom Atomkern prägen. Das Phänomen der Rutherford-Streuung wird heute zur Analyse von Materialien und dünnen Schichten genutzt, vornehmlich in der Elektronikindustrie.

---

18 Michael Wiescher: Arthur E. Haas, His Life and Cosmologies. Physics in Perspective 19 (2017), S. 3–59.

19 Hans Geiger entwickelte den Geigerzähler, der noch heute als Standardinstrument bei der Messung radioaktiver Strahlung gilt.

Das beschreibt die interne Struktur des Atoms: ein kleiner, positiv geladener Kern mit einer negativ geladenen Elektronenhülle. Die Struktur dieser Hülle ergab sich aus dem Bohr-Modell. 1913 entwickelte es der dänische Physiker Niels Bohr nach dessen einjährigem Besuch von Rutherford am Cavendish-Labor. Darin baute er auf dem Rutherford'schen Konzept des Wasserstoffatoms auf und wies den Elektronen feste Bahnen in der Hülle um den Atomkern zu. Als Kern nahm er den positiv geladenen Wasserstoffkern. Die Bahnen waren durch die Quantenregeln von Max Planck (1858–1947) fest bestimmt; Energie konnte nur durch den Übergang eines Elektrons von einer in die andere Bahn verändert werden (vgl. Kapitel 2.2). Dieses Modell umging elegant die Schwierigkeiten des vorher postulierten Modells von Jean Perrin, der seine Umlaufbahnen im Rahmen der klassischen Elektrodynamik nicht stabilisieren konnte. Mit dem Bohr-Modell waren auch grundsätzliche Fragen zur Atomhülle geklärt. Zahllose spektroskopische Beobachtungen der emittierten und absorbierten elektromagnetischen Strahlung bestätigten diese Erkenntnis in den folgenden Jahren und Jahrzehnten.

Die Frage nach den positiv geladenen Kernen anderer Atome blieb offen. Rutherford postulierte 1919, dass alle Atomkerne aus einem Konglomerat positiv geladener Wasserstoffkerne bestehen müssten, und bezeichnete diese positiven Teilchen als Protonen. Jedoch bestand eine erhebliche Diskrepanz; die Masse aller Protonen im Atomkern entsprach nur der Hälfte der Masse des Atoms. Da die Elektronen nur eine geringe Masse hatten, 2000-mal kleiner als die Masse des Protons, konnten sie weitgehend vernachlässigt werden. Irgendetwas fehlte. Rutherford postulierte deshalb 1920 ein Teilchen, das ungefähr die gleiche Masse wie ein Proton haben sollte, aber keine elektrische Ladung, um die Erhaltung von Masse und neutraler Ladung zu erfüllen. Dieses Teilchen nannte er Neutron.[20]

Für mehr als zehn Jahre blieb das Neutron ein imaginäres Teilchen. Da es keine elektrische Ladung haben sollte, war ein Nachweis mittels Ablenkung in elektrischen oder magnetischen Feldern nicht möglich. Erst dem Rutherford-Schüler James Chadwick (1891–1974) gelang 1932 der Nachweis mittels Kernreaktionen, die schon die Joliot-Curies durchgeführt hatten. Chadwick hatte vor dem Ersten Weltkrieg mit Hans Geiger in Deutschland gearbeitet, um die Funktion des Geigerzählers kennen- und nutzen zu lernen. Vom Kriegsausbruch überrascht, wurde er 1914 interniert und konnte erst nach Ende des Kriegs nach Cambridge zurückkehren. Er blieb jedoch in enger Verbindung mit Geiger, der ihm 1930 einen seiner Zähler zur Verfügung stellte. Im Experiment bombardierte Chadwick eine dünne Folie aus dem leichten Material Beryllium mit α-Teilchen aus einer Uranquelle und registrierte eine hochenergetische Strahlung. Sie war bei ähnlichen Experimenten der Joliot-Curies und anderen Kernforschern

20 E. Rutherford: Nuclear Constitution of Atoms. Proceedings of the Royal Society A. 97 (686), 1920, S. 374.

beobachtet und als $\gamma$-Strahlung interpretiert worden. Diese Strahlung ließ Chadwick auf eine Paraffinschicht aufprallen, hinter der er den Geigerzähler aufstellte. Die Strahlung schlug Protonen aus dem Paraffin heraus, die der Geigerzähler als geladene Teilchen nachweisen konnte. Bei derart starkem Impuls- und Energieübertrag konnte es sich nicht um $\gamma$-Strahlung handeln, sondern um energetisch neutrale Teilchen, die eine den Protonen vergleichbare Masse aufweisen. Das lang vorhergesagte Neutron war durch internationale Kollaboration gefunden worden.

*Abb. 1-5: Treffen alter Freunde und Kollegen auf der Tagung der Deutschen Bunsengesellschaft (Bunsentagung) zur Radioaktivität 1932 in Münster. Von links: Die Rutherford-Schüler James Chadwick, Georg von Hevesy, Hans Geiger mit Frau Lili Geiger, zudem Lise Meitner, Ernest Rutherford und Otto Hahn. Rechts die beiden österreichischen Physiker und Radiumforscher Stefan Meyer und Karl Przibram, die die kernphysikalische Gemeinschaft mit radioaktiven Stoffen aus den reichen Beständen des Instituts für Radiumforschung der Universität Wien versorgten. (Quelle: wikipedia.org).*

Damit war das Grundkonzept des Atomkerns festgelegt: Er setzt sich aus positiv geladenen Protonen und neutralen Neutronen zusammen. Mit diesem Modell konnten weitgehend die Eigenschaften des Atomkerns beschrieben werden (vgl. Kapitel 2).

## 1.5 Frühe Anwendung radioaktiver Strahlung

Neben den Forschungsarbeiten zum Verständnis von Atom und Atomkern entwickelte sich eine zweite Forschungsrichtung. Sie war schon mit den Arbeiten von Wilhelm Conrad Röntgen und Pierre Curie eingeschlagen worden, die mögliche Anwendungen von Strahlung in der Medizin erkannt hatten. Während Röntgenstrahlung wegen ihrer durchdringenden Eigenschaften vor allem zur verbesserten medizinischen Diagnostik beitrug, schien die höherenergetische radioaktive Strahlung zahllose therapeutische Anwendungsmöglichkeiten zu bieten.

Dieser Gedanke von Radioaktivität als neuem Wunderheilmittel ließ eine Strahlungsindustrie unkontrolliert heranwachsen. Das führte von Radon-Heilbädern in Europa und den USA zur Behandlung rheumatischer Leiden bis zur direkten Tumorbestrahlung mit radioaktiven Quellen. Daneben entstand eine gesundheitskosmetische Industrie. Sie lieferte zum Beispiel radioaktive Zahnpasta, deren Strahlen sanft das Zahnfleisch massieren sollten, aber auch ein Instrument, das unerwünschte Körperbehaarung durch radioaktive Bestrahlung entfernte. Dieser unkontrollierten Strahlenindustrie boten sich ein reiches Betätigungsfeld und eine Vielzahl technischer Entwicklungsmöglichkeiten mit teilweise verheerenden Folgen für die nichtsahnende Kundschaft. Die Schäden traten oft erst nach vielen Jahren auf, je nach Dosis der jeweiligen Bestrahlung. Die möglichen Gefahren intensiver radioaktiver Bestrahlung drangen erst langsam ins Bewusstsein der Bevölkerung. Als sie aber realisiert wurden, schlug die frühere Euphorie in die allgemeine Furcht um, mit der man der Radioaktivität in den folgenden Jahrzehnten begegnete. Allerdings blieb weitgehend unbekannt, was die biologischen Strahlenschäden verursachte und worin die biochemischen Auswirkungen bestanden. Die Begründung lieferte die neue Wissenschaft der Genetik, die sich parallel zur und unabhängig von der Kernphysik entwickelte. In den 1920er Jahren wurde die Wirkung radioaktiver Strahlung auf genetische Mutationsprozesse entdeckt. Das sollte in den folgenden Jahrzehnten die allgemeine Betrachtung der Radioaktivität erheblich beeinflussen.

Neben den und vielleicht auch wegen der zahllosen kommerziell motivierten Aktivitäten gab es ernsthafte Forschung zur Wechselwirkung zwischen radioaktiver Strahlung und biologischen Systemen. Im Mittelpunkt standen Fragen nach den biologischen Auswirkungen der Strahlung sowie der Aufnahme und Verteilung radioaktiver Elemente in den biochemischen Prozessen von Pflanze, Tier und Mensch. Pierre Curie hatte nur die zerstörerische Kraft dieser Strahlung gesehen, die ihm als vorteilhaft für die gezielte Vernichtung schadhafter Gewebe und Tumoren erschien. Die sekundären Effekte, die viel weiterreichende Konsequenzen in sich trugen, waren im frühen 20. Jahrhundert weitgehend unbekannt. Dazu bedurfte es genauerer Studien in Bezug auf die verschiedenen Wechselwirkungsmöglichkeiten zwischen radioaktiver Strahlung und radioaktiven Materialien mit biologischen Systemen. Das erste bezieht sich direkt auf die biochemischen Prozesse, die durch einen plötzlichen Energietransfer in die molekulare Struktur eines biologischen Systems ausgelöst werden, das zweite auf die langsameren physiochemischen Prozesse zur Aufnahme radioaktiver Materialien durch biologische Systeme. Die Frage nach den Auswirkungen auf den menschlichen Körper war natürlich die wichtigste, aber der stand aus naheliegenden Gründen derartigen Untersuchungen nicht zur Verfügung.[21] Diese Experimente wurden zumeist an Bakterien, Insekten und Pflanzen vorgenommen. Aus den Resultaten hoffte man, direkt auf komplexere biologische Lebewesen schließen zu können.

Zwei Forscher traten besonders hervor und hatten großen Einfluss auf die spätere Entwicklung des Gebiets: der ungarische Kernphysiker Georg de Hevesy (1885–1966) und der amerikanische Genetiker Hermann Muller (1890–1967). Hevesy hatte zeitweise eng mit Rutherford zusammengearbeitet und von ihm wichtige Anstöße in seinen Forschungen zur Pflanzenaufnahme von Radioaktivität erhalten. Muller machte sich durch seine Untersuchungen strahlungsbedingter Mutationen an Bakterienkulturen und Fruchtfliegen einen Namen.

Georg de Hevesy[22] war ein junger ungarischer Chemiker, der 1911 sein Studium in Freiburg abschloss und nach Manchester wechselte, um mit Ernest Rutherford zu arbeiten. Dieser forderte ihn heraus, eine chemische Methode zu finden, um ein unbekanntes Radium-Zerfallsprodukt, das als Radium D bezeichnet wurde, vom Bleiuntergrund zu separieren: *If you are worth your salt, you separate radium D from all that nuisance of lead.* Hevesy versuchte dies zwei Jahre ergebnislos, was im Nachhinein nicht wundert. Radium D ist heute als Blei-Isotop $^{210}Pb$ identifiziert und besitzt deswegen die gleichen chemischen Eigenschaften wie stabiles Blei. Bei diesen Untersuchungen kam Hevesy jedoch auf die Idee, radioaktive Isotope, die chemisch nicht getrennt werden konnten, als Indikator zu nutzen, um Materialien durch dynamische Entwicklungsprozesse verschiedenster Art zu verfolgen.

Ein oft erzähltes Beispiel[23] ist sein Experiment, mit dem er seiner Vermieterin nachwies, dass sie entgegen ihren Versicherungen kein frisches Fleisch servierte, sondern das an den Vortagen nicht gegessene Fleisch als Hackbraten oder Gulasch ihrem Mieter erneut vorsetzte. Hevesy platzierte eine kleine, aber nachweisbare Menge radioaktiven Materials in sein nicht verspeistes

---

[21] Die einzige direkte Quelle zu den Auswirkungen radioaktiver Strahlung unterschiedlicher Intensität auf den menschlichen Körper waren die Langzeituntersuchungen an den Opfern der Atombombenexplosionen von Hiroshima und Nagasaki. Da die genaue Strahlendosis, der die Opfer ausgesetzt waren, nicht bekannt oder nur schwer feststellbar war, wurden die Ergebnisse um die aus Tierversuchen ergänzt. Dazu setzte man verschiedene Tierarten der Strahlung von Explosionen im Rahmen des Atombomben-Testprogramms aus.

[22] Hilde Levi: George de Hevesy. Adam Hilger, Bristol 1985.

[23] William G. Myers: Georg Charles de Hevesy: The Father of Nuclear Medicine. In: The Journal of Nuclear Medicine 20 (6), 1979, S. 590–594.

Fleisch am Tellerrand und wies am darauffolgenden Tag triumphierend nach, dass der angeblich frische Hackbraten strahlte. Diese Methoden wandte Hevesy mit zunehmendem Erfolg an, um pflanzliche und tierische Prozesse zu verfolgen. In den 1920er Jahren, als er bei Niels Bohr in Kopenhagen arbeitete, benutzte er radioaktive Bleisalzlösungen, um die Wasseraufnahme in Pflanzen zu verfolgen und die Dauer der Verteilung von radioaktivem $^{212}Pb$ in Stengeln und Blättern zu vermessen. Er injizierte Kaninchen radioaktives Bismut $^{210}Bi$ und Blei $^{210}Pb$, um Verteilung und Ablagerung der Stoffe in verschiedenen Organen zu bestimmen. Hevesy scheute auch nicht vor Selbstversuchen zurück, als er das neu entdeckte Deuterium, ein Isotop des Wasserstoffs, nutzte, um den Wasserkreislauf im menschlichen Körper zu untersuchen. Er trank mit Deuterium angereichertes Wasser HDO (anstelle von $H_2O$) und wies es in seinem Urin nach. Daraus ermittelte er, dass ein typisches Wassermolekül im Durchschnitt 12 bis 14 Tage im Körper verbleibt, bevor es ausgeschieden wird – ein dauernder Wasserkreislauf. Radioaktiven Phosphor $^{32}P$ nutzte er, um die verschiedensten Prozesse des Stoffwechsels im menschlichen Körper zu verfolgen. Für all diese Versuche benutzte Hevesy die von Hans Geiger entwickelten und stetig verbesserten Geigerzähler, um die radioaktiven Isotope im Körper lokalisieren zu können. Durch seine Bemühungen zeigte er, dass der Körper ein dynamisches biologisches System ist, das im ständigen Wechsel und Austausch mit der äußeren Umgebung steht. Die von ihm entwickelten Methoden legten die Grundlagen für die Strahlenmedizin in der heutigen medizinischen Diagnostik. Georg de Hevesy erhielt 1943 den Nobelpreis für die Nutzung von Radio-Isotopen als Indikatoren für chemische Prozessabläufe.

Hermann Muller war kein Chemiker, sondern hatte an der *Columbia University* in New York Biologie studiert und wurde 1916 promoviert. Er stand von der Ausbildung her außerhalb der eng vernetzten Gemeinschaft von Kernchemikern und Kernphysikern um Rutherford[24]. Schon als Student interessierte er sich sehr für die neue Wissenschaft der Vererbungslehre oder Genetik von Gregor Mendel (1822–1884) und deren Gesetzmäßigkeiten. Mit der Genetik waren im frühen 20. Jahrhundert die Fragen nach Mutationen und ihren Ursachen verbunden. Muller verfolgte die Problematik im Lauf seines Lebens mit langwierigen Untersuchungen an Fruchtfliegen (Drosophilae). In den späten 1920er Jahren begann er mit Röntgenstrahlen und radioaktiven Quellen zu experimentieren, um die Auswirkungen der Strahlung auf die Mutationsraten zu untersuchen. Er zeigte 1927, dass eine hohe Dosis Röntgenstrahlung eine höhere Rate tödlicher Mutationen[25] bewirkte, als bei unbestrahlten Fruchtfliegen zu beobachten war. Diese Versuche waren vermutlich von der Idee motiviert, dass die natürliche Mutationsrate, die Muller bei seinen Drosophila-Untersuchungen

24 Elof Axel Carlson: Genes, radiation, and society: the life and work of H. J. Muller. Cornell University Press, Ithaca NY 1981.

25 Mutationen, die zum Absterben der genetisch beeinflussten Chromosomen führten.

festgestellt hatte, durch die radiogene und kosmogene Radioaktivität unserer Umwelt ausgelöst werden könnte.

In späteren Versuchen zeigte Muller, dass die Anzahl der Mutationen linear mit der Strahlungsdosis anstieg – eine Beobachtung, die ihn überzeugte, dass diese Linearität auch in Bereichen gültig war, die er experimentell nicht untersuchen konnte[26]. Dies galt seiner Ansicht weniger bei somatischen, körperintern reparablen Schädigungen, sondern vor allem bei Erbzellen. Deren Schädigung durch Strahlung führt im Erbgut unausweichlich zu Mutationen. Projiziert man die gemessene Linearitätskurve auf einen Nullwert externer künstlicher radioaktiver Strahlung, bleibt eine durch natürliche Strahlenbelastung bedingte Mutationsrate. Dieser Wert liegt allerdings unterhalb der von Muller beobachteten Mutationsrate bei der Fruchtfliege. Daraus schloss Muller, dass die natürliche Strahlung nicht die Erklärung für die beobachteten Mutationsraten kann, sondern andere statistische Fehlprozesse bei der Zellteilung die Ursache sein müssten (vgl. Kapitel 8.1). Steigt die Strahlenbelastung allerdings an, kann das durchaus zu Mutationen führen. 1946 erhielt Hermann Muller den Medizin-Nobelpreis für seine Entdeckung, dass Röntgenstrahlung zu Mutationen im genetischen Erbgut führen kann. Seine wissenschaftlichen Ergebnisse überzeugten Muller von den Gefahren radioaktiver Strahlung. In den Nachkriegsjahren, insbesondere unter dem Eindruck des Atombomben-Abwurfs auf Hiroshima und Nagasaki, entwickelte er sich zu einem starken Kritiker des Gebrauchs von Radioaktivität. Er nutzte sein hohes Ansehen in der Wissenschaftsgemeinde, um sich für gesetzliche Regulierungen und Grenzwerte einzusetzen, die noch heute Gültigkeit besitzen – in den USA und weltweit.

## 1.6 Kollaboration und Kommunikation

Die enge wissenschaftliche Kommunikation und der freie Austausch von Ideen und Ergebnissen in der Kernphysik beschränkte sich jedoch nicht allein auf wissenschaftliche Resultate, sondern umfasste auch wissenschaftliche Geräte und Technologien. Ein klassisches Beispiel ist der Fall des deutschen Physikers Hans Geiger (vgl. Abbildung 1-5). Nach seiner Promotion in Erlangen 1906 wurde er wissenschaftlicher Mitarbeiter[27] von Ernest Rutherford in Manchester. Dort entwickelte er den Geigerzähler, das wohl bekannteste und einflussreichste Instrument in der Geschichte der Radioaktivität. Er nahm am berühmten Rutherford-Streuexperiment teil, das die

---

[26] Neue Forschungen deuten allerdings sehr wohl auf Schwelleneffekte bei niedriger Dosis hin, z. B. Koana T, Takashima Y, Okada MO, Ikehata M, Miyakoshi J, Sakai K.: A threshold exists in the dose-response relationship for somatic mutation frequency induced by X-irradiation of Drosophila. Radiat Res 161, 391 (2004).

[27] Im modernen Sprachgebrauch der Wissenschaft war Geiger ein Postdoc.

Struktur des Atoms enthüllte, und kehrte nach Deutschland zurück. Rutherfords Student James Chadwick folgte ihm 1913, um mit dem Geigerzähler zu arbeiten (vgl. S. 25). Hans Geiger gab Chadwick 1928 eine verbesserte Version des Zählers, den Geiger-Müller-Zähler, den dieser bei seinen Experimenten am Cavendish-Labor in Cambridge verwendete. In Berlin traf Chadwick auch Walther Bothe (1891–1957), der Assistent bei Hans Geiger war. Bothe experimentierte 1930 wie das Ehepaar Joliot-Curie mit $\alpha$-Strahlung am Beryllium und entdeckte eine neue, intensive, neutrale Strahlung, die er ebenfalls – vielleicht durch Informationsaustausch beeinflusst – als $\gamma$-Strahlung deutete.

James Chadwick experimentierte mit Paraffin als sekundärem Target und dem neuen Geiger-Müller-Zähler. Er identifizierte mit diesem Verfahren die unbekannte Strahlung als Neutronen, über die sein Lehrmeister Rutherford schon seit 1920 spekuliert hatte. Bothes Student Wolfgang Gentner (1906–1980) bekam nach abgeschlossener Promotion eine Assistentenstelle in Paris bei Joliot-Curie. Dort arbeitete er am Zyklotron und überzeugte – nach Deutschland zurückgekehrt – Walther Bothe, ebenfalls ein Zyklotron zu entwickeln. Austausch und enge wissenschaftliche Zusammenarbeit prägten die Entwicklung der Kernphysik in der ersten Hälfte des 20. Jahrhunderts und wurden selbst durch Krieg und Kriegsgeschrei in den Jahren nach 1939 nicht unterbrochen. Wolfgang Gentner half 1940 bei der Freilassung mehrerer führender französischer Physiker, darunter auch die von den deutschen Besatzungstruppen verhafteten Joliot-Curies, und veranlasste, dass sie wieder in ihre früheren Positionen als Direktoren des Zyklotron-Instuts eingesetzt wurden. Er leistete auch deutsche Technikerhilfe, um das Zyklotron voll betriebsfertig zu machen, damit es Joliot und dessen Mitarbeiter zur medizinischen Forschung einsetzen konnten.

Diese Beispiele zeigen, dass eine kleine, aber eng vernetzte internationale Gemeinschaft von Forschern ihre Untersuchungen auf den neuesten Ergebnissen aufbaute, um die physikalischen Grundlagen zu verstehen, aber auch mögliche Anwendungen zu entwickeln und zu nutzen. Diese wissenschaftsinternen Strukturen bestehen immer noch, obwohl die Forschungseinrichtungen größer und komplexer geworden sind und die Fragestellungen sich auf weitaus speziellere Probleme konzentrieren. Die Radioaktivität ist in ihren physikalischen Grundlagen verstanden. Jedoch haben sich in den letzten Jahrzehnten neue Anwendungen entwickelt, die zum Teil aus Fragestellungen der Grundlagenforschung wie Geophysik und Astrophysik kommen, zum Teil aus industriellen Anwendungen von der Materialforschung über die Ölindustrie bis zur medizinischen und biologischen Forschung. Medizinische Diagnostik und Analyse sowie Strahlentherapie dominieren weitere Entwicklungen.

Vorbehalte gegen diese Entwicklung kamen aus der Strahlenbiologie und Strahlenmedizin, die immer eigenständiger wurden. Zwar pflegte Georg de Hevesy noch lange die Beziehung zu seinem Lehrmeister Rutherford (vgl. Abbildung 1-5) und stand wegen seines hohen Bedarfs an radioaktivem Material für seine Versuche in direktem Kontakt mit kernphysikalischen und radiochemischen Instituten, etwa dem Radiuminstitut in Wien, aber die intellektuellen Fragestellungen divergierten.

Dies machte die Rolle von Hermann Muller besonders deutlich, der zwar auch ein starker Verbraucher radioaktiver Materialien war, sich aber von seiner Ausbildung und seinen Verbindungen her in einer Außenseiterstellung befand. Sie verstärkte sich, als Muller in den 1930er Jahren für längere Zeit in Berlin mit dort forschenden Genetikern arbeitete, aber wegen des zunehmenden Einflusses der Nationalsozialisten auf sein Forschungsgebiet[28] in die Sowjetunion wechselte. Ernüchtert kehrte er in die USA zurück und wurde trotz politischer Bedenken während des Zweiten Weltkriegs Berater am Manhattan-Projekt, ohne über dessen wahres Ziel informiert zu werden. Er blieb Außenseiter.[29]

Trotz dieser verschiedenen Fragestellungen und Erfahrungen wirkte der Austausch von Wissenschaftlern, Erfahrungen und Ideen fort: Er führte zu neuen Techniken und Anwendungen und beeinflusste besonders die Entwicklung vom kleinen Forschungsgebiet zur großindustriellen Nutzung in der zweiten Hälfte des 20. Jahrhunderts.

## 1.7 Grundlagenforschung und Anwendung

Viele Aspekte der Radioaktivität und ihrer Auswirkungen sind bis heute ein Forschungsgebiet, das täglich neue Ergebnisse und Einsichten gewinnt. Die kernphysikalische Forschung konzentriert sich auf die komplexen Wechselwirkungen der Kräfte innerhalb des Verbandes von Protonen und Neutronen, der den Atomkern darstellt. Eher angewandte Forschung untersucht die zahllosen möglichen Reaktionen, die den Ursprung der Elemente im Inneren der Sterne kontrollieren, die Funktionalität der Kernreaktoren beeinflussen und die Strahlenbelastung der Reaktormaterialien bestimmen. Das Studium von Kern- und Elementarteilchenreaktionen bei extrem hohen Energien führt die Forscher zu den seltenen Phasen und Bedingungen der Materie, die die theoretischen Modelle für die ersten Sekunden des Universums oder auch für das Zentrum von extrem dichten Neutronensternen vorhergesagt haben.

Diese Art von Grundlagenforschung findet zumeist an Einrichtungen statt, die eine breitere Öffentlichkeit als Teilchenbeschleuniger kennt. Diese Anlagen geben selektierten Elementarteilchen oder ganzen Atomkernen die nötigen Energien, um beim Zusammenprall mit anderen Teilchen die Ereignisse dank ausgewählter Detektoren zu beobachten und zu

28 Genetik wurde zwar im nationalsozialistischen Deutschland stark gefördert, aber Forschung und Forschungsgelder blieben vornehmlich sogenannter Rassenforschung vorbehalten.

29 Elof Axel Carlson: Genes, Radiation, and Society: The Life and Work of H. J. Muller. Cornell University Press, 1981.

messen. Die Ergebnisse erlauben mittels theoretischer Modelle Rückschlüsse auf die Natur der Kern- oder Elementarteilchenreaktionen und der beteiligten beziehungsweise produzierten Teilchen und Reaktionsprodukte. Die Grundlagenforschung hat wenig mit den Anwendungen der Kernphysik im täglichen Leben zu tun – von der Energieproduktion bis zur medizinischen Strahlentherapie. Sie befasst sich mit Grundsätzlichem zu Ursprung, Funktion und Wandel unserer Welt, aber aus ihr entspringt die wachsende Zahl an Anwendungen. Dies ist insbesondere im Bereich der Kernphysik der Fall, der durch ihre Anwendungen zahlreiche Aspekte des menschlichen Daseins durchdringt. Wenn man von der Freisetzung der Kernenergie, ob durch Reaktor oder Bombe, absieht, so reflektiert sich diese Durchdringung, von der Öffentlichkeit fast unbemerkt, in allen Bereichen der medizinischen und technischen Welt. Der daraus wachsende akademisch-industrielle Komplex, mit dem sich moderne Naturwissenschaftler zunehmend auseinandersetzen müssen, erinnert an das Zitat aus Goethes berühmtem Faust-Monolog: *Drum hab ich mich der Magie ergeben, … dass ich erkenne, was die Welt im Innersten zusammenhält.*

Entwicklung und Bau der für die Kernphysik notwendigen technischen Anlagen sowohl im Beschleuniger- als auch im Detektorbereich sind ausgesprochen teuer und nur durch internationale Zusammenarbeit finanzierbar. Bekanntestes Beispiel ist der *Large Hadron Collider* (LHC), der größte und leistungsstärkste Beschleuniger der Welt. Der LHC ist Teil des Europäischen Kernforschungszentrums CERN bei Genf. Kleinere Beschleuniger und Detektoren entstehen häufig in enger Zusammenarbeit von Universitäten, staatlichen Forschungseinrichtungen und Industriebetrieben. Letztere sind oft sogenannte Spin-off-Gesellschaften, gegründet von unternehmungslustigen Wissenschaftlern, die ihr neues Wissen kommerziell verwerten wollen.

Beispiele solcher Spin-offs sind die aus der Beschleunigerforschung am *Massachusetts Institute of Technology* (MIT) hervorgegangene *High Voltage Engineering Corporation* (HVC) oder die Firma *National Electrostatics Corperation* (NEC), gegründet von Forschern an der *University of Wisconsin*. In Europa ist das bekannteste Beispiel *Ion Beam Applications* (IBA), ein Spin-off des Zyklotron-Forschungszentrums der *Université de Louvain-la-Neuve* (UCL), gegründet 1986 in Belgien. Diese Gesellschaften operieren heute auf internationaler Basis und produzieren Beschleuniger vor allem für die Materialforschung und immer mehr für pharmazeutische und medizinische Anwendungen. Neben diesen Neugründungen engagieren sich auch etablierte Unternehmen, in Deutschland etwa *Siemens*, mit Schwerpunkt Medizintechnik. Das ist nur ein Beispiel für den akademisch-industriellen Komplex. Viele weitere finden sich in der Detektor- und Messindustrie, bei Unternehmen der Elektro- und Magnettechnik, Elektronik, elektronischen Datenverarbeitung, in der Computer- und Software-Branche sowie Vakuumtechnologie. Diese enge Kooperation akademischer, staatlicher und industrieller Institutionen hat in den letzten 40 Jahren zu einem wirtschaftlichen

Aufschwung geführt, dessen soziologische, technologische und ökonomische Auswirkungen noch nicht genau untersucht werden konnten.

Bei wissenschaftlich erfolgreichen Großexperimenten an LHC und RHIC (*Relativistic Heavy Ion Collider*, Brookhaven National Laboratory, Upton NY, USA) mitsamt ihren Detektoren sind Tausende von Physikern, Ingenieuren und Technikern beteiligt. Viele der dabei entwickelten Komponenten in Elektronik, Datenverarbeitung, Softwaretechnik und Materialentwicklung unterliegen einer schnellen Kommerzialisierung, da solche Komponenten auch den anwendungsorientierten Forschungsbereichen der Energie, Computer, Auto, Luft- und Raumfahrtindustrie sowie zweifelsohne der Rüstungsindustrie nutzen können. Dadurch ist ein dichtes Netzwerk sozioökonomischer Beziehungen entstanden, die einen schnellen und effektiven Transfer neuer experimenteller Daten und Entwicklungen gewährleisten und aus denen zum Beispiel auch das Internet entstand.

Die gezielte Anwendung kernphysikalischer Methoden und Technologien basiert meist auf wohlbekannten Kernreaktionen oder Zerfallsprozessen, die extrem präzise und verlässliche Ergebnisse über Zusammensetzung oder Alter natürlicher wie künstlich hergestellter Materialien liefern können. Die Sensitivität dieser Methoden umfasst heute eine breite Anwendungsspanne außerhalb der traditionellen Kernphysik. Sie reicht von geochemischer Analyse bei der Erdölsuche über archäometrische Analyse historischer Materialien bis zur Isotopenanalyse für die forensische und klimatologische Forschung. Kernphysikalische Techniken nutzen hauptsächlich radiomedizinische Anwender in Diagnostik und Strahlentherapie. Anwendungsmöglichkeiten und Präzision der Methodik haben in den letzten 20 Jahren erheblich zugenommen. Insbesondere die ursprünglich an Universitäten und staatlichen Forschungsinstituten erarbeiteten Techniken von Datenproduktion und -visualisierung sind heute mit entsprechender Hard- und Software vielfach kommerzialisiert.

Die Kohlenstoff-14-Methode (C14), ursprünglich zur Altersbestimmung historisch-anthropologischer Materialien wie der Mumie des ägyptischen Pharaos Ramses II. gedacht, wendet heute die forensische Forschung zur Fälschungsbestimmung an. Die pharmazeutische Industrie braucht C14, um nachzuweisen, dass Körper Nebenprodukte neuer Medikamente schnell und ohne nachteilige Nebenwirkungen abbauen oder ausscheiden. Bei der heute erreichten Genauigkeit kann die C14-Methode sogar Lebensdauer und Aufbau von Zellen im menschlichen Körper bestimmen.[30] Die Produktion weiterer Radio-Isotope und Radiopharmazeutika zur Visualisierung in der Diagnostik sowie zur organspezifischen Anwendung in der Therapie geschieht an Kernreaktoren und zunehmend an Beschleunigeranlagen.

---

[30] Michael A. Malfatti, Bruce A. Buchholz, Heather A. Enright, Benjamin J. Stewar, Ted J. Ognibene, A. Daniel McCartt, Gabriela G. Loot, Maike Zimmermann, Tiffany M. Scharadin, George D. Cimino, Brian A. Jonas, Chong-Xian Pan, Graham Bench, Paul T. Henderson, and Kenneth W. Turteltaub: Radiocarbon Tracers in Toxicology and Medicine: Recent Advances in Technology and Science, Toxics 2019, S. 7, 27.

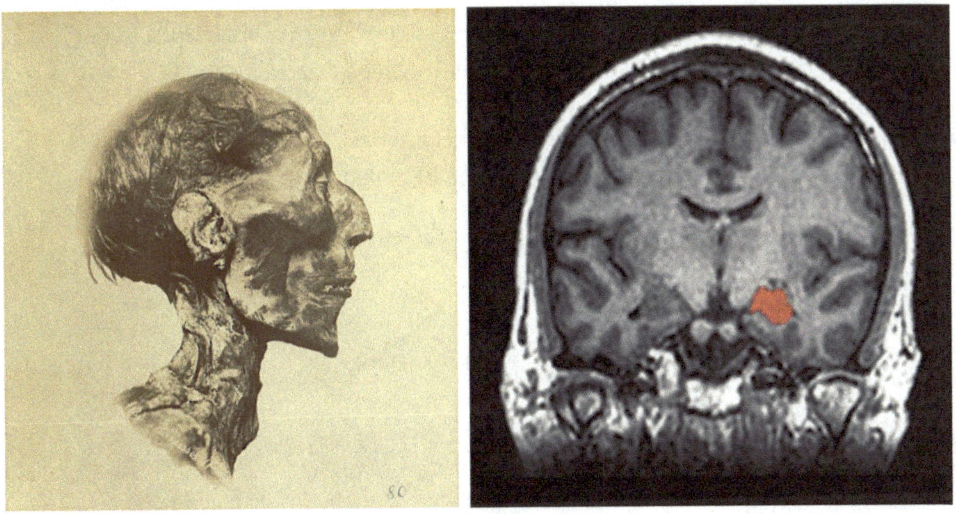

*Abb. 1-6: Die Kohlenstoff-14-Methode (C14): Sie kann zur Datierung künstlicher, aber organischer Materialien verwendet werden. Diese Methode wird hauptsächlich in der Archäologie zur Datierung von Zivilisationsprodukten und menschlichen Überresten verwandt. Das Alter der Mumie Ramses II. (links) entspricht ziemlich genau einer Halbwertszeit von Kohlenstoff-14. Heute haben sich die Anwendungsmöglichkeiten auch auf medizinische Untersuchungen erweitert. Das geht im Wesentlichen auf den sogenannten Bomb-Peak zurück, aber auch auf das durch die Atombombentests von 1945 bis 1968 ausgelöste rapide Ansteigen von Kohlenstoff-14 in unserer Atmosphäre und damit im menschlichen Körper. Die rechte Abbildung zeigt ein Beispiel, das den kontinuierlichen Aufbau menschlicher Gehirnzellen reflektiert.*

## Weiterführende Literatur


Siegmund Brandt: Geschichte der modernen Physik. C. H. Beck, 2011.

Helmut Carl: Geheimnisvoll am lichten Tag. Verlag Heinrich Scheffler, Frankfurt 1963.

Bernard Fernandez, Georges Ripka: Unravelling the Mystery of the Atomic Nucleus: A Sixty Year Journey 1896–1956. Springer Science & Business Media, 2012.

Barbara Goldsmith: Marie Curie: Die erste Frau der Wissenschaft; Biographie. Piper Taschenbuch, 2011.

Michael F. L'Annunziata: Radioactivity, Introduction and History, Elsevier, Amsterdam 2007.

Bo Lindl: Geschichte der Strahlenforschung: Teil 2: Das Damoklesschwert. Jahrzehnt der Atombombe: 1940–1950. Über Strahlung, Radioaktivität und Strahlenschutz, Isensee, Florian 2007.

Richard F. Mould: A Century of X-Rays and Radioactivity in Medicine. IOP Publishing, Bristol 1993.

Hans-Bernd Neumann: Radioaktivität und die Zukunft des Menschen. Urachhaus, 2012.

Richard Reeves: A Force of Nature – The Frontier Genius of Ernest Rutherford. Biografie, WW Norton & Co, 2007.

Ernest Rutherford: Die Radioaktivität (Neudruck). Forgotten Books, 2015.

Ernst Zimmer: Umsturz im Weltbild der Physik. dtv, München 1961.

# 2 Das natürliche Phänomen der Radioaktivität

Radioaktivität ist ein physikalischer Prozess. Er wird wie alle experimentell beobachteten physikalischen Phänomene im Rahmen von Modellvorstellungen mathematisch beschrieben. Dieses Vorgehen hilft, den Prozess, seinen Beginn und seinen Ablauf darzustellen und zudem weitgehend Vorhersagen über mögliche Folgen und Auswirkungen zu machen. Die mathematische Beschreibung dient dabei nur als Werkzeug, um die qualitativen Aussagen zu quantifizieren. Eine absolut eindeutige Quantifizierung ist jedoch zumeist wegen der Komplexität physikalischer Prozesse und Abläufe nicht möglich. Deswegen wird oft die Wahrscheinlichkeitsrechnung als zusätzliches Hilfsmittel herangezogen, um die Wahrscheinlichkeit des Eintretens einer bestimmten Folgeerscheinung als Endergebnis zu ermitteln. Mikroskopische Prozesse, die das Verhalten der Atome und Atomkerne bestimmen, können nicht im Rahmen der klassischen Physik beschrieben werden. Insbesondere sind die Prozesse der Bewegung und Zustände der subatomaren Teilchen nicht mehr mit der klassischen Mechanik beschreibbar. Sie werden im Rahmen der sogenannten *Quantenmechanik* betrachtet, bei der Zustandsänderungen nicht mehr, wie bei makroskopischen Bewegungsprozessen, kontinuierlich stattfinden, sondern nur als kleine, diskontinuierliche Sprünge, den sogenannten *Quantensprüngen*[31].

Quantenmechanische Prozesse sind immer nur Wahrscheinlichkeitsaussagen, denn nach der von Werner Heisenberg (1901–1976) formulierten Unbestimmtheitsrelation kann keiner der Beobachtungsparameter mit Bestimmtheit festgelegt werden. Das heißt, dass man kleinste Teilchen nur über die Wechselwirkung mit anderen Teilchen oder Wellen beobachten kann,

[31] Auch klassische Bewegung kann quantenmechanisch betrachtet werden, doch sind die Quantensprünge so unendlich klein, dass sie unbeobachtbar werden. In der Allgemeinsprache wird heute der Ausdruck Quantensprung oft und zumeist von Politikern und Journalisten falsch verwandt. Sie stellen die ursprüngliche Bedeutung des Begriffs oft vollständig auf den Kopf. Statt kleiner atomarer Übergänge beschreibt der Begriff metaphorisch, aber falsch große qualitative Sprünge. Durch diesen inhaltlichen Wandel konnte sich der Quantensprung bis ins Feuilleton und auf die Wirtschaftsseiten vorarbeiten. Vgl. Der Quantensprung: die zweifelhafte Karriere eines Fachausdrucks; Die sprachlichen Dummheiten sterben nicht aus: DIE ZEIT Nr. 19, Mai 1996 (http://www.zeit.de/1996/19/quanten.txt.19960503.xml).

wobei diese Wechselwirkung den Zustand des beobachteten Teilchens unvermeidlich ändert. Dies gilt für die Feststellung von Ort und Geschwindigkeit eines Elementarteilchens, aber auch für dessen Energie und die Zeit, in der es in diesem Energiezustand verweilt. Besonders letzteres ist für die Betrachtung physikalischer Zerfallsprozesse von Bedeutung.

Was wir heute im Allgemeinen unter Radioaktivität verstehen, ist der Zerfall instabiler Komponenten chemischer Elemente, die durch Emission von Strahlung in einen stabileren Endzustand übergehen. Dieser Übergang kann je nach radioaktivem Element schnell, aber auch nur sehr langsam stattfinden. Das bedingen im Wesentlichen die Energieunterschiede zwischen dem radioaktiven Zustand und dem Endzustand des Zerfalls sowie die Art der Zerfallsstrahlung. Um dies verstehen zu können, muss man jedoch erst einige Grundbegriffe aus der Kernphysik einführen und näher erläutern.

## 2.1 Die vier Grundkräfte

Natürliche Prozesse unterliegen vier fundamentalen Kräften, die oft auch als Wechselwirkungen bezeichnet und beschrieben werden. Das Ziel der modernen Teilchenphysik ist es, diese vier Kräfte einheitlich im Rahmen eines mathematischen Modells zu beschreiben. Dies ist das Ziel der sogenannte Grand Unified Theory (GUT), die heute zumindest die elektromagnetische, die starke und die schwache Kraft innerhalb eines einheitlichen Konzeptes beschreibt. Ziel ist es, auch die vierte Kraft, die Gravitationskraft, in dieses Modell mit einzubinden.

Die vier Kräfte verhalten sich jedoch sehr unterschiedlich, was solch ein Unterfangen erschwert. Die *Gravitationskraft* beschreibt die Anziehungskraft zwischen Massen und gilt als schwache, aber langreichweitige Kraft. Sie hat wenig Einfluss auf Elementarteilchen, kann aber die Wechselwirkung zwischen Galaxien bestimmen, die über hunderttausende von Lichtjahren voneinander entfernt sind. Die *elektromagnetische Kraft* beschreibt die Wechselwirkung zwischen elektrisch positiv oder negativ geladenen Teilchen, wobei gleich geladene Teilchen sich gegenseitig abstoßen und entgegengesetzt geladene Teilchen sich anziehen. Diese Kraft ist wesentlich stärker als die Gravitationskraft, hat aber eine weitaus geringere Reichweite. Sie liegt im Bereich von Mikrometern und bestimmt damit die Größe eines Atoms. Die *starke Wechselwirkung* bestimmt die Kräfte, die den Atomkern zusammenhalten. Sie ist, wie der Name sagt, erheblich stärker, hat aber eine sehr geringe Reichweite, entsprechend der Größe eines Atomkerns. Die letzte der Kräfte ist die *schwache Wechselwirkung*: Sie spielt eine Rolle bei bestimmten Zerfallsprozessen, in denen es zu Ladungsaustauschprozessen innerhalb eines Atomkerns kommt. Die schwache Wechselwirkung ist um viele Größenordnungen schwächer als die starke, hat aber ebenfalls nur eine sehr kurze Reichweite. Es würde zu weit führen, auf die Beschreibung dieser Kräfte im Rahmen moderner physikalischer Theorien einzugehen. Vereinfacht lässt sich sagen, dass die vier fundamentalen Kräfte als sogenannte Austauschkräfte klassifiziert werden, wobei die jeweiligen Komponenten durch den Austausch weiterer Teilchen aneinander gebunden werden. Die moderne Quanten- und Teilchenphysik will die Grundlagen der Wechselwirkungen verstehen, um damit fundamentale Größen der Natur wie Masse und Ladung und deren Herkunft erklären zu können. Für das Verständnis radioaktiver Zerfallsprozesse spielen jedoch nur die starke, die schwache und die elektromagnetische Kraft eine Rolle.

## 2.2 Das Bohr'sche Atommodell

Für die Diskussion der radioaktiven Zerfallserscheinungen, ihr natürliches Vorkommen und ihre Auswirkungen auf unser tägliches Leben können wir eine einfache Modellvorstellung zur Beschreibung des Atoms und des Atomkerns heranziehen: das Bohr'sche Atommodell[32]. Es basiert auf einer Analogie zu unserem Planetensystem: Negativ geladene Elektronen umkreisen auf bestimmten Bahnen einen positiv geladenen Atomkern. Die Anzahl der Elektronen bestimmt die chemischen Eigenschaften des Atoms als Grundlage für die Zuordnung chemischer Elemente. Die Anzahl der Elektronen wird deswegen als Ordnungszahl Z (englisch: Atomic Number) bezeichnet. Die positive Ladung des Atomkerns muss der negativen Ladung der Elektronenhülle entsprechen, da der Atomverband elektrisch neutral ist. Ein geladenes Atom, bei dem durch externe Kräfte ein Elektron entfernt oder zugefügt wurde, trägt die Bezeichnung positives oder negatives Ion.

Während beim Sonnensystem die Planeten durch die Gravitationskraft auf ihrer Bahn um die Sonne gehalten werden, spielt im atomaren System die elektromagnetische Kraft (oft auch als Coulombkraft bezeichnet) diese Rolle. Solch ein Modell schlug Jean Perrin zum ersten Mal 1901 vor. Ernest Rutherford untermauerte es experimentell mit seinen Studenten Hans Geiger

[32] Die Idee von gegensätzlich geladenen negativen und positiven Teilchen ergab sich aus der Entdeckung der sogenannten Kathodenstrahlung durch den Bonner Physiker Julius Plücker (1801–1868) und dessen Schüler Johann Wilhelm Hittdorf (1824–1914), die später der britische Physiker Joseph John Thomson (1856–1940) als freie Elektronen identifizierte. Ebenso zeigte der Physiker Wilhelm Wien (1864–1928), dass Kathodenstrahlen eine positive Komponente enthalten können, die er als Protonen benannte. Ein erstes, ebenfalls von Thomson entwickeltes Atommodell enthielt die Vorstellung von separaten positive geladenen Teilchen, den Protonen und den negativ geladenen Elektronen. Allerdings waren nach der Thomson'schen Vorstellung diese Teilchen eng zusammengepackt, so dass sich die negativen und positiven Ladungen gegeneinander aufhoben. Der österreichische Physiker Arthur Erich Haas hatte als erster einen Zusammengang zwischen der charakteristischen Linie im Spektrum eines angeregten Wasserstoffgases und der Atomvorstellung postuliert, indem er ein modifiziertes Thomson'sches Atommodell vorschlug, bei dem die Elektronen nicht gleichverteilt sind, sondern sich in der äußeren Zone der Sphäre befinden. Damit hatte er als erster den Bohr Radius errechnet.

und Ernest Marsden im berühmten Streuexperiment von α-Teilchen an einer Goldfolie. Die α-Teilchen, die aus einer radioaktiven Quelle stammten, durchquerten die Goldfolie zumeist ungehindert, nur der Teilchenstrahl weitete sich etwas aus. Das heißt, dass sich die Teilchen vorwiegend durch leeren Raum bewegten und deswegen kaum in ihrer Bahn behindert wurden. Jedoch beobachteten die Forscher auch einige wenige α-Teilchen, die zurückgestreut wurden. Rutherford verglich dies mit einer Gewehrkugel, die an einem dünnen Stück Papier zurückprallt. Daraus schloss er, wie schon beschrieben, dass die Masse der Goldfolie nicht gleichmäßig dicht verteilt sein kann, sondern sich auf wenige punktuelle Zentren hoher Dichte beschränkt, die nur von wenigen α-Teilchen getroffen werden, was dann aber zum Rückprall führt.

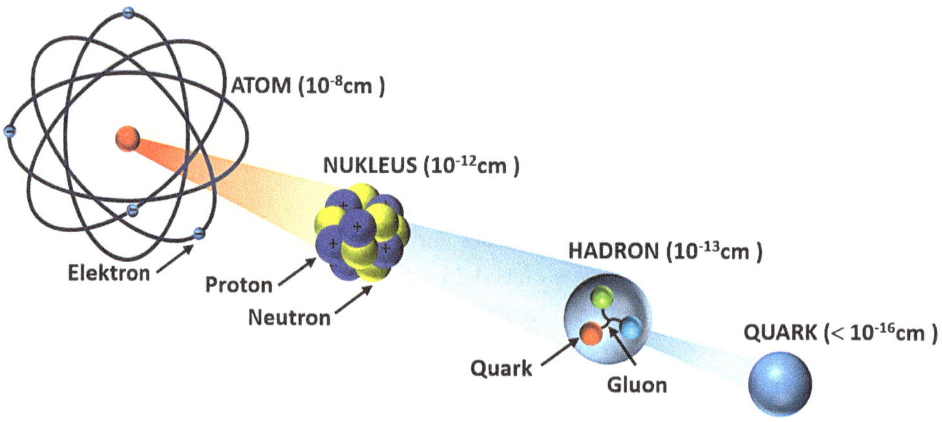


*Abb. 2-1: Schematische Darstellung eines Atomkerns und seiner Bestandteile, nach derzeitiger Vorstellung. Die äußere Dimension des Atoms wird durch die Elektronenhülle bestimmt, also durch eine negative Ladungsverteilung um den wesentlich kleineren positiven Kern des Atoms. Das Bohr'sche Modell beschreibt die negative Ladungsverteilung durch negative Elektronen, die sich auf durch Quantenzahlen fest definierten Kreis- oder Ellipsenbahnen bewegen. Der positiv geladene Atomkern besteht aus positiv geladenen Protonen und neutralen Neutronen von vergleichbarer Masse. Sie werden durch die sogenannte starke Restwechselwirkung zusammengehalten. Protonen wie Neutronen gehören zur Klasse der Baryonen, die wiederum aus jeweils drei noch kleineren Quarkteilchen bestehen, zusammengehalten von Gluonen als Austauschteilchen. Die Gluonen gelten als Träger der starken Wechselwirkung, Photonen als Träger der elektromagnetischen Wechselwirkung. Die Abbildung gibt die jeweilige Größenordnung für die verschiedenen Bausteine des Atomverbands an. (Abbildung nach https://www.liberaldictionary.com/nucleon/)*

Aus den gewonnenen Daten zur Winkelverteilung der gestreuten α-Teilchen berechnete Rutherford, dass die Masse des Goldatoms sich im Inneren des Atoms, im sogenannten Atomkern, konzentriert, dessen Radius sich aus den Streudaten abschätzen ließ. Daraus ergab sich, dass der Atomkern des Goldes ungefähr 10 000-mal kleiner war als das Goldatom mit seiner vollen Elektronenhülle. Jedoch war solch ein Modell nach klassischen Vorstellungen instabil, da gemäß den Gesetzen der Elektrodynamik die kreisenden Elektronen kontinuierlich elektromagnetische Energie abstrahlen müssten und deswegen keine festen Bahnen einhalten könnten. Dieses Dilemma löste der dänische Physiker Niels Bohr (1885–1962), indem er für die Elektronen feste Bahnen forderte, die durch bestimmte Quantenzahlen festgelegt und damit konstant waren. Dieser Idee lag keine physikalische Grundlage vor. Das Modell verstieß gegen alle Gesetze der klassischen Physik, war aber in der Lage, theoretische Vorhersagen für zahlreiche atomare Effekte zu liefern, die wieder und wieder durch Experimente bestätigt wurden. Dieses empirische Modell ist heute erheblich verbessert und verfeinert, aber für die Diskussion der Strahlungserzeugung ohne größere quantenmechanische Rechnungen und Ableitungen völlig ausreichend.

Im Bohr'schen Atommodell entspricht jede Elektronenbahn einem bestimmten quantenmechanischen Energiezustand, der durch ganzwertige Quantenzahlen festgelegt ist[33]. Eine Änderung des Energiezustandes kann nur gequantelt durch die Änderung einer Quantenzahl, also nicht kontinuierlich stattfinden. Das heißt, dass die Elektronen nur von einer Bahn mit festen Quantenzahlen auf eine andere, die ebenfalls durch Quantenzahlen festgelegt ist, springen können. Zwischensprünge sind nicht erlaubt.

Bei solchen Übergängen ändern sich die entsprechenden Quantenzahlen nach bestimmten Regeln. Beim Übergang von Elektronen aus einer Bahn mit höherer Quantenzahlkonfiguration – einer Bahn mit größerem Radius oder größerer Exzentrität (entsprechend einem höheren Energiezustand) – in eine Bahn mit niedrigerem Energiezustand wird elektromagnetische Energie in gequantelter Form als Energiepaket oder Photon emittiert. Dabei entspricht die Photonenenergie dem Energieunterschied zwischen dem Anfangs- und Ausgangs-Quantenzustand. Umgekehrt kann ein Elektron von einem niedrigeren Energiezustand auf einer inneren Bahn in einen höheren Zustand springen, wenn es die entsprechende Übergangsenergie von einem externen Energieträger wie Licht oder Teilchenstrahlung absorbiert (vgl. Abbildung 2-2).

---

[33] Im Bohr'schen Atommodell legen die Hauptquantenzahlen $n$=1, 2, 3 … den Energiezustand oder den Bahnradius fest, die Drehimpulsquantenzahlen $\ell$=0, 1, 2, 3 … (n-1) den Rotationszustand, also die Exzentrizität der Bahn, und die Spinquantenzahlen $s$=± 1/2 die Eigenrotation der Elektronen. Nur ganzzahlige Änderungen der Quantenzahlen sind möglich, fraktionelle Änderungen würden kontinuierliche Zustände zulassen.

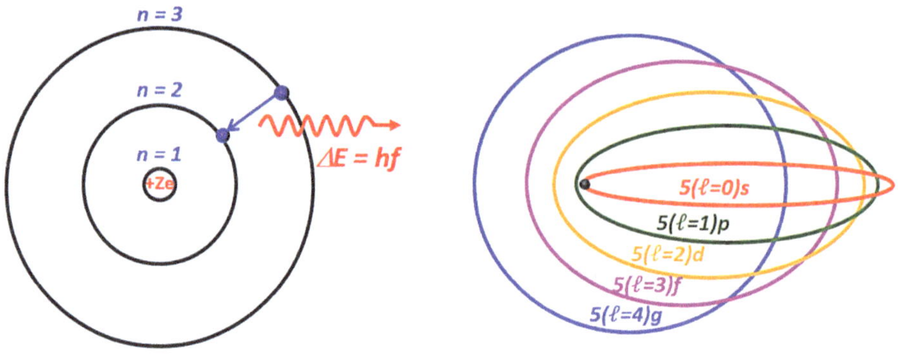


*Abb. 2-2: Darstellung des Bohr'schen Atommodells und Identifizierung der Quantenzahlen, die den Energiezustand eines Elektrons auf seiner Umlaufbahn um den Atomkern festlegen. Die Hauptquantenzahl n legt den Radius fest; die Drehimpulsquantenzahl bestimmt die Abweichung vom kreisförmigen Radius (linke Darstellung), also die Exzentrizität der Bahn (rechte Darstellung, Quelle: Wikipedia). Bei Übergängen zwischen den verschiedenen Bahnen wird Energie in gequantelter Form als Wellenpakete absorbiert oder emittiert. Die Energie entspricht dem Energieunterschied der beiden Quantenzustände. (nach Wikepedia)*

Photonen können nach dem quantenmechanischen Dualitätsprinzip als Teilchen, aber auch als elektromagnetische Wellen oder Wellenpakete mit einer gewissen Frequenz $\nu$ beziehungsweise einer bestimmten Wellenlänge $\lambda$ beschrieben werden[34]. Die berühmte Formel von Max Planck $E=h \cdot \nu$ erfasst die Korrelation zwischen der Übergangsenergie $E$ und der Frequenz emittierter oder absorbierter Strahlung, wobei $h$ für das sogenannte Planck'sche Wirkungsquantum steht. Die Korrelation zwischen der Frequenz $\nu$ und der Wellenlänge $\lambda$ der Photonen wird durch eine andere fundamentale Konstante festgelegt, die der Lichtgeschwindigkeit entspricht: $c=\nu \cdot \lambda$. Mit ihr breitet sich die elektromagnetische Strahlung aus. Durch diese Beziehung sind Energie, Frequenz und Wellenlänge eines Photons festgelegt.

Elektromagnetische Strahlung aus atomaren Übergängen deckt ein weites Energiespektrum beziehungsweise einen weiten Frequenz- oder Wellenlängenbereich ab. Sichtbares Licht mit relativ niedriger Frequenz entsteht aus niederenergetischen Übergängen in Atomen. Andere

[34] Teilchen und Welle sind nur zwei verschiedene mathematische Beschreibungsmuster für eine bestimmte mikroskopische Erscheinung. Diese Dualität erlaubt die volle und selbstkonsistente Anwendung des quantenmechanischen Modells in der Beschreibung atomarer und nuklearer Erscheinungen und Prozesse.

Übergänge dagegen produzieren hochenergetische Photonen, Röntgenstrahlen genannt. Wilhelm Conrad Röntgen entdeckte 1895 diese Röntgenstrahlung (englisch: X-rays), indem er Metalle mit hochenergetischen Elektronen – damals Kathodenstrahlen genannt – bombardierte. Das regte Elektronen im Atomverband der Metalle auf höhere Energiezustände an, die unter Emission von Röntgenstrahlung mit bestimmter, für das Metall charakteristischer Energie wieder auf ihren ursprünglichen Quantenzustand zurückfielen. Es handelt sich also um einen Energieumwandlungsprozess: von der anfänglich kinetischen Energie des in elektrischen Feldern beschleunigten Elektronenstrahls in atomare Anregungsenergie und beim nachfolgenden Zerfall in die Photonenenergie der Röntgenstrahlung. Dies ist im Wesentlichen der Prozess, der bei jeder Röntgenbestrahlung abläuft, auch beim Zahnarzt oder Orthopäden. Röntgenstrahlung kommt also aus atomaren Anregungsprozessen, dagegen basiert die radioaktive Strahlung auf Anregungsprozessen im Atomkern.

## 2.3 Die Struktur des Atomkerns

Atomkerne bestehen aus Protonen und Neutronen, die als Nukleonen – Bestandteile des Atomkerns oder Nukleus – bezeichnet werden und zur Elementarteilchenklasse der Baryonen gehören. Baryonen sind als Elementarteilchen klassifiziert, die aus drei Quarks bestehen und durch die starke Wechselwirkung miteinander gekoppelt sind[35]. Diese starke Anziehungskraft verleiht dem Atomkern seine Stabilität. Als Einzelteilchen sind Protonen und Neutronen etwas unterschiedlich, was mit der Konfiguration der Quarks zusammenhängt. Protonen haben eine positive elektrische Elementarladung, die der negativen elektrischen Ladung eines Elektrons entspricht.

Das Elektron gehört zur Elementarteilchenklasse der Leptonen, deren Verhalten zueinander die schwache Wechselwirkung bestimmt. Allerdings ist die Masse der Protonen ungefähr zweitausendmal größer als die Masse der Elektronen. Neutronen sind elektrisch neutrale Teilchen, haben aber als Baryonen eine Masse, die nur etwas höher ist als die Masse der Protonen. Dieser Unterschied entspricht ungefähr der Elektronenmasse. Da gemäß Einsteins bekannter Relation $E=mc^2$ die Energie $E$ direkt proportional der Masse $m$ eines Teilchens ist, mit der Lichtgeschwindigkeit $c$, bzw. das Quadrat der Lichtgeschwindigkeit, als Proportionalitätskonstante, heißt das, dass das Neutron einem energetisch höheren

[35] Durch die Bindungsenergie der starken Wechselwirkung wird der Atomkern zusammengehalten, ebenso wie die elektromagnetische Wechselwirkung die Bindung der Atome und der Moleküle bestimmt.

Baryonenzustand entspricht als das Proton und damit zu einem Proton unter Energie-Emission zerfallen sollte. Dies ist das einfachste Beispiel eines radioaktiven Zerfalls.

Ernest Rutherford hat aufgrund früher Untersuchungen der radioaktiven Strahlung die noch heute allgemein gültige Klassifikation von α-, β- und γ-Strahlung eingeführt. Durch Messungen der Durchdringungstiefe von Strahlung und Ablenkung in magnetischen Feldern konnten er und andere Physiker des frühen 20. Jahrhunderts die Art dieser drei Strahlungskomponenten identifizieren. Bei der α-Strahlung handelt es sich um den positiv geladenen Kern eines Helium-Atoms, der aus zwei Protonen und zwei Neutronen besteht. Wegen der großen Masse hat diese Art von Strahlung nur eine geringe Durchdringungstiefe oder Reichweite und wird schon von dünnen Materialien schnell absorbiert. Die β-Strahlung wurde als freie negativ geladene Elektronen identifiziert – aus Konventionsgründen oft auch als $\beta^-$-Teilchen bezeichnet. Später wurden auch positiv geladene Elektronen entdeckt, die Positronen, die die Anti-Teilchen der Elektronen sind und deswegen oft $\beta^+$-Teilchen genannt werden. Eine Wechselwirkung zwischen Positronen und Elektronen führt zur Vernichtung beider Teilchen unter Freisetzung von Strahlungsenergie, die nach der Einstein'schen Relation der Masse beider Teilchen entspricht. Elektronen wie Positronen haben eine weitaus größere Reichweite in Materialien als die massiven α-Teilchen. Bei der dritten Art, der γ-Strahlung, handelt es sich wieder um hochenergetische elektromagnetische Strahlung, die aus Übergängen zwischen den verschiedenen Quantenkonfigurationen des Atomkerns entsteht. Dies ist ähnlich wie beim atomaren Ursprung der Röntgenstrahlung, nur dass die Energie der γ-Strahlung typischerweise um ein Hundert- bis Tausendfaches höher liegt als die der Röntgenstrahlung.

Die angeregten Zustände des Kerns werden ähnlich wie beim Atom durch bestimmte Quantenzahlen bestimmt, die einer bestimmten Teilchenkorrelation, Deformation, Vibration oder Rotation des Atomkerns entsprechen, die sich nur im Rahmen von mikroskopisch-makroskopischen Kernmodellen beschreiben lassen. Der mikroskopische Anteil stellt spezielle quantenmechanische Kernstrukturformationen in Rechnung; der makroskopische Anteil betrachtet und beschreibt den Kern als kollektive Einheit, mit verschiedenen Vibrations- und Rotationszuständen. Das Problem bei der genauen quantitativen Beschreibung der Anregungsstrukturen des Atomkerns ist, dass es sich nicht wie bei unserem Sonne-Planeten-System oder dem Bohr'schen Atommodell um ein System handelt, bei dem die wechselwirkende Kraft als Zentralkraft zwischen einem massiven Kern und den umlaufenden Teilchen wirkt, sondern um eine Vielzahl quasi-identischer Baryonen, die durch Vielfachwechselwirkung mit den benachbarten Baryonenkomponenten zum Kernverband gebunden sind. Selbst mit heutigen Supercomputern können solche Systeme wegen der Komplexität der Wechselwirkungsbedingungen nicht verlässlich berechnet werden; man muss sich auf empirische Gesetzmäßigkeiten und phänomenologische

Modellbeschreibungen wie das klassische Tröpfchenmodell des Atomkerns verlassen. Dies beeinträchtigt die Verlässlichkeit unserer theoretischen Vorhersagen von Zerfallsprozessen, weil die Wahrscheinlichkeit für den Zerfallsübergang und damit die Lebensdauer des radioaktiven Zustands von der kernstrukturellen Konfiguration des Ausgangs und des Endzustandes bestimmt sind.

Bei Zerfallsprozessen gelten bestimmte Erhaltungsgesetze. Bei der Ladungserhaltung muss die elektrische Ladung des Ausgangszustands eines Zerfallsprozesses der des Endzustands entsprechen. Dasselbe gilt für die totale Energie oder Masse (Energieerhaltung) und für die Impulserhaltung. Dabei muss das Produkt aus Masse und Geschwindigkeit – der Impuls – des Ausgangszustands zum Impulszustand des Endzustands gleich sein. Neben diesen drei Erhaltungssätzen gibt es noch eine Reihe weiterer Erhaltungssätze, etwa für den Drehimpuls, der die Rotationsbedingungen der Teilchen konstant hält, sowie für andere, mehr quantenmechanische Parameter.

Diese Erhaltungssätze regeln die Zerfallsbedingungen und erlauben deshalb theoretische Vorhersagen zum radioaktiven Zerfall. Beim Zerfall des Neutrons zum Proton heißt das, dass das Zerfallsprodukt ein negativ geladenes Elektron sein muss, damit Masse und Ladung erhalten bleiben. Als man jedoch den Zerfall des Neutrons beobachtete, erkannte man, dass das Elektron nicht einen scharfen Impuls aufwies, sondern eine Impulsverteilung. Das ließ die Emission eines weiteren, fast masselosen, neutralen Teilchens zur Impulserhaltung vermuten. Dieses Teilchen wurde wegen dieser Eigenschaften als kleines Neutron oder Neutrino bezeichnet. Der Zerfallsprozess, bei dem sich ein Neutron in ein Proton, ein Elektron und ein Neutrinoteilchen wandelt, wird als $\beta^-$-Zerfall bezeichnet und unterliegt der schwachen Wechselwirkung.

Im Kernverband selbst kann jedoch auch ein Proton in ein Neutron zerfallen. Dies findet insbesondere dann statt, wenn zu viele Protonen im Vergleich zu Neutronen vorhanden sind und die abstoßende Coulombkraft die starke Wechselwirkung einschränkt. Dieser Zerfall des Protons findet unter Aussendung eines Positrons und eines Neutrinos statt, um Ladung und Impulserhaltung zu gewährleisten. Die Physiker sprechen von $\beta^+$-Zerfall, weil durch diesen Prozess ein positiv geladenes Teilchen aus dem Kernverband entfernt wird. Da das Positron als Antiteilchen zum Elektron gilt, wird aus Symmetriegründen das beim $\beta^-$-Zerfall freigesetzte Neutrino als Antineutrino bezeichnet[36].

Die Anzahl der Protonen Z eines Atomkerns ist gleich der Ordnungszahl der Elektronenhülle, die das chemische Verhalten des Elements bestimmt. Die Summe aus N und Z ergibt die

[36] Hierbei ist allerdings noch nicht klar, ob Neutrinos und Antineutrinos nicht identische, sogenannte Majorana-Teilchen sind. Die heutige Physik der schwachen Wechselwirkung sucht nach einer Antwort auf diese Frage. Sie betrifft insbesondere die Entwicklung des frühen Universums.

Massenzahl A=Z+N. A entspricht der Anzahl der Nukleonen und damit der Masse des Atomkerns[37]. Der Kern des Kohlenstoffatoms hat 6 Protonen und 6 Neutronen, also die Massenzahl 12. In der Nomenklatur der Kernphysik wird dieser Kohlenstoffkern deshalb als $^{12}C$ bezeichnet, wobei C die Kurzform für das chemische Element ist. Oft findet man auch die Bezeichnung $^{12}{}_{6}C_{6}$, wobei die beiden tiefgestellten Zahlen jeweils die Anzahl der Protonen und Neutronen im Kern indizieren. Die allgemeine Form für ein Element X mit Massenzahl A, Ordnungszahl Z und Neutronenzahl N lautet demnach $^{A}{}_{Z}X_{N}$.

Die genaue Masse und Ladungzahl der verschiedenen Atome oder Ionen kann durch sogenannte Massenspektrometrie festgelegt werden. Sie beschleunigt die Atomkerne durch elektrische Felder und lenkt sie durch magnetische Felder auf bestimmte Bahnen ab. Sie können durch ortsempfindliche Teilchenzähler nachgewiesen werden. Die Ablenkungsbahnen entsprechen der jeweiligen Masse und Ladung, die dadurch genau festgelegt werden können. Diese Technik ist so perfektioniert, dass selbst bei kleinsten Spurenelementen Massenmessungen mit großer Präzision möglich sind. Heute ergänzen allerdings Ionen-Fallen diese klassische Technik. Sie fangen und speichern elektrisch geladene Teilchen mittels verschiedener Kombinationen elektromagnetischer Felder. Durch die Speicherung der geladenen Teilchen ist es möglich, deren physikalische Eigenschaften mit hoher Präzision zu untersuchen. Eine weitere Entwicklung sind die Laser-Fallen, die nur einzelne neutrale Atomkerne im Kreuzfeuer von Laserstrahlen durch Energieentzug kühlen, abbremsen und an einem genau definierten Ort halten. Dann lassen sich detaillierte Massen- und Zerfallseigenschaften messen.

Atome mit Kernen gleicher Protonenzahl, aber unterschiedlicher Zahl an Neutronen, können chemisch nicht unterschieden werden. Solche Kerne heißen Isotope. Alle chemischen Elemente bestehen aus einer großen Anzahl von Isotopen, die sich nur durch die Zahl der Neutronen im Kernverband unterscheiden. Für das Element Kohlenstoff gibt es zum Beispiel zwei stabile Isotope: $^{12}{}_{6}C_{6}$ und $^{13}{}_{6}C_{7}$ – das erste mit identischer Anzahl von Protonen und Neutronen, das zweite mit einem zusätzlichen Neutron im Kernverband. Die benachbarten Isotope sind das radioaktive $^{11}{}_{6}C_{5}$, das durch einen $\beta^{+}$-Übergang ein Proton in ein Neutron umwandelt und zu $^{11}B_{6}$ zerfällt, und das radioaktive $^{14}{}_{6}C_{8}$, das durch $\beta^{-}$-Zerfall ein Neutron in ein Proton umwandelt und das Zerfallsprodukt $^{14}{}_{7}N_{7}$ ergibt.

Ein weiteres Beispiel ist das Element Gold (Au), das 79 Protonen charakterisieren. Es gibt nur ein stabiles Gold-Isotop, $^{197}{}_{79}Au_{118}$, mit 118 Neutronen. Die Massenzahl A beträgt 197. Für das Element

[37] Die Massenzahl wird häufig auch als Atomgewicht bezeichnet. Ein Ziel der Kernphysik ist es, immer schwerere Elemente herzustellen, um die Eigenschaften von Materie bei extremer Dichte zu studieren. Dies ist schon im frühen Science-Fiction-Roman *Atomgewicht 500* von Hans Dominik beschrieben. Heute halten die Kernphysiker mit der Herstellung des Elements Livermorium mit Z=116 und dem Atomgewicht A=293 einen Rekord. Schwerere Elemente bis Z=120 und A=320 sind schon nachgewiesen worden, aber haben noch keinen offiziellen Namen erhalten.

Blei (Pb) mit der Ordnungszahl 82 gibt es wiederum drei stabile Isotope: ${}^{206}_{82}Pb_{124}$, ${}^{207}_{82}Pb_{125}$ und ${}^{208}_{82}Pb_{126}$, offensichtlich alle mit gleicher Ordnungs-, also Protonenzahl, aber unterschiedlicher Neutronen- und Massenzahl. Die chemisch beobachteten Elemente auf unserer Erde bestehen aus einer Mischung verschiedener stabiler Isotope. Das durchschnittliche Mischungsverhältnis kann man in Tabellen zu den physikalischen Eigenschaften der Elemente finden, aber trotzdem gibt es oft erhebliche Schwankungen aufgrund lokaler geologisch-physikalischer oder chemischer Bedingungen, genannt chemische Fraktionierung. Das hat durch die Isotopenanalyse enorme Anwendung als Isometrie in der Archäometrie, Forensik, Geologie und Klimaforschung gefunden.

## 2.4 Energie und Bindung des Atomkerns

Für die Betrachtung radioaktiver Zerfallsereignisse ist der Energiezustand des radioaktiven Kerns und der Zerfallsprodukte wichtig. Physikalische Systeme wollen immer den energetisch günstigsten Zustand einnehmen, auch in der Physik der Atomkerne. Deshalb entsprechen stabile Kerne einer energetisch günstigen Konfiguration des Protonen-Neutronen-Systems eines Atomkerns, während radioaktive Kerne energetisch instabiler sind. Zweck des Zerfalls ist das Erreichen einer stabileren Konfiguration. Zerfallsarten wie die $\alpha$-, $\beta$- und $\gamma$-Strahlung bieten die Möglichkeit dazu.

Die Bindungsenergie hält die Nukleonen im Kern zusammen. Die Bindungsenergie eines Atomkerns entsteht hauptsächlich aus der starken Wechselwirkung, die die Nukleonen über eine kurze Distanz aneinanderkoppelt. Sie wird durch die elektromagnetische oder Coulombkraft reduziert, die positive Ladungen voneinander abstößt: Bei Kernen mit hoher Protonenanzahl wirken starke interne abstoßende Kräfte, die die Bindung durch die starke Wechselwirkung schwächen. Die schwache Wechselwirkung gleicht Überschüsse an Protonen oder auch Neutronen im Kern aus.

Diese einzelnen Terme sind schematisch in Abbildung 2–3 am Beispiel eines Stickstoff-Isotops, ${}^{18}_{7}N_{11}$, mit sieben Protonen und elf Neutronen dargestellt. Der Volumenterm entspricht der starken Wechselwirkung, die jedes Nukleon mit allen benachbarten Nukleonen hat. Die Nukleonen nahe der Oberfläche haben eine reduzierte Bindungsenergie, da die Nachbarn fehlen. Deshalb muss der entsprechende Anteil abgezogen werden. Positiv geladene Protonen stoßen sich gegenseitig ab: Eine elektromagnetische Wechselwirkung zwischen den Protonen reduziert die Bindungsenergie und muss deshalb abgezogen werden. Weiterhin wirkt die starke Wechselwirkungskraft besonders zwischen Protonen und Neutronen. Wenn ein Überschuss an einer Nukleonenart existiert, wird die Bindungsenergie durch den Mangel an starker Wechselwirkung zwischen den überschüssigen Nukleonen reduziert. Der letzte Anteil ist die Paarungsenergie, die eine besonders enge Kopplung zwischen gleichartigen Nukleonenpaaren beschreibt. Dieser Term erhöht die Bindungsenergie, wenn Z und N, und damit auch A, einer geraden Zahl entsprechen. Wenn A gerade, aber sowohl Z und N ungerade sind, fehlt die Paarungsenergie, und der Term reduziert die Bindungsenergie. Ist A ungerade, ist die Paarungsenergie gleich null: Der Term kann vernachlässigt werden.

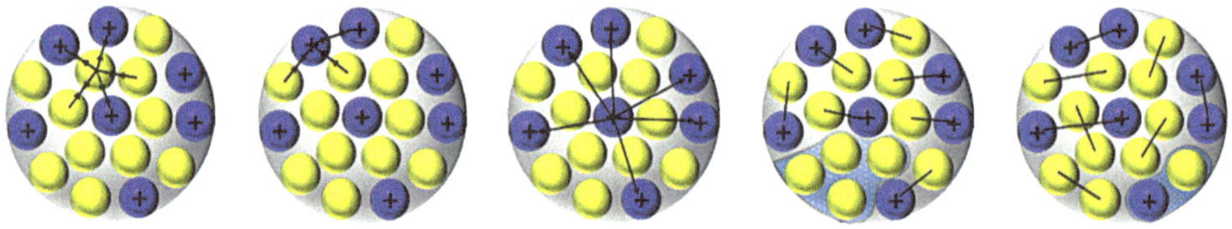


*Abb. 2-3: Die verschiedenen Beiträge, die die Bindungsenergie eines Stickstoff-Atomkerns, ${}^{18}_{7}N_{11}$, bestimmen. Der Volumenterm beschreibt die Wechselwirkung jedes Baryons mit den benachbarten Baryonen. Der Oberflächenterm beschreibt eine Reduzierung des Volumenterms, die dadurch bedingt ist, dass Baryonen nahe der Oberfläche des Kerns eine reduzierte Anzahl an Nachbarn haben. Der Coulombterm beschreibt die elektromagnetische Abstoßung der positiven Protonen voneinander, wirkt also nur zwischen geladenen Teilchen. Der Symmetrieterm berücksichtigt, dass Neutronen-Protonen-Paare stärker aneinander gebunden sind und ungepaarte Neutronen (oder auch Protonen) weniger zur Gesamtbindung beitragen. Schließlich ist die Paarung die letzte Komponente, die, anders als der Symmetrieterm, die Paarung gleichartiger Baryonen als Beitrag zur Gesamtbindung berücksichtigt. Aus den letzten beiden Beiträgen ergibt sich, dass Kerne mit gerader Protonen- und Neutronenzahl stärker gebunden sind als Kerne ähnlicher Masse mit ungerader Protonen und Neutronenzahl, die wiederum stärker gebunden sind als Kerne mit jeweils ungerade Protonen und gerader Neutronenzahl oder gerader Protonen und ungerader Neutronenzahl.*

Die Bindungsenergie *B(Z,N)* eines Kerns mit *Z* Protonen und *N* Neutronen entspricht der Differenz zwischen der Masse des Kerns *m(Z,N)* und der Massen seiner einzelnen Komponenten $m_p$ für Protonen und $m_n$ für Neutronen. Zur Umrechnung von Energie in Masse zieht man Einsteins Massen-Energie-Äquivalenz $E=mc^2$ beziehungsweise $m=E/c^2$ zu Hilfe. Die Bindungsenergie ist danach

$$B(Z,A) = \frac{m(Z,N) - \left(Z \cdot m_p + N \cdot m_n\right)}{c^2}$$

Praktisch gesehen entspricht die Bindungsenergie der Menge an Energie, die man in einen Kern pumpen muss, um ihn in seine einzelnen Komponenten zu zerlegen. Wenn man es andererseits schafft, einzelne Protonen und Neutronen zu einem Kern zu fusionieren, wird die entsprechende Bindungsenergie des Kerns freigesetzt: der Traum von der unerschöpflichen Quelle an Fusionsenergie. Man kann sie gewinnen, wenn es gelingt, Wasserstoffkerne, also Protonen, zu schweren Kernen zu verschmelzen. Dazu muss man jedoch erst die starke abstoßende Coulombkraft überwinden, was bislang trotz größter Mühen und enormer Kosten nicht gelungen ist.

Wegen der Komplexität der Wechselwirkungsbedingungen zwischen den einzelnen Nukleonen innerhalb eines Atomkerns ist es bislang nicht gelungen, die Bindungsenergie direkt zu errechnen, abgesehen von kleineren Atomkernen bis zum Kohlenstoff. Für schwerere Kerne reicht die Rechenkapazität der gegenwärtigen Computersysteme nicht aus. Die Bindungsenergien der derzeit bekannten Kerne werden deswegen mittels empirischer Formeln annähernd berechnet oder durch detaillierte Messungen der Kernmassen ermittelt. Bei unbekannten Kernen muss man sich jedoch auf die empirischen Massenformeln verlassen, da trotz erheblicher Mühe und enorm verbesserter Messmethoden diese Kerne nicht in ausreichender Menge für eine verlässliche Massenmessung hergestellt werden können.

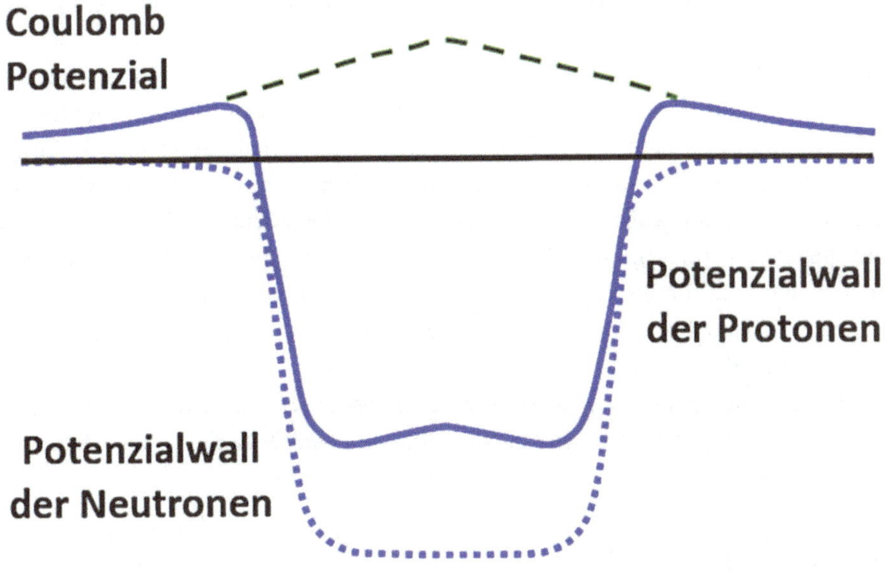


*Abb. 2-4: Schematische Darstellung der Potenziale des Atomkerns. Die Tiefe des Potenzials entspricht der Energiemenge, die notwendig ist, um ein Teilchen aus dem Kernverband zu lösen. Die Abbildung zeigt das Bindungspotenzial der ungeladenen Neutronen sowie das um das Coulomb-Potenzial reduzierte Bindungspotenzial der positiv geladenen Protonen.*

Die Bindung eines Atomkerns wird oft schematisch als Potenzialtopf dargestellt (Abbildung 2-4); die Tiefe des Potenzials entspricht der Bindungsenergie. Da die im Inneren wirkende elektromagnetische Kraft im Gegensatz zur starken und schwachen Wechselwirkungskraft langreichweitig ist, geht der Coulombanteil an der Bindungsenergie weit über den durch die Massenzahl A und die starke Wechselwirkungskraft gegebenen Radius des Atomkerns hinaus. Sie gilt allerdings nur für die positiv geladenen Protonen, die der elektromagnetischen Wechselwirkung unterliegen. Deswegen ist das Bindungspotenzial für Protonen und Neutronen unterschiedlich.

Der Radius eines Atomkerns hängt direkt von der Anzahl der dicht gebundenen Nukleonen ab, also der Massenzahl A des Kerns, sowie von der Größe eines einzelnen Nukleons. Für den ungefähren Radius *r* eines Atomkerns gilt folgende Beziehung (in Einheiten von Fermi mit 1 fm $=10^{-13}$ cm),

$$r = r_0 \cdot A^{1/3} \qquad r_0 \cong 1.26\, fm$$

wobei $r_0$ ungefähr dem Radius eines einzelnen Nukleons entspricht.

Das bekannteste – und einfachste – empirische Massenmodell für den Atomkern ist das sogenannte Tröpfchenmodell, das Carl Friedrich von Weizsäcker (1912–2007) schon 1936 als Weizsäcker-Massenformel aufgestellt hat. Dabei wird der Atomkern wie ein Wassertropfen behandelt. Der Volumenenergie des Atomkerns entspricht die Kondensationsenergie des Wassertropfens, die, um einen Oberflächenterm reduziert, den Tropfen zusammenhält. Einbezogen sind die abstoßenden Coulombkräfte und sogenannte Symmetrie-Energien, die starke Ungewichtigkeiten zwischen der Zahl der Protonen und Neutronen korrigieren sollen. Trotz ihrer Einfachheit war die Weizsäcker'sche Massenformel extrem erfolgreich in der globalen Vorhersage der Bindungsenergien; selbst heutige Massenformeln bauen noch vielfach auf diesem Grundformalismus auf. Die Bindungsenergie wächst mit der Massenzahl: Je mehr Nukleonen gebunden werden müssen, desto größer ist der Aufwand an Bindungsenergie.

Für mathematisch interessierte Leser stellt sich die Weizsäcker'sche Massenformel, genauer gesagt, die Formel für die Bindungsenergie eines Atomkerns mit Massenzahl *A* und Ladungszahl *Z*, folgendermaßen dar:

$$B(Z,A) = a_V \cdot A - a_O \cdot A^{2/3} - a_C \cdot \frac{Z^2}{A^{1/3}} - a_S \cdot \frac{\left(A-2Z)^2\right)}{A},$$

Dabei sind die Terme $a_V$=15,8 MeV, $a_O$=18,3 MeV, $a_C$=0,714 MeV, $a_S$=23,2 MeV[38] empirische Parameter, die die Stärke der verschiedenen Komponenten der Bindungsenergie (Volumenterm, Oberflächenterm, Coulombterm und Symmetrieterm) den experimentellen Daten anpassen. Diese Parameter hängen von der Qualität des experimentellen Datensatzes und der Qualität der Anpassung an die empirische Masseformel ab und erscheinen deshalb in der Literatur mit leicht unterschiedlichen Zahlenwerten. Um jedoch Feinheiten, die sich zumeist auf Kernstrukturfaktoren zurückführen, besser darstellen zu können, wird in der Regel die Bindungsenergie per Nukleon *B(Z,N)/A* als praktische Größe benutzt und grafisch dargestellt.

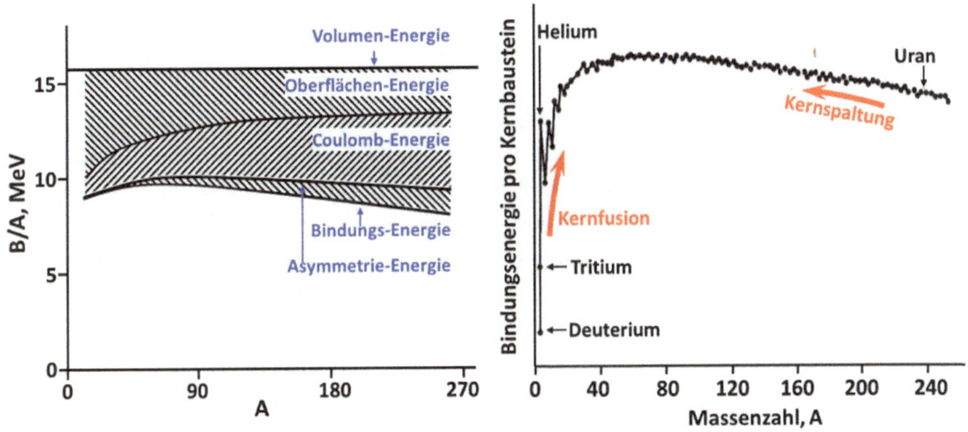


*Abb. 2-5: Links sind, nach dem Weizsäcker'schen Modell berechnet, die verschiedenen Anteile der Bindungsenergie B(Z,A)/A eines Atomkerns als Funktion der Massenzahl A schematisch dargestellt. Man erkennt deutlich das Anwachsen der abstoßenden Coulombenergie mit zunehmender Protonenzahl Z. Paarungseffekte sind dabei vernachlässigt. Rechts ist die totale Bindungsenergie B(Z,A)/A dargestellt. Die Kurve demonstriert, dass das Maximum an Bindungsenergie pro Masseneinheit im mittleren Massenbereich bei Eisen und Nickel (A=56, 58) liegt. Die Kurve zeigt neben den besonders stabilen Kernen $^{4}$He und $^{12}$C auch, dass Bindungsenergie bei der Fusion leichter Kerne wie Deuterium und Tritium zu schwereren Kernen (bis zu $^{56}$Fe) gewonnen werden kann. Ebenso kann Bindungsenergie bei der Spaltung (Fission) schwerer Kerne wie Uran zu leichteren Kernen freigesetzt werden. (nach Wikipedia)*

---

38 Die physikalische Einheit MeV steht für Mega-Elektronenvolt, wobei 1 eV die kinetische Energie ist, auf die ein Elektron in einem elektrischen Potenzial von 1 Volt beschleunigt wird. Die Einheit eV wird weitgehend in der Kern- und Teilchenphysik verwandt. Gewöhnlicherweise werden alle mikroskopischen Größen in dieser Einheit angegeben. Die Umrechnung in die klassischen Energieeinheit Joule wird über die folgende Beziehung gegeben: 1 eV = $1{,}602\cdot10^{-19}$ J. Dabei entspricht die Zahl $1{,}602\cdot10^{-19}$ Coulomb der elektrischen Elementarladung eines Elektrons.

Abbildung 2-5 zeigt die Bindungsenergie per Nukleon *B(Z,A)/A*, wie sie sich aus der Weizsäcker'schen Formel als Funktion der Kernmasse A ergibt. Der Volumenbeitrag zur Bindung ist konstant. Die sich an der Oberfläche befindenden Baryonen haben jedoch weniger Nachbarn und deswegen eine schwächere Bindung. Um das zu korrigieren, wird ein sogenannter Oberflächenterm abgezogen. Die Bindungsenergie wird ebenfalls durch die Coulombenergie reduziert, die berücksichtigt, dass gleichgeladene Teilchen sich gegeneinander abstoßen. Da die Wechselwirkung zwischen Protonen und Neutronen leicht unterschiedlich ist, gibt es schließlich noch den Symmetrieterm, der die Ungleichheit zwischen der Protonen- und Neutronenanzahl berücksichtigt.

## 2.5 Der radioaktive Zerfall

Beim radioaktiven Zerfall geht eine instabile, also energetisch angeregte Konfiguration von Protonen und Neutronen innerhalb eines Kernverbandes durch Emission radioaktiver Strahlung in eine stabilere, also energetisch günstigere Konfiguration über. Die dabei freiwerdende Bindungsenergie wird als kinetische oder elektromagnetische Energie der Strahlung freigesetzt. Instabile Isotope charakterisieren sich zum Beispiel entweder durch eine zu niedrige oder eine zu hohe Neutronenzahl im Verhältnis zur Protonenzahl des Kerns. Dies hängt mit den internen Kräften wie der Coulombkraft und der schwachen Wechselwirkung zusammen, die neben der starken Wechselwirkung die Stabilität des Atomkerns bestimmen. Vereinfacht dargestellt: Sind zu wenig Neutronen im Vergleich zu Protonen vorhanden, ist der Kern instabil durch ein Übermaß an abstoßender Coulombkraft zwischen den gleichgeladenen Protonen. Ein Proton mutiert durch $\beta^+$-Zerfall zu einem Neutron, um wieder Stabilität zu erlangen[39]. Dabei gilt der Anfangszustand als energetisch höher und deswegen instabil. Er zerfällt mittels Transformation durch die schwache Wechselwirkung in einen energetisch günstigeren Endzustand. Da sich die Ordnungszahl Z um einen Ladungszustand verringert, entsteht ein neues Element mit der Ordnungszahl Z-1. Dabei kompensieren sich das Positron und ein Elektron aus der atomaren Hülle, so dass sich auch die Anzahl der Elektronen verringert.

Ähnlich liegt der Fall bei Kernen, die zu neutronenreich sind: Sie sind ebenfalls instabil, da die Balance zwischen den Baryonenpaaren für die starke Wechselwirkung nicht mehr gegeben ist. In diesem Fall sucht der Kern durch einen $\beta^-$-Zerfall ein Neutron in ein Proton zu transformieren, um einen stabileren Zustand zu erreichen. Wiederum ändert das die Ordnungszahl Z und bewirkt dadurch eine Umwandlung zu einem neuen Element mit der Ordnungszahl Z+1.

---

39 Sollte es gar zu schlimm sein mit dem Überhang an Protonen im Vergleich zu Neutronen, treten drastischere Zerfälle ein, indem der instabile Kern einfach ein ganzes Proton emittiert.

Beim $\beta^+$-Zerfall wie beim $\beta^-$-Zerfall werden neben den Positronen beziehungsweise Elektronen die entsprechenden Neutrinos emittiert.

Ein bekanntes Beispiel ist das schon erwähnte relativ langlebige Isotop $^{14}{}_{6}C_{8}$, das sich durch $\beta^-$-Zerfall in ein $^{14}{}_{7}N_{7}$ Stickstoff-Isotop verwandelt. Das ursprüngliche Element mit der Ordnungszahl Z=6 geht also durch den Zerfall in ein neues Element mit der Ordnungszahl Z+1=7 über. Die Anzahl der Nukleonen oder Baryonen in Kernen mit A=14 bleibt jedoch konstant. Die beim Zerfall freiwerdende Energie entspricht dem Energieunterschied zwischen dem Ausgangssystem des $^{14}C$-Kerns und dem Endzustand des $^{14}N$-Kerns plus der Zerfallsprodukte. Diese Energie wird in kinetische Energie des Elektrons und des Anti-Neutrinos umgesetzt.

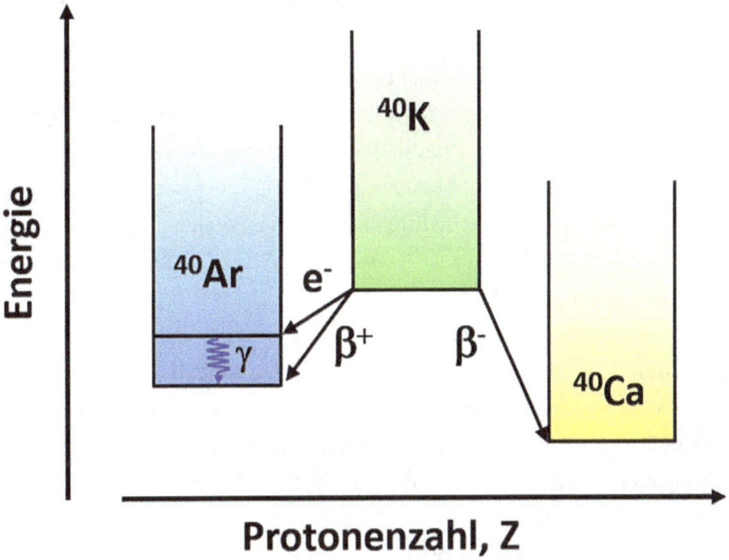


*Abb. 2-6: Das Zerfallsschema von $^{40}{}_{19}K_{21}$. Das Schema demonstriert drei Zerfallsmöglichkeiten, einen $\beta^-$-Zerfall, der ein Neutron in ein Proton transformiert und das Kalzium-Isotop $^{40}{}_{20}Ca_{20}$ formt. Alternativ ist auch der $\beta^+$-Zerfall möglich, der ein Proton in ein Neutron umwandelt und als Endkern das Argon-Isotop $^{40}{}_{18}Ar_{22}$ bildet. Die dritte Möglichkeit bildet der Elektroneneinfang aus der Hülle in den $^{40}K$-Kern. Er hinterlässt einen angeregten $^{40}{}_{18}Ar_{22}$-Kern, der durch nachfolgenden γ-Zerfall mit einer Energie von 1,45 MeV in den Grundzustand von $^{40}Ar$ übergeht. Die jeweiligen Endprodukte sind stabil.*

In wenigen, doch oft sehr kritischen Fällen gibt es noch eine dritte Zerfallsmöglichkeit, die auf der schwachen Wechselwirkung basiert. Sie ist im gewissen Sinn dem $\beta^+$-Zerfall ähnlich, in dem ein

Proton im Kernverband zu einem Neutron umgewandelt wird. Dasselbe Ergebnis kann erreicht werden, wenn der Kern aus seiner Elektronenhülle ein Elektron einfängt. Damit wird die positive Ladung des Protons durch die negative des Elektrons kompensiert, und es entsteht das neutrale Neutron. Dieser sogenannte Elektroneneinfang kann parallel zum $\beta^+$-Zerfall ablaufen. Welche der beiden Möglichkeiten bevorzugt wird, kommt wieder auf die Wahrscheinlichkeit für den quantenmechanischen Übergang vom radioaktiven Anfangszustand bis zum endgültigen stabilen Kern an. Radioaktive Elemente besonderer Bedeutung, die durch Elektroneneinfang zerfallen, sind das Beryllium-Isotop ${}^{7}_{4}Be_{3}$, das Kalium-Isotop ${}^{40}_{19}K_{21}$, das Titan-Isotop ${}^{44}_{22}Ti_{22}$, und das Nickel-Isotop ${}^{56}_{28}Ni_{28}$.

Beim radioaktiven Kalium-Isotop ${}^{40}_{19}K_{21}$ handelt es sich um einen besonders interessanten Fall: Es kann in drei verschiedene Zerfallskanäle übergehen. Durch die $\beta^-$-Zerfallssequenz wird ein Neutron im Kernverband in ein Proton transformiert, und es entsteht das Kalzium-Isotop ${}^{40}_{20}Ca_{20}$: ${}^{40}_{19}K_{21} \Rightarrow {}^{40}_{20}Ca_{20} + \beta^- + \nu$. Energetisch ist jedoch auch ein $\beta^+$-Positronenzerfall zum Argon-Edelgas-Isotop ${}^{40}_{18}Ar_{22}$ möglich, wobei ein Proton im Kernverband in ein Neutron umgewandelt wird: ${}^{40}_{19}K_{21} \Rightarrow {}^{40}_{18}Ar_{22} + \beta^+ + \nu$. Die dritte Möglichkeit ist der Elektroneneinfang: Das ${}^{40}_{18}Ar_{22}$-Isotop entsteht in einem angeregten Zustand, der durch Emission von 1,45 MeV $\gamma$-Strahlung in den stabilen Grundzustand übergeht (Abbildung 2-6). Die waagerechten Linien repräsentieren Zustandsenergien für die verschiedenen, durch rechteckige Potenzialtöpfe dargestellten Isotope. Pfeile zeigen die Zerfallsmöglichkeiten. Die senkrechte Achse ist die Energieachse; die waagerechte Achse stellt die Anzahl der Protonen im Kern dar.

Beim $\alpha$-Zerfall wird ein Heliumkern emittiert. Er besteht aus zwei Protonen und zwei Neutronen. Helium hat einen besonders stark gebundenen Kern. Deswegen bilden sich oft innerhalb eines Atomkernverbandes spezielle Strukturen, die sogenannten $\alpha$-Cluster-Strukturen. Sie verhalten sich, ähnlich wie Moleküle, als Verband mehrerer Atome, als Verband mehrerer aneinandergekoppelter $\alpha$-Teilchen. So hat zum Beispiel das hoch instabile Beryllium ${}^{8}_{4}Be_{4}$ eine Struktur, die wie zwei aneinander gekoppelte $\alpha$-Teilchen aussieht und sofort in dieselben zerfällt. Auch der ${}^{12}_{6}C_{6}$-Kohlenstoffkern weist in höher angeregten Zuständen eine ausgeprägte $\alpha$-Cluster-Struktur von drei $\alpha$-Teilchen auf[40]. Im Allgemeinen tritt der $\alpha$-Zerfall jedoch nur bei sehr massiven Kernen auf, die wegen ihrer Größe die kurzreichweitige starke Wechselwirkung einfach nicht mehr zusammenhalten und deshalb unter Emittierung eines $\alpha$-Teilchens in einen weniger massereichen Zustand übergehen. Da das $\alpha$-Teilchen eine Massenzahl $A$=4 hat und eine

---

[40] Dies ist der sogenannte Hoyle-Zustand, ohne dessen Existenz sich kein Kohlenstoff im Universum hätte formen können und der deshalb kritisch für den Ursprung aller biologischen Lebensformen ist. Viele Wissenschaftler, zum Beispiel der britische *Astronomer Royal* Martin Rees (*1942), betrachten die Existenz dieser Konfiguration als Beispiel für das anthropische Prinizip, nach dem die Struktur des Universums in all seinen Komponenten sich so entwickelt hat, dass es dem Beobachter ein Leben ermöglicht. Martin Rees: Just Six Numbers, HarperCollins Publishers, 1999.

Ordnungszahl von Z=2, bildet sich beim α-Zerfall eines Isotops ${}^{A}_{Z}X_{N}$ ein neues Isotop, das durch die Konfiguration ${}^{A-4}_{Z-2}X_{N-2}$ charakterisiert ist. X steht für das jeweilige Elementsymbol.

Das bekannteste Beispiel für den α-Zerfall schwerer Isotope bieten die Arbeiten von Marie Skłodowska-Curie und Pierre Curie, die von 1898 bis 1906 intensive Untersuchungen des Phänomens der Radioaktivität an Pechblende durchführten. Die Pechblende ist ein schwärzlich glänzendes Mineral, das zu mehr als 80 Prozent aus Uran besteht. Das Ehepaar Curie untersuchte die davon ausgehende Strahlung, die 1896 durch Henri Becquerel zum ersten Mal am Uran beobachtet worden war[41] (vgl. S. 13). Durch aufwendige chemische Analyse gelang es den Curies, aus 10 Tonnen Pechblende mehrere neue Elemente zu extrahieren und auf ihre charakteristischen Eigenschaften hin zu analysieren. Eins dieser Elemente war das schon vorher bekannte Thorium mit dem Atomgewicht 232 und Ordnungszahl Z=90, zwei weitere unbekannte strahlende Elemente benannten sie Radium mit dem Atomgewicht 226 und Ordnungszahl Z=88 sowie Polonium mit dem Atomgewicht 210 und Ordnungszahl Z=84. All diese beobachteten Isotope zerfallen durch α-Zerfall. Die Mutter-Tochter-Kombinationen wären damit ${}^{232}_{90}Th_{142} \Rightarrow {}^{228}_{88}Rd_{140} + \alpha$, ${}^{226}_{88}Rd_{138} \Rightarrow {}^{222}_{86}Rn_{136} + \alpha$ und ${}^{210}_{84}Po_{126} \Rightarrow {}^{206}_{82}Pb_{124} + \alpha$. Damit zerfällt das schwere Thorium-Isotop in ein Radium-Isotop mit Atomgewicht 228. Das von den Curies entdeckte Radium-Isotop mit dem Atomgewicht 226 zerfällt zu Radon, das in der Tat später als ein aus der Pechblende entweichendes Edelgas identifiziert wurde. Das relativ leichte Polonium-Isotop zerfällt in ein stabiles Blei-Isotop. Mittels dieser Zerfallsarithmetik konnten später Ernest Rutherford und sein Mitarbeiter Frederic Soddy die sogenannten natürlichen Zerfallsreihen festlegen, über die schwere instabile Isotope wie Uran und Thorium langsam zu stabilen Blei-Isotopen zerfallen.

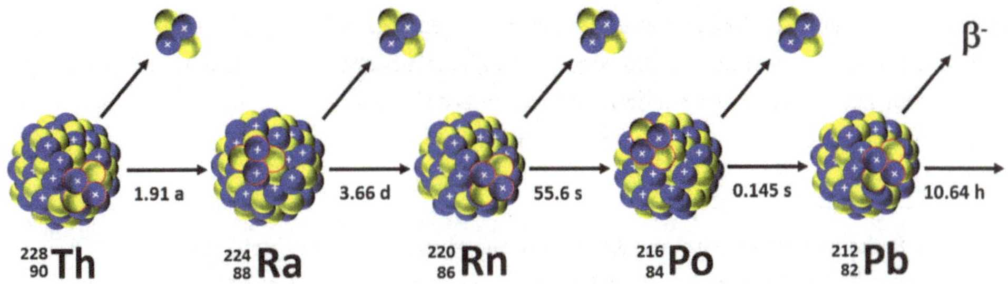


*Abb. 2-7: Die natürliche Zerfallskette von Thorium. Durch eine Serie aufeinanderfolgender α-Zerfälle transformiert sich das ursprüngliche ${}^{228}_{90}Th$-Isotop zuerst in Radium, dann in Radon, Polonium und das $\beta^-$-instabile Blei-Isotop ${}^{212}_{82}Pb$.*

---

[41] Marie Skłodowska-Curie: Untersuchungen über die radioaktiven Substanzen. Übersetzung: W. Kaufmann, Braunschweig 1904, Vieweg.

Abbildung 2-7 zeigt die Zerfallsreihe des radioaktiven Thorium-Isotops $^{228}_{90}Th_{138}$ in der Darstellung von Ernest Rutherford als Beispiel einer solchen Zerfallsreihe[42]. Es gibt mehrere solcher Zerfallsreihen, aber die bekanntesten sind die durch den Zerfall der schweren Uran-Isotope $^{235}_{92}U_{143}$ und $^{238}_{92}U_{146}$, des Thorium-Isotops $^{232}_{90}Th_{142}$ sowie des Neptunium-Isotops $^{237}_{93}Np_{144}$ ausgelöst werden. Dies sind die sogenannten Aktiniden[43], deren langsamer Zerfall weitere Isotope entlang der Kette langsam füttert. Das Phänomen der natürlichen Zerfallsreihen, die sich aus diesen langlebigen radioaktiven Isotopen entwickeln, stellt eine der wichtigsten Komponenten der sogenannten natürlichen Radioaktivität in unserem Universum, auf unserer Erde und in unseren Körpern (vgl. Kapitel 5).

Abbildung 2-8 zeigt schematisch die bislang diskutierten Zerfallsmöglichkeiten vom $\alpha$-Zerfall bis zu den drei verschiedenen Komponenten $\beta^-$, $\beta^+$ und Elektroneneinfang, die als $\beta$-Zerfall zusammengefasst werden. Ebenso eingezeichnet sind Teilchenzerfälle wie Neutronen- und Protonen-Emission, die jedoch nur an den Grenzen der Teilchenstabilität bei Kernen mit extremem Überschuss an Neutronen oder Protonen eintreten können. Das Schema demonstriert die mit jeder Zerfallsart einhergehenden Änderungen in der Ordnungszahl und Massenzahl des Ausgangsisotops.

Bleibt die dritte Zerfallsart, der $\gamma$-Zerfall, der ohne Änderung der Ordnungszahl oder Massenzahl abläuft. Das heißt, dass der zerfallende Atomkern sich in seiner Zusammensetzung nicht ändert, sondern nur von einem energetisch angeregten, also massereicheren, nichtstabilen Zustand in einen anderen energetisch niedrigeren Zustand unter Aussendung hochenergetischer Photonen übergeht. Hier ist die Vorstellung so ähnlich wie beim Aussenden von Röntgenstrahlen bei Übergängen von Elektronen in der Atomhülle, nur dass die emittierte Energie ungefähr tausendmal höher und deswegen destruktiver ist als die der Röntgenstrahlung. Angeregte Zustände sind allerdings nicht wie im Bohr'schen Atommodell durch ein Analogbild von Planetenbahnen mit größerem Radius oder größerer Exzentrizität zu verstehen, sondern werden zumeist als bestimmte Quantenkonfigurationen des Atomkerns interpretiert, die klassisch einer Deformation oder Abweichung von der Kugelform oder

[42] Ernest Rutherford: Radiations from Radioactive Substances. Cambridge University Press, 1930.

[43] Die Sammelbezeichnung Aktinide oder auch Aktinoide geht auf das Element Actinium zurück und umfasst alle 14 im Periodensystem folgenden schwereren Elemente: Thorium, Protactinium, Uran sowie auch die sogenannten Transurane Neptunium, Plutonium, Americium, Curium, Berkelium, Californium, Einsteinium, Fermium, Mendelevium, Nobelium und Lawrencium. Die Kerne der Aktiniden haben zwischen 89 und 103 Protonen und zwischen 117 und 159 Neutronen. Die Aktiniden sind metallischen Elemente mit vergleichbaren chemischen Eigenschaften, was ihre Klassifizierung begründet. Nur die leichteren Aktiniden bis Plutonium können in der Natur beobachtet werden. Aktinide von Plutonium bis Fermium wurden als Produkte von Atombombentests identifiziert. Die schweren Arten können auf der Erde nur künstlich durch Kernreaktionen hergestellt werden. Eine Reihe von schwereren Elementen wie Meitnerium, Röntgeniums und Darmstadtium wurden zwar identifiziert, aber ihre chemischen Eigenschaften sind nicht bekannt. Sie werden deswegen als Trans-Aktinide bezeichnet.

als Schwingungen analog zum Zittern eines Wassertropfens entsprechen. Andere Konfigurationen mit hoher Drehimpuls-Quantenzahl werden als schnelle Rotationen des Kerns um seine eigene Achse interpretiert. Dies sind Analogien aus der klassischen Mechanik, die beim Atomkern wie auch bei der Elektronenhülle der mathematische Apparat der Quantenmechanik beschreibt. Für jede Konfiguration ist nur ein bestimmter Energiezustand erlaubt. Die Übergänge von einem Zustand in den anderen folgen damit bestimmten Auswahlregeln, die die Übergangswahrscheinlichkeit festlegen. Der Energieunterschied zwischen den verschiedenen Zuständen wird als γ-Photon mit charakteristischer Energie, Wellenlänge oder Frequenz emittiert.

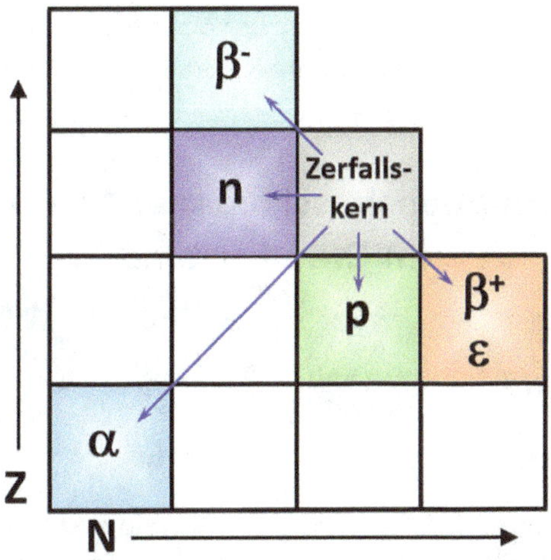


*Abb. 2-8: Die senkrechte Achse gibt die Anzahl der Protonen, also die Ordnungszahl an, die waagerechte Achse die der Neutronen. Das Schema zeigt die Änderungen in Anzahl der Protonen und Neutronen beim α-Zerfall sowie $\beta^-$- und $\beta^+$- Zerfall beziehungsweise Elektroneinfang. Ebenso eingezeichnet sind die Änderungen bei Neutronen- und Protonen-Emission, die jedoch nur bei extremem Neutronen- oder Protonenüberschuss im Kern eintreten können. Die Sequenz von protonen oder neutronenreichen Kernen, die sofort über Protonen- bzw. Neutronenemission zerfallen bezeichnet man als Drip-Linie.*

Neben den drei bekanntesten Arten, α-, β- und γ-Zerfall, gibt es unter anderem noch den Protonen-Zerfall bei Kernen, die so viel mehr Protonen oder Neutronen haben, dass selbst der $\beta^+$-Zerfall die Stabilität nicht mehr bewahren kann. Hinzu kommt der Neutronenzerfall bei extrem neutronenreichen Kernen, die nicht mehr durch den $\beta^-$-Zerfall stabilisiert werden können (Abbildung 2-7). Diese Fälle kommen aber in der Natur selten vor, weil es dazu enormer Energien bedarf, die höchstens bei explodierenden Sternen auftreten.

Was jedoch auf der Erde vorkommen kann, ist die natürliche Kernspaltung oder Fission. Kernspaltung als Zerfallsprozess tritt nur bei stark deformierten Kernen auf. Dazu gehören bei den leichten Kernen das schon erwähnte ${}^{8}_{4}Be_{4}$, das praktisch aus zwei Helium-Kernen ${}^{4}_{2}He_{2}$ besteht, also ein sogenanntes α-Cluster bildet, was dann auch spontan in zwei unabhängige α-Teilchen oder ${}^{4}_{2}He_{2}$-Kerne zerfällt. Gewöhnlich sind es aber die extrem schweren Kerne, die durch die intern wirkenden Kräfte zwischen den Nukleonen so deformiert sind, dass der normale α-Zerfall nicht ausreicht, um Stabilität zu bewahren, und sie deswegen durch Spaltung in zwei ungefähr gleich große Kernfragmente in einen energetisch günstigeren Zustand übergehen können. Solche Beispiele sind in Abbildung 2-9 dargestellt, die die Form von verschiedenen schweren Atomkernen im Grundzustand wie auch angeregten langlebigen Zuständen darstellt. Solche angeregten Zustände werden als Isomere bezeichnet. Die Formen führen sich auf experimentelle Messungen zur Bestimmung der einzelnen Quantenzahlen für die jeweiligen Zustände zurück.

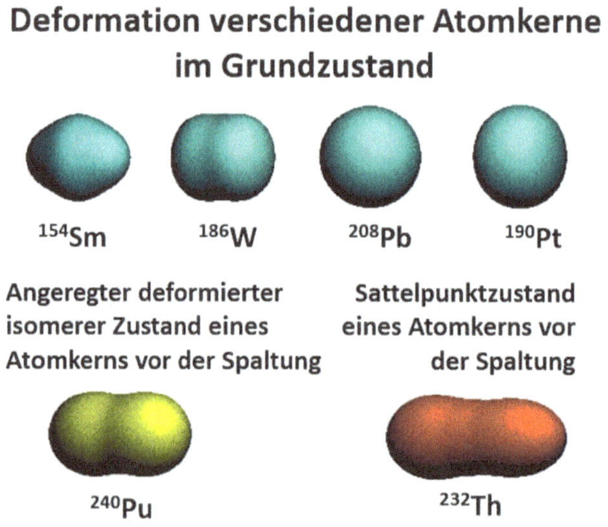


*Abb. 2-9: Schwere Atomkerne, die durch verschiedene Deformationen in ihrem Grundzustand – dem energetisch stabilsten Zustand für den speziellen Kern – gekennzeichnet sind. Das besonders stabile doppel-magische Blei Isotop ${}^{208}_{82}Pb$ ist sphärisch, während die instabilen Isotope große Deformationen haben, die zur Spaltung oder Emission eines α-Teilchens führen können.*

Die Zerfallsprodukte von Kernspaltung können verschiedene Kerne sein; welche Endprodukte entstehen, bestimmt die jeweilige Zerfallswahrscheinlichkeit. Neben den großen Kernfragmenten werden zusätzlich Neutronen freigesetzt, weil die schweren Kerne oft einen relativen Überschuss an Neutronen haben, um die abstoßende Wirkung der Coulombkraft innerhalb des

Kernverbands zu kompensieren. Die bei der Spaltung entstehenden Kernfragmente sind in den meisten Fällen ebenfalls nicht stabil. Sie befinden sich oft in einem hochangeregten radioaktiven Zustand und gehen durch weitere $\beta^-$- oder auch $\gamma$-Zerfälle in einen stabilen Zustand über. Ein Beispiel ist das radioaktive Isotop ${}^{252}_{98}Cf_{154}$ des schweren Elements Californium, das 1950 im kalifornischen Berkeley entdeckt worden ist. Zwei der verschiedenen Zerfallsmöglichkeiten sind ${}^{252}_{98}Cf_{154} \Rightarrow {}^{145}_{56}Ba_{89} + {}^{104}_{42}Mo_{62}$ +3n, wobei ein Barium- und ein Molybdän-Isotop neben drei Neutronen freigesetzt werden, sowie ${}^{252}_{98}Cf_{154} \Rightarrow {}^{128}_{50}Sn_{78} + {}^{122}_{48}Cd_{74}$ +2n. Dabei entstehen neben einem Zinn- und einem Cadmium-Isotop nur zwei Neutronen. Man erkennt leicht, dass in beiden Fällen die Atomzahl A=252, die Ordnungszahl Z=98 und die Neutronenzahl N=154 konstant bleiben, wenn man die jeweiligen Größen der Zerfallsprodukte aufaddiert A=145+104+3=128+122+2=252, Z=56+42=50+48=98 und N=89+62+3=78+74+2=154. Daneben gibt es noch verschiedene andere Möglichkeiten von Spaltprodukten, die aber alle denselben Auswahlregeln der Massen- und Ladungserhaltung folgen müssen. Ähnlich wie beim Californium zerfällt das ${}^{235}_{92}U_{143}$-Uran-Isotop unter Aussendung überschüssiger Neutronen zu verschiedenen Kernen im mittleren Massenbereich.

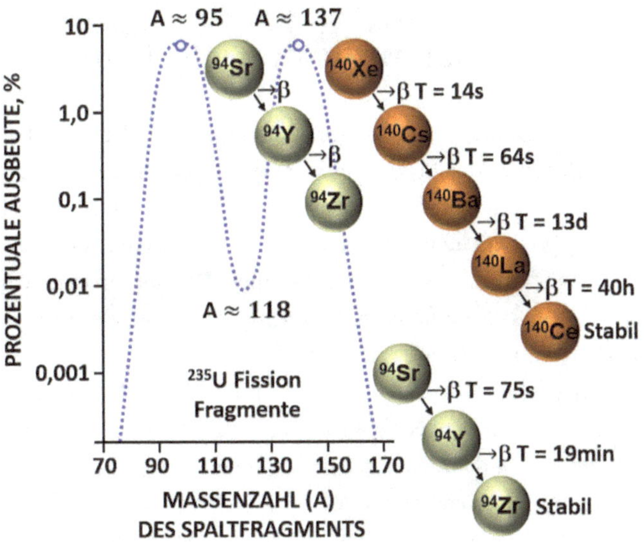


*Abb. 2-10: Verteilung der massiven Produkte der Kernspaltung von ${}^{235}U$. Die Verteilung wird durch die Zerfallswahrscheinlichkeit bestimmt. Die Spaltung erzeugt eine Masseverteilung um einen leichtere Komponente im Massebereich zwischen A≈80 und A≈110 sowie eine schwerere Komponente zwischen A≈120 und A≈160. Kerne außerhalb dieser Massebereiche werden nur noch mit vernachlässigbarer Wahrscheinlichkeit von weniger als 1% erzeugt.*

Abbildung 2-10 zeigt die sogenannte Spaltproduktkurve, die die Verteilung der zwei schweren Spaltprodukte einer Kernspaltung von $^{235}U$ als Funktion der Masse darstellt. Die Spaltprodukte sind verteilt über zwei Massebereiche $A \approx 95$ und $A \approx 137$, die durch ein Minimum voneinander getrennt sind. Die neutronenreichen Spaltprodukte sind zumeist hoch radioaktiv und zerfallen über eine Folge von β-Prozessen und auch Neutronen-Emission zu stabilieren Kernen (vgl. ebenfalls Abbildung 2-10).

Zerfallsprozesse repräsentieren einen Übergang zwischen zwei Zuständen, von der deformierten Konfiguration des ursprünglichen Atomkerns zu einer Verteilung von Spaltprodukten. Dabei wird Bindungsenergie freigesetzt. Sie entspricht dem Unterschied zwischen der totalen Bindungsenergie des Anfangszustands und der des Endzustands, mithin dem Unterschied zwischen der Masse des radioaktiven Kerns und der Masse seiner Zerfallsprodukte (vgl. Abbildung 2-5). Wenn man die Massen der beteiligten Kerne genau kennt, kann man die freigesetzte Energie leicht berechnen. Auf die mathematischen Einzelheiten dieser Rechnungen soll hier allerdings nicht eingegangen werden. Die interessierten Leser seien auf weiterführende Lehrbücher zur Kernphysik verwiesen.

## 2.6 Isotope, Isotone, Isobare

Die Kerne der bekannten Elemente werden durch eine Isotopentafel dargestellt. Darin sind die einzelnen Isotope nach ihrer Anzahl an Protonen und Neutronen geordnet. Abbildung 2-11 zeigt die Isotopenkarte, manchmal auch als Nuklidkarte bezeichnet, für alle bislang bekannten Elemente und Isotope. Die senkrechte Achse gibt die Ordnungszahl Z an, nach der die Elemente identifiziert werden, und damit die Anzahl der Protonen. Die waagerechte Achse zeigt die Zahl der Neutronen N im jeweiligen Kern. Jedes Kästchen mit einer bestimmten Z-N-Kombination steht also für einen bestimmten Atomkern.

In dieser Darstellung sind Isotope eines durch die Ordnungszahl Z charakterisierten Elements entlang einer waagerechten Linie angeordnet. Im gleichen Sinn kann man Isotone als die Kerne mit gleicher Neutronenzahl N definieren, die entlang einer senkrechten Linie angeordnet sind. Weiterhin wichtig sind Isobare, also Kerne mit einer konstanten Massenzahl A, die entlang einer von links nach rechts ansteigenden diagonalen Linie liegen. Auch gekennzeichnet sind die sogenannten magischen Zahlen Z, N = 2, 6, 8, 14, 28, 50, 82, 126, die jeweils einer bestimmten Anzahl von Protonen oder Neutronen entsprechen, bei denen der Kern durch innere Kopplungen von Nukleonen eine besondere Stabilität besitzt. Die stabilsten Kerne sind die doppelmagischen Kerne wie $^{4}{}_{2}He_{2}$, $^{12}{}_{6}C_{6}$, $^{16}{}_{8}O_{8}$, $^{28}{}_{14}Si_{14}$, $^{56}{}_{28}Ni_{28}$, und $^{208}{}_{82}Pb_{126}$. Doppelmagische Kerne wie $^{100}{}_{50}Sn_{50}$ und $^{132}{}_{50}Sn_{82}$ zerfallen wegen ihrer jeweils großen Diskrepanz zwischen Protonen und Neutronen im Kern durch $\beta^+$- beziehungsweise $\beta^-$-Zerfall, besitzen jedoch aufgrund der Symmetrie und Paarungsenergie eine größere innere Stabilität als die jeweils benachbarten Isotope und Isotone.

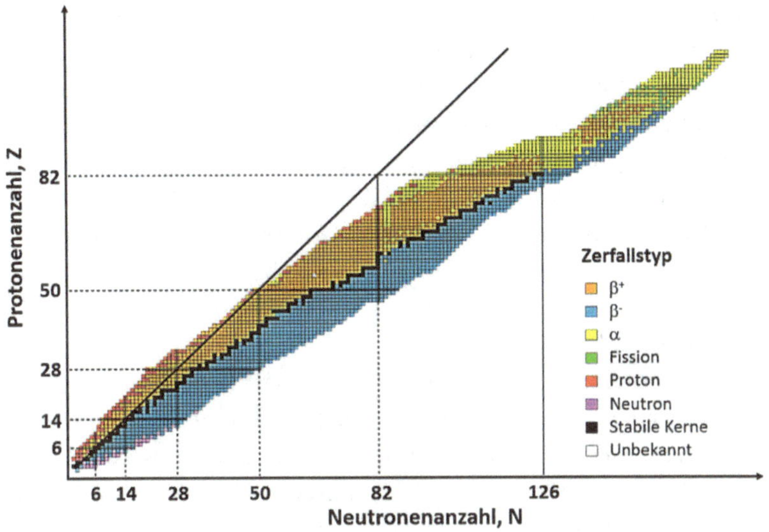


*Abb. 2-11: Tafel der heute bekannten Isotope, geordnet nach Anzahl der Protonen (Z) gegen die Anzahl der Neutronen (N) im jeweiligen Atomkern. Schwarz gekennzeichnete Isotope sind stabil gegen den radioaktiven Zerfall. Farbig gekennzeichnete Isotope sind radioaktiv. Die Färbung kennzeichnet die jeweils dominierende Zerfallsart. Manche Kerne können auf unterschiedliche Art zerfallen, etwa $^{40}K$, aber insbesondere auch die schweren Kerne mit Massen schwerer als das doppelmagische Blei $^{208}_{82}Pb$. (https://wiki.zum.de/wiki/Unterrichtsreihe_Kernphysik/Kernzerfall!)*

An der Isotopentafel kann man einige der oben beschriebenen Zerfallscharakteristiken erkennen. Die von links nach rechts ansteigende diagonale Linie entspricht der N=Z-Achse, also Kernen die eine gleiche Protonen- wie Neutronenzahl aufweisen. Die schwarz gekennzeichneten Kästchen sind die stabilen Kerne, die nicht durch radioaktiven Zerfall in eine andere Konfiguration übergehen. Man sieht, dass die stabilen Isotope bei leichten Kernen entlang der N=Z-Linie liegen, jedoch bei zunehmender Protonenzahl in den neutronenreichen Bereich abbiegen. Dies liegt an der abstoßenden Coulombkraft zwischen den positiv geladenen Protonen im Kern, die durch zusätzliche, neutral geladene Neutronen kompensiert werden muss, um die Stabilität zu wahren. Die orange gefärbten Kästchen im Bereich links oberhalb der stabilen Kerne haben zu viele Protonen beziehungsweise zu wenig Neutronen, um ihre Stabilität wahren zu können. Sie zerfallen durch $\beta^+$- oder Positron-Emission entlang der isobaren Achse zu einem weniger protonenreichen Kern, bis sie die Stabilitätsachse erreichen. Dabei wird neben dem Positron auch jeweils ein Neutrino freigesetzt. Wenn man also ein extrem protonenreiches Isotop hat, zerfällt es nicht direkt zu einem stabilen Kern, sondern über eine Sequenz von $\beta^+$-Zerfällen. Dabei kommt es zur Bildung mehrerer radioaktiver Kerne entlang der Isobarenlinie, die allmählich durch den Zerfall des Mutterkerns aufgebaut und durch ihren eigenen Zerfall wieder abgebaut werden, bis die Zerfallssequenz die Stabilitätslinie erreicht – ähnlich den natürlichen $\alpha$-Zerfallsreihen, bei denen auch eine ganze Sequenz radioaktiver Mutter- und Tochterkernen parallel vorliegt.

Den Extremfall an protonenreichen Kernen stellen die rot markierten Kästchen entlang des oberen Kernrands dar. Sie zerfallen durch Emission eines Protons, um eine günstigere Protonen-Neutronen-Balance zu erreichen. Diese Kerne markieren die Grenze der $\beta^+$-Stabilität oder auch die sogenannte Protonen-Drip-Linie. Jenseits dieser Linie gibt es keine stabilen Isotope: Solche Kerne, wenn gebildet, zerfallen sofort durch Protonenemission zu Kernen rechts der Drip-Linie.

Ähnliches gilt für Atomkerne, die rechts von der Stabilitätslinie im unteren Bereich der Isotopenkarte liegen. Diese Kerne gelten als neutronenreich beziehungsweise protonenarm und zerfallen unter Aussendung eines $\beta^-$-Teilchens oder Elektrons sowie eines Anti-Neutrinos. Dabei wird ein Neutron im Kern in ein Proton umgewandelt. Der Zerfall verläuft wiederum entlang der diagonalen Isobarenachse, da das Atomgewicht erhalten bleibt und sich nur die Ordnungs- und Neutronenzahl um jeweils eine Einheit ändert. Es gibt wiederum Sequenzen von $\beta^-$-Zerfällen, wenn man einen sehr neutronenreichen Mutterkern hat. Er zerfällt langsam über eine Reihe aufeinanderfolgender $\beta^-$-instabiler Tochterkerne entlang der Isobarenlinie zur Stabilitätslinie hin. Die Zerfallskette ist schematisch in Abbildung 2-12 dargestellt, in der der Energiezustand eines neutronenreichen Isotops (Z, N) durch $\beta^-$-Zerfall sequentiell in weniger energiereiche Isobaren-Konfigurationen zerfällt.

Bei diesen $\beta^-$-Zerfallsketten auf der neutronenreichen Seite besteht aber die Möglichkeit einer Verzweigung durch die Emission eines Neutrons. Das Neutron besitzt keine elektrische Ladung und kann deshalb den Kernverband einfacher verlassen als das positiv geladene Proton. Dieser sogenannte $\beta$-verzögerte Neutronenzerfall tritt ein, wenn der $\beta^-$-Zerfall einen angeregten Zustand im Tochterkern bevölkert, der energetisch so hoch liegt, dass er ein freies Neutron emittiert, statt über einen $\gamma$-Zerfall zum Grundzustand oder über einen nachfolgenden $\beta^-$-Übergang zu zerfallen. Dies verschiebt die Zerfallskette aus der Isobarenlinie, die durch das Atomgewicht A charakterisiert ist, in die benachbarte Isobarenreihe A-1 (ebenfalls Abbildung 2-12). Dieser Fall tritt jedoch nur bei extrem neutronenreichen radioaktiven Kernen ein.

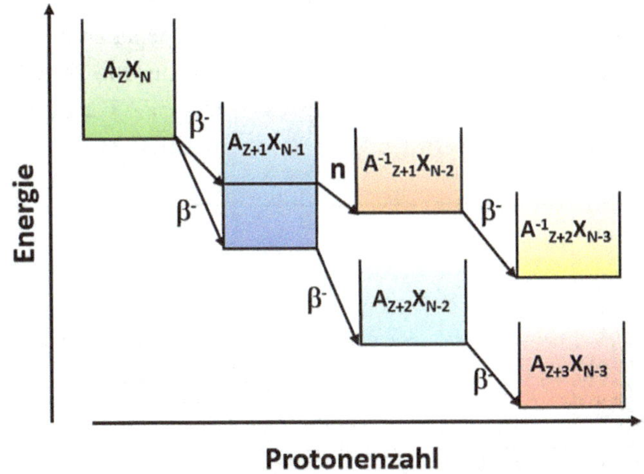


*Abb. 2-12: $\beta^-$ Zerfallskette von neutronenreichen Kernen. Gezeigt ist eine Sequenz reiner $\beta^-$-Zerfälle entlang einer Isobarenreihe mit konstanter Massezahl A. Ebenfalls gezeigt ist eine Zerfallsreihe mit β-verzögertem Neutronenzerfall. Dies verschiebt die Zerfallskette in die benachbarte Isobarensequenz mit der Massenzahl A-1.*

Charakteristisch für die Grenze der β-Stabilität als Grundzustand neutronenreicher Isotope – die Neutronen-Drip-Linie – ist, dass der Kern ein Neutron aus dem Grundzustand emittiert, um den Neutronenüberschuss auszugleichen. Die Neutronen-Drip-Linie ist jedoch nur für die leichten, violett gekennzeichneten Kästchen in Abbildung 2-11 bekannt, bei größeren Massen aber weitgehend unerforscht.

Im oberen Massenbereich liegen die radioaktiven Atomkerne, die vornehmlich durch α-Zerfall in einen energetisch günstigeren Zustand übergehen. Sie sind in Abbildung 2-11 als gelbe Kästchen markiert. Neben den schon oben diskutierten Mitgliedern der natürlichen Zerfallsreihen im massereichen Bereich zwischen Uran (Z=92) und Blei (Z=82) gibt es eine Reihe anderer α-instabiler Kerne. Dazu gehören massive Kerne entlang der Protonen-Drip-Linie, aber auch Kerne, die nahe der Stabilitätslinie liegen, bei denen man auch andere Zerfallsmöglichkeiten erwarten würde. Die Möglichkeit eines β-Zerfalls gibt es, aber aus Gründen der Kernstruktur wird der α-Zerfall favorisiert: Nur ein ganz geringer Anteil zerfällt über den $\beta^-$-Zerfallskanal.

Ähnlich verhält es sich bei der spontanen Spaltung schwerer Atomkerne, die in Abbildung 2-11 als grüne Kästchen markiert sind. Das Uran-Isotop $^{235}_{92}U$ zum Beispiel kann sowohl durch α-Zerfall in das Thorium-Isotop $^{231}_{90}Th$ übergehen, als auch durch Spaltung in zwei

Isotope im mittleren Massebereich unter Aussendung von Neutronen zerfallen. Abbildung 2-10 und 2-13 zeigen in unterschiedlicher Darstellung die sogenannte Spaltungsausbeute, die bei der Kernspaltung von $^{235}U$ entsteht. Die erste zeigt nur die Verteilung als Funktion der Massenzahl, während Abbildung 2-13 die zweidimensionale Verteilung im Rahmen der Nuklidkarte als Funktion von Neutronen- und Protonenzahl darstellt.

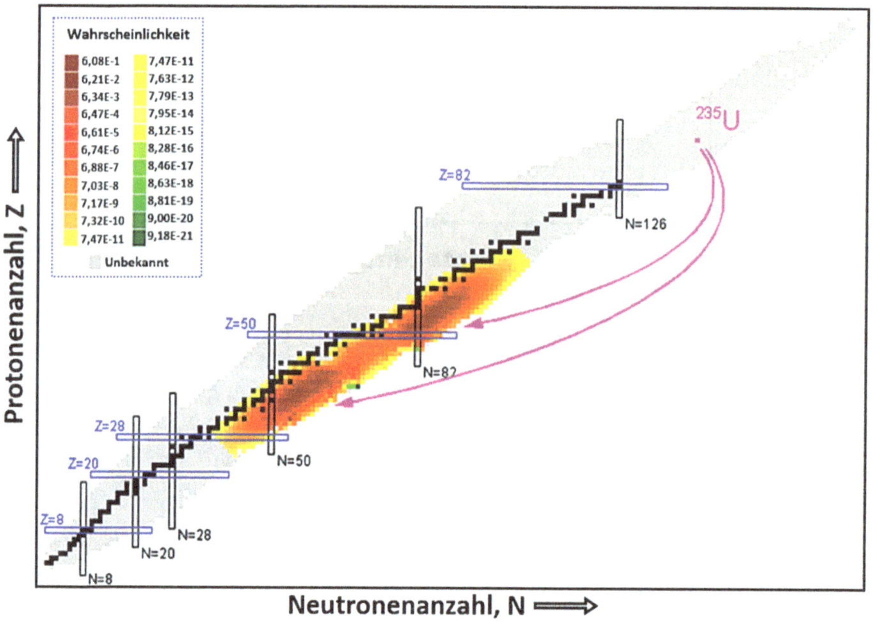


*Abb. 2-13: Fission-Ausbeute bei der Spaltung des Uran Isotops $^{235}_{92}U$. Man erkennt klar, dass sich die Spaltprodukte über zwei Massenbereiche um A=95 und 135 im neutronenreichen Bereich rechts der Stabilitätslinie verteilen. Die Farbkodierung gibt die relative Ausbeute der jeweiligen Zerfallsprodukte an. (unge.blogspot.com/2011/03/why-fuel-rods-are-radioactive.html)*

Man erkennt eine Verteilung von Kernen, die zumeist auf der neutronenreichen Seite liegen, da schon $^{235}U$ einen hohen Neutronenüberschuss hat. Der reflektiert sich in den neutronenreichen Tochter-Kernen sowie in der zusätzlichen Emittierung freier Neutronen bei der Spaltung. Diese freigesetzten Neutronen spielen eine wichtige Rolle, denn sie setzen einen besonderen Prozess in Gang, den der neutroneninduzierten Spaltung (vgl. Kapitel 3).

Vereinfacht zusammenfassend lässt sich zu den radioaktiven Zerfallsarten sagen, dass β-Zerfälle große Abweichungen im Protonen-Neutronen-Verhältnis ausbalancieren und ein für die Stabilität günstiges Gleichgewicht wiederherstellen. Durch α-Zerfall oder auch Spaltung erreichen massive Kerne, bei denen die inneren abstoßenden Kräfte zu groß sind, einen neuen masseärmeren Zustand der Stabilität. Im Bereich der natürlichen Zerfallsketten zerfallen die schweren instabilen Uran- und Thoriumkerne durch eine Serie von Prozessen zu stabilen Blei-Isotopen. Der $\gamma$-Zerfall entspricht der internen Abregung eines Atomkerns von hohen Energiezuständen, die zum Beispiel einer Deformation, schnellen Rotationen oder Vibrationen entsprechen, zu niederenergetischen Ruhezuständen des Kerns ohne oder nur mit geringfügiger Deformation, Rotation oder Vibration.

## Weiterführende Literatur


Klaus Bethge: Kernphysik, Eine Einführung. Springer, 2007.

Harry Friedmann: Einführung in die Kernphysik. Wiley-VCH, 2016.

Walter D. Loveland, David J. Morrissey: Modern Nuclear Chemistry. John Wiley & Sons, 2017.

Bogdan Povh, Klaus Rith, Christoph Scholz, Frank Zetsche, Werner Rodejohann: Teilchen und Kerne: Eine Einführung in die physikalischen Konzepte. Springer Spektrum 2013.

# 3 Zerfallsgesetze

Der radioaktive Zerfall folgt bestimmten mathematischen Gesetzen, die schon Marie und Pierre Curie beobachteten. Ernest Rutherford formulierte sie in seinem ersten Buch zur Radioaktivität[44] 1904 zusammenfassend aus. Diese Gesetze gelten allgemein für jede Zerfallsart. Sie sind durch die Wahrscheinlichkeit des Zerfallsereignisses bestimmt und nicht durch die Art des Zerfalls. Die Zerfallsgesetze beschreiben den Zusammenhang zwischen Zerfallswahrscheinlichkeit und der Lebensdauer eines radioaktiven Isotops. Sie bilden die Grundlage, auf der man die Menge an Radioaktivität und die Belastung der Umwelt errechnen und vorhersagen kann. Das setzt allerdings auch die Einführung physikalischer Einheiten voraus, mit denen die Zerfallsmengen festgelegt und verglichen werden können. Alle Konzepte langzeitiger Belastung durch radioaktive Strahlung beruhen im Grunde auf diesen Gesetzen. Deshalb sollen das Zerfallsgesetz und die sich daraus ergebenen Betrachtungen zu Häufigkeit und Produktion radioaktiver Isotope betrachtet werden. Das Zerfallsgesetz dient als Basis und Erklärung für die in der Natur beobachteten Radioaktivitäten, die auch unser Leben bestimmen. Ebenso leiten sich daraus die Möglichkeiten zur Herstellung künstlicher Radioaktivität ab, die in weiten Bereichen von Industrie und Wirtschaft rasch zunimmt.

## 3.1 Die Aktivität einer radioaktiven Substanz

Hat man eine Anzahl N radioaktiver Isotope, so wird die sich daraus ergebene Anzahl der radioaktiven Zerfälle pro Zeiteinheit meist als Aktivität A bezeichnet[45]. Je größer die Anzahl der radioaktiven Isotope in einem Material ist, desto größer wird die Aktivität des Materials sein. Jedes radioaktive Isotop zerfällt jedoch mit einer gewissen Wahrscheinlichkeit pro Zeiteinheit, die als Zerfallskonstante $\lambda$ bezeichnet wird. Die Zerfallskonstante ist eine feste Größe. Sie sagt, dass der zeitliche Ablauf eines Zerfalls immer gleich ist. Die Zerfallskonstante hängt von der Zerfallsart, dem Energie- oder Massenunterschied zwischen dem zerfallenden Isotop und den

---

[44] Ernest Rutherford: Radio-Activity. Cambridge University Press, 1904.

[45] Hier muss man aufpassen: N für die Teilchenanzahl und A für Aktivität sind traditionelle Bezeichnungen, die nicht mit der Anzahl N von Neutronen in einem Atomkern oder mit dem Atomgewicht A verwechselt werden dürfen.

Zerfallsprodukten sowie der internen Struktur des radioaktiven Atomkerns ab[46]. Das unterstreicht, dass jedes der im vorherigen Kapitel gezeigten radioaktiven Isotope eine ureigene charakteristische Zerfallskonstante besitzt. Eine große Zerfallskonstante entspricht einer hohen Wahrscheinlichkeit für das Eintreten des radioaktiven Zerfalls, eine kleine Zerfallskonstante entspricht dem Gegenteil, einer kleinen Zerfallswahrscheinlichkeit. Für die Aktivität des jeweiligen radioaktiven Teilchens heißt das, dass eine hohe Wahrscheinlichkeit für den radioaktiven Zerfall einer hohen Zerfallsaktivität entspricht. Damit kann man die Anzahl der Zerfälle oder Aktivität als Produkt zwischen Zerfallswahrscheinlichkeit und Häufigkeit der zerfallenden Isotope beschreiben:

$$A = \lambda \cdot N$$

Nimmt man als Einheit für die Zerfallskonstante die Anzahl der Zerfälle pro Sekunde und berechnet die Anzahl der Isotope pro $cm^3$, so entspricht der Aktivität A die Anzahl der Zerfälle pro Sekunde und Kubikzentimeter (mit den Standardeinheiten in rechteckigen Klammern):

$$A\left[s^{-1}cm^{-3}\right] = \lambda\left[s^{-1}\right] \cdot N\left[cm^{-3}\right]$$

Mit der Beziehung kann man leicht die jeweilige Aktivität einer radioaktiven Substanz mit bekannter Zerfallskonstante berechnen.

*Abb. 3-1: Aktivität von Uran-Material, dargestellt an einem als radioaktiv markierten Behälter sowie als grünlich fluoreszierende Substanz. (Wikipedia)*

[46] Das sind meist quantenmechanische Prozesse, die die Übergangswahrscheinlichkeit zwischen der Teilchenkonfiguration des Ursprungskerns und der Konfiguration des Tochtersystems bestimmen.

Physikalische Größen haben gewöhnlich eine Einheit, die es erlaubt, quantitative Rückschlüsse zu ziehen. Der Gebrauch der beiden verschiedenen Einheiten Ci und Bq für ein und dieselbe Menge an Radioaktivität hat interessante sozio-psychologische Auswirkungen. Kritiker und Gegner von Kernkraftwerken benutzen vorzugsweise das Becquerel. Damit erscheint die Radioaktivität wegen der als riesig erscheinenden Zahlen enorm zu sein. Verwendet man dagegen das Curie, entsteht der Eindruck viel geringerer Aktivität. Die Nachrichten-Agentur Reuters berichtete am 20. August 2013, dass nach Angaben eines Sprechers von TEPCO, der japanischen Betreiberfirma des Reaktor-Komplexes in Fukushima-Daiichi, 80 Millionen Bq pro Liter an verseuchtem Wasser ins Grundwasser gelangt seien. Rechnet man das in die Einheit Ci um, betrug die Grundwasserverseuchung 2,16 Milli-Ci pro Liter – dieselbe Menge, aber scheinbar erheblich weniger! Diesen semantischen Unterschied sollte man bei der Betrachtung von Radioaktivitätsmengen immer bedenken, um sich eine Vorstellung vom wirklichen Ausmaß der Radioaktivität machen zu können – ebenso, dass die jeweiligen Arten von Strahlung unterschiedlich wirken und deshalb als Gefahrenquellen unterschiedlich interpretiert werden können.

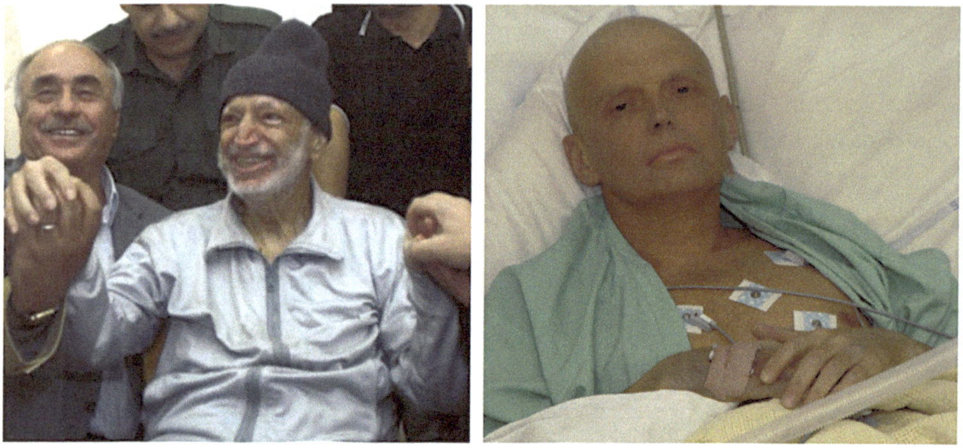

*Abb. 3-2: Links der Palästinenserführer Jassir Arafat, rechts der russische Dissident Alexander Litvinenko. Beide gelten als Opfer einer gezielten Vergiftung durch kleinste Mengen des hochradioaktiven Elements $^{210}$Po. Dieses Material kommt in der Natur nur in allerkleinsten Mengen vor. In der für einen Vergiftungsanschlag ausreichenden Menge kann $^{210}$Po nur in Kernreaktoren hergestellt werden. Bei Jassir Arafat handelte es sich um eine langsame Vergiftung, für die nur kleinste, schwer nachweisbare Mengen ausreichend gewesen wären. Deshalb ist in seinem Fall der Vorwurf der gezielten Vergiftung durch $^{210}$Po umstritten.*

Man betrachte nur das Beispiel der natürlichen Radioaktivität im menschlichen Körper (vgl. Kapitel 7). Die interne γ-Aktivität eines jeden Menschen wird vorwiegend durch den Zerfall des im vorherigen Kapitel vorgestellten radioaktiven Isotops ${}^{40}_{19}K_{41}$ erzeugt und entspricht einem Wert von ungefähr 13 000 bis 14 000 Bq, je nach persönlichem Gewicht[47]. Dagegen entspricht die interne α-Aktivität durch das radioaktive, von Marie Curie entdeckte Polonium-Isotop ${}^{210}_{84}Po_{126}$ im Menschen nur ungefähr 60 Bq. Eine α-Aktivität innerhalb des menschlichen Körpers, die vergleichbar ist mit der γ-Aktivität des $^{40}K$, wäre lebensgefährlich. Angeblich wurde mit einer derart kleinen Aktivität an ${}^{210}_{84}Po$ der frühere Palästinenserführer Jassir Arafat langsam vergiftet (Abbildung 3-2). Dafür reichen extrem kleine Mengen von 10 Picogramm aus. Jedoch ist der Nachweis solch kleiner Mengen außerordentlich schwierig, und die verschiedenen medizinischen Untersuchungen brachten kein eindeutiges Ergebnis.[48] Beim russischen Dissidenten Alexander Litvinenko dagegen führte eine erheblich größere Menge von einigen Nanogramm zum Strahlentod von nur innerhalb zwei Wochen (Abbildung 3-2). Die ihm zugeführte Dosis entsprach einer Aktivität von 17 Mega-Bq ($1{,}7 \cdot 10^7$ Bq). In diesem Fall gilt der Strahlentod des Dissidenten durch $^{210}Po$ Vergiftung als eindeutig nachgewiesen, wenn auch die Herkunft des Materials, das nur in Kernreakoren in ausreichender Menge hergestellt werden kann, nicht eindeutig festgelegt ist[49].

## 3.2 Das Zerfallsgesetz

Radioaktives Material zerfällt. Damit ist die Menge nicht konstant, sondern verringert sich mit der Zeit und damit die charakteristische Aktivität. Das heißt, dass sowohl die Menge an Material wie auch die Aktivität zeitabhängige Größen oder Funktionen sind und deswegen als N(t) und A(t) bezeichnet werden, wobei t für Zeit steht. Die Zeitabhängigkeit

---

47 Kalium ist ein wichtiges chemisches Element für das menschliche Nervensystem. Es beeinflusst die elektrische Informationsübertragung. Ebenso kommt Kalium in Knochen und vielen anderen Körpermaterialien vor. Insgesamt sind ungefähr 0,27 Prozent des Körpermaterials natürliches Kalium, und davon sind 0,021 Prozent die radioaktive $^{40}K$-Komponente.

48 Pascal Froidevaux, François Bochud, Sébastien Baechler, Vincent Castella, Marc Augsburger, Claude Bailat, Katarzyna Michaud, Marietta Straub, Marco Pecchia, Theo M. Jenk, Tanya Uldin, Patrice Mangin: $^{210}Po$ poisoning as possible cause of death: forensic investigations and toxicological analysis of the remains of Yasser Arafat, Forensic Science International 259, (2016), S. 1–9.

49 John Harrison, Tim Fell, Rich Leggett, David Lloyd, Matthew Puncher, and Mike Youngman: The polonium-210 poisoning of Mr Alexander Litvinenko. Journal of Radiological Protection, Volume 37, Number 1 (2017), S. 266–278.

beider Größen folgt dem Zerfallsgesetz. Das Zerfallsgesetz wurde empirisch aus der chemischen und physikalischen Analyse von radioaktivem Material ermittelt. Es gilt heute als ein fundamentales Gesetz für alle natürlichen Zerfallsprozesse und betrifft deswegen nicht nur radioaktive Systeme, sondern auch den Zerfall instabiler chemischer und biologischer Materialien[50]. Der Zerfall natürlich instabiler Materialien erfolgt mit einer exponentiellen Zeitabhängigkeit:

$$N(t) = N(0) \cdot e^{-\lambda \cdot t}$$

oder auch, da $A(t) = \lambda \cdot N(t)$,

$$A(t) = A(0) \cdot e^{-\lambda \cdot t}$$

Die Größen *N(0)* und *A(0)* entsprechen dabei der sogenannten Anfangsmenge oder Anfangsaktivität des radioaktiven Materials zu einem beliebig gewählten Zeitpunkt *t=0*.

Die Schnelligkeit des Zerfalls, also des Abbaus von zerfallendem Material, hängt von der Zerfallskonstante $\lambda$ ab. Abbildung 3-3 zeigt den Zerfall verschiedener Materialien mit gleicher Anfangsmenge, aber unterschiedlicher Zerfallskonstante. Je größer $\lambda$ ist, desto wahrscheinlicher ist der Zerfall, und desto schneller fällt die Kurve ab.

Die Zerfallswahrscheinlichkeit kann deswegen mit der sogenannten Lebensdauer eines radioaktiven Produktes $\tau$ (tau) korreliert werden, die sich direkt aus der Zerfallskonstante errechnet: $\tau = 1/\lambda$. Das ist keine absolute Lebensdauer. Manche radioaktiven Kerne leben länger, ähnlich wie manche Leute in Deutschland länger und andere kürzer leben, als die statistische Lebenserwartung von fast 80 Jahren erwarten lässt. Es ist sozusagen ein Wahrscheinlichkeitswert, bei dem ungefähr 69 Prozent der radioaktiven Kerne in einem Material zerfallen sind.

---

50 Hierbei handelt sich allerdings um den Zerfall kleinster biologischer Zell-Einheiten, bei denen kein externer Eingriff möglich ist. Moderne Gentechnologie kann das vielleicht in Zukunft ändern. Bei komplexen biologischen Systemen wie beim Menschen verläuft die Lebensdauerkurve anders. Dies erklärt sich dadurch, dass der menschliche Körper aus vielen biologischen Komponenten zusammengesetzt ist, die eine unterschiedliche Wahrscheinlichkeit für Fehlverhalten liefern. Dieses Einsetzen von Fehlverhalten gilt als der Alterungsprozess. All das beeinträchtigt den Verlauf der Alterungskurve, die relativ konstant ist, aber bei einem bestimmten Alter relativ schnell abfällt. Der Punkt, an dem das Altern einsetzt, kann durch medizinische Versorgung verschoben und damit die Lebenserwartung erhöht werden. Bei Vögeln allerdings entspricht die Lebensdauerkurve ziemlich genau einer exponentiellen Zerfallskurve.

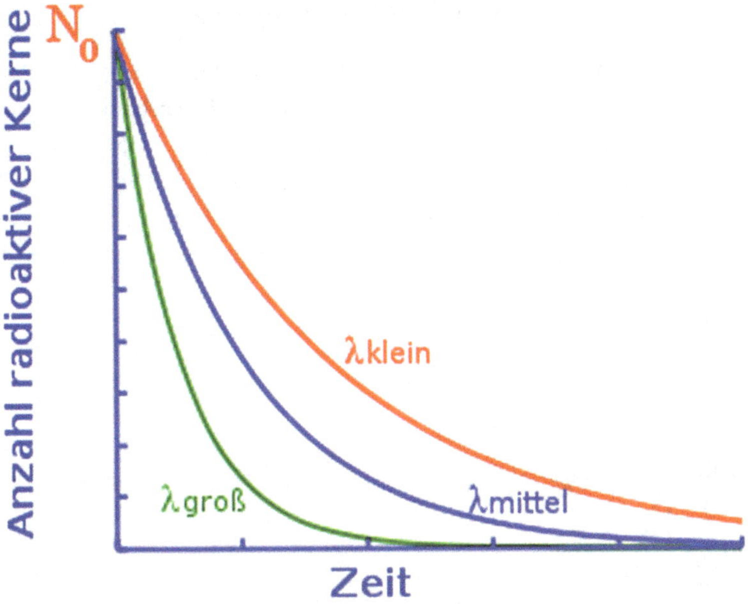


*Abb. 3-3: Aktivität von Radio-Isotopen mit unterschiedlichen Zerfallskonstanten als Funktion der Zeit.*

Bekannter als die Lebensdauer ist aber der Begriff der Halbwertszeit. Sie entspricht der Zeit, in der 50 Prozent der radioaktiven Kerne in einem Material zerfallen beziehungsweise 50 Prozent der ursprünglichen Aktivität noch vorhanden sind. Wenn man die Zerfallsgleichung nutzt, sieht man, dass die Halbwertszeit direkt proportional zur Lebensdauer und somit umgekehrt proportional zur Zerfallskonstante ist. Der Proportionalitätsfaktor ergibt sich als der natürliche Logarithmus von 2, zahlenmäßig ausgedrückt: *ln* 2=0,69315:

$$t_{1/2} = \tau \cdot \ln 2 = \frac{\ln 2}{\lambda}$$

Danach entspricht die Halbwertszeit $t1/2$=0,69315·τ nur 69 Prozent der Lebensdauer und ist damit immer kürzer als Letztere. Dies ist verständlich, da zur Halbwertszeit nur 50 Prozent des radioaktiven Materials zerfallen sind, während zur Lebenszeit schon 69 Prozent zerfallen sind.

## 3.3 Zerfallsformalismus

Ein einzelner Zerfall existiert nur, wenn, wie beim $\beta^-$-Zerfall des Kohlenstoff-Isotops $^{14}C$ zum Stickstoff-Isotop $^{14}N$, das Endprodukt ein stabiler Kern ist. Wie im vorherigen Kapitel beschrieben, bleibt es jedoch oft nicht beim einzelnen Zerfall eines Radio-Isotops, sondern kommt oft zu ganzen Zerfallsreihen, die der Zerfall eines Mutterkerns auslöst. Dieser Zerfall baut einen Tochterkern auf, der wiederum zu einer Tochter zerfällt. Damit können sich ganze Zerfallsketten bilden, die sich über mehrere Töchter-Generationen hin bis zum stabilen Endprodukt erstrecken. Dabei stellt sich ein Gleichgewicht zwischen dem Aufbau und dem Abbau der einzelnen Isotope in der Kette durch Zerfall ein. Dies kann ebenfalls anhand der Zerfallsgleichungen ermittelt werden.

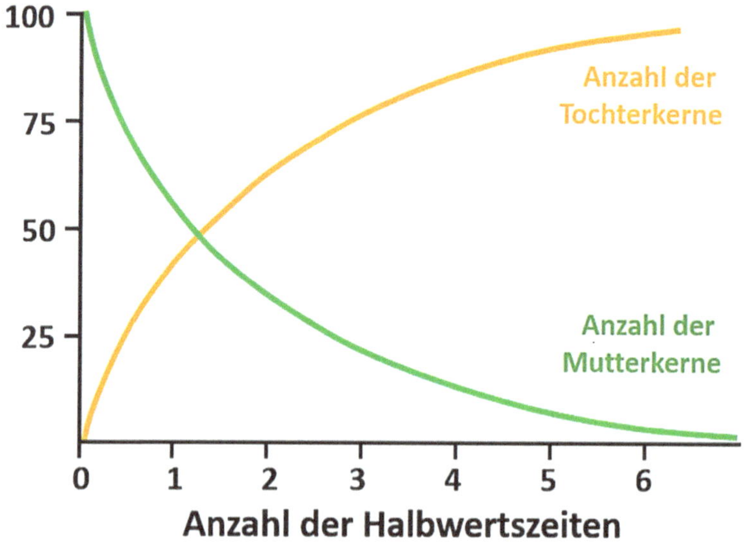


*Abb. 3-4: Zerfall eines Mutter-Isotops und Aufbau eines stabilen Tochter-Isotops als Funktion der Halbwertszeit. Nach einer Halbwertszeit sind 50 Prozent des radioaktiven Isotops zerfallen und bilden nun das stabile Tochter-Isotop. (Wikipedia)*

Der Aufbau eines stabilen Isotops $N_2$ aus dem radioaktiven Zerfall eines anderen Isotops $N_1$ ergibt sich direkt aus der Zerfallsgleichung. Danach ist:

$$N_2(t) = N_1(0) \cdot \left(1 - e^{-\lambda_1 \cdot t}\right)$$

Die Symmetrie der Zerfalls- und Aufbaukurve (Abbildung 3-4) demonstriert die Korrelation zwischen exponentiellem Zerfall und exponentiellem Aufbau eines neuen Isotops. Ist jedoch das Tochter-Isotop ebenfalls radioaktiv, dann muss die Gleichung für die Berechnung der Häufigkeit $N_2(t)$ auch den Zerfall dieses Isotops in Rechnung stellen. Das ergibt folgenden, schon wesentlich komplizierteren Ausdruck, der beide Zerfallskonstanten $\lambda_1$ und $\lambda_2$ berücksichtigt.

$$N_2(t) = N_1(0) \cdot \frac{\lambda_1}{\lambda_2 - \lambda_1} \cdot \left(e^{-\lambda_1 \cdot t} - e^{-\lambda_2 \cdot t}\right)$$

Der Ausdruck für die Aktivität $A_2(t)$ des Tochter-Isotops ergibt sich analog dazu:

$$A_2(t) = A_1(0) \cdot \frac{\lambda_2}{\lambda_2 - \lambda_1} \cdot \left(e^{-\lambda_1 \cdot t} - e^{-\lambda_2 \cdot t}\right)$$

Die Gleichung zeigt, dass die zeitabhängige Entwicklung der Aktivität des radioaktiven Tochter-Isotops direkt von dem Verhältnis der beiden Zerfallskonstanten abhängt. Ist $\lambda_2$ größer als $\lambda_1$, also die Zerfallswahrscheinlichkeit der radioaktiven Tochter größer als die der Mutter – was heißt, dass die Halbwertszeit der Mutter länger ist als die der Tochter – dann baut sich die Tochteraktivität relativ schnell zu einem Wert auf, der im Gleichgewicht mit der Aktivität der Mutter steht und parallel zum Zerfall der Mutter abfällt. Ist $\lambda_2$ kleiner als $\lambda_1$, also die Zerfallswahrscheinlichkeit der radioaktiven Tochter kleiner als die der Mutter, geht die Aktivität der Mutter allmählich in die der Tochter über, die dann gemäß der Halbwertszeit der Tochter abfällt (Abbildung 3-5).

Im Rahmen dieses Formalismus kann man den Zerfall und den zeitabhängigen Auf- und Abbau aller Mitglieder einer Zerfallskette verfolgen. Die Häufigkeit des Mutter-Isotops und die der verschiedenen Töchtergenerationen sind damit über die Zeit miteinander korreliert. Deshalb kann man aus der relativen Häufigkeit der verschiedenen Isotope einer Zerfallskette in Materialien das Alter des Materials bestimmen, sobald die Zerfallskonstanten bekannt sind. Dieses Verfahren wird als radioaktive Datierung bezeichnet.

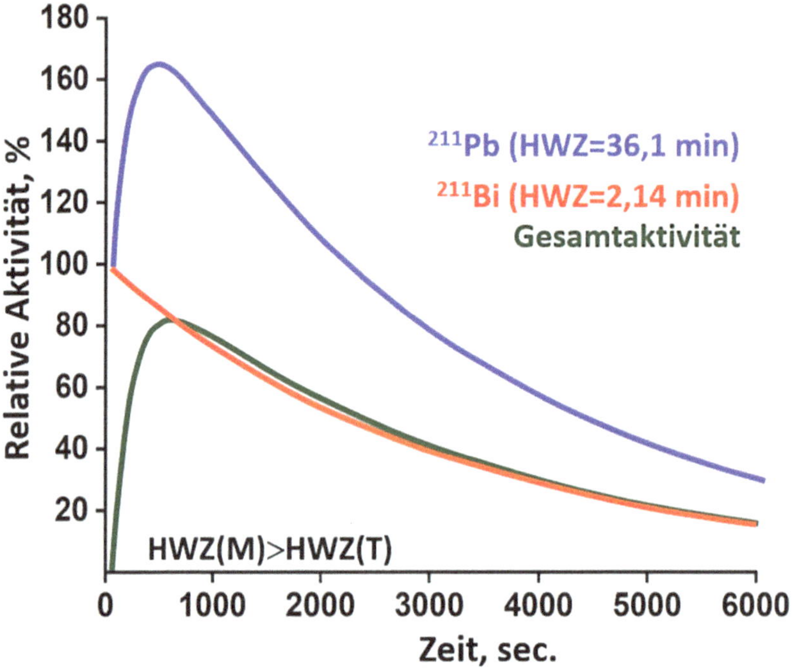


*Abb. 3-5: Die Aktivität von radioaktiven Isotopen innerhalb einer Zerfallskette für den Fall, dass die Lebensdauer oder Halbwertszeit (HWZ) des Mutter-Isotops $^{211}$Pb länger ist als die des Tochter-Isotops $^{211}$Bi. Dies ist im Allgemeinen bei den natürlichen Zerfallsketten der Fall, die eine wichtige Komponente in der Radioaktivität unseres Planeten und damit von uns selbst darstellen. Diesen Fall bezeichnet man als transientes Gleichgewicht. (https://de.wikipedia.org/wiki/S%C3%A4kulares_Gleichgewicht)*

## 3.4 Natürliche Zerfallssequenzen

Aus der Existenz von Zerfallsketten ergibt sich, dass es zu einem ständigen Abbau und Aufbau von radioaktiven Isotopen innerhalb einer Kette kommen kann. Das haben schon Marie Curie und Pierre Curie festgestellt, als sie bei der chemischen Analyse der Pechblende neben dem Uran mehrere neue radioaktive Elemente identifizieren konnten. Das waren nicht nur Thorium, Radium und Polonium, sondern auch Radon, das als Edelgas ohne chemische Reaktion aus der Pechblende austrat – ein erstes Zeichen dafür, dass Elemente nicht unveränderliche chemische

Grundeinheiten von Materialien waren, sondern ineinander umgewandelt werden konnten. Die Curies beobachteten sogar, wie sich die verschiedenen radioaktiven Komponenten nach der Trennung aus der Pechblende abbauten und sich Tochterkerne daraus aufbauten. Dies zeigte, dass die Transmutation von Elementen eine natürliche Erscheinung war, wenn sie in Mineralen wie der Pechblende (Abbildung 3-6) vorkommen konnte.

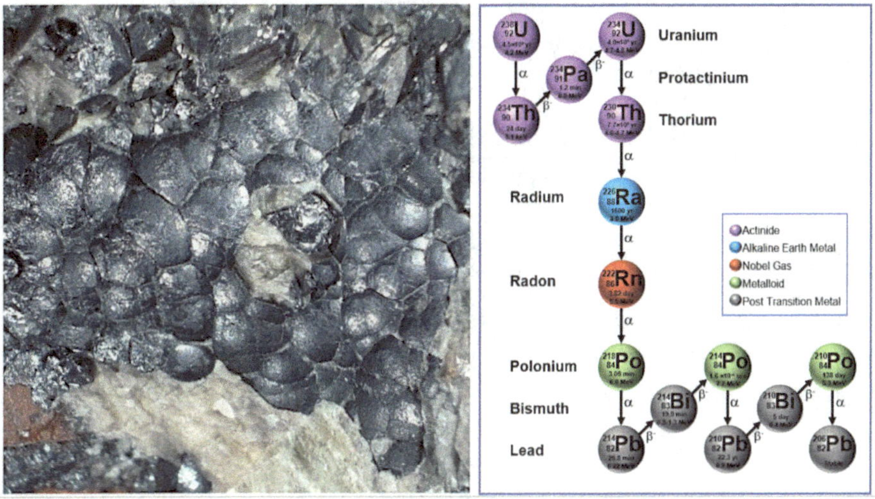


*Abb. 3-6: Pechblende (Uraninit) ist eine kristalline Form von Uranoxid, das zu 88 Prozent uranhaltig ist. Durch den langsamen Zerfall der radioaktiven Uranisotope bauen sich allmählich verschiedene Mengen und damit Aktivitäten ebenfalls radioaktiver Tochterelemente auf. Die Grafik rechts zeigt die natürliche Zerfallskette von $^{238}$U zum stabilen $^{206}$Pb. Im Rahmen dieser Kette werden andere langlebige Isotope wie $^{234}$U, $^{230}$Th, $^{226}$Ra sowie das Edelgas-Isotop $^{222}$Rn und das oben erwähnte $^{210}$Po aufgebaut. Diese Isotope zerfallen wie das Mutterisotop $^{238}$U durch $\alpha$-Zerfall, haben aber eine wesentlich kürzere Halbwertszeit als $^{238}$U, dessen Aktivität deshalb die Gesamtaktivität in der Kette bestimmt.*

Die bekanntesten und auch für unsere Diskussion bedeutendsten Zerfallsketten sind die Zerfallssequenzen der Aktiniden $^{232}$Th, $^{235}$U, $^{238}$U, und im geringeren Maße $^{237}$Np, (vgl. Kapitel 2). Wendet man oben beschriebenen Formalismus an, kann der Aufbau der Tochter-Nuklide dieser Isotope leicht beschrieben werden. Da in den meisten Fällen die jeweiligen Tochter-Isotope eine wesentlich kürzere Halbwertszeit als die Aktiniden-Mutter-Isotope haben, stellen sich nach einer gewissen Zeit Häufigkeiten ein, die einem Gleichgewicht zwischen den verschiedenen Komponenten entsprechen. Diese Häufigkeiten bestimmen die Gesamtaktivität der Kette, die sich aus den jeweiligen $\alpha$- und $\beta$-Zerfällen ergibt.

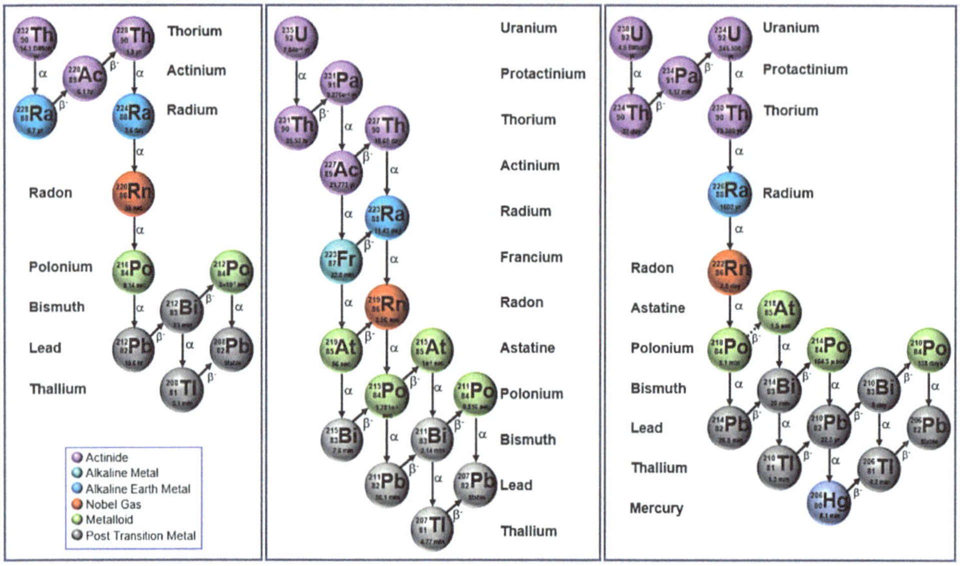


*Abb. 3-7: Schematische Darstellung der drei wichtigsten natürlichen Aktiniden-Zerfallsreihen, die $^{232}$Th Thorium-Serie, die $^{233}$U Aktinium-Serie und die $^{238}$U Uran-Serie (nach Wikipedia)*

Abbildung 3-7 verdeutlicht noch einmal die drei wichtigsten klassischen natürlichen Zerfallsreihen, die jeweils zwischen 10 und 15 Zerfallsprozesse beinhalten. Dabei gibt es auch einige Zerfallsverzweigungen. Zwei Zerfallsprozesse, hier zumeist α- oder β-Zerfall, bieten vergleichbar starke Möglichkeiten. Das verkompliziert den mathematischen Formalismus, ändert aber wenig an den jeweiligen Häufigkeitsverhältnissen. Die $^{232}$Th-Reihe hat zehn aufeinanderfolgende Zerfälle mit einer Verzweigung zum stabilen Endpunkt $^{208}$Pb. In dieser Zerfallsserie werden sechs α-Teilchen emittiert. Die $^{235}$U-Reihe hat elf aufeinanderfolgende Zerfälle mit sechs Verzweigungen, über die sieben α-Teilchen emittiert werden. Der Endpunkt der Zerfallsserie ist das stabile Blei-Isotop $^{207}$Pb. Die $^{238}$U-Uran Reihe schließlich hat 14 aufeinanderfolgende Zerfälle mit vier Verzweigungen, die ebenfalls alle zum stabilen $^{208}$Pb Blei-Isotop als Endpunkt der Reihe führen.

Die Häufigkeiten der verschiedenen radioaktiven Isotope in einer Zerfallskette ergeben sich nach dem oben entwickelten Formalismus aus den Zerfallskonstanten. Dabei wird die zeitliche Entwicklung der Isotopenhäufigkeiten, also der Abbau der Mutter durch Zerfall und der damit einhergehende Aufbau der Töchter durch ein Netzwerk an Zerfallsreaktionen beschrieben, die auch die verschiedenen Verzweigungen durch unterschiedliche Zerfallskanäle berücksichtigen. Wenn man lineare Zerfallsketten annimmt, so kann man die relativen Häufigkeiten der

Töchter-Isotope zum Mutter-Isotop vereinfacht durch die sogenannten Bateman-Gleichungen[51] beschreiben. Dabei sind die Verhältnisse vor allem durch das Verhältnis der Zerfallskonstante der Mutter zu der des Tochter-Isotops bestimmt. Die Halbwertszeiten der verschiedenen Aktinidien liegen im Bereich von mehreren Millionen bis Milliarden Jahren, die jeweiligen Töchter sind im Vergleich dazu mit Halbwertszeiten von Sekunden bis Jahren sehr kurzlebig. Dadurch ergibt sich, dass die Häufigkeiten der Töchter-Isotope um viele Größenordnungen geringer sind als die der jeweiligen Mutter-Elemente, da sie praktisch mit dem Aufbau sofort wieder zerfallen. Das heißt aber auch, dass die Nachfolge-Aktivität der Töchter-Isotope innerhalb eines kurzen Zeitraums nach dem Zerfall der Mutter eintritt.

## 3.5. Kernreaktionen und künstliche Radioaktivität

Die Vorstellung von der Transmutation der Elemente war eine Revolution im Denken dieser Zeit (vgl. S. 20). Jedoch schien es sich um einen natürlichen Prozess zu handeln – und nicht um den gezielten Versuch, durch alchemistische Experimente Quecksilber in Gold verwandeln zu wollen. Doch schon 1933 gelang die bis dahin undenkbare Umwandlung der Elemente durch menschlichen Einfluss.

Irène Curie, die Tochter von Marie Curie, und ihr Mann Frédéric Joliot-Curie wiesen nach der Bestrahlung von Bor, Magnesium und Aluminium mit α-Teilchen aus einer radioaktiven Poloniumquelle die Entstehung neuer, kurzlebiger, radioaktiver Isotope nach, die nach ihrer chemischen Analyse Isotope der Elemente Stickstoff, Silizium und Phosphor waren. Damit wurde zum ersten Mal durch gezielte Experimente Radioaktivität hergestellt und nachgewiesen. (vgl. S. 8) Diese neuen Isotope entstanden durch Reaktionen zwischen dem einfallenden Helium-Kern ${}^{4}{}_{2}He_{2}$ (α) mit den Isotopen ${}^{10}{}_{5}B_{6}$, ${}^{24}{}_{12}Mg_{12}$ ${}^{27}{}_{13}Al_{14}$. Eine neue Art von Reaktionen hatte die von den Alchemisten erhoffte Transmutation von Elementen durch chemische Reaktionen möglich gemacht[52]. Diese Transmutierungsprozesse, heute als Kernreaktionen bezeichnet, fanden durch den Einfang des α-Teilchens mit nachfolgender Emission eines Neutrons statt:

---

[51] Das Zerfallsnetzwerk ist überwiegend ein System an Differentialgleichungen, die in Abhängigkeit von der Zeit gelöst werden müssen. Die Bateman-Gleichungen sind vereinfachte Lösungen dieser Gleichungen und basieren auf einer mathematischen Rekursionsmethode.

[52] Chemische Reaktionen betreffen nur Wandlungen in der Elektronenhülle eines Atomkerns. Dies verändert nicht die interne Struktur des Kerns, etwa die Anzahl von Protonen und Neutronen. Deshalb ergibt sich aus chemischen Reaktionen keine Elementumwandlung. Die wesentlich energiereicheren Kernreaktionen bewirken jedoch eine Veränderung der Protonen- und Neutronenkonfiguration im Kern selbst und führen zur Transmutation des ursprünglichen Elements.

$$^{10}{}_{5}B_{6}+{}^{4}{}_{2}He_{2}\Rightarrow{}^{13}{}_{7}N_{6}+n,\ {}^{24}{}_{12}Mg_{12}+{}^{4}{}_{2}He_{2}\Rightarrow{}^{27}{}_{14}Si_{13}+n \text{ und } {}^{27}{}_{13}Al_{14}+{}^{4}{}_{2}He_{2}\Rightarrow{}^{30}{}_{15}P_{15}+n.$$

Für diese Arbeit erhielt das Ehepaar Joliot-Curie 1935 den Nobelpreis. Die Bedeutung dieser Entdeckung eröffnete ungeahnte Möglichkeiten, denn den Wissenschaftlern schwebte eine breite Palette an Anwendungsmöglichkeiten von Radio-Isotopen insbesondere in der Medizin vor. Kernreaktionen eröffneten die Möglichkeit, große Mengen an radioaktiven Isotopen gezielt für Experimente und Anwendung herzustellen. Benutzten Joliot-Curie noch radiochemisch extrahiertes Polonium als Quelle von $\alpha$-Strahlen, deren Energie durch dünne Metallfolien reduziert werden konnte, so wurden in den 1930er Jahren Teilchenbeschleuniger verschiedenster Art entwickelt und insbesondere zur Vermessung von Kernreaktionen sowie zur Herstellung diverser radioaktiver Isotope angewandt.

Es gibt zwei Arten von Kernreaktionen: eine, bei der Energie freigesetzt wird. Bei der anderen muss Energie in das Reaktionssystem geliefert werden[53]. Letzteres kann die kinetische Energie der beteiligten Teilchen bewirken. Diese kommt entweder aus Zerfallprozessen wie beim Joliot-Curie-Experiment, oder muss durch Teilchenbeschleuniger erzeugt werden. Wie bei den Zerfallsprozessen entspricht die freigesetzte oder benötigte Energie dem Unterschied der Bindungsenergie oder Masse im Eingangssystem von Targetteilchen und Projektil zuzüglich der kinetischen Energie des Projektils und der Energie im Ausgangssystem. Das entspricht der Bindungsenergie oder Masse von Restkern und Reaktionsprodukt plus deren kinetischer Energie. Dieser Energieunterschied von Eingangssystem und Ausgangssystem wird im Allgemeinen als Reaktions-Q-Wert bezeichnet. Ist der Q-Wert positiv, wird Energie freigesetzt; die Reaktion ist exothermisch. Ist er negativ, ist die Reaktion endothermisch und kann nicht ablaufen, bis die kinetische Energie des Projektils die negative Energie kompensiert. Im ersten Fall wird die Energie entweder als kinetische Energie der Reaktionsprodukte oder als elektromagnetische Energie von $\gamma$-Strahlung freigesetzt. Das heißt, dass exothermische Kernreaktionen radioaktive Strahlung mit variabler Energie erzeugen.

Die Reaktionswahrscheinlichkeit oder der Wirkungsquerschnitt[54] hängt in erster Näherung von der Wahrscheinlichkeit ab, dass ein einfallendes Teilchen den Kern trifft. Deshalb wird die Wahrscheinlichkeit in Größeneinheiten einer Fläche [$cm^2$] angegeben. Die Wahrscheinlichkeit ist klein, wenn man bedenkt, dass der Atomkern zehntausendmal kleiner ist als das Atom selbst. Aus diesem Grund wird als Standardeinheit für die Wahrscheinlichkeit einer Kernreaktion eine Einheit genommen, die ungefähr der Schnittfläche eines Atomkerns entspricht. Nimmt man den Radius eines durchschnittlichen Kerns r=4 fm an, so ergibt sich eine Schnittfläche von zirka 100 $fm^2=10^{-24}\,cm^2$; dies wird als 1 Barn definiert, wobei der Name *Barn* von der englischen

---

53 Reaktionen, die Energie freisetzen, werden analog zu chemischen Reaktionen als *exothermisch* bezeichnet –Reaktionen, die zusätzliche Energie erfordern, als *endothermisch*.

54 Heute wird im Allgemeinen der klassische englische Ausdruck *Cross Section* benutzt.

Bezeichnung für Scheune beziehungsweise Scheunentor herrührt. Das Barn ist allerdings nur die Trefferwahrscheinlichkeit; die meisten einfallenden Teilchen prallen am Atomkern ab oder werden durch die Wechselwirkung mit dem elektrischen Feld in eine andere Richtung gestreut. Diese Streuwahrscheinlichkeit hat den größten Wirkungsquerschnitt.

Die Wirkungsquerschnitte von Reaktionen, die zur Bildung eines anderen Kerns führen, hängen von der direkten Wechselwirkung zwischen dem einfallenden Projektil und dem Atomkern ab. Deren Wirkungsquerschnitt ist viel kleiner, weil die Trefferwahrscheinlichkeit noch mit der Wahrscheinlichkeit eines Teilchenaustausches zwischen Projektil und Kern multipliziert werden muss. Hier spielen wieder drei der vier fundamentalen Kräfte eine Rolle. Die größte Wahrscheinlichkeit haben Reaktionen, die über die starke Wechselwirkung ablaufen. Sie beruhen im Wesentlichen auf einem Austausch von Nukleonen zwischen Projektil und Kern; der Wirkungsquerschnitt liegt typischerweise im Millibarn-Bereich. Um drei Größenordnungen schwächer sind die Reaktionen, die über die elektromagnetische Wechselwirkung ablaufen. Das sind Reaktionen, bei denen der Kern das Projektil einfängt und dabei $\gamma$-Strahlung abgibt. Hier liegt der Wirkungsquerschnitt typischerweise im Mikrobarn-Bereich. Wiederum um mehrere Größenordnungen schwächer sind Reaktionen, die über die schwache Wechselwirkung ablaufen und deswegen nicht zur Produktion von Isotopen herangezogen werden. Die Gravitationskraft hat bei diesen mirkroskopisch kleinen Systemen mit ihren extrem niedrigen Massen keinen Einfluss.

Erwähnenswert ist noch, dass der Wirkungsquerschnitt starken Variationen in Abhängigkeit von der Energie unterworfen ist. Das hängt vor allem mit den quantenmechanischen Parametern der Übergänge und dem aktuellen Reaktionsmechanismus zusammen, der manchmal außerordentlich komplex sein kann. Allgemein jedoch fällt der Wirkungsquerschnitt bei Reaktionen mit geladenen Teilchen zu niedrigen Energien hin stark ab, da die Reaktionswahrscheinlichkeit durch die abstoßende Coulombbarriere zwischen dem positiv geladenen Atomkern und dem positiv geladene Projektil exponentiell abfällt. Dies ist anders als bei Kernreaktionen mit Neutronen, deren Wirkungsquerschnitt zumeist mit niedriger Energie zunimmt. Dies wird durch das sogenannte $1/v$ Gesetz beschrieben. Danach ist der Wirkungsquerschnitt umgekehrt proportional zu der Teilchen-Geschwindigkeit $v$. In wenigen Fällen ist dieses Gesetz jedoch nicht anwendbar, etwa beim Neutroneneinfang an $^{14}C$ oder $^{238}U$. Da verhält sich der Wirkungsquerschnitt aufgrund von Drehimpulsbedingungen anders und fällt mit niedriger Energie ab.

Für die Beschreibung von Kernreaktionen wird eine bestimmte Notation benutzt. Nimmt man zum Beispiel die erste künstliche Reaktion zur Erzeugung des radioaktiven Isotops $^{13}_{7}N_{6}$ durch den $\alpha$-Beschuss einer $^{10}_{5}B_{5}$-Folie, so wird die Reaktion vereinfacht als $^{10}B(\alpha,n)^{13}N$ beschrieben. Bei Isotopen ist nur die Massenzahl A angegeben, weil die Elementkennzeichnung B (für Bor) die Ladungszahl Z festlegt und die Neutronenzahl N daraus leicht bestimmt werden kann: N=A-Z. Projektil und leichtes Reaktionsprodukt stehen innerhalb der Klammer; der schwere Restkern macht den Schluss der Formel. Diese Reaktion basiert auf der starken Wechselwirkung. Eine alternative Möglichkeit zur

$^{13}N$-Produktion durch Bestrahlung des Kohlenstoff-Isotops $^{12}C$ mit Protonen wurde 1935 ebenfalls durch Joliot-Curie entdeckt. Diese Reaktion wird in der Standardnotation als $^{12}C(p,\gamma)^{13}N$ formuliert und basiert auf der elektromagnetischen Wechselwirkung. Sie hat deshalb einen wesentlich geringeren Wirkungsquerschnitt als die $^{10}B(\alpha,n)^{13}N$ Reaktion.

## 3.6 Teilchenbeschleuniger

Nachdem diese Prinzipien in den 1930er Jahren klar wurden, war die Entwicklung von Beschleunigungssystemen vorherrschendes Ziel der experimentellen Physiker, um die Teilchen auf hohe Energien zu bringen. Dabei wurden verschiedene, bis heute angewandte Systeme entwickelt. Die drei wichtigsten Beschleunigungsprinzipien seien summarisch dargestellt[55].

Die ersten Teilchenbeschleuniger beruhten auf zwei unterschiedlichen Prinzipien. Der Gleichspannungsbeschleuniger erzeugt eine Mega-Volt-Hochspannung, die ionisierte Teilchen mit positiver oder negativer Ladung auf Mega-Elektronvolt-Energien beschleunigt. Diese Hochspannung kann entweder über interne Verstärkung einer Wechselspannung durch eine elektrische Schaltung [Cockroft-Walton-Generator, benannt nach den Atomphysikern, Nobelpreisträgern und Beschleuniger-Pionieren John Crockroft (1897–1967) und Ernest Walton (1903–1995)] erzielt oder durch schnellen Ladungstransport über einen isolierten Ladungsträger zur ebenfalls isolierten Ionenquelle erzeugt werden (Van-de-Graaff-Generator). Die heute noch gängige Bezeichnung geht auf die Namen der Erfinder des Beschleunigerprinzips zurück: Robert Van de Graaff (1901–1967). Die Gleichspannungsbeschleuniger wurden im ersten Jahr ihrer Entwicklung an immer mehr Forschungsinstituten in Europa wie auch den USA installiert, um das neue Phänomen der Kernreaktionen zu untersuchen. Sie dienen auch heute noch vielfach als Vorbeschleunigungssysteme für moderne Großbeschleunigeranlagen weltweit.

1930, fast gleichzeitig mit den Cockroft-Walton- und Van-de-Graaff-Beschleunigern, entwickelte der amerikanische Physiker und Nobelpreisträger Ernest Lawrence (1901–1958) in Berkeley das Zyklotron. Dabei laufen geladene Teilchen über eine spiralförmige Bahn, gehalten von einem externen Magnetfeld. Beschleunigt werden sie nach jedem halben Umlauf durch einen Spannungsstoß beim Passieren eines Spalts zwischen zwei Elektroden. Diese Zyklotrone können wesentlich höhere Teilchenenergien erreichen, da sie nur von der Zahl der Umläufe und damit von der Größe des Zyklotrons abhängen.

---

55 Neben diesen Systemen gibt es eine Reihe anderer Beschleunigungsarten wie Linearbeschleuniger, bei denen die Teilchen durch hochfrequente elektrische Pulse auf immer höhere Energien getrieben werden, sowie ringförmige, sogenannte Synchrotron-Beschleuniger. Neueste Technologien zielen auf Laserbeschleuniger, wobei ein hochintensiver Laserpuls die Teilchen durch den Photonendruck auf hohe Energien beschleunigt.

*Abb. 3-8: Oben ein Cockroft-Walton mit Verstärkungssäule und Beschleunigungsröhre. Die Hochspannung im sogenannten Terminal – der Metallkammer im Zentrum der Darstellung – kann bis zu 1 Million Volt erreichen und muss deshalb durch Isolatoren gut gegen Erde abgeschirmt sein. Rechts oben ein Beschleuniger des Typs Van de Graaff mit Ladeband und Beschleunigerröhre. Die erreichbare Hochspannung liegt ebenfalls um 1 Million Volt. Heute werden höhere Spannungen bis zu 20 Millionen Volt erreicht, aber dazu muss das System in einem mit trockenem Gas gefüllten Hochdrucktank installiert werden. Unten links ein klassisches Zyklotron mit externen Magneten, die die Teilchen auf einer Kreisbahn halten. In der Mitte die sogenannte 2-D-Beschleunigungskammer mit diagonalem Spalt, über dem die Teilchen durch einen elektrischen Puls auf immer höhere Energien beschleunigt werden. Der Kreisbahn-Radius wird dann spiralförmig größer, bis die Teilchen tangential die Kammer verlassen können. Rechts ist eine schematische Darstellung des Aufbaus der 2-D-Beschleunigungskammer mit Messinstrumentation.*

Diese drei Beschleunigertypen werden noch weitgehend benutzt (Abbildung 3-8). Das Beschleunigungsprinzip ist das gleiche, allerdings erheblich verbessert und verfeinert. Insbesondere die Van-de-Graaff-Beschleuniger werden innerhalb eines mit einer bestimmten Gasmischung gefüllten Tanks betrieben, um Überschläge der Hochspannung von mehreren Millionen Volt zu vermeiden. Die Maschinen werden nicht mehr an Universitäten von einzelnen Forschern gebaut, sondern auch für kommerzielle Forschungs- und Anwendungszwecke hergestellt. Insbesondere die medizinische und pharmazeutische Industrie sind heute die größten Abnehmer dieser Maschinen.

Die Entwicklung von Teilchenbeschleunigern in den 1930er Jahren war der erste Durchbruch zur Herstellung von radioaktiven Isotopen. In den folgenden Jahrzehnten wurden damit mehr und mehr exotische Isotope entdeckt und vermessen. Jedes Isotop kann im Prinzip durch verschiedene Kernreaktionen produziert werden. Zur effektiven Produktion empfiehlt es sich jedoch, Reaktionen mit einer hohen Reaktionswahrscheinlichkeit zu nutzen. Verschiedene Reaktionen wurden identifiziert, die zur optimalen Produktionsrate bestimmter Isotope führten. Dabei erlaubte die Nutzung von Teilchenbeschleunigern, systematisch die Stärke verschiedener Kernreaktionen sowie ihre Abhängigkeit von der Energie der beschleunigten Teilchen zu bestimmen.

Die Produktionswahrscheinlichkeit eines Isotops innerhalb einer gewissen Zeit durch eine Kernreaktion hängt neben dem Wirkungsquerschnitt von der Anzahl der einfallenden Teilchen $N_i$ pro Zeiteinheit und der Anzahl der Kerne in Targetmaterial $N_T$ pro Flächeneinheit ab und kann folgendermaßen (mit den Standardeinheiten in eckigen Klammern) beschrieben werden:

$$P\left[s^{-1}\right] = N_i\left[s^{-1}\right] \cdot N_T\left[cm^{-2}\right] \cdot \sigma\left[barn = 10^{-24}\,cm^2\right]$$

Die Anzahl der produzierten Isotope wird über die Länge der Bestrahlung bestimmt. Wenn man jedoch radioaktive Isotope erzeugt, muss man wieder die Zerfallsdauer berücksichtigen, denn es stellt sich dann ein konstanter Gleichgewichtswert zwischen einer konstanten Produktion und Zerfall ein, der folgendermaßen beschrieben werden kann:

$$N(t) = \frac{A(t)}{\lambda} = \frac{P}{\lambda} \cdot (1 - e^{-\lambda \cdot t})$$

Abbildung 3-9 zeigt dieses Verhalten für die Produktion von zwei Silber-Isotopen mit gleicher Produktionsrate, aber unterschiedlicher Zerfallskonstante. Gewöhnlicherweise wird die maximal erreichbare Anzahl von Radio-Isotopen nach einer Bestrahlung erreicht, die ungefähr fünf Halbwertszeiten dauert.

Eine hohe Ausbeute an gewünschten Radio-Isotopen erfordert also eine hohe Produktionsrate, die wiederum vom Wirkungsquerschnitt der gewählten Produktionsreaktion und von der Intensität des Teilchenstrahls am Beschleuniger abhängt. Auch sollte das Targetmaterial isotopenrein sein: Sind zu viele andere Isotope oder auch Verunreinigungen mit Atomkernen anderer Elemente vorhanden, laufen Reaktionen mit diesen Kernen ab. Das beeinträchtigt die Ausbeute und erzeugt unerwünschte Untergrundsaktivität.

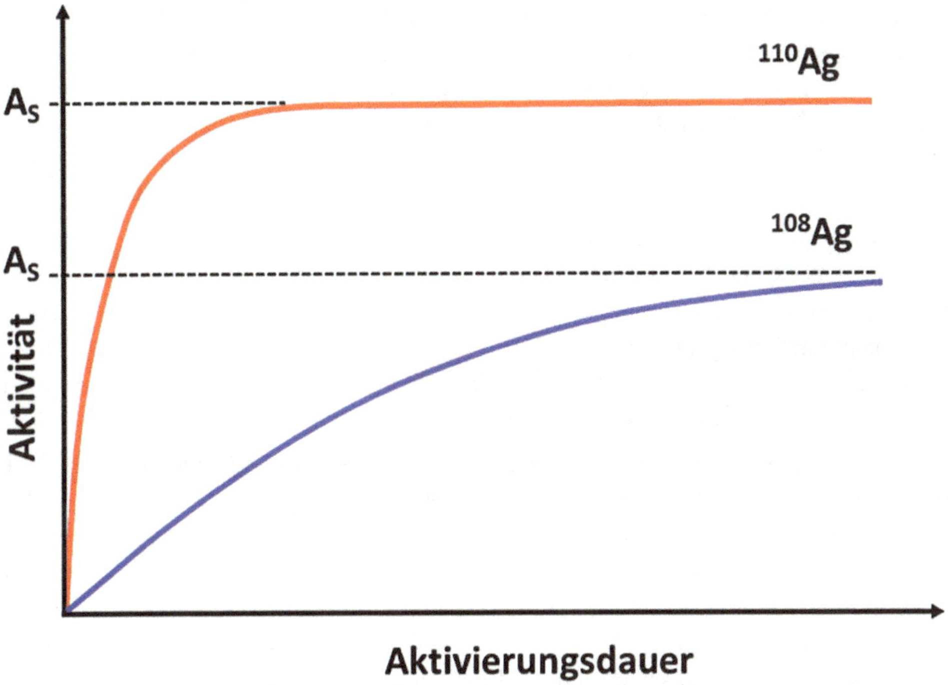


*Abb. 3-9: Häufigkeiten an radioaktiven Silber-Isotopen $^{108}Ag$ und $^{110}Ag$ mit unterschiedlichen Halbwertszeiten ($T_{1/2}(^{108}Ag) = 144$ s und $T_{1/2}(^{110}Ag) = 24.6$ s), die bei gleicher Produktionsrate erreicht werden können. Im Allgemeinen sind 93 Prozent der maximalen Ausbeute nach einer Bestrahlungsperiode von fünf Halbwertszeiten erreicht. Längere Produktionsläufe werden deshalb als wenig effizient gewertet. Die Produktion des längerlebenden $^{108}Ag$ braucht länger bei nur geringerer Ausbeute, bedingt durch die Zerfallskonstante im Nenner der Gleichung.*

## 3.7 Kernspaltung und künstliche Erzeugung von Radio-Isotopen an Reaktoren

Bislang haben wir überwiegend von Reaktionen mit geladenen beschleunigten Teilchen gesprochen, aber die Entdeckung des freien Neutrons 1932 durch James Chadwick eröffnete neue Möglichkeiten, Isotope mittels Neutronenbestrahlung herzustellen. Ernest Rutherford hatte schon seit Jahren über die Existenz eines neutralen Kernteilchens nachgedacht, aber der experimentelle Beweis fehlte. Seinem Schüler Chadwick gelang dies jedoch über die Bombardierung eines Beryllium-Targets mit $\alpha$-Teilchen aus einer Polonium-Quelle mit 2 mCi-Aktivität, die er von Lise Meitner aus Berlin erhalten hatte. Er entdeckte mittels eines Geiger-Müller-Detektors, den er aus Berlin von Hans Geiger bekam, eine neue Art von Strahlung, die er als die gesuchten Neutronen identifizierte. Die Kernreaktion, über die die Neutronen produziert worden waren, war $^{9}Be(\alpha,n)^{12}C$, entsprach also der Art von Reaktion, über die Irène und Frédéric Joliot-Curie die ersten künstlichen radioaktiven Isotope produziert hatten. Chadwick dachte hauptsächlich über medizinische Anwendungen für Neutronen nach, weil sie als neutrale Teilchen nicht der elektromagnetischen Kraft ausgesetzt sind und deshalb nicht leicht absorbiert werden können. Daher können sie tief in Materialien, zum Beispiel den menschlichen Körper, eindringen und dort zur Zerstörung von Krebsgeschwulsten beitragen. Dazu muss allerdings ein intensiver Neutronenfluss[56] erzeugt werden.

Neutronen lassen sich somit durch Kernreaktionen mit geladenen Teilchen am Beschleuniger erzeugen. Dabei wird die Energie der Teilchen so gewählt, dass der Wirkungsquerschnitt möglichst groß ist – eine sehr erfolgreiche Methode, Neutronen, die über verschiedene Reaktionen erzeugt werden können, zur Bestrahlung von Materialien zu nutzen. Eine zweite Möglichkeit eröffnete sich nach dem Zweiten Weltkrieg mit der erfolgreichen Konstruktion der ersten Kernreaktor-Generation. Das hervorragende Ziel dieser Reaktoren war es, Energie aus der Spaltung schwerer Uran-Isotope ($^{235}U$ oder $^{239}Pu$) zu gewinnen, aber auch radioaktive Isotope wie $^{239}Pu$ für das amerikanische Kernwaffenprogramm zu produzieren. Neben den neutronenreichen Spaltprodukten werden auch große Mengen an Neutronen freigesetzt, die bei der Atombombe die Kettenreaktion hervorrufen. Beim Reaktor müssen sie absorbiert werden, um die Energie kontrolliert freisetzen zu können. Die freigesetzten Neutronen im Reaktor können jedoch auch zur Bestrahlung von Materialien benutzt werden.

Der Wirkungsquerschnitt bei neutroneninduzierten Reaktionen verläuft allerdings anders als bei Kernreaktionen mit geladenen Teilchen, weil Neutronen als neutrale Teilchen nicht der abstoßenden Coulombkraft unterliegen. Deswegen erhöht sich im Allgemeinen[57] die Reaktionswahrscheinlichkeit mit abnehmender Energie. Dieses Verhalten ist als 1/v-Gesetz bekannt, da der Wirkungsquerschnitt sich gemäß $\sigma \propto 1/v$ invers proportional zur Neutronengeschwindigkeit verhält. Das heißt, dass der größte Wirkungsquerschnitt und

56 Der Neutronenfluss $F_n$ ist definiert als die Anzahl der Neutronen, die pro Zeiteinheit einen Flächenquerschnitt durchquert. Die typische Einheit für den Neutronenfluss ist $[s^{-1}cm^{-2}]$.

57 In einigen Fällen neutroneninduzierter Reaktionen bei Kernen wie $^{14}C$ oder $^{238}U$ ist dies jedoch nicht der Fall, da eine weitere quantenmechanische Barriere, die sogenannte Drehimpulsbarriere, den Neutroneneinfang unterdrückt.

damit die größte Produktionswahrscheinlichkeit mit langsamen, den sogenannten thermischen Neutronen erreicht werden kann.

Die Neutronen aus Kernreaktionen und Spaltungsprozessen haben generell eine hohe kinetische Energie, die der freigesetzten Energie aus dem Reaktionsprozess entspricht. Um einen hohen Wirkungsquerschnitt bei neutroneninduzierten Reaktionen zu erreichen, müssen sie deshalb auf Energien abgebremst werden, die der thermischen Energie $E=k \cdot T$ der Umgebung entspricht. $T$ ist dabei die Raumtemperatur in Einheiten Kelvin[58], $k$ die sogenannte Boltzmannkonstante $k=8{,}617 \cdot 10^{-11}$ MeV/Kelvin. Dieser Prozess heißt deshalb Thermalisierung. Dies bedeutet, dass eine typische kinetische Energie von Neutronen aus dem Zerfallsprozess von ~5 MeV auf Raumtemperatur von (20° C = 293,15 K) mit Energien von E = 25 meV abgebremst werden müssen. Durch elektrische Felder ist das nicht möglich, die Streuung von Neutronen an leichten Kernen der effektivste Weg, Energie zu verlieren. Wie beim Billardspiel verliert das Neutron beim Stoß mit einem gleichgewichtigen Teilchen ungefähr 50 Prozent seiner Energie. Die Kerne der Wasserstoffatome im Wasser sind also der beste Moderator für schnelle Neutronen. Allerdings fangen reine Wasserstoffkerne auch mit hohem Wirkungsquerschnitt die Neutronen über die ${}^{1}_{1}H_{0}(n,\gamma){}^{2}_{1}H_{1}$ ein und bilden Deuterium, was die Zahl der freien Neutronen erheblich reduzieren kann. Deshalb wird als alternativer Moderator entweder schweres Wasser, das auf dem Wasserstoff-Isotop ${}^{2}_{1}H_{1}$ basiert, oder als Grafit dichtgepackter Kohlenstoff genutzt, da weder für ${}^{2}H$ noch für ${}^{12}C$ der Einfangsquerschnitt für Neutronen groß ist. Lithium, Beryllium und Bor sind keine guten Moderatoren, da sie ebenfalls einen großen Reaktionsquerschnitt mit Neutronen haben und diese absorbieren, was nicht im Interesse des Nutzers ist.

Die Frage der Moderatoren war wichtig für die frühe Spaltungsforschung, da sowohl deutsche Physiker vom Uran-Klub wie auch die Physiker des Tube-Alloy-Projekts in Großbritannien und des Manhattan-Projekts in den USA nach geeigneten Moderatoren suchten. Sowohl Deuterium wie auch Grafit wurden unabhängig von beiden Seiten als mögliche Moderatoren identifiziert. Grafit war wesentlich billiger, da Deuterium erst mittels aufwendiger Anlagen aus dem normalen Wasser kondensiert werden musste. Solch eine Anlage bestand zu der Zeit nur in Norwegen. Der Physiker Walther Bothe aus Berlin wurde deswegen nach Paris geschickt, um dort am einzigen in Europa existierenden Zyklotron[59] die Möglichkeit von Grafit als Moderator zu testen. Seine Experimente zeigten, dass Grafit unzureichend war, weil es ebenfalls Neutronen zu absorbieren schien. Diese Interpretation war allerdings nicht ganz richtig. Aufgrund dieser Interpretation konzentrierte sich der Uran-Klub jedoch auf die Möglichkeit, im besetzten Norwegen produziertes Deuterium als Moderator zu verwenden. In den USA dagegen wies Leó Szilárd (1898–1964) darauf hin, dass möglicherweise Verunreinigungen im Grafit die Ergebnisse beeinflussen

---

58 1 Kelvin [K]= -272.15 Celsius [°C].

59 Bothe entwickelt 1942 in Heidelberg das erste deutsche Zyklotron.

könnten. Er lernte vom Hersteller, dass in der Tat bei der chemischen Herstellung von Grafit Bor verwendet wird. Auf Szilárds Anregung wurde borfreies Grafit hergestellt, was sich in den nachfolgenden Experimenten als perfekter Moderator erwies[60].

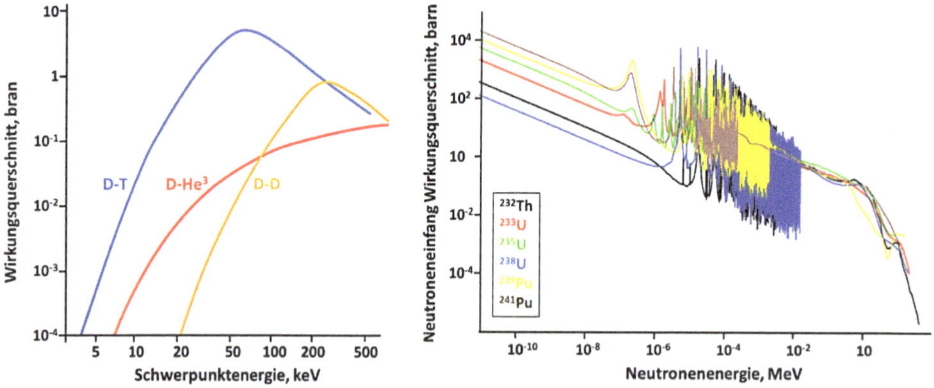


*Abb. 3-10: Links zeigt die Energieabhängigkeit des Wirkungsquerschnitts für Kernreaktionen mit geladenen Teilchen, der durch die abstoßende Coulombbarriere zwischen gleich geladenen Teilchen exponentiell abfällt. (http://hyperphysics.phy-astr.gsu.edu/hbase/NucEne/coubar.html) Rechts zeigt den Wirkungsquerschnitt für Neutroneneinfangsreaktionen an verschiedenen Aktinoiden, der nach dem 1/v-Gesetz mit abnehmender Energie E ansteigt ($E \propto v^2$). Im Bereich von 1 eV bis 100 keV ist der Wirkungsquerschnitt von zahlreichen eng beieinander gelagerten Resonanzen bestimmt. (http://dx.doi.org/10.5772/53686)*

Thermalisierte Neutronen haben einen besonders hohen Wirkungsquerschnitt für Spaltreaktionen. Ist spaltbares Material wie $^{235}$U dicht gepackt, so thermalisieren die bei der ersten Spaltung freigesetzten Neutronen relativ schnell und können von den benachbarten $^{235}$U-Isotopen leicht eingefangen werden. Durch diesen Einfangsprozess wandelt sich der Kern in das neutronenreichere Isotop $^{236}$U, das durch Spaltung unter Neutronenemission in zwei kleinere Kerne zerfällt. Die dabei freigesetzten Neutronen induzieren wiederum Spaltprozesse. Dies führt zur Kettenreaktion, solange die Masse an spaltbarem Material groß genug ist, um die Neutronen zu thermalisieren und ein Entweichen aus dem kritischen Volumen zu verhindern.

Eine unkontrollierbare Kettenreaktion ist das Prinzip, auf der die Explosion einer Fissionsbombe oder, im allgemeinen Sprachgebrauch, Atombombe basiert: das Freisetzen der

---

60 Die näheren Umstände dieser Entwicklung sind in Detail von Hans Bethe (1906–2005) beschrieben worden, der zu der Zeit Leiter der Theorie-Gruppe am Manhattan-Projekt war. Hans Bethe: The German Uranium Project. Physics Today 53, Number 7, 2000, S. 34–36.

Spaltungsenergie in Sekundenschnelle. Das Problem der Physiker im Uranium-Projekt und beim Manhattan-Projekt war, die richtige Masse zu bestimmen, bei der die Kettenreaktion einsetzt.

Wie eine Kettenreaktion im Prinzip ablaufen würde, zeigt vereinfacht eine Werbedarstellung der amerikanischen Atomindustrie (Abbildung 3-11). Die Zündköpfe symbolisieren das Uran mit den bei der Zündung freigesetzten Neutronen; die Länge der einzelnen Zündhölzer symbolisiert die Wahrscheinlichkeit, den benachbarten Urankern zur Zündung beziehungsweise Spaltung zu bringen. Kurze Zündhölzer bewirken sofortiges Entflammen, also eine unkontrollierte Kettenreaktion wie bei der Explosion einer Atombombe. Lange Zündhölzer stellen Neutronenabsorber dar, die einen kontrollierten Ablauf der Kettenreaktion in einem Reaktorkern bewirken sollen.

*Abb. 3-11: Kettenreaktion als Comic: Kurze Zündhölzer bewirken ein schnelles Abbrennen der Kette, wobei jede Verzweigung einer Kernspaltung entspricht. Lange Zündhölzer symbolisieren eine Absorption oder Verzögerung der Neutronen, was die Kontrolle der Kettenreaktionen erlaubt. (Werbebroschüre General Electrics)*

Um eine Kettenreaktion zu vermeiden, muss der Neutronenfluss kontrolliert reduziert werden. Dies kann dadurch erreicht werden, dass man bewegliche Neutronenabsorber wie $^{10}B$ als Borcarbid ($^{10}B_4C$)-Kontrollstäbe in das spaltbare Material einbettet oder umgekehrt mit $^{10}B$ angereicherte Borsäure dem Kühlwasser um die Brennstäbe zugibt. In jedem Fall werden die Neutronen vorwiegend durch die $^{10}B(n,2\alpha)^3H$-Reaktion absorbiert, wobei zwei $^4He$-Kerne und ein radioaktiver Tritium-Kern entstehen. Das Tritium wird abgefangen und für verschiedene Anwendungen genutzt.

Neue Isotope am Reaktor können direkt durch Neutronenbestrahlung von Materialien hergestellt werden, indem man entweder die Proben nahe an den Neutronen produzierenden Reaktorkern bringt oder die Neutronen über sogenannte Neutronenleitern aus dem Reaktorkern hinaus zur Probe führt. Erstere Methode wird zumeist für kleine Proben angewandt, um den wesentlich höheren Neutronenfluss am Reaktorkern zu nutzen. Die zweite Methode wird meist bei der Neutronenbestrahlung von größeren Objekten angewandt. Der Nachteil: Der Neutronenfluss beträgt weniger als ein Prozent des Reaktorflusses. In jedem Fall hängt die Produktionsrate vom thermischen Wirkungsquerschnitt $\sigma_{\text{th}}$ und vom Neutronenfluss *Fn* ab (mit den Standardeinheiten in rechteckigen Klammern),

$$P = \sigma_{th}\left[barn = 10^{-24}\,cm^2\right] \cdot F_n\left[s^{-1}cm^{-2}\right].$$

Anzahl und Aktivität der Radio-Isotope, die durch Neutroneneinfang produziert werden können, hängen dann nur noch von der charakteristischen Halbwertszeit ab. Diese kontrolliert den der Produktion entgegenlaufenden Zerfall des Radio-Isotops. Wie bei der Produktion durch Kernreaktionen mit geladenen Teilchen entspricht die optimale Bestrahlungsdauer ungefähr fünfmal der Halbwertszeit des radioaktiven Produktkerns.

Der Neutronenfluss (Abbildung 3-12) ist vom Design des Reaktors bestimmt. Er lässt sich aber in drei Komponenten unterscheiden, schnelle Neutronen (fast flux), die direkt im Spaltprozess entstehen und ihre Energie noch nicht durch Vielfachstreuung an das Moderatormaterial verloren haben. Ihre Energien liegen im MeV-Bereich. Einen teilweisen Energieverlust erleiden die epi-thermischen Neutronen, die im Energiebereich zwischen 10 eV und 10 keV abdecken. Den größten Fluss haben die sogenannten thermischen Neutronen im Bereich der thermischen Energie der Umgebung. Sie geben ihre gesamte anfängliche Energie durch Streuprozesse an das Moderatormaterial ab. Ihr Fluss ist um mehr als drei Größenordnungen größer als der Fluss der schnellen Neutronen.

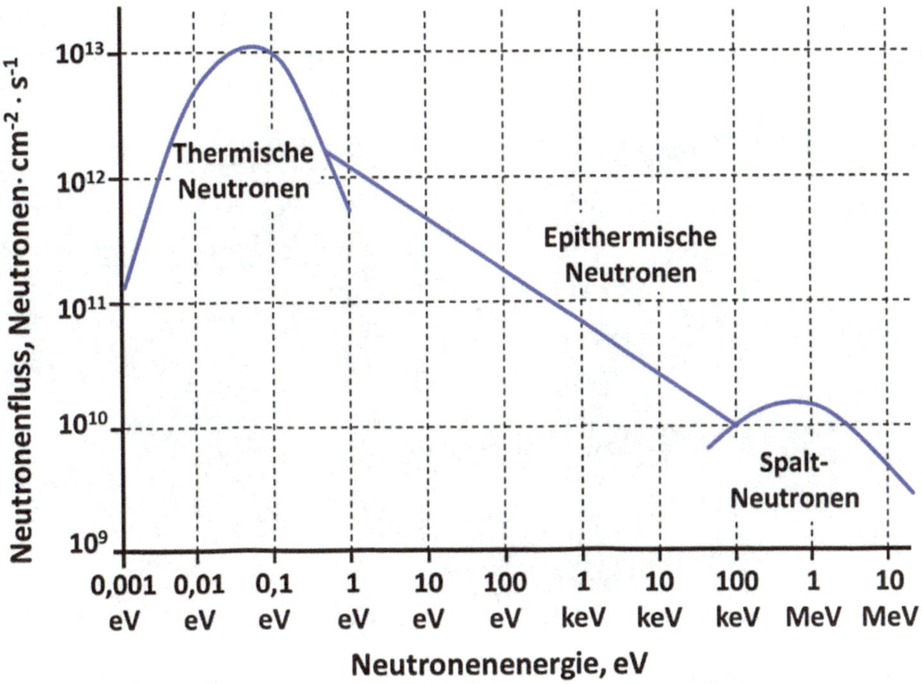


*Abb. 3-12: Typischer Neutronenfluss in einem Reaktor als Funktion der Energie, wobei die meisten Neutronen durch Vielfachstreuung ihre anfänglich hohen Energien verloren haben und auf Raumtemperatur heruntergekühlt oder thermalisiert wurden.*

Der erste Forschungsreaktor in den USA war der schon 1942 von Enrico Fermi errichtete *Pile*, der unter der Tribüne des ehemaligen Football-Stadions *Stagg Field* auf dem Campus der Universität von Chicago gebaut und getestet worden war (Abbildung 3-13).

Bei diesem ersten Reaktor handelte es sich schlicht um einen aufeinandergetürmten Haufen (Pile) schwarzer Grafitblöcke, zwischen denen sich kleine graue Uranklötze verschiedener Form befanden. Die Kontrollstäbe bestanden aus Cadmium und Indium – Metalle mit hohem Neutronenabsorptionsquerschnitt. Eine Beimischung an Silber half den Neutronenfluss zu bestimmen, denn der Neutroneneinfang am Silber produzierte $\gamma$-Strahlung, die schnell und einfach gemessen werden konnte. Wurde die Strahlung zu hoch, fuhr man die Kontrollstäbe von Hand ein. Das reduzierte den Neutronenfluss. Der Reaktor hatte weder eine externe Betonwand, um die entstehende Strahlung zu absorbieren, noch ein Kühlwassersystem, um eventuelle Überhitzung zu vermeiden. Der Neutronenfluss im Reaktorkern variierte je nach

Leistung zwischen $4 \cdot 10^8$ Neutronen/s cm$^2$ und $4 \cdot 10^{10}$ Neutronen/s cm$^2$[61]. Alles in allem ein riskantes Experiment, was heute dank der Strahlenschutzbestimmungen nicht mehr zulässig wäre. Den Zuschauern der ersten Demonstration des Reaktors dürfte es sicherlich eine erhebliche Strahlendosis beschert haben[62].

*Abb. 3-13: Darstellung des ersten Testexperiments am von Enrico Fermi entwickelten Pile-Reaktor an der Universität von Chicago. Kleine Uranklötze waren in eine Matrix von Grafitblöcken eingebettet, die die Spaltneutronen thermalisieren sollten. Wurde der Neutronenfluss zu groß, schob man Indium- und Cadmium-Stäbe ein, um den Fluss durch Neutroneneinfang zu reduzieren. Der Fluss wurde durch die γ-Strahlung des Neutroneneinfangs am Silber gemessen. Die Messstation ist im Hintergrund der Darstellung zu erkennen. (wikipedia commons)*

Nach dem Erfolg des Pile-I-Reaktors wurden schnell weitere Reaktoren entwickelt, etwa der X-10-Reaktor in Oak Ridge. Hier wurde dem Brennstoff $^{235}$U ein erheblicher Anteil an $^{238}$U beigemischt, um zu demonstrieren, dass sich Isotope wie $^{239}$Pu für das Waffenprogramm durch Neutroneneinfang am $^{238}$U erbrüten ließen. Die Thermalisierung der Neutronen bewirkt, dass der mit der Energie abfallende Einfangsquerschnitt am $^{238}$U verringert wird und darüber der Brennprozess gesteuert werden kann. 1947 wurde dieser Reaktor aus dem militärischen Program

---

61 Vgl. Enrico Fermi: Elementary Theory of the Chain-reacting Pile. Science 10, S. 27–32 (1947).

62 Die Teilnehmer an dieser ersten Demonstration eines Kernreaktors, deren weiteres gesundheitliches Geschick und Todesursachen sind auf der Webseite des Argonne National Labors beschrieben: http://www.ne.anl.gov/About/cp1-pioneers/

herausgenommen und für zivile Zwecke eingesetzt. Er erzeugte die ersten Radio-Isotope für die medizinische Forschung.

In der Bundesrepublik Deutschland war mit der Wiederherstellung der vollständigen Souveränität 1955 kernphysikalische Forschung wieder möglich geworden. Der erste Forschungsreaktor war der FR1 in Garching, im Volksmund Atomei genannt, den die Technische Universität München mit 4 MW Leistung betrieb (Abbildung 3-14). Der Reaktor war von 1957 bis 2000 in Betrieb und diente zu Beginn der reinen Neutronenforschung, später auch zur Produktion von Radio-Isotopen sowie zur Bestrahlungstherapie von Krebspatienten.

Vier Jahre später ging am neugegründeten Kernforschungszentrum Karlsruhe der zweite Forschungsreaktor FR2 in Betrieb, der allerdings schon 1981 außer Dienst gestellt wurde. Dieser Reaktor hatte mit 44 MW die zehnfache Leistung des Garching-Reaktors und konnte einen Neutronenfluss bis $7 \cdot 10^{14}\,n/cm^2\,s$ erzeugen.

*Abb. 3-14: Das Atomei in Garching bei München: Der erste deutsche Forschungsreaktor wurde von 1957 bis 2000 von der Technischen Universität München betrieben.*

Ebenso wie der FR1 in Garching diente der FR2 ausschließlich wissenschaftlichen Zwecken. Neben der neutronenphysikalischen Grundlagenforschung standen insbesondere materialwissenschaftliche Anwendungen im Vordergrund. In Streuexperimenten mit Neutronen konnten die Strukturen neuer kristalliner Stoffe untersucht und bestimmt werden. Neu entwickelte Neutronenleiter führten Neutronen aus dem Reaktorkern für Experimente zu externen Messstationen. Neben den Anwendungen in der atomaren und molekularen Strukturanalyse dienten die Reaktoren auch der Produktion von Radio-Isotopen zur medizinischen Diagnose und zur Bestrahlungstherapie in der Nuklearmedizin. In der Produktion von Radio-Isotopen werden entweder externe Proben durch Neutronenstrahlung aktiviert oder Spaltprodukte durch elektromagnetische Separatoren aus dem Reaktorkern extrahiert und nach Ladung und Masse separiert. Die Neutronenbestrahlung von Tumoren ist heute weitestgehend durch Bestrahlung mit geladenen beschleunigten Teilchen ersetzt worden, weil das einen geringeren Strahlenschaden am dem Tumor benachbarten Körpermaterial ergibt.

Diese beiden ersten deutschen Reaktortypen waren durch den begrenzten Fluss an Neutronen in ihren Anwendungsmöglichkeiten beschränkt. Abgelöst wurden sie durch die Hochflussreaktoren am ILL Grenoble in Frankreich mit 58,3 MW und dem 20 MW FRM-II-Reaktor an der TU München in Garching. Mit wesentlich höheren Neutronenflüssen von mehr als $10^{15}$ n/cm$^2$ s erlauben sie ein weitaus breiteres Forschungsangebot und Programm.

# Weiterführende Literatur


Klaus Bethge: Kernphysik, Eine Einführung. Springer, $^3$2007.

Helmut Böttiger: Kernenergie: Gefahr oder Nutzen. Michael Imhof Verlag, 2011.

Dirk Eidemüller: Das nukleare Zeitalter: Von der Kernspaltung bis zur Entsorgung. Stuttgart 2012, (Hirzel).

Harry Friedmann: Einführung in die Kernphysik. Wiley-VCH Verlag GmbH, 2016.

Julia Mareike Neles: Kernenergie: Eine Technik für die Zukunft? Springer, 2012.

Bogdan Povh, Klaus Rith, Christoph Scholz, Frank Zetsche, Werner Rodejohann: Teilchen und Kerne: Eine Einführung in die physikalischen Konzepte. Springer Spektrum, $^9$2013.

Werner Stolz: Radioaktivität: Grundlagen – Messung – Anwendungen. $^5$2005 (Vieweg+Teubner).

Elmar Träbert: Radioaktivität: Was man wissen muss. Eine allgemeinverständliche Darstellung, KiWi-Taschenbuch, 2011.

# 4 Dosimetrie und Biologie

Die biologischen Wirkungen der Radioaktivität sind weitgefächert und in manchen Aspekten noch unbekannt, weil extrem schwierig zu identifizieren und zu messen. Sie hängen insbesondere von der Art der Strahlung ab, denn $\alpha$-, $\beta$- und $\gamma$-Strahlung sind grundsätzlich verschiedener Natur. Sie können sehr unterschiedlich wirken und Gefahren für komplexe biologische Systeme bergen. Ein Messgerüst aus standardisierten Normen vermag zwar die Gefahren der Strahlung zu quantifizieren, allerdings mit einer gewissen Unsicherheit, denn die Auswirkung von Strahlung auf biologische Systeme lässt sich vor allem nur statistisch erfassen. Sie hängt von der Wechselwirkung in Milliarden Einzelprozessen zwischen Strahlungsteilchen und Molekülen sowie von der Effektivität ab, mit der enzymgesteuerte Reparaturmechanismen des Systems reagieren.

Vier wichtige Aspekte zur Wirkung von Strahlung stehen im Vordergrund dieses Kapitels. Zum Ersten Absorption und Eindringtiefe von Strahlung in verschiedene Materialen. Das betrifft sowohl unseren Schutz vor Strahlung als auch die Wirkung verschiedener Strahlungsarten auf den menschlichen Körper. Unterschiedliche Strahlungsarten wirken aufgrund ihrer physikalischen Natur höchst verschieden auf den menschlichen Körper und stellen deswegen unterschiedliche Ansprüche an den Strahlenschutz.

Die zweite Frage gilt der Dosimetrie. Sie betrifft die Quantifizierung der Strahlenwirkung, legt also die Wahrscheinlichkeit biologischer Auswirkungen auf den menschlichen Körper fest. Die Dosimetrie charakterisieren eine Reihe standardisierter Begriffe, die die Belastung des Körpers durch Strahlung und den dadurch erfolgten Schaden quantifizierbar machen sollen. Die Dosimetrie liefert die Grundlage der gesetzlichen Grenzwerte für die Belastung der Allgemeinbevölkerung, von Strahlenarbeitern und bei Strahlenunfällen. Dabei wird vom Strahlenschutz meist das LNT-Verfahren (Linear No Threshold) angewandt, das von einer linearen Beziehung zwischen Strahlungsdosis und Strahlungsschaden ausgeht. Dieses Verfahren ist nicht ganz unumstritten, aber es wird derzeit weitgehend angewandt, um zulässige Grenzwerte zu ermitteln.

Bei diesen Grenzwerten gibt es allerdings nationale Unterschiede: In Deutschland gilt für beruflich strahlenexponierte Personen eine gesetzlich erlaubte jährliche Grenzbelastung[63]

[63] Die jährliche Dosis gemittelt über fünf Jahre.

von 20 mSv[64], in den USA von 50 mSv[65]. Das hat weniger damit zu tun, dass der deutsche Mensch strahlenempfindlicher ist als der amerikanische, sondern mehr mit der relativen Unsicherheit der Wissenschaftler über die tatsächlichen Auswirkungen. Sie führt zu verschiedenen Interpretationen und Schwellenwerten, wobei sich der Gesetzgeber zumeist auf der sicheren oder politisch opportunen Seite zu halten sucht. Bemerkenswert ist, dass für beruflich strahlenexponierte Menschen die erlaubte Dosis gewöhnlicherweise höher angesetzt ist als für die Allgemeinbevölkerung, deren gesetzliches Limit in Deutschland bei 1 mSv pro Jahr liegt. Das wiederum liegt nicht daran, dass sich Strahlenarbeiter an die Strahlung gewöhnen können und daher mehr vertragen. Der Grenzwert ist so niedrig angesetzt, weil ein Strahlenarbeiter bei normaler Tätigkeit schon nach zwei bis drei Monaten die gesetzlichen Grenzwerte für die Normalbevölkerung erreichen würde und damit als Arbeitskraft für den Rest des Jahres ausfiele. Das gilt als wirtschaftlich nicht verantwortbar.

Der dritte Teil des Kapitels befasst sich mit der direkten chemo-biologischen Wirkung von Strahlung sowie den möglichen chemischen Folgeprozessen von Bestrahlung. Letztere werden als stochastische Folgen bezeichnet, weil ihr Eintreffen nicht absolut sicher ist, sondern immer nur mit einer gewissen Wahrscheinlichkeit vorhergesagt werden kann. Dabei muss man zwischen kurzzeitiger Bestrahlung mit hoher Dosis und langzeitiger Bestrahlung mit relativ geringer, aber stetiger Dosis unterscheiden. Im ersten Fall von Bestrahlung mit hoher Dosis zeigen die bekannten Fälle deutlich die schädlichen Auswirkungen der Strahlung auf das biologische System, das bei hoher Dosis zum Tod führen kann. Zur Bestimmung der stochastischen Spätfolgen von Strahlung niedrigerer Dosis ist die Untersuchung von überlebenden Folgeopfern größerer Strahlungsunfälle maßgeblich. Die relativ geringe Zahl solcher Strahlenunfälle erschwert jedoch eine verlässliche statistische Analyse; die Zahl der Strahlenopfer ist zu klein, der verfügbare Beobachtungszeitraum für die Feststellung und statistische Auswertung der Langzeitfolgen zu kurz. Dass oft nur wenig oder wenig verlässliche Daten über die Dosis und ihre Dauer vorliegen, der Menschen ausgesetzt waren, ist ebenfalls nachteilig für die genaue Analyse. Dies gilt insbesondere für Fälle, in denen die Dosis gering ist oder unterhalb der LNT-Schwellenwerte liegt. Hier sind die biologischen Auswirkungen trotz intensiver Forschungsarbeiten noch weitgehend offen für Interpretation und Debatte.

Jedoch steigt die Anzahl der statistischen Untersuchungen von Gruppen, die kurzzeitig oder auch langzeitig erhöhter Strahlung ausgesetzt waren. Das klassische und wohl bekannteste Beispiel einer genaueren statistischen Analyse der Kurzzeit- und Langzeitfolgen ist die kontinuierliche Untersuchung von Strahlenopfern der Bombenabwürfe von Hiroshima und

---

64 http://www.bfs.de/de/ion/beruf_schutz/grenzwerte.html

65 http://www.nrc.gov/about-nrc/radiation/health-effects/info.html#dose

Nagasaki[66]. Dabei sind bis zu 120 000 Opfer über Jahrzehnte hin ständig auf Langzeitschäden und Todesursachen untersucht worden. Die Schwierigkeiten liegen in der Bestimmung der absoluten Dosis an Strahlung, die diese Menschen erhalten hatten. Das hängt nicht nur von der genauen Kenntnis über den Abstand zur Explosion ab, sondern auch davon, ob sich das Opfer in durch Gebäudeüberreste geschützter Position befand. Auch musste der genaue Gamma- und insbesondere Neutronenfluss der Strahlung durch indirekte Methoden ermittelt werden und ist mit der Verfeinerung dieser Methodik mehrfach nachkorrigiert worden.

In zwei weiteren Fällen wäre eine genauere statistische Analyse der stochastischen Wirkungen höherer Strahlenexponierung von größeren Gruppen möglich, aber die vorhandenen Datensätze sind bislang nicht im notwendigen Maße veröffentlicht worden. Das betrifft zum Beispiel US-amerikanische Soldaten, die aktiv am Kernwaffentestprogramm teilgenommen haben[67]. Dabei wurden die Truppen so nahe wie möglich an eine Atombombenexplosion positioniert, um im Rahmen einer Infanterieübung[68] das Sprenggebiet zu erstürmen. Mehrere hunderttausend Soldaten haben an diesen Übungen teilgenommen[69], aber zur genauen gesundheitlich-statistischen Untersuchung bräuchte man Daten über die Aufenthaltsdauer und die exakte Lokalität der jeweiligen Einheiten im Sprenggebiet. Der zweite Fall betrifft die sogenannten Liquidatoren, die zu Aufräumungs- und Säuberungsarbeiten des Reaktorgebäudes von Tschernobyl eingesetzt waren[70]. Die geschätzte Anzahl der über einen weiten Zeitraum zu Arbeiten herangezogenen Liquidatoren variiert zwischen 50 000 und 500 000; Unterlagen über eine systematische Analyse der Strahlenfolgen liegen nur in vereinzelten Berichten vor.

In beiden Fällen (Abbildung 4-1) besteht die Herausforderung für die Langzeitanalyse darin, die Dosis und ihre Dauer festzustellen und verlässliche medizinische Daten zu den Personen über die Jahre nach der Strahlenbelastung zu erhalten. Dies ist weder für die US-Soldaten noch die russisch-ukrainischen Liquidatoren uneingeschränkt möglich. Datensätze wurden entweder nicht erstellt oder sind verloren gegangen beziehungsweise für geheim erklärt worden. Dieser Mangel an Offenheit ist natürlich ein idealer Nährboden für Verschwörungstheorien über

---

66 Einen zusammenfassenden Bericht über die ersten fünfzig Jahre findet man bei William J. Schull: Effects of Atomic Radiation; Wiley-Liss, New York 1995. Die Untersuchungen werden allerdings auch heute noch fortgesetzt, obwohl die meisten Opfer der Angriffe inzwischen verstorben sind.

67 Report of the National Research Council: A Review of the Dose Reconstruction Program of the Defense Threat Reduction Agency. National Academies Press, Washington 2003.

68 Bei der ersten chinesischen Atombombenexplosion handelte es sich um eine Kavallerieattacke – des besseren Eindrucks willen.

69 Allerdings ist vermutlich nur ein kleiner Prozentsatz nahe genug an *Ground Zero* gewesen, um direkter Neutronen- und $\gamma$-Bestrahlung ausgesetzt gewesen zu sein.

70 Report of the UN Chernobyl Forum: Health effects of the Chernobyl Accident and Special Health Care Programs. World Health Organization, Geneva 2006. (http://www.who.int/ionizing_radiation/chernobyl/who_chernobyl_report_2006.pdf).

entsetzlich entstellte Tschernobyl-Opfer, deren trauriges, aber zumeist unbelegtes Schicksal das Thema vieler Diskussionen im Internet liefert. Auch die Horrorfilm-Industrie nutzt diese Möglichkeiten, so der 2012 erschienene Film *Chernobyl Diaries*, der die Gefahren des Abenteuerurlaubs im Strahlengebiet dramatisch ausmalt.

*Abb. 4-1: Links US-Infanterie beim Atombombentest in Yucca Flat Nevada, November 1951. (Atomic Heritage Foundation) Rechts russische Liquidatoren bei der Säuberung des Reaktorkomplex in Tschernobyl, Mai 1986. (https://rarehistoricalphotos.com/chernobyl-disaster-pictures-1986/)*

Der dritte Fall ist die Fukushima-Katastrophe von 2011, wobei eine durch ein Erdbeben ausgelöste Flutwelle den Fukushima-Daiichi-Reaktorkomplex überflutete und das elektrische Kontrollsystem und in der Folge die Reaktor-Kühlung lahmlegte. Das führte zur Erhitzung des Reaktorkerns und zu nachfolgenden Explosionen, über die größere Mengen an Strahlung freigesetzt wurden[71]. Die ersten Berichte zu gesundheitlichen Folgen für die Bevölkerung sind veröffentlicht, aber wegen der beschränkten Beobachtungsdauer von wenigen Jahren kann man noch keine Aussagen über mögliche Langzeitwirkungen machen[72].

---

71 Ohnishi, T.: The Disaster at Japan's Fukushima-Daiichi Nuclear Power Plant after the March 11, 2011 Earthquake and Tsunami, and the Resulting Spread of Radioisotope Contamination. Radiat. Res. 177, 1–14 (2012).

72 UNSCEAR 2013 Report: Sources, Effects and Risks of Ionizing Radiation – United Nations Scientific Committee on the Effects of Atomic Radiation; Report to the General Assembly, New York, 2014.

Wegen des Mangels an Daten werden statistische Aussagen zu größeren Strahlungsunfällen zumeist durch langfristige Bestrahlungsversuche an Ratten oder Mäusen komplementiert.

Heftig diskutiert werden zudem die Auswirkungen langzeitiger Bestrahlung mit niedrigen Dosen unterhalb der gesetzlichen Schwellenwerte. Dies betrifft die Gültigkeit der LNT-Hypothese, die eine lineare Beziehung zwischen Strahlungsdosis und möglichen Strahlungsschäden voraussetzt. Das Thema ist außerordentlich kontrovers, da die experimentellen Daten zu solchen Aussagen extrem schwierig zu erhalten sind und weitgehend auf der statistischen Analyse von Gruppenuntersuchungen mit vielen Unsicherheitsfaktoren beruhen. Insbesondere im Bereich niedriger Dosis erlauben sie alternative Extrapolationen, die zu erheblich unterschiedlichen Interpretationen der möglichen Wirkung von Niederdosisbestrahlung führen könnten.

Edward Teller (1908–2003), der Vater der Wasserstoffbombe sowie Gründer und langjähriger Direktor des *Lawrence Livermore National Laboratory*, schwor im Gegensatz zur LNT-Hypothese auf die gesundheitlichen Vorteile langzeitiger Niederdosis-Bestrahlung. Damit vertrat er die These der Strahlen-Hormese[73], wonach gering dosierte Strahlung den enzymatischen Mechanismus für Zellreparaturen verbessert und zur Lebensverlängerung beitragen kann. Dass Teller 95 Jahre alt wurde, scheint das Argument zu unterstreichen, aber eine allgemeingültige Aussage bedarf einer sorgfältigen Untersuchung von Kontrollgruppen, die langfristig Strahlung aus medizinischen oder beruflichen Gründen ausgesetzt waren.

Eine Zusammenfassung solcher Untersuchungen wird seit 1955 als sogenannter BEIR (Biological Effects of Ionizing Radiation) Report von der National Academy of Sciences erstellt[74]. Der Bericht unterstützt offiziell die These, dass das Risiko gesundheitlicher Spätfolgen linear mit der über die Zeit akkumulierten Dosis ansteigt. Danach scheint es keine kritischen Schwellenwerte zu geben, wonach darunter liegende Strahlung gesundheitlich förderlich sei, darüber liegende Strahlung indes ein gesundheitliches Risiko darstelle. Dies entspricht der LNT-Kurve, die aufgrund der in den BEIR-Reports zusammengefassten Ergebnisse allgemein angewandt wird. Die Unsicherheiten in den verschiedenen Datenpunkten lassen jedoch auch eine sogenannte quadratisch-lineare Interpretation zu, die bei niedriger Dosis keine direkten schädlichen Langzeitfolgen zeigt, aber einen stärkeren linearen Anstieg mit höheren Dosen registriert. Solche Kurven verdeutlichen nur gesundheitliche Schäden; gesundheitliche Vorteile, wie von Edward Teller propagiert, sind nur schwer zu registrieren und nachzuweisen. Sie werden deshalb innerhalb des Strahlenschutzes nicht in Betracht gezogen. Deswegen gibt es unter den

73 T. D. Luckey: Radiation Hormesis Overview.; RSO Magazine 8, S. 22–41 (2003).

74 Der jüngste BEIR-Report wurde 2006 erstellt. National Academies: Health Risks from Exposure to Low Levels of Ionizing Radiation. BEIR VII Phase 2; National Research Council, Washington, DC 2006.

Strahlenforschern eine Reihe von Einwänden gegen die lineare Extrapolation der LNT-Kurve zu niedrigen Dosissätzen[75].

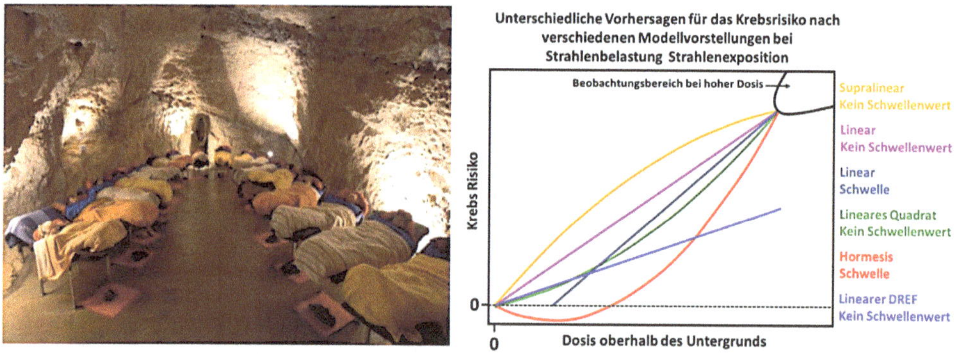


*Abb. 4-2: Die These der Strahlungshormese, der gesundheitsfördernden Wirkung niedriger Strahlungsdosis, ist umstritten. Patienten von Strahlungsheilbädern wie Bad Gastein in Österreich (links) sind jedoch von der heilenden Wirkung solcher Bestrahlung überzeugt. Eine statistische Analyse der Auswirkung derartiger Bestrahlung ist schwierig. Die rechts gezeigten Kurven reflektieren die verschiedenen Modelle, die derzeit zur Risikoabschätzung von Bestrahlung eingesetzt werden. Strahlungsexperten wenden meist das konservative superlineare Modell (A) oder das lineare Modell (B) an, andere Modelle, wie das quadratisch-lineare Modell (C) und das Hormesis-Modell (D), können jedoch aufgrund statistischer Unsicherheiten bislang nicht ausgeschlossen werden. (Wikipedia)*

In Heilbädern wie Bad Gastein in Österreich, wo im großen Umfang Radonheiltherapie betrieben wird, liegt die jährliche Ganzkörperdosis bei 1,80 mGy, wobei 1,36 mGy allein die Belastung der Lunge betrifft[76]. Da es sich bei Radon um einen α-Emitter handelt, ergibt sich für die jeweilige Äquivalentdosis 0,04 Sv beziehungsweise 0,03 Sv[77]. Hier oder in anderen Fällen von Radonheilbädern wäre bei sorgfältiger Untersuchung ein Vergleich potenzieller

75 E. J. Calabrese, M. K. O'Connor: Estimating risks of low radiation doses—a critical review of the BEIR VII report and its use of the linear no-threshold (LNT) hypothesis. Radiat Res 2014; 182:463–74 (2014), and Kevin D. Crowley, Harry M. Cullings, Reid D. Landes, Roy E. Shore, and Robert L. Ullrich: Comments on Estimating Risks of Low Radiation Doses — A Critical Review of the BEIR VII Report and Its Use of the Linear No-Threshold (LNT) Hypothesis by Edward J. Calabrese and Michael K. O'Connor Radiation Research, 183(4), S. 476–481 (2015).

76 Egon Pohl und Johanna Pohl-Rüling: Die Strahlenbelastung der Bevölkerung in Badgastein, Österreich. Berichte des Naturwissenschftl. Vereins Innsbruck 57, S. 95–110 (1969).

77 Die Dosimetrie-Einheiten Gray [Gy] und Sievert [Sv] werden später in diesem Kapitel eingeführt und erklärt.

langfristiger negativer wie positiver gesundheitlicher Spätfolgen dieser Bestrahlungstherapie möglich. Untersuchungen ergaben bisher weitgehend kontroverse Aussagen[78]; die These von der Strahlungshormese bleibt deshalb ebenso wie die LNT-Hypothese umstritten[79] (vgl. Kapitel 8).

## 4.1 Absorption und Tiefenwirkung von Strahlung

Radioaktive Strahlung – α, β, γ und Neutronen[80] – sind fundamental unterschiedlich in ihrer Art, Wirkung und ihren Eigenschaften. Dies beeinflusst insbesondere ihre Wechselwirkung mit Materie, ihre Eindringtiefe und ihre Auswirkungen auf die chemische Struktur des Materials. Die Eindringtiefe ist umgekehrt proportional zur Absorption der Strahlung, deren Wechselwirkung durch Streuung oder Coulomb-Abstoßung mit Atomen und Elektronen des Materials bestimmt wird. Dabei handelt es sich allerdings um statistische Wahrscheinlichkeitsprozesse, da jedes der Millionen bis Milliarden[81] einfallenden Teilchen eine andere Bahn durch das Material zieht und, in verschiedene Richtungen abgelenkt, verschiedenen Abbremsprozessen unterworfen ist. Aus diesem Grund kann man analog zum Zerfallsgesetz wieder ein allgemeines Gesetz formulieren, das mittels einer Abbremswahrscheinlichkeit, dem sogenannten Absorptionskoeffizienten μ, für jede Teilchenart dessen Absorption und daher Eindringtiefe beschreibt.

$$I(d) = I(0) \cdot e^{-\mu \cdot d}$$

Nach diesem Absorptionsgesetz, das mathematisch dem Zerfallsgesetz entspricht, fällt die Intensität der Strahlung *I(0)* exponentiell mit der Dicke eines Absorbermaterials *d* ab. Der Absorptionskoeffizient $\mu$ hängt dabei von der Art der Strahlung und der Wahrscheinlichkeit ihrer Wechselwirkung (Wirkungsquerschnitt $\sigma_{abs}$) mit den Materialkomponenten ab. Dabei geht auch die Dichte des Materials $\rho$ ein, so dass (mit den Standardeinheiten in eckigen Klammern) der Absorptionskoeffizient durch folgende Gleichung beschrieben werden kann:

$$\mu\left[cm^{-1}\right] = \rho\left[g/cm^{3}\right] \cdot \frac{N_A}{A} \cdot \sigma_{abs}\left[barn = 10^{-24}\,cm^{2}\right].$$

---

78 Klaus Becker: Health Effects of high Radon Environments in Central Europe: Another Tests for the LNT Hypothesis. Nonlinearity in Biology, Toxicology, and Medicine 1, S. 3–35 (2003).

79 William F. Morgan und William J. Bair: Issues in Low Dose Radiation Biology: The Controversy Continues. A Perspective. Radiation Research 179 (5), S. 501–510 (2013).

80 Daneben gibt es noch Myonen, eine spezielle Art massiver Elementarteilchen, die neben Elektronen und Neutrinos zur Klasse der Leptonen gehören.

81 Die Zahl hängt von der Intensität der Strahlung ab.

$N_A$ ist die Avogadro-Konstante, $N_A = 6{,}022 \cdot 10^{23}$, die die Zahl der Atome in einem Material von $A$ Gramm Masse bestimmt, wobei $A$ das Atomgewicht ist. Das Absorptionsgesetz sagt aus, dass die Intensität der Strahlung exponentiell mit der Dichte des absorbierenden Mediums abnimmt. Sie hängt aber auch von der Wahrscheinlichkeit der Wechselwirkung ab, die je nach Strahlungsart sehr unterschiedlich sein kann. Diese Wahrscheinlichkeit ist wiederum als Wirkungsquerschnitt formuliert, der von der Energie der Teilchen und der Art der Wechselwirkung abhängt. Der Wirkungsquerschnitt wird meist durch Messung bestimmt. Ähnlich wie beim Zerfallsgesetz kann man die Halbwertsdicke $d_{1/2}$ eines Absorbers als die Dicke definieren, bei der 50 Prozent der Strahlung absorbiert: $d_{1/2}=ln2/\mu$. Die Reichweite dagegen ist umgekehrt zur Absorptionswahrscheinlichkeit als $R=1/\mu$ definiert.

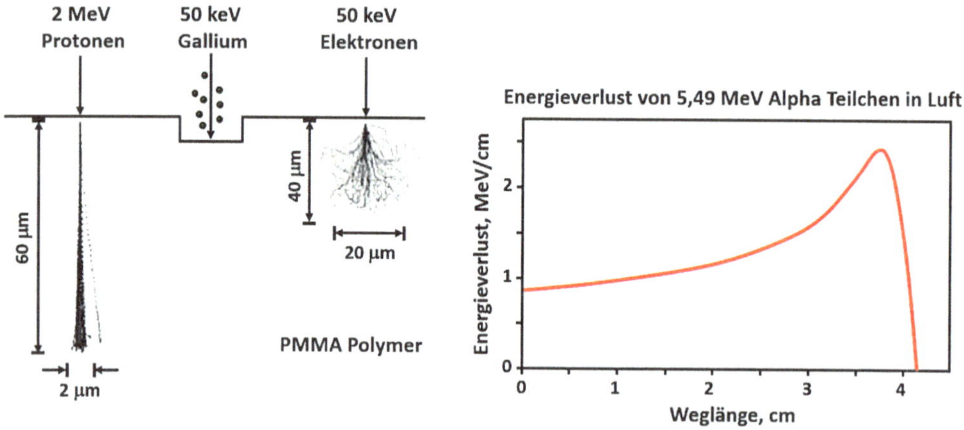


*Abb. 4-3: Simulation der Absorption von Teilchen in Plastik. Man erkennt an der linken Abbildung, dass Reichweite und Ausweitung des Teilchenstrahls durch Streuung eine Funktion von Teilchenart und Energie sind. Die Abbildung rechts zeigt den Energieverlust von α-Teilchen mit typischer Zerfallsenergie in Luft. Daran kann man sehen, dass die typische Weglänge oder Reichweite um die 4 cm liegt.*

Abbildung 4-3 zeigt eine Simulation der Reichweite unterschiedlicher Strahlungspartikel in einem Plastikmedium, das die chemische Konsistenz von biologischem Material hat. Elektronen oder β-Strahlung werden wegen ihrer geringen Masse und der Wechselwirkung mit den gleichgroßen Elektronen im Material schnell und weit gestreut. Dadurch fächert sich der anfänglich scharfe Elektronenstrahl schon bei geringer Tiefe weit auf. Wegen ihrer relativ geringen Energie haben die Elektronen eine nur geringe Reichweite. Deswegen wirkt β-Strahlung im Wesentlichen nur auf Oberflächenmaterialien ein. Nur bei hoher Energie kann sie tiefer eindringen. Protonen haben dagegen eine weitaus größere Masse und werden wenig gestreut. Ihre Reichweite ist daher um ein Vielfaches höher als die der Elektronen. Entlang dieser Bahn verlieren die Teilchen ihre Energie. Dieser Energieverlust ist nicht linear, sondern hat ein Maximum bei relativ geringen Energien. Dann erweitert sich der Strahl keulenartig. Die rechte Seite der Abbildung zeigt den Energieverlust eines α-Strahls mit typischen Energien als Funktion der Eindringtiefe. Diese Kurve wird als Braggkurve bezeichnet. Sie demonstriert, dass das Maximum des Energieverlustes bei der größten Eindringstiefe erreicht wird und dann schlagartig abfällt.

Theoretisch wird das Verhalten durch die sogenannte Bethe-Bloch-Formel beschrieben[82]. Sie reflektiert die komplexe Wechselwirkung eines positiv geladenen, einfallenden Teilchens und den Ladungsträgern im Material. Diese Formel wurde Anfang der 1930er Jahre von dem deutsch-amerikanischen Theoretiker Hans Bethe entwickelt und von dessen zeitweiligem Mitarbeiter Felix Bloch (1905–1983) verbessert.

Abbildung 4-4 demonstriert die Dicke verschiedener Materialien mit unterschiedlicher Dichte, die zur vollständigen Abbremsung von α-, β-, und γ-Strahlung notwendig sind. Die Abbremswahrscheinlichkeit schwerer geladener Teilchen ist durch die Coulomb-Wechselwirkung bei massiven Heliumkernen oder α-Teilchen sehr hoch, gefolgt von weniger massiven Teilchen wie Deuteronen und Protonen. Elektronen oder β-Teilchen werden auch schnell abgebremst, aber mehr durch die vielen Stöße, die diese leichten Teilchen an den schweren Atomen mit ihren Elektronenhüllen im absorbierenden Material erfahren.

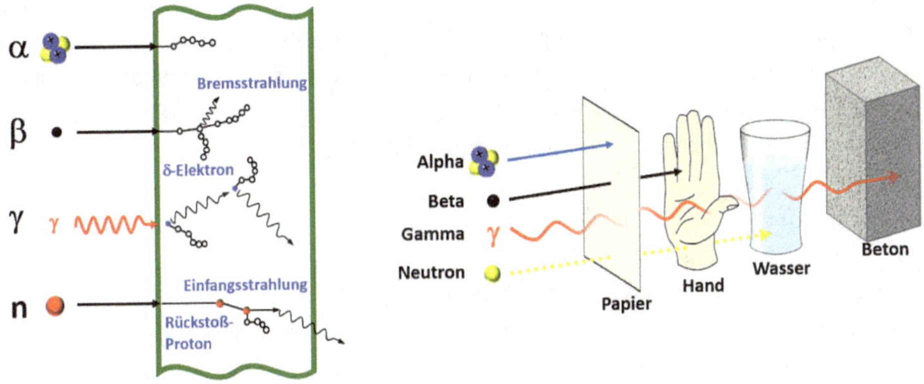


*Abb. 4-4: Wechselwirkung und Absorptionsverhalten von Alpha, Beta , Gamma- und Neutronenstrahlung in verschiedenen Materialien.*

82 Die Formel gilt nur für schwere, positive geladene Teilchen, nicht für negative geladene Elektronen, die wegen ihrer leichten Masse und negativer Ladung einem anderen Verhalten unterliegen.

Abbildung 4-4 zeigt ebenfalls schematisch die möglichen Absorptionsprozesse für verschiedene Teilchenarten, wobei der Wirkungsquerschnitt die jeweilige Wahrscheinlichkeit dieser Prozesse bestimmt. Je höher der Wirkungsquerschnitt, desto größer ist die jeweilige Absorptionswahrscheinlichkeit und desto geringer die Reichweite der Strahlung in Materialien.

Ladungsfreie Strahlung unterliegt nicht der Coulombkraft. Andere Prozesse bremsen sie ab und bestimmen die Reichweite dieser Strahlungsarten. Gammastrahlung – und im geringeren Maße Röntgenstrahlung – sind extrem energiereiche elektromagnetische Wellen, die, gemäß dem quantenmechanischen Welle-Teilchen-Dualismus, als Photonen beschrieben werden können. Je nach Energie bewirken Photonen verschiedene Prozesse, bei denen sie Energie verlieren und an das Material abgeben. Bei niedrigeren Energien – zwischen 100 keV und 10 MeV – wird die Wahrscheinlichkeit für die Absorption vom sogenannten Compton-Prozess dominiert, der praktisch der Streuung und Ablenkung der einfallenden Photonen an Elektronen im Material entspricht. Bei der Streuung geben die Photonen einen Teil ihrer Energie an die Elektronen ab, was im Wellenbild einer Verringerung der Frequenz beziehungsweise einer Verlängerung der Wellenlänge entspricht. Dieser Streuprozess ist nach Arthur Compton (1892–1962) benannt, der diesen Effekt 1922 zum ersten Mal beobachtet und interpretiert hat. Photonen höherer Energie verlieren diese zunehmend durch die sogenannte Paarbildung. Dabei geben die Photonen als elektromagnetische Wellenpakete durch ihre Wechselwirkung mit dem elektrischen Feld von Elektronen oder Atomkernen des Materials eine Energie von 1022 keV ab, um ein Elektron-Positron-Paar zu erzeugen. Diese Energie entspricht genau der Masse des Elektron-Positron, Teilchen-Antiteichen-Paars. Diesen Effekt wiesen Irène Joliot-Curie und Frédéric Joliot 1933 als ersten Paarbildungsprozess experimentell nach. Ähnlich kann es auch zur Proton-Antiproton-Paarbildung kommen, aber da die Masse dieser Teilchen ungefähr zweitausendmal größer ist als die der Elektronen, erfordert ein solcher Prozess eine zweitausendmal höhere Photonenenergie, um auftreten zu können. Die Absorptionswahrscheinlichkeit von Photonen erhöht sich bei Materialien mit hoher Dichte. Das maximiert den Einfluss sowohl des Compton- wie des Paarbildungsprozesses. Aus diesem Grund wird zumeist Blei als Absorptionsmaterial für $\gamma$- oder Röntgen-Photonen verwendet.

Neutronen haben nur eine geringe Wechselwirkungswahrscheinlichkeit mit Materie. Der Energieverlust beruht hauptsächlich auf der Wahrscheinlichkeit von Stoßprozessen mit anderen Teilchen im Material. Stöße mit den erheblich masseärmeren Elektronen verändern nichts an Richtung oder Energie der einfallenden Neutronen. Stöße mit sehr massereichen Teilchen bewirken zwar eine Änderung der Richtung, haben aber nur einen geringen Einfluss auf die Energie des Neutrons, da diese beim Stoß praktisch wie ein elastischer Gummiball in eine andere Richtung geleitet werden. Das entspricht der sogenannten elastischen Streuung, die ohne Energieverlust für das gestreute Teilchen stattfindet. Der Energieverlust von Neutronen durch Stoßprozesse ist am größten beim Stoß mit Teilchen vergleichbarer Masse. Dabei findet inelastische Streuung statt, bei der bis zu 50 Prozent der ursprünglichen kinetischen Energie des Neutrons an seinen Stoßpartner abgegeben werden kann. Die besten Stoßpartner sind leichte Kerne mit Masse A=1-12, also Wasserstoff, Lithium, Beryllium, Bor und Kohlenstoff (vgl. Kapitel 2). Deswegen werden zur Neutronenabbremsung oder Moderierung meist leichte Materialien wie Wasser oder Paraffin genutzt. Neben den inelastischen Stößen können Neutronen jedoch auch direkte Kernreaktionen bewirken, die Neutronen ganz absorbieren, aber dafür andersartige Strahlung wie $\gamma$ und $\alpha$ oder auch Protonen erzeugen. Dies ist sehr effektiv bei Materialien wie Bor und Cadmium. Moderatoren wie Wasser und Paraffin werden zur Absorption der Neutronen oft mit Bor durchmischt.

Das Abbremsverhalten von Strahlung hat große praktische Bedeutung in der medizinischen Anwendung bei der Bestrahlung kleiner Tumoren. Die Energie des Strahls wird so gewählt, dass die Teilchen gemäß der Braggkurve so nahe wie möglich am Ort des Tumors ihren maximalen Energieverlust haben und damit die maximale Dosis deponieren. Mittels der Streuprozesse sowie des jeweiligen Wirkungsquerschnitts lassen sich die damit verbundene Reichweite und Energiedeposition der verschiedenen Strahlungsarten genau berechnen.

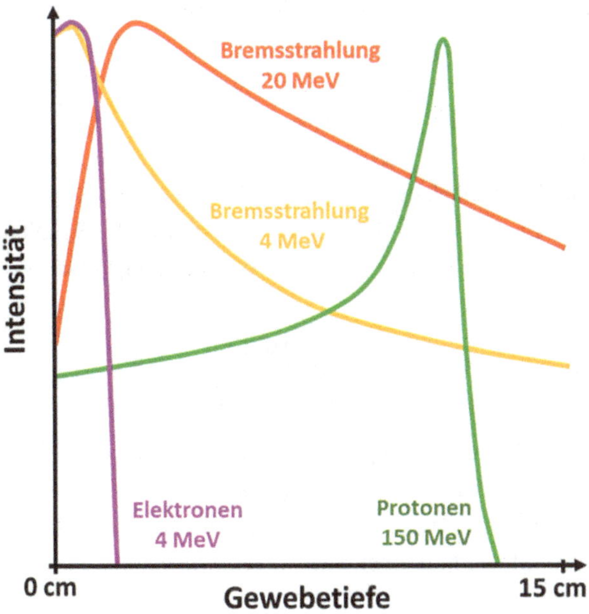


*Abb. 4-5: Reichweite und Dosisdeposition unterschiedlicher Strahlung mit typischen Energien in biologischem Gewebe.*

Abbildung 4-5 stellt die Reichweite in Wasser für verschiedene Strahlungsarten unterschiedlicher Energie grafisch dar. Das absorbierende Wasser entspricht biologischem Material, das zu 70 Prozent aus Wasser besteht. Die Energie leichter oder schwach wechselwirkender Teilchen verliert sich nahe der Oberfläche oder wird als Dosis im Material deponiert. Schwere geladene Teilchen haben gemäß der Braggkurve anfangs nur einen geringen graduellen Energieverlust, der sich aber rapide erhöht und zur vollständigen Abbremsung führt. Das heißt, dass der Großteil der anfänglichen Energie zielgenau als Dosis in einer gewissen Körpertiefe deponiert werden kann.

## 4.2 Dosimetrie

Dosimetrie quantifiziert die Strahlenbelastung, um deren Auswirkungen auf Materialien untersuchen und vorhersagen zu können. Von besonderem Interesse ist natürlich die Auswirkung auf menschliche Organe einschließlich ihrer chemischen und biologischen Folgen auf menschliche Organe. Die Wirkung radioaktiver Strahlung auf Materialien liegt besonders in der Ionisierung. Das heißt, dass die Strahlung mittels elektromagnetischer oder Stoß-Wechselwirkung genug Energie an Elektronen überträgt, um sie aus dem Atomverband zu entfernen. Zurück bleibt ein positiv geladenes Ion, das chemisch sehr reaktiv ist und dadurch neue Verbindungen eingehen kann. Ebenso überträgt die Strahlung ausreichend Energie an Moleküle, um den Molekülverband aufzubrechen und chemisch aktive, unterschiedlich geladene Molekülradikale zu hinterlassen. Über diese Prozesse gibt die Strahlung Energie an das Material ab.

Strahlendosis heißen die Größen, die ionisierende Auswirkungen der Strahlung in Materie beschreiben. Dafür sind verschiedene Einheiten definiert worden, wobei die bekannteste die Dosisenergie oder einfach Dosis $D$ ist. Dies entspricht der von der Strahlung an das Material abgegebenen Energie $\Delta E$, die als Energie pro Materialmasse $m$ quantifiziert wird:

$$D[Gy] = \frac{\Delta E[J]}{m[kg]}$$

Die Gleichung gibt den Zusammenhang zwischen den verschiedenen Größen in den heute allgemein gebräuchlichen internationalen Einheiten an. Die Einheit für die Dosis ist das Gray [Gy], das als Energie in Joule pro Masse in Kilogramm mit *1 Gy = 1 J/1 kg* definiert ist[83]. Jedoch wird die Energie von Strahlung traditionell nicht in Joule angegeben, sondern in Elektronenvolt

---

[83] Oft findet man jedoch die Dosis in einer anderen Einheit angegeben, dem rad; dies ist eine historische Einheit, die international nicht mehr gültig ist, aber trotzdem im angelsächsischen Sprachraum noch oft verwendet wird; dabei entspricht 1 rad = 0,01 Gy.

[eV]. Deshalb muss man gewöhnlich die Energie-Einheiten umrechnen: 1 eV = $1{,}6\cdot10^{-19}$ J, wobei der Umrechnungsfaktor $1{,}6\cdot10^{-19}$ die elektrische Elementarladung in Coulomb-Einheiten ist. Als Beispiel kann man ein einzelnes $\alpha$-Teilchen von 5 MeV Energie nehmen, das in einem Körper mit einer Masse von 1 kg absorbiert wird und damit diesen Körper einer Strahlendosis von $8\cdot10^{-13}$ Gy aussetzt. Einzelne Teilchen machen nichts aus, aber wenn wir eine $\alpha$-Quelle mit einer Aktivität von 1 MBq oder in klassischen Curie Einheiten von 27 µCi haben, entspricht das einer Million oder $10^6$ Zerfällen, also $10^6$ $\alpha$-Teilchen pro Sekunde. Das ergibt eine Dosisrate von $8\cdot10^{-7}$ Gy/s oder auch 0,8 µGy/s. Hält man diese Quelle für eine Stunde in der Hand, hat man eine Dosis von zirka 3 mGy. Das bewirkt vielleicht eine Rötung wie bei einem Sonnenbrand, denn $\alpha$-Strahlung durchdringt nicht die Haut. Gelangte eine derartige Quelle in den Körper, wäre das gefährlich, denn die $\alpha$-Teilchen können die dünnen Schleimhäute zerstören. Diese Wirkungen werden noch detaillierter erläutert. Sind Intensität und Energie der Bestrahlung bekannt, lässt sich leicht die Dosisrate errechnen. Der Zeitraum der Bestrahlung ergibt die Gesamtdosis.

Die Definition der Dosis ist unabhängig von der Wirkung der Strahlung. Die Dosis gibt also nur die in einem Körper deponierte Energiemenge an und sagt nichts über die Auswirkung der Strahlung aus. Diese hängt von der Art der Strahlung und ihrer spezifischen Ionisationswirkung auf Materalien ab. Da bestehen erhebliche Unterschiede, was wiederum mit der Art der Wechselwirkung zwischen Strahlung und Materalien beziehungsweise mit der Ionisationswahrscheinlichkeit der Strahlung zusammenhängt. Aus diesem Grund wird die Dosis mit einem Wichtungsfaktor $Q$ [84] multipliziert, der dieser Ionisationswahrscheinlichkeit entspricht. Das Ergebnis ist die sogenannte Äquivalentdosis $H = Q{\cdot}D$, die die biologische Wirkung der jeweiligen Strahlungsart reflektiert. Der Wichtungsfaktor $Q$ wird als Funktion des Linearen Energie-Transfers (LET) definiert. LET drückt aus, wie viel Energie die Strahlung über eine Distanzeinheit [cm] an das Material abgibt. Es entspricht ungefähr dem eben beschriebenen Energieverlust der Strahlung in Materie. Der Unterschied ist, dass LET nur den Energieverlust durch Ionisation, also die Wechselwirkung mit Elektronen abdeckt, während der Bethe-Bloch Formalismus auch die Wechselwirkung mit den positiven Atomkernen berücksichtigt. Tabelle 4-1 listet die ungefähren Q-Faktoren für die häufigste Art der Strahlung, mit der die Bevölkerung konfrontiert wird.

| Photonen | | Q=1 |
|---|---|---|
| Elektronen | | Q=1 |
| Neutronen | E<10keV | Q=5 |
| Neutronen | E>10keV | Q=15 |

84 Q steht für Qualitätsfaktor – ein phänomenologischer, dimensionsloser Faktor, der auf radiobiologischer Erfahrung beruht.

| Protonen | Q=5 |
|---|---|
| Alpha-Teilchen | Q=20 |

*Tab. 4-1: Wichtungsfaktoren für verschiedenen Strahlungsarten zur Berechnung der Äquivalentdosis.*

Die physikalische Einheit für die Äquivalentdosis ist das Sievert [Sv]: die internationale Standardeinheit,[85] in der heute Belastungs- und Grenzwerte für radioaktive Strahlung angegeben werden.

Geht man zu dem Beispiel der 1 MBq-α-Quelle zurück, ergibt sich aus der stündlichen Dosis von D=3 mGy mit dem Wichtungsfaktor Q=20 eine Äquivalentdosis von H=60 mSv oder H=0,06 Sv, die im Körper erheblichen Schaden anrichten kann. Der Wert entspricht dem dreifachen Wert der in Deutschland gesetzlich zugelassenen Jahresdosis von 20 mSv.

Doch auch hier muss man differenzieren, denn in der medizinischen Dosimetrie wird zwischen Ganzkörperbelastung und der Belastung verschiedener Organe unterschieden. Das liegt darin begründet, dass manche der Organe chemisch empfindlicher auf Strahlung reagieren als andere. Um dies zu berücksichtigen, werden verschiedene organspezifische Wichtungsfaktoren $w_O$ eingeführt. Sie sind so normiert, dass die Summe der gewichteten Organdosen $H_O$ die effektive Ganzkörperdosis[86] ergibt

$$H = \sum_{O} w_O \cdot H_O$$

Dabei haben relativ unempfindliche Organe wie Haut, Speicheldrüsen und Gehirn einen kleinen Gewichtungsfaktor von $w_O$=0,01, während empfindliche Organe wie die des Verdauungssystems und die Lunge einen zehnfach höheren Gewichtungsfaktor von $w_O$=0,12 aufweisen (Tabelle 4-2).

| **Organe und Gewebe** | **ICRP 60 (1990)** | **ICRP 103 (2007)** |
|---|---|---|
| Keimdrüsen | 0,20 | 0,08 |
| Knochenmark (rot) | 0,12 | 0,12 |

85 Mancherorts, insbesondere im angelsächsischen Sprachraum, findet man allerdings noch das rem als die Standardeinheit für die Äquivalentdosis, die sich aus der Dosiseinheit rad ergibt; 1 rem = 0,01 Sv.

86 Die effektive Dosis entspricht ungefähr der Äquivalentdosis, ist aber durch ein verfeinertes, organspezifisches Verfahren erhalten worden.

| | | |
|---|---|---|
| Dickdarm | 0,12 | 0,12 |
| Lunge | 0,12 | 0,12 |
| Magen | 0,12 | 0,12 |
| Blase | 0,05 | 0,04 |
| Brust | 0,05 | 0,12 |
| Leber | 0,05 | 0,04 |
| Speiseröhre | 0,05 | 0,04 |
| Schilddrüse | 0,05 | 0,04 |
| Haut | 0,01 | 0,01 |
| Knochenoberfläche | 0,01 | 0,01 |
| Speicheldrüsen | nicht definiert | 0,01 |
| Gehirn | nicht definiert | 0,01 |
| übrige Organe und Gewebe | 0,05 | 0,12 |
| Summe | 1,00 | 1,00 |

*Tab. 4-2: Wichtungsfaktoren zur Berechnung der effektiven Dosis nach den verschiedenen Dosisbestimmungen der International Commission on Radiological Protection (ICRP). Die Änderungen in den verschiedenen Wichtungsfaktoren zwischen 1990 und 2007 geht auf die zunehmende Genauigkeit strahlenmedizinischer Ergebnisse zurück.*

Die so als Summe der gewichteten Organdosen definierte effektive Dosis gilt als das Maß für das Strahlenrisiko durch eine bestimmte Strahlenquelle. Die Angabe einer Strahlendosis ohne genauere Bezeichnung bezieht sich meistens auf die effektive Dosis. Die Einzelheiten der durch die Dosimetrie und Statistik bedingten gesetzlichen Grenzwerte für die Strahlenbelastung einer Person seien hier nicht behandelt: Darüber informiert die am Ende des Kapitels angegebene Fachliteratur.

Alle Menschen unterliegen normalerweise täglich radioaktiver Bestrahlung. Die jeweiligen Dosen können sich jedoch erheblich voneinander unterscheiden. Sie hängen von lokalen Bedingungen ab: Wo und wie wohnen, leben und arbeiten die Menschen jeweils?

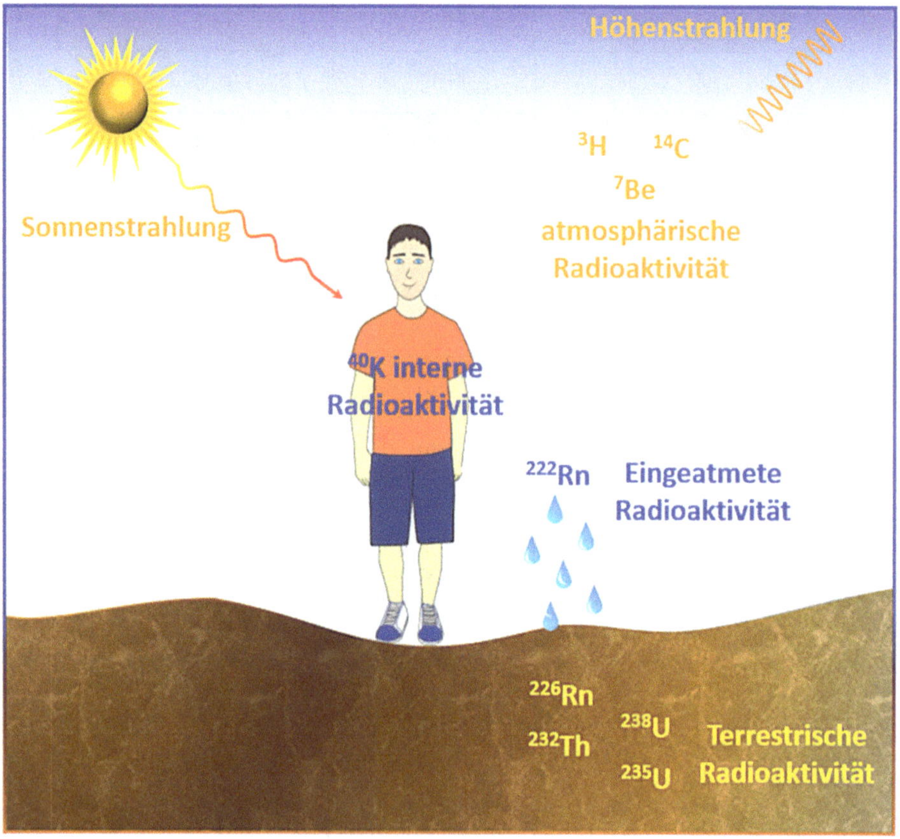


*Abb. 4-6: Die drei natürlichen Strahlenquellen, die zur Belastung der Menschen beitragen. Kosmogene Quellen sind Sonne und ferne Sternexplosionen, radiogene Quellen langlebige radioaktive Isotope in Gestein und Erde. Interne Quellen sind chemisch im Molekülverband des Körpers eingebundene Radio-Isotope.*

Wie Abbildung 4-6 cartoonhaft darstellt, sind wir in unserem täglichen Dasein vielen natürlichen Strahlenquellen ausgesetzt, ohne uns Gedanken darüber zu machen. Dazu gehören vor allem radiogene Quellen von radioaktiven Isotopen in unserer natürlichen Umwelt sowie kosmogene Quellen: Strahlung der Sonne und hochenergetische kosmische Stahlung aus Sternexplosionen im Weltall, wobei letztere in ihrer Intensität mit zunehmender Energie rasch abnimmt und nur noch mit aufwendigen Meßmethoden nachweisbar ist. Im zunehmenden Maße ist der Mensch auch künstlichen (anthropogenen) Strahlungsquellen ausgesetzt. Dazu gehört die Strahlung, die von radioaktiven Isotopen aus Kernwaffenversuchen stammt. Sie hat sich durch Luftströmungen in der Stratosphäre global verteilt und in unserer Umwelt niedergeschlagen. Ebenso erhöht die Strahlung aus künstlich hergestellten radioaktiven Isotopen die lokale Belastung. Aus Unfällen in Kernkraftwerken gelangt sie über Atmosphäre und Hydrosphäre in unsere Umwelt. Auch das stetige Anwachsen der Nuklearmedizin gilt als Belastungsfaktor. In den letzten dreißig Jahren haben immer mehr nuklearmedizinische Methoden und Anwendungen fast unbemerkt dazu geführt, dass sie heute den größten Teil der anthropogenen Strahlenbelastung liefern (Abbildung 4-7).

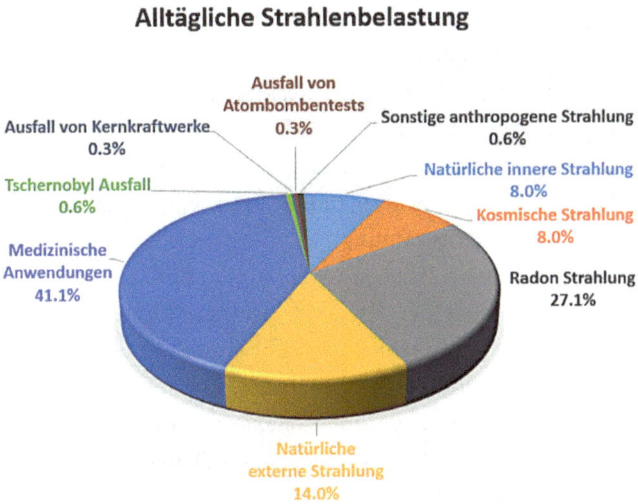


*Abb. 4-7: Prozentualer Anteil der verschiedenen natürlichen und künstlichen Strahlungsquellen, die zur durchschnittlichen Strahlenbelastung von 3,9 mSv in Deutschland beitragen. Derzeit dominiert noch der Anteil natürlicher radiogener oder kosmogener Strahlungsquellen, aber das schnelle Anwachsen von strahlungsbedingten Diagnose- und Therapiemethoden wird anthropogene Strahlungsquellen schon bald zur dominierenden Komponente in der durchschnittlichen menschlichen Strahlungsbelastung machen. (Quelle: http://de.wikipedia.org/wiki/Strahlenexposition)*

Derzeit beträgt die effektive Dosis pro Jahr durch ionisierende Strahlung aus kosmogenen, radiogenen und anthropogenen Quellen im Durchschnitt ungefähr 3,9 mSv. Davon sind zirka 2,1 mSv pro Jahr natürlichen Ursprungs; rund 1,8 mSv pro Jahr stammen aus künstlichen Quellen, vor allem ionisierende Strahlung aus dem Medizinbereich. Ungefähr 56 Prozent der durchschnittlichen menschlichen Strahlenbelastung gehen damit auf natürliche Strahlenquellen zurück. Dazu ist zu bemerken, dass die durchschnittliche anthropogene Strahlenbelastung durch medizinische Untersuchungen im ersten Jahrzehnt des 21. Jahrhunderts von 20 Prozent der jährlichen Gesamtdosis auf mehr als 40 Prozent angestiegen ist[87]. Das ist natürlich keine gleichmäßig auf die Bevölkerung verteilte Dosis – vom zahnärztlichen Anteil durch Röntgenaufnahmen[88] vielleicht abgesehen –, sondern eine Dosis, der besonders ältere und krebskranke Menschen ausgesetzt ist. Bei älteren Menschen tragen Computertomografien und nuklearmedizinische Untersuchungen bis zu 75,4 Prozent zur kumulativen effektiven Dosis bei. 81,8 Prozent der gesamten medizinischen Strahlendosis wird in ambulanten Untersuchungen appliziert[89].

Weitere anthropogene Strahlenquellen machen entgegen der allgemeinen Erwartung nur einen sehr kleinen Anteil von weniger als zwei Prozent der jährlichen Strahlenbelastung aus. Ein Drittel davon stammt aus der Tschernobyl-Reaktorkatastrophe, ein weiteres Drittel wurde beim Kernwaffentestprogramm und dem Betrieb des Reaktorprogramms erzeugt, und das letzte Drittel sind Strahlenquellen aus dem normalen Haushaltsbetrieb[90]. Dies sind natürlich nur durchschnittliche Werte, die lokalen Schwankungen unterliegen können.

Was die Ortsabhängigkeit der Strahlungsbelastung betrifft, so hängt diese von mehreren Bedingungen ab. Zu den natürlichen Strahlungskomponenten gehört die kosmische Strahlung mit derzeit 8 Prozent der Gesamtbelastung. Dies entspricht einer effektiven Durchschnittsdosis von 300 µSv pro Jahr. Kosmische Strahlung, oft auch als Höhenstrahlung bezeichnet, kommt zum größten Teil von der Sonne. Hochenergetische Anteile sind auch auf ferne Supernova-Explosionen in unserer Galaxie zurückzuführen. Einen Großteil der kosmischen Strahlen absorbiert[91] die Erdatmosphäre: Daher steigt die Strahlenbelastung

---

87 Bundesministerium für Umwelt, Naturschutz und Reaktorsicherheit: Umweltradioaktivität und Strahlenbelastung, Berlin 2011, http://doris.bfs.de/jspui/bitstream/urn:nbn:de:0221-2013060410695/3/Parlamentsbericht_2011.pdf.

88 Nach Angaben des Bundesgesundheitsministeriums entspricht eine Röntgenaufnahme beim Zahnarzt einer Dosis von ungefähr 10 µSv. Deutschland nimmt allerdings mit etwa 0,6 Röntgenaufnahmen pro Einwohner und Jahr einen Spitzenplatz bei der Strahlenbelastung durch zahnärztliche Behandlung ein.

89 http://de.wikipedia.org/wiki/Strahlenexposition.

90 Dieser Wert ist vermutlich in den letzten Jahren gesunken, bedingt durch den rapiden Wechsel vom traditionellen Fernsehgerät mit Röhrenbildschirm zum modernen LCD Flachbildschirm. Der Röhrenbildschirm arbeitet mit hochenergetischen Kathodenstrahlen (Elektronen), die auf gängigen Geräten Röntgenstrahlung erzeugen. Deren Dosis musste allerdings gesetzlich auf 1 µSv/h in 10 cm Entfernung begrenzt sein.

91 Die Absorption und den dadurch bedingten Anstieg der Intensität mit der Höhe kann mittels der in Kapitel 4.1 eingeführten Absorptionsformel errechnet werden.

mit der Höhe. Alle 1500 Höhenmeter verdoppelt sich die Dosis ungefähr. Bergbewohner bekommen etwa zwei- bis dreimal so viel kosmische Strahlung ab wie Bewohner von Küstenbezirken. Bei normaler Flughöhe von 10 km ist die kosmische Dosisrate von Personal und Passagieren bis zu zehnmal höher als daheim im Flachland[92]. Ein achtstündiger Flug bedeutet zusätzliche 37 µSv: Das ist vergleichbar mit der jährlichen Durchschnittsbelastung durch Kernkraft und Unfälle in Kernkraftwerken.

Zur natürlichen Strahlenbelastung des Menschen tragen ebenfalls langlebige radioaktive Elemente im Erdgestein bei, die natürliche Zerfallsketten bilden. Wegen ihrer Langlebigkeit sind sie oft älter als unsere Erde und haben ihren Ursprung in längst vergangenen Sternsystemen, aus deren Staub unser Sonnensystem entstand. Außer dem langlebigen Kalium-Isotop $^{40}K$ gehören diese Elemente chemisch zumeist zur Gruppe der Aktiniden und bilden mineralogische Konzentrationen in bestimmten Gesteinsarten wie Granit. Aus der geologischen Verteilung in Deutschland und der daraus resultierenden jährlichen Strahlenbelastung der Bevölkerung ergibt sich für die in Süddeutschland lebende Bevölkerung mit ungefähr 0,9 mSv pro Jahr eine um zirka 30 Prozent höhere radiogene Strahlenbelastung als für die Bewohner der norddeutschen Tiefebene, die im Jahresdurchschnitt nur 0,6 mSv externer radiogener Strahlung ausgesetzt sind.

Aus dem Zerfall langlebiger Aktiniden-Isotope entwickelt sich besonders das Edelgas Radon als Teil der Zerfallskette, das wegen seiner Flüchtigkeit leicht in die Atmosphäre gelangen kann und insbesondere eine Strahlenquelle in geschlossenen Räumen darstellt. Dort bedeutet Radon, in größeren Mengen eingeatmet, eine mögliche Gefahr für die Lunge, von der es über Gasaustauschprozesse in den Blutstrom gelangen kann. Radon und die anderen Mitglieder der natürlichen Zerfallsreihen machen mehr als 40 Prozent der natürlichen Strahlenbelastung aus.

Insgesamt beträgt die effektive Dosis der Menschen in Deutschland durch natürliche Quellen etwa 2,3 mSv pro Jahr. Es gibt jedoch erhebliche regionale Schwankungen zwischen 1 und 5 mSv pro Jahr. Die Höchstwerte ergeben sich für die granithaltigen Gegenden der deutschen Mittelgebirge, besonders ausgeprägt im Thüringer Wald, im Fichtelgebirge und im Bayerischen Wald/Böhmerwald. In Europa sind die Durchschnittswerte vergleichbar. In bestimmten Gegenden kann jedoch die Dosis – entweder durch Höhenstrahlung oder uranhaltiges Gestein – auf etwa 10 mSv pro Jahr veranschlagt werden.

---

92 http://doris.bfs.de/jspui/bitstream/urn:nbn:de:0221-201108016029/3/Bf_2011_BfS-SG-15-11-ExpositionFlugPersonal.pdf.

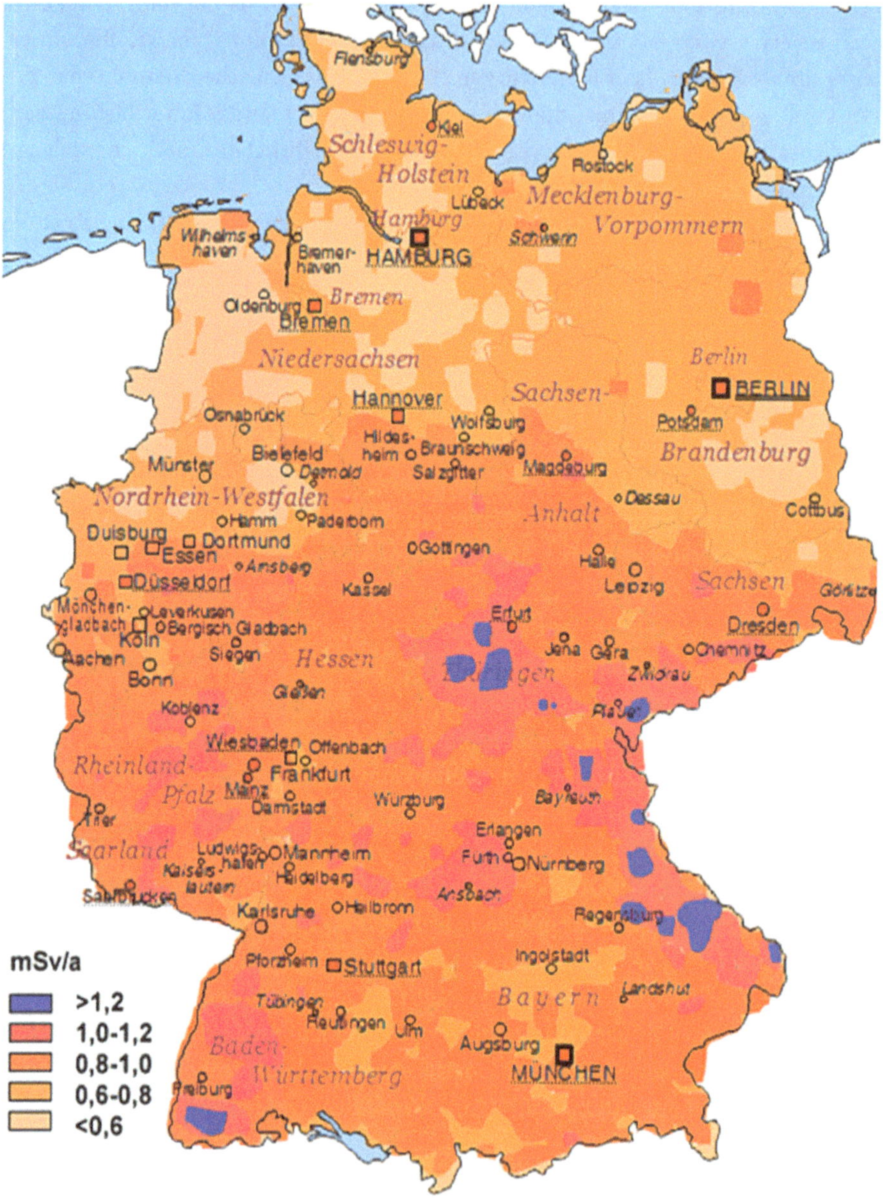


*Abb. 4-8: Jährliche Belastung durch radiogene Strahlung in Deutschland. Die Aktivität verteilt sich insbesondere entlang der granithaltigen deutschen Mittelgebirge, aus denen schon Marie Curie ihre Pechblende bezog. (Quelle: http://de.wikipedia.org/wiki/Strahlenexposition)*

## 4.3 Strahlungsmessungen und Strahlungsdetektoren

Ein wichtiges Ziel in der Dosimetrie ist die verlässliche Messung der Strahlungsintensität und Energie, die in organischen wie auch anorganischen Materialien deponiert wird. Strahlung kann man nicht fühlen, hören oder sehen. Unsere normalen Körperorgane wie Augen, Nase, Ohren und auch Haut, mit denen der Mensch seine Umgebung auslotet, sind relativ insensitiv gegenüber Strahlung, wenn man mal vom Lichtblitz einer Atombombenexplosion absieht. Der Körper hat also kein direktes Warnorgan. Strahlungsintensität ist über sekundäre Auswirkung möglich, also über die Wechselwirkung von Strahlung mit Materie. Diese Wechselwirkung beinhaltet meist einen Energieübetrag von der Strahlung an das umgebende Material durch Streuung oder Absorption (vgl. Kapitel 4.1). Der Energieübertrag führt zu chemischen Reaktionen oder auch zu atomaren und molekularen Anregungs- und Ionisationsprozessen, die messbare Signale liefern können.

Das klassische Beispiel für die chemische Reaktion ist die von Henri Becquerel 1896 zufällig entdeckte Schwärzung einer Fotoplatte durch die Strahlung eines Urankristalls. Man kann wie Becquerel aus der Schwärzung feststellen, dass Strahlung vorliegt, aber weder den Energiegehalt noch die Intensität der Strahlung feststellen.

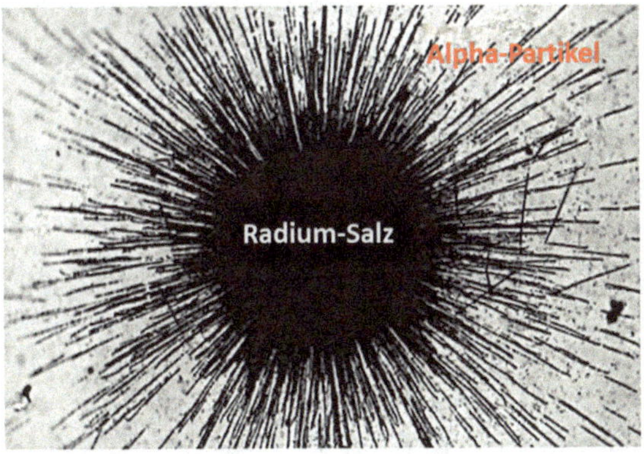


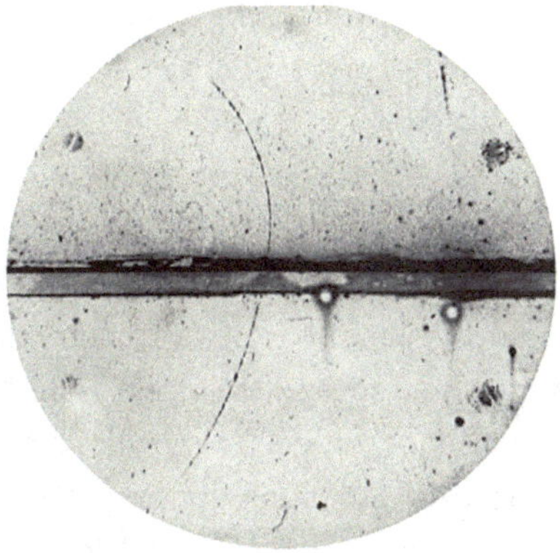

*Abb. 4-9: Fotografischer Nachweis von α-Strahlung aus einer Radiumquelle. Die von der Quelle ausgehende Strahlung an α-Teilchen spiegelt sich in der Schwärzung der fotografischen Emulsion nieder. Man sieht, dass die Teilchen nur eine gewisse Reichweite besitzen und dann im Material durch Energieverlust gestoppt werden. Das Foto rechts hat Carl Anderson 1933 durch das Fenster einer Nebelkammer gemacht. Es zeigt die nach oben gekrümmte Bahn eines Positrons gemeinsam mit der umgekehrt nach unten gekrümmten Bahn eines Elektrons, die durch den Paarbildungsprozess bei hochenergetischer kosmischer Strahlung erzeugt wurden. Das gilt als der erste direkte experimentelle Nachweis für die Existenz von Anti-Materie.*

Spezielle Foto-Emulsionen wurden entwickelt, um die Effizienz der chemischen Prozesse zu verbessern und auch die Art der Strahlung zu bestimmen. Insbesondere bei Magnetspektrometern wurden fotografische Platten in der Fokalebene des Spektrometers verwendet, um die Bahn der im Magnetfeld abgelenkten geladenen Teilchen zu bestimmen. Dazu wurden die Spuren der Teilchen in der Fotoplatte unter dem Mikroskop untersucht. Aus Länge und Ausweitung dieser Spuren ließen sich die Teilchen identifizieren. Diese Methode wurde bis in die 1980er Jahre angewandt. Erst die Verbesserung elektronischer Nachweismethoden löste sie ab.

Die Teilchenphysik führte diese Methoden vielfach weiter durch Verwendung von Nebelkammern, die aus einem großen Behälter mit einem übersättigten Luft-Alkohol-Gemisch gefüllt werden. Treten hochenergetische Teilchen in diesen Bereich ein, ionisieren sie einzelne Atome in dem Gasgemisch. Diese Ionen dienen als Kondensationskeime zur Bildung feinster Nebeltropfen. Sie machen die Bahn des Teilchens leicht sichtbar und damit auch die direkte Beobachtung des Einflusses elektrischer und magnetischer Felder. Dazu müssen jedoch geeignete Gasdruck-Bedingungen vorliegen. 1933 wies Carl Anderson (1905–1991) mit solch einer Kammer erstmals die Anti-Teilchen von Elektronen, die Positronen, nach (vgl. Kapitel 1). Die gekrümmten Bahnen von Positron und Elektron wurden durch hochenergetische kosmische Strahlung im Gasgemisch durch Paarbildung produziert. Fotoplatte und Nebelkammer sind heute weitgehend als Forschungsinstrument verschwunden, demonstrieren aber oft noch die Existenz kosmischer Strahlung.

Im Fall von Anregungsprozessen werden Atome oder Moleküle durch die Strahlungsenergie in einen höheren Energiezustand versetzt. Die Abregung durch den Übergang vom angeregten Zustand zum Grundzustand des Materials setzt die Energie als elektromagnetischer Strahlung, zum Beispiel als Licht frei. Dieser Lichtpuls wird in einen elektrischen Puls umgewandelt und abgegriffen. Die Anzahl der Pulse korreliert mit der Intensität der Strahlung und die Pulshöhe mit der Energie des einfallenden Strahlungsteilchens. Bei Ionisationsprozessen bewirkt die Strahlung die Freisetzung von Elektronen aus dem Material. Das kann einen elektrischen Strom erzeugen, der am Material als elektrischer Puls abgegriffen wird. Die Pulshöhe ist proportional zur Menge der freigesetzten Ladungsträger, die wiederum proportional zur Energie, die das radioaktive Strahlungsereignis in das Material deponiert hatte. Auf diese beiden Möglichkeiten baut die Wirkungsweise von Strahlungsdetektoren. Bei der Freisetzung von Licht spricht man von Szintillatoren, bei der Freisetzung von Elektronen von Ionisationsdetektoren.

Bei Szintillatoren kann das Licht über einen breiten Wellenlängenbereich vom infrarot bis ultraviolett emittiert werden; die spezielle Frequenz oder der Frequenzbereich hängt von den Materialeigenschaften des Szintillatormaterials ab. Szintillatoren sind zumeist Salzkristalle von hoher Reinheit, da interne Verschmutzung oder Störstellen im Kristall zur Absorption des Lichts führen können. Ernest Rutherford und Hans Geiger entdeckten 1908, dass Zinksulfat ZnS, wenn es mit α-Strahlung bestrahlt wird, Lichtblitze aussendet. Das war die Geburtsstunde des Szintillators. Intensität oder Radioaktivität einer radioaktiven Probe wurde über die Anzahl der Lichtblitze in einem festgelegten Zeitbereich bestimmt. Rutherford sowie seine Studenten Marsden und Geiger saßen tagelang im verdunkelten Raum, um die Lichtblitze zu sehen, zu zählen und aus der Anzahl der einzelnen Blitze die Aktivität der Strahlenquelle zu ermitteln.

Die Entwicklung des Fotoelektronenvervielfachers oder kurz Photomultipliers löste dieses mühselige und augenunfreundliche Verfahren ab. Das Instrument basiert auf dem fotoelektrischen Effekt. Lichteinfall auf ein Material löst Elektronen durch Energieübertrag von den Photonen des Lichts aus und erzeugt dadurch einen elektrischen Strom[93]. Dieser Effekt wird heute bei jeder Lichtschranke genutzt. Er wird auch beim Photomultiplier genutzt, wenn die im Szintillator durch die Strahlung produzierten Photonen auf eine fotoelektrische Schicht treffen – die sogenannte Fotokathode. Sie besteht aus einem Material, aus dem leicht Elektonen herausgelöst werden können; zumeist sind es dünne Schichten verschiedener Metalllegierungen mit einer starken Alkali-Komponente, optimiert für die jeweiligen Anwendungen.

Die freigesetzten Elektronen werden in einem elektrischen Feld von zirka 100 V beschleunigt und treffen auf sogenannte Dynoden auf. Das sind Elektroden, aus deren Oberfläche – zumeist BeO oder MgO – jedes auftreffende Elektron ein Vielfaches an sekundären Elektronen herausschlägt. Mit jeder Dynode vervielfacht sich die Anzahl der Elektronen kaskadenartig, und es entsteht ein elektrischer Puls, der leicht mit einer entsprechenden Widerstandsschaltung vermessen werden kann (Abbildung 4-10). Die Höhe des elektischen Pulses entspricht der Energie der ursprünglichen radioaktiven Strahlung. Die Anzahl der elektrischen Pulse ist wiederum proportional zur Anzahl der ursprünglich erzeugten Photonen und hängt also von der Aktivität der Quelle ab. Es gibt gerätespezifische Faktoren, die diese Relation bestimmen, wie die Art des Szintillators, die Verbindung zwischen Szintillator und Photomultiplier sowie die Komposition von Fotokathode und Dynode und die Anzahl der Dynoden. Deshalb muss jeder Szintillationsdetektor mit geeichten, bekannten radioaktiven Quellen kalibriert werden, um verlässliche Daten zu gewinnen.

93 Für die quantentheoretische Erklärung des von Philipp Lenard (1862–1947) entdeckten fotoelektrischen Effekts hat Albert Einstein 1921 den Nobelpreis erhalten und nicht für die Entwicklung der Relativitätstheorie, wie vielfach angenommen wird. Das lag daran, dass, gemäß den ursprünglichen Bedingungen für den Nobelpreis, die zu würdigende Arbeit einen anwendungsorientierten Nutzen haben sollte.

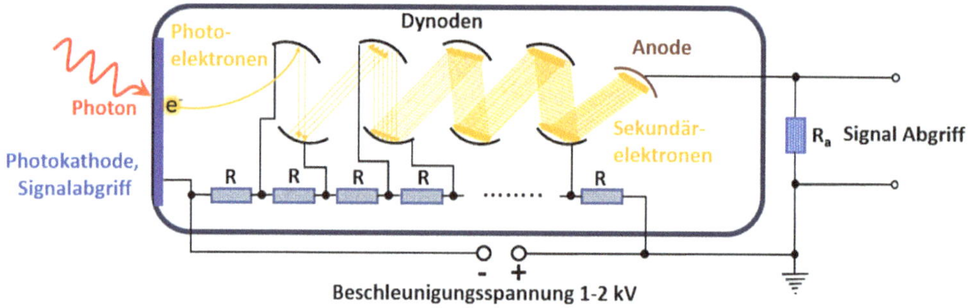


*Abb. 4-10: Darstellung der Wirkungsweise eines Photomultipliers. Die im Szintillator erzeugten Photonen treffen auf eine Fotoschicht, wo durch den Foto-Effekt Elektronen herauslösen, die über eine Widerstandsschaltung beschleunigt und über Dynoden, die Sekundärelektronen erzeugen, multipliziert werden, bis sich ein ablesbares elektrisches Signal ergibt.*

Heute gibt es eine Vielzahl kommerziell hergestellter Szintillatoren mit verschiedenen Anwendungsmöglichkeiten. Die Materialien sind zumeist so optimiert, dass sie für verschiedene Strahlungsarten besonders effektiv arbeiten. Das hängt oft von der internen Struktur des Materials ab und davon, wie Strahlungsenergie intern absorbiert und in Licht umgesetzt wird. Neben Salzkristallen wie NaJ (Natriumjodid) und BaF (Bariumfluorid) sind BGO (Bismutgermanat) und LaBr (Lanthanumbromid) die wohl am häufigsten verwendeten Szintillator-Detektoren zum Messen von Gammastrahlung. Letztere Szintillator-Typen haben jedoch eine hohe Eigenaktivität, da im Kristall selbst radioaktive Barium, Bismut- und Lanthanum-Isotope in ihrem natürlichen Isotopenverhältnis als interner Untergrund eingebaut sind. Im Allgemeinen werden Szintillator-Detektoren für die Messung von Gammastrahlung und auch Neutronen verwendet. Bei Neutronen ist das Szintillatormaterial vornehmlich eine organische Flüssigkeit, da Neutronen ihre Energie vornehmlich durch Streuung an leichten Teilchen abgeben.

In vielen heutigen spektroskopischen Anwendungen von Detektoren oder Zählern radioaktiver Strahlung spielen Halbleiterzähler eine wichtige Rolle. Halbleiterdetektoren basieren auf den speziellen elektrischen Eigenschaften sogenannter Halbleitermaterialien wie Silizium oder Germanium. Sie weisen Teilchen- oder Gamma-Strahlung nach. Die Strahlung regt dabei Elektronen aus der elektronischen Bandstruktur des Halbleitermaterials an, so dass diese als freie Ladungsträger unter elektrischer Spannung zu den speziell angebrachten Elektroden aus Metall wandern, um dort als elektronisches Signal abgegriffen und verstärkt zu werden. Siliziumzähler werden vornehmlich zur Messung von

Teilchen- und Röntgenstrahlung verwandt, wogegen Germaniumzähler bevorzugt in der Gammaspektroskopie zum Einsatz kommen. Ihr großer Vorteil gegenüber Szintillatoren ist die fast hundertmal bessere Energieauflösung des Materials, womit sich auch kleine Energieunterschiede in den verschiedenen Strahlungskomponenten messen lassen können. Halbleiterdetektoren werden wegen ihrer hohen Kosten vorzugsweise für spektroskopische Anwendungen in der Kernphysik und Teilchenphysik eingesetzt, finden aber auch zunehmend Verwendung in industriellen Anwendungen, die hohe Energieauflösung erfordern. Dies reicht von der Material- und Elektronikforschung bis zur Erdölsuche und der Kunstanalyse (vgl. Band 2).

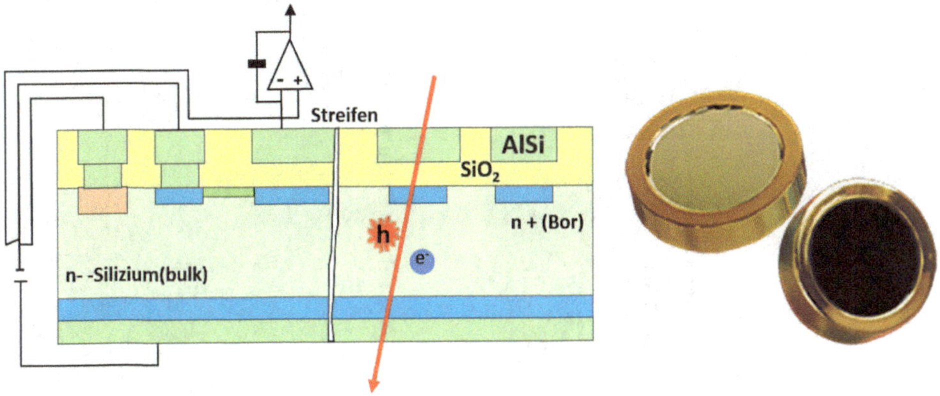


*Abb. 4-11: Elektronische Struktur eines Siliziumzählers. Einfallende Strahlung erzeugt freie Elektronen, die vorher im Siliziumkristallverband gebunden waren. Diese wandern zu den positven Elektronen und werden über eine elektronische Schaltung als Signal abgegriffen. Rechts ein typischer Detektor, heute kann man solche Detektoren kommerziell für wenige tausend Dollar erhalten, der höhere Kostenträger ist allerdings die Elektronik, die das Signal verstärkt und zumeist digital verarbeitet. (https://www.cismst.org/en/loesungen/strahlungsdetektor/)*

Siliziumzähler bestehen meist aus dünnen Siliziumschichten. Die Schichtdicke hängt von der Anwendung ab und ist meist so bemessen, dass sie die Teilchenstrahlung stoppen und das volle Energiesignal erhalten. In sogenannten Teleskopzählern werden sehr dünne Zähler vor dickeren montiert, wo bei der erste Zähler nur einen gewissen Energieverlust misst und der zweite die volle Energie der Teilchen. Da der Energieverlust bei verschiedenen Teilchen, zum Beispiel Protonen und Alphas, unterschiedlich ist, kann man aus der Signalstärke die Teilchenart der Strahlung identifizieren.

Für die Messung elektromagnetischer Strahlung werden die Halbleiterdetektoren oft mit Flüssig-Stickstoff gekühlt, der thermische Schwankungen im Detektormaterial unterdrücken kann und eine Reduzierung der Auflösung vermeidet. Dies ist insbesondere bei der Messung von Gamma- und Röntgen-Strahlung notwendig.

Germaniumdetektoren kommen zumeist in speziellen Kristallkonfigurationen mit größerem Volumen zum Einsatz. Dies ist dadurch bedingt, dass γ-Strahlung eine höhere Reichweite hat als Teilchenstrahlung. Sie muss im Kristall absorbiert werden, um das volle Energiesignal zu erzeugen.

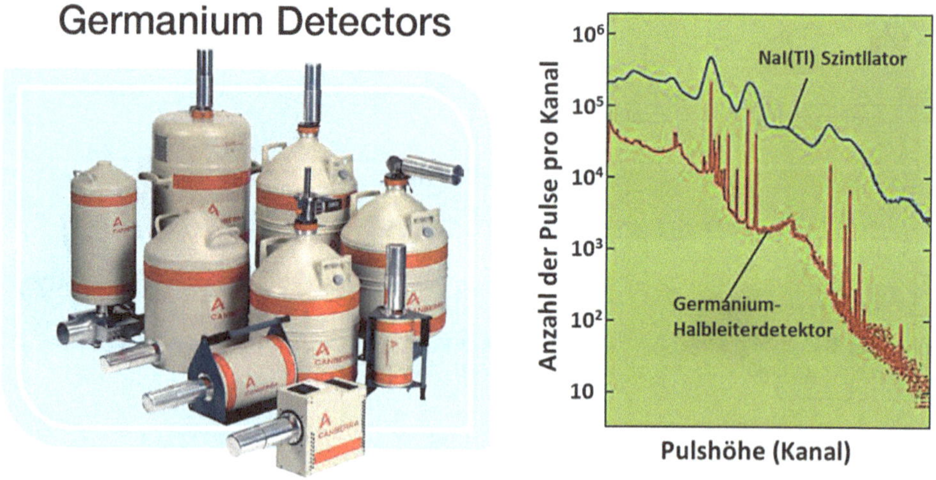


*Abb. 4-12: Links einige Germanium-Detektoren, die in verschiedenen Konfigurationen an Behälter für flüssigen Stickstoff zur Kühlung angebracht sind. Die Kristalle befinden sich in den zylindrischen Containern und sind mit Aluminium verkleidet. Diese Detektoren kosten je nach Größe mehrere zehntausend Dollar. Rechts der Vergleich der Signalauflösung eines γ-Spektrums mit einem Natriumjodid (oben) und einem Germaniumzähler (unten). Die bessere Auflösung des Germaniumdetektors erlaubt die Analyse direkt nebeneinander liegender γ-Linien. (https://www.britannica.com/science/active-detector).*

Trotz vieler Neuerungen bei den Halbleiterdetektoren basieren auch heute noch viele Detektoren für Teilchenstrahlung auf dem Prinzip der Ionisationskammern. Diese werden vornehmlich für die Messung geladenener Teilchen eingesetzt, wie sie bei der β- oder α-Strahlung auftreten (Abbildung 4-13). Ein geladenes Teilchen bewirkt in einem Gasvolumen durch Wechselwirkung mit den Gasteilchen deren Ionisation entlang seiner Spur. Dabei wird die anfängliche Energie der Strahlung an das Gas abgegeben und das einfallende Teilchen im Detektor gestoppt. Die dadurch erzeugten positiven (Ionen) und negativen (Elektronen) Ladungsträger werden durch das von außen angelegte elektrische Feld separiert und an den beiden Elektroden gesammelt. Das erzeugt wiederum ein elektrisches Signal, das entweder als Strom gelesen oder als elektrischer Puls registriert werden kann. Die erste Anwendung wird vorwiegend in der Dosimetrie genutzt. Dabei kann die vermessene Stromstärke mit der Aktivität einer Quelle oder auch mit der durchschnittlichen Strahlungsdosis korreliert werden. Die zweite Anwendung ist meist auf niedrige Strahlungsaktivität beschränkt, da die einzelnen Teilchen einen messbaren elektrischen Puls auslösen.

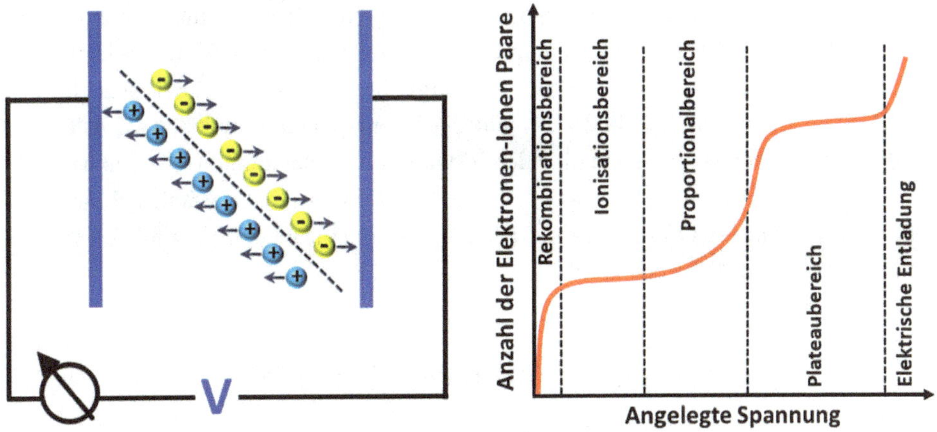


*Abb 4-13: Links ein vereinfachtes Schema für die Funktionsweise einer Ionisationskammer zur Vermessung von Teilchenstrahlung. Die einfallenden Teilchen ionisieren das Detektorgas, und durch die angelegte Spannung werden Elektronen zum positiven Pol (Anode) und positive Ionen zum negativen Pol (Kathode) hin beschleunigt, wo sie einen elektrisches Signal oder Puls auslösen. Rechts die Korrelation zwischen der angelegten Spannung und der Pulshöhe am Messgerät. Bei niedrigen Spannungen rekombinieren viele der Elektronen und positiven Ionen, bei höheren Spannungen im Ionisationsbereich erreichen alle Elektronen die Anode. Die Impulshöhe entspricht der ursprünglichen Energie des eingefallenen Teilchens. Im Proportionalbereich ist die Spannung so hoch, dass durch die beschleunigten Elektronen Sekundärelektronen im Gas erzeugt werden. Je höher die Spannung ist, desto höher das Signal, damit kann man die Intensität der der einfallenden Strahlung bestimmen. Im Plateaubereich hat das Instrument seine Sättigung erreicht.*

Die Pulshöhe ist direkt proportional zu der durch Ionisation produzierten Anzahl der Ionen-Elektronen-Paare. Dies wiederum hängt stark von der angelegten Spannung beziehungsweise der kinetischen Energie ab, die die Ladungsträger im elektrischen Feld aufnehmen. Die Anzahl der Ladungsträger, die von der Energie des ursprünglichen Strahlungsteilchens bestimmt ist, hängt von der Beschleunigungsspannung ab (Abbildung 4-13).

Letztere sind durch die drei typischen Anwendungsbereiche einer Ionisationskammer definiert. Im niederen Spannungsbereich bekommen die durch Ionisation freigesetzten Elektronen genügend Energie, um aus dem Ionenbereich abgezogen und vollständig an der Elektrode gemessen zu werden. Das ist der Saturierungsbereich, in dem die meisten Ionenkammern betrieben werden. Bei höherer Spannung erzeugen die freigesetzten Ladungsträger durch sekundäre Ionisation weitere Elektronen. Damit kommt es zu einem proportionalen Anstieg der Signalhöhe mit der angelegten Spannung. Das ist der sogenannte Proportionalbereich. In diesen beiden Bereichen bleibt die Proportionalität zwischen Pulshöhe und Strahlungsenergie erhalten. Bei höheren Spannungen kommt man in den sogenannten Geiger-Müller-Bereich, in dem die Korrelation zwischen Strahlungsenergie und Pulshöhe verloren geht. In diesem Zählbereich wird nur die Anzahl der Strahlungsteilchen, also die Aktivität der Quelle und damit die Strahlungsdosis, und nicht die Energie der Strahlung gemessen. Deswegen hat sich der Geiger-Müller-Zähler zum bevorzugten Messgerät für professionelle Strahlenschützer entwickelt, die nur schnell das Vorliegen von Radioaktivität innerhalb einer Lokalität feststellen und sehen wollen, wie groß die potenzielle Strahlengefahr ist.

## 4.4 Chemische und biologische Wirkungen

Potenzielle chemische und biologische Wirkungen von Strahlung gehören zu den größten Ängsten der Menschen – Ängsten vor Krebserkrankungen oder möglichem genetischen Wandel, der sich in nachfolgenden Generationen in grässlichen Deformationen widerspiegeln könnte. Statistische Analysen der Ursachen für Krebs zeigen jedoch, dass andere Gründe, etwa chemische Reaktionen durch Rauchen, Fehlernährung und Übergewicht sowie Luftverunreinigung eine erheblich größere Rolle spielen als natürliche und künstliche Strahlenbelastung, die auf ungefähr zwei bis fünf Prozent geschätzt wird[94]. Dabei ist jedoch zu bedenken, dass das Rauchen, mit 20 Prozent einer der Hauptgründe für Krebsentwicklung, direkt mit erhöhter Radonbestrahlung der Lungen korreliert. Tabakpflanzen gelten als guter Absorber für Radon. Das radioaktive Edelgas $^{222}$Rn wird erst bei der Verbrennung der getrockneten Tabakblätter in der Lunge freigesetzt.

Dass Strahlung jedweder Art in hoher Dosis extrem schädlich, wenn nicht tödlich, sein kann, steht außer Frage. Strittig ist, ob es bei niedriger Strahlenbelastung eine Dosisschwelle für das Risiko gibt,

---

94 American Cancer Society. Global Cancer Facts & Figures, 2nd Edition, Atlanta: American Cancer Society; 2011, http://www.cancer.org/acs/groups/content/@epidemiologysurveilance/documents/document/acspc-027766.pdf.

oder ob Strahlung schon bei niedrigster Dosis eine potenzielle Gefahr für die Gesundheit darstellen kann. Es gilt also zu untersuchen, ob Strahlung prinzipiell auch in kleinsten Dosen gefährlich sein kann – diese Ansicht, *Unsafe at any dose,* vertritt die australische Atomkraftgegnerin Helen Caldicott (*1938)[95] – oder ob auch auf Strahlung der eingangs erwähnte Satz des Arztes und Alchemisten Paracelsus (1493–1541) zutrifft: *Kein Ding ist ohn' Gift. Allein die Dosis macht, ob ein Stoff ein Gift sei.* Bevor wir uns jedoch dieser Frage zuwenden sollen die prinzipiellen Auswirkungen von Strahlung und die Reaktion der davon betroffenen chemisch biologischen Systeme diskutiert werden.

## 4.4.1 Ionisierende Strahlung und chemische Wirkung

Chemischer Wandel von Molekülen und biologische Entwicklungen werden durch chemische Reaktionen bewirkt. Wie bei Kernreaktionen gelten chemische Reaktionen als exotherm, wenn Energien freigesetzt werden. Endotherm heißen sie, wenn für die Einleitung des Prozesses zur Umwandlung eines bislang stabilen chemischen Systems Energie erforderlich ist. Strahlung pumpt erhebliche Energie in ein Molekülsystem und kann dadurch drastische Änderungen bewirken. Durch direkten Strahlungsaufprall von α-Teilchen können Moleküle direkt zerstört werden, wohingegen γ- und β-Strahlung mehr auf Ionisationsprozessen beruht. Das klassische Beispiel ist die Wirkung von Strahlung auf Wassermoleküle. Dabei ist zu bedenken, dass mehr als 70 Prozent des menschlichen Körpers aus Wasser besteht.

Wenn Teilchenstrahlung auf Wasser oder Körpermaterial trifft, gibt sie durch Stöße oder andere Wechselwirkungsprozesse entlang der Teilchenbahn Energie ab, die sich über Anregungs- oder Ionisationsprozesse auf die Moleküle des Transportmediums überträgt. Beim Ionisationsprozess entstehen positiv geladene Wassermoleküle $H_2O^+$, die innerhalb von weniger als Picosekunden mit benachbarten Wassermolekülen chemisch reagieren und ein sogenanntes Hydronium-Ion und ein Hydroxyl-Radikal formen: $H_2O^+ + H_2O \Rightarrow H_3O^+ + OH$. Geringere Energieübertragungsprozesse entlang der Teilchenbahn führen zu hochangeregten Wasser-Molekülen $H_2O^*$, die sich direkt in Wasserstoff- und OH-Radikale aufspalten: $H_2O^* \Rightarrow H + OH$. In beiden Fällen werden OH-Radikale gebildet, die chemisch enorm aktiv sind und sich leicht anderen im Körper vorhandenen Molekülen anlagern können.

Die Ionisationsprozesse finden entlang der Teilchenbahn statt, der größte Energietransfer gegen Ende der Bahn. Dort erhöht sich die Anzahl der erzeugten angeregten und ionisierten Teilchen. Leichte Teilchen wie Elektronen oder β-Strahlung haben eine unregelmäßige Bahn, die durch direkte Stoßprozesse mit massiven Teilchen oder durch Coulomb-Wechselwirkung mit örtlichen Ladungsträgern in andere Richtungen gelenkt werden kann. Massive Teilchen

[95] https://www.nytimes.com/2011/05/01/opinion/01caldicott.html.

wie α-Teilchen oder auch Protonen dagegen folgen ihrer ursprünglichen Einfallsrichtung und lassen sich kaum aus ihrer Bahn ablenken. Innerhalb einer Picosekunde ist das Teilchen gestoppt (Abbildung 4-9). Die gebildeten ionisierten Atome und Restmoleküle diffundieren allmählich weg von der ursprünglichen Strahlungsbahn. Binnen Nano- bis Mikrosekunden haben sie sich auf einen Radius von bis zu einem Mikrometer verteilt. Simulationen zeigen, dass die Zahl der reaktiven Teilchen schnell abnimmt. Schon in dieser Zeitperiode finden die oben beschriebenen schnellen chemischen Reaktionen zwischen den ionisierten und angeregten Restmolekülen und dem umgebenden Medium statt. Das heißt, dass die strahlungsinduzierten chemischen Prozesse innerhalb einer Mikrosekunde in einem Volumen von 10 bis 100 Mikrometer entlang der Teilchenbahn ablaufen. Die biologischen Nachwirkungen hängen davon ab, welche und wie viele Moleküle davon betroffen sind. Nur wenige Reaktionen führen zu Nachwirkungen, für die jedoch kann es je nach Dosis Tage bis Jahrzehnte dauern, um sich bemerkbar zu machen.

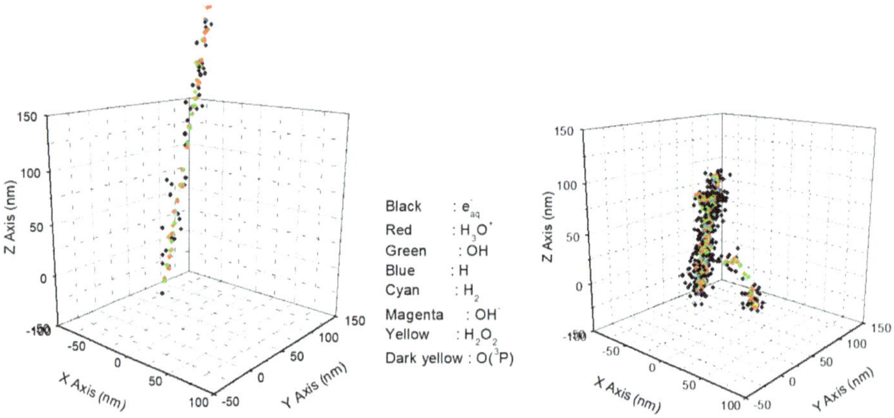


*Abb. 4-14: Simulierung der Bahn und der ionisierenden Effekte für 10-MeV-Protonen (links), die als typisch für die Höhenstrahlung gelten, sowie 5-MeV-α-Strahlung (rechts), die der typischen Zerfallsenergie für α-Teilchen aus den natürlichen Zerfallsreihen entsprechen. Der Zeitraum der Simulation entspricht einer Picosekunde. (Jay LaVerne, University of Notre Dame)*

Je intensiver die Strahlung, desto größer die Chance für Strahlenschäden: Sie werden im Wesentlichen durch die oben beschriebenen chemischen Reaktionen bewirkt, die biologische Auswirkungen haben und bei hohen Dosen zur Strahlenkrankheit, wenn nicht gar zum Tod führen können. Dies liegt vor allem daran, dass die Zellstruktur kritischer Organe angegriffen oder zerstört wird.

| Radikalart | Radikale/100eV | Radikale/1μGy |
|---|---|---|
| H* | 3,2 | 2,0·109 |
| OH* | 2,7 | 1,7·109 |
| e- | 2,7 | 2,0·109 |
| H2 | 0,45 | 2,8·108 |
| H2O2 | 0,7 | 4,4·108 |
| Durchschnitt | 1,95 | 1,3·109 |

*Tab. 4-3: Typische Ausbeute an den wichtigsten chemischen Radikalen durch ionisierende Wirkung von Strahlung in einem Gramm Körpergewebe.*

Tabelle 4-3 zeigt als Beispiel die ungefähre Ausbeute an chemischen Radikalen in einem Gramm Körpergewebe bei einer Bestrahlungsdosis von 10 μGy. Diese Dosis entspricht einer Energie von 0,624 MeV pro Gramm, die in das Gewebe deponiert wird. Die Tabelle zeigt die Ausbeute an den jeweiligen Radikalen pro 100 eV Energieverlust in der zweiten Spalte sowie die jeweilige Gesamtausbeute in der dritten Spalte. Dies demonstriert, dass bei 10 μGy mehr als 6 Milliarden freie Wasserradikale in einem Gramm Körpermaterial produziert werden. Bei einer jährlichen Dosis von ungefähr 1 mGy [96] sind es fast eine Billion freier chemischer Radikale pro Gramm, die chemische Reaktionen eingehen und dadurch biologische Folgeerscheinungen nach sich ziehen können.

Um die Auswirkungen der gerade beschriebenen strahleninduzierten Prozesse auf das biologische System betrachten zu können, soll im Folgenden erstmal eine Zusammenfassung der wichtigsten der möglichen bio-chemischen Folgen zusammenfassend beschrieben werden, um dann daran die möglichen Primär- und Sekundärfolgenvon radioaktiver Bestrahlung zu erläutern.

## 4.4.2 Biologisch-chemische Grundlagenprozesse

Biologische Effekte können entweder durch direkte, primäre Reaktion der Strahlung mit Zellmolekülen oder durch indirekte, sekundäre chemische Reaktionen der aggressiven Hydroxyl-Moleküle mit dem Zellenmaterial bewirkt werden. Die Zellen sind als Funktions- und Informationsträger des biologischen Systems besonders empfindlich gegenüber Störungen durch strahlungsbedingte oder andere chemische Reaktionen. Während sich die primären

[96] Dies ist nur ein aus der jährlichen Äquivalentdosis abgeschätzter Wert.

Reaktionen der strahlungsinduzierten Ionisation innerhalb von Picosekunden ereignen, finden die sekundären biochemischen Reaktionen über den wesentlich längeren Zeitraum von bis zu einer Sekunde statt.

Das fundamentale Bauelement für biologische, lebende Systeme ist die Zelle. Je nach Ursprung und Funktionsweise weist sie unterschiedliche Größe, Formen und Strukturen auf. Die ältesten Lebewesen bestehen aus einzelnen Zellen, während sich jüngere Organismen wie Pflanzen und Tiere aus vielen Zellen zusammensetzen. In diesen vielzelligen Lebensformen leisten Untergruppen von Zellen verschiedene Funktionen. Diese Gruppen sind aufeinander angewiesen und tauschen über ein komplexes Netzwerk Informationen miteinander aus. Zellen haben eine komplexe innere Struktur an Proteinen, Enzymen und anderen Makromolekülen wie die DNA und RNA[97], die hauptsächlich die Zellinformation enthalten und die Zellfunktionen bestimmen. Ein Strahlenschaden in der DNA kann zum Tod oder zur Mutation der Zelle führen. Letzteres verändert langfristig die Wirkungsweise der Zelle.

Biologen unterscheiden zwei Klassen von Zellen: Die Prokaryoten besitzen keinen Zellkern. Die DNA befindet sich frei im Zellplasma. Die DNA der Prokaryoten besteht aus einem einzelnen doppelsträngigen, dicht strukturiert in sich geschlossenen Molekül. Die Eukaryoten sind wesentlich größer und zeichnen sich durch einen festen, in eine Membran eingeschlossenen Zellkern aus, der die DNA enthält. Die meisten bekannten Mehrzeller basieren auf Eukaryoten, darunter Pflanzen, Tiere und Menschen.

Das DNA-Molekül hat die bekannte Doppelhelix-Struktur, deren zwei Stränge aus alternierenden Desoxyribose-Phosphorsäure-Untereinheiten bestehen, den sogenannten Nukleotiden. Jede dieser Desoxyribose-Einheiten (Zucker) ist an jeweils eine der vier Nukleobasen Adenin, Thymin, Guanin und Cytosin (A, T, G, C) gebunden. Dabei sind die Basen jeweils paarweise lokalisiert, so dass A in einem Strang gegenüber T im anderen sitzt, und G gegenüber C. Damit bilden sich A-T- beziehungsweise G-C-Paare. Wasserstoffbindungen halten sie zusammen. Die Zell- oder Erbinformation steckt in der Abfolge der Basenpaare entlang der beiden DNA-Stränge, den Genen. Das menschliche Genom, also die gesamte menschliche Erbinformation, enthält etwa 20 000 bis 30 000 Gene, die auf 3 Milliarden DNA-Basen ($3 \cdot 10^9$) verteilt sind. Gene und Proteine innerhalb einer Zelle bilden Chromosome. Jede menschliche Zelle enthält 23 Chromosomen-Paare mit genetischen Informationen zur Zellfunktion. Der menschliche Körper enthält Milliarden Zellen, deren Funktion von der jeweiligen DNA-Struktur und -Information abhängt.

---

97 Die DNA (Desoxyribo-Nucleic Acid), in der deutschen Literatur früher als DNS (Desoxyribonukleinsäure) bezeichnet, trägt neben der RNA (Ribo-Nucleic Acid) die genetische Information zur somatischen Zellfunktion in den verschiedenen Körperorganen und zur genetischen Erbinformation von Lebewesen.

Ein wichtiger Mechanismus für die Entwicklung des menschlichen Körpers, aber auch die Funktionsweise und Lebensdauer von Zellen, ist die Zellteilung. Bei diesem Prozess kommt es auf den korrekten Informationsübertrag durch die DNA an. Deshalb können Strahlenschäden besonders gefährlich sein, die während des oft lang andauernden Zellteilungsprozesses stattfinden. Die Zellteilung läuft je nach Art der Zelle unterschiedlich oft ab. Teilen sich somatische Zellen, um Körperfunktionen aufrechtzuerhalten, gibt es zwei Phasen: In der Synthese-Phase wird die Teilung durch Kopieren der zellinternen DNA-Information und den Aufbau von zwei Chromosomen-Kopien vorbereitet; in der Mitose-Phase teilt sich die Zelle, und die Chromosomen werden auf zwei Tochterzellen verteilt. Die Teilung von Erbzellen, die sogenannte Meiosis, ist etwas komplizierter, da sich eine Zelle in vier Tochterzellen mit gemischter Erbinformation aufteilt.

In der Synthese-Phase dupliziert sich auch die DNA: Der ursprüngliche Doppelstrang trennt sich in seine Einzelstränge; jeder einzelne Strang dient als Vorlage für den Aufbau des zweiten Strangs. Die Basen-Sequenz des ursprünglichen DNA-Strangs wird also in der Sequenz des neuen, gegenüberliegenden Strangs repliziert. Bei diesem Kopiervorgang können Fehler auftreten. Ein Beispiel ist die sogenannte Polymerase, bei der eine falsche Base im gegenüberliegenden Strang auftaucht und ein falsches Basenpaar induziert, etwa G-C anstelle von A-T. Dies ändert die DNA-Information, die ihr Träger, die Ribonucleinsäure RNA, weiterverteilt. Diese Vorgänge nennt man Mutation.

Mutationen sind Veränderungen der DNA, die auch nach der Teilung erhalten bleiben und damit die genetischen Information verändert weitergeben. Sie gelten normalerweise als Zufallsfehler beim Kopieren der Informationen der ursprünglichen Gen- und Basenfolge, können aber auch durch die direkte oder indirekte Einwirkung sogenannter mutagener Stoffe wie Strahlung auf das Erbgut oder als Folge einer fehlerhaften Reparatur der DNA-Struktur auftreten. Inwieweit Mutationen stochastisch (zufallsabhängig) auftreten oder durch externe Prozesse wie chemische Umwelteinflüsse beziehungsweise natürliche Strahlungsbelastung induziert werden ist immer noch eine Frage der wissenschaftlichen Debatte[98], die nicht einfach zu lösen ist und die später wieder aufgegriffen werden soll (vgl. Kapitel 7).

Bei Mutationen unterscheidet man zwischen Änderungen in somatischen Zellen und in Keimzellen. Somatische Mutationen betreffen die Veränderung einzelner Köperzellen, die bei weiteren Teilungen erhalten bleiben und Auswirkungen auf die Funktionalität der Zellfunktionen haben können. Diese Mutationen sind allerdings nicht Teil des Erbguts und werden nicht an die nächste Generation weitergegeben. Somatische Mutationen können bösartige Veränderungen der Zellen bewirken und Tumoren bilden. Betreffen die Mutationen jedoch Keimzellen, also Sperma oder Eizellen, können die jeweiligen Veränderungen an die nächste Generation

---

98 Anatoly Ruvinsky: Genetics and Randomness. CRC Press, Taylor & Francis Group. Boca Raton, 2010.

übertragen werden. Keimzellen-Mutationen sind besonders wichtig für die Evolution biologischer Systeme. Sie können neue Zelleigenschaften entwickeln, die sich auf Charakteristik und Kapazität nachfolgender Generationen auswirken. Mutationen können negative, aber auch positive Folgen haben, zum Beispiel in kürzerer oder längerer Folge den Tod des Individuums oder das Aussterben der Art, jedoch auch ihre Anpassung an Lebensbedingungen verbessern oder neue Arten entwickeln. Diese Entwicklung wird vor allem im Zusammenhang mit der Identifizierung von biologischen Enheiten wie Zellen als selbstorganisierende Systeme[99] intensiv diskutiert (vgl. Kapitel 7).

### 4.4.3 Biochemische Auswirkungen von Strahlung

Die DNA mit ihrer Doppelhelixstruktur ist ein außerordentlich komplexes Biomolekül, bei dem radioaktive Strahlung je nach Art zu einer Vielzahl von Schäden führen kann, zum Beispiel zur Zerstörung von DNA-Strängen oder zu Änderungen bei den vier Basenmolekülen Adenin, Thymin, Guanin und Cytosin. Im ersten Fall lassen sich die Brüche durch Enzyme leicht reparieren, solange es sich um Einzelstrangbrüche handelt. Bei Doppelstrangbrüchen besteht die Möglichkeit von Fehlreparaturen mit Informationsänderungen oder Verlusten in der DNA. Chemische Änderungen der einzelnen Basen bewirken unter Umständen Fehlpaarungen und Fehlverbindungen. Basenverluste oder Schäden an den Desoxyribose- und Phosphorsäureverbindungen bergen ebenfalls das Risiko von Brüchen längs der DNA-Stränge und damit falsche Zusammensetzungen bei nachfolgender Reparatur durch Enzyme. Mehrere Einzelbrüche im DNA-Strang können dabei leicht zu Doppelbrüchen führen, wenn die beschädigten Stellen nahe beieinander liegen. Bei hoher Strahlungsintensität muss damit gerechnet werden.

Neben diesen primären Prozessen werden durch strahlungsinduzierten Aufbruch der im Körper vorhandenen Wasser-Moleküle, Elektronen, Wasserstoff-Ionen und Hydroxid-Peroxid-Radikale frei (Tabelle 4-3), die dann selbst mit den RNA- und DNA-Molekülen chemische Reaktionen eingehen und zu weitgehenden Änderungen führen können. Sekundäre Wirkungen sind chemische Reaktionen dieser durch Strahlungseinwirkung freigesetzten Wasserstoffradikale mit den DNA-Molekülen. Bedingt durch die unterschiedliche Art der Energieübertragung bei primären und sekundären Prozessen, liegt ein jeweils unterschiedlicher Zusammenhang zwischen Dosis und Wirkung vor (Abbildung 4-15).

---

[99] Ein selbstorganisierendes System ist ein offenes System, das durch Austausch von Energie und Stoffen mit seiner Umgebung seine grundlegende Struktur als Funktion von Erfahrung und Umwelt verändert.

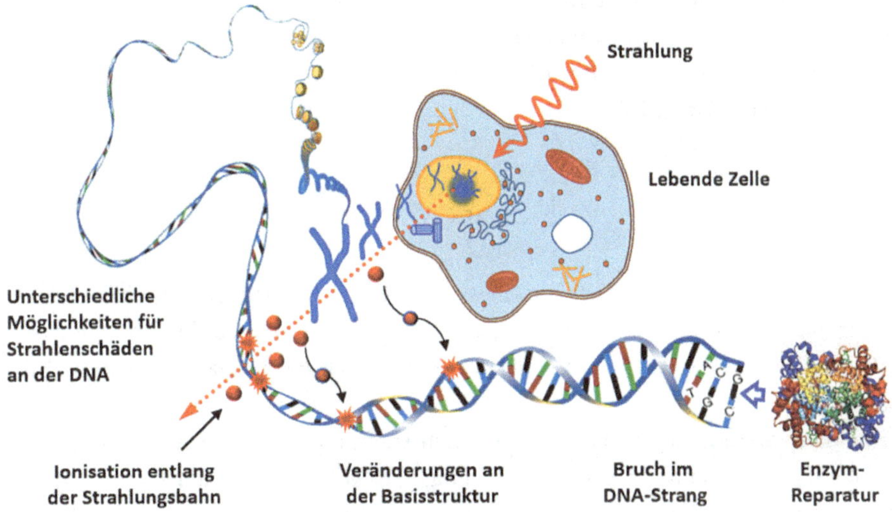


*Abb. 4-15: Direkte und indirekte Strahlungseinwirkung auf DNA-Molekülreihen. Basen-Zucker- oder Phosphat-Bindungen in den DNA-Strängen sowie Basenpaar-stabilisierende Wasserstoffverbindungen in Primärreaktionen können zerstört werden. Ebenso können sekundäre chemische Reaktionen durch freigeschlagene Radikale Zerstörungen oder Änderungen bewirken. Solche Schäden werden in den meisten Fällen durch Reparaturen zelleneigener Enzyme behoben, aber die Qualität der Reparatur hängt von der verbleibenden Information ab. (https://asrc.jaea.go.jp/soshiki/gr/eng/mysite6/index.html)*

Die direkte Wechselwirkung zwischen Strahlung und DNA-Molekül kann einzelne DNA Stränge zerstören, aber auch Doppelstrangbrüche bewirken. Bei solchen direkten Prozessen liegt ein exponentieller Zusammenhang vor, da die Strahlung direkt absorbiert wird. Ist die anfängliche Anzahl der unbeschädigten Moleküle $M_0$, so nimmt diese mit Verabreichung einer bestimmten Strahlungsdosis $D$ exponentiell ab. Der Faktor $k$ im Exponenten bestimmt die Effizienz der Strahlungswirkung, der von der Art der Strahlung sowie von der Empfindlichkeit des jeweiligen Organs abhängt

$$M(D) = M_0 \cdot e^{-k \cdot D}\ .$$

Es verbleibt also die Anzahl $M(D)$ an unbeschädigten Molekülen. Die Gleichung sagt aus, dass eine geringere Dosis nur eine geringe Wirkung zeigt, die jedoch von Organ zu Organ unterschiedlich sein kann. Dies basiert auf der sogenannten Target-Theorie, nach der die

Wahrscheinlichkeit der Strahlungs-Wechselwirkung direkt von der Größe des betroffenen Moleküls abhängt. Danach besteht unter der Annahme, dass im Durchschnitt eine Energie von 75 eV an ein Molekül abgegeben wird, eine direkte Korrelation zwischen dem Effizienzfaktor $k$ und dem Molekulargewicht des betroffenen Moleküls $W_t$, das wiederum direkt von der Molekülgröße abhängt.

$$k = 1.37 \cdot 10^{-12} \cdot W_t \ .$$

Das heißt, dass die Wahrscheinlichkeit eines primären Strahlenschadens direkt von der Größe des betroffenen Moleküls abhängt. Die DNA-Moleküle gehören zu den größten molekularen Bestandteilen einer Zelle und sind sehr empfindlich bei primär strahlungsinduzierten Schäden.

Sekundäre Prozesse folgen hauptsächlich dem strahlungsbedingten Aufbruch der Wassermoleküle im Körper entlang einer in Abbildung 4-14 gezeigten Strahlungsbahn und den dadurch bedingten Reaktionen zwischen den chemisch sehr aggressiven Radikalen und den DNA- beziehungsweise RNA-Molekülen. Die Wirkungsweise der verschiedenen Wasserradikale ist unterschiedlich. $OH^+$-Radikale sind chemisch erheblich effektiver als freie Wasserstoff-Ionen oder Elektronen. Sie werden deswegen sehr schnell wieder eingebunden, so dass die mittlere Reichweite nur 3,5 nm beträgt. Das ist wesentlich kleiner als die typischen Zellgrößen, die im Mikrometer Bereich liegen. Primärschaden an Zellwasser Molekülen hat also direkte Auswirkungen auf die Zell-DNA- und RNA Moleküle.

Mehrere Prozesse können bei diesen sekundären Reaktionen parallel auftreten. Dazu gehören sogenannte Extraktionsprozesse, über die Wasserstoffatome dem DNA- oder RNA Molekül entzogen werden und Wasserstoffgas und Wassermoleküle bilden. Bei Dissoziationsprozessen werden kleinere Molekülsegmente abgespalten, was zu Strukturänderungen führt. Im Gegensatz dazu können auch Radikale wie $OH^+$ in DNA-Sequenzen eingebaut werden, was ebenfalls eine Änderung der DNA-Struktur bedingt. Dazu kommt noch der schon erwähnte Austausch von Basis-Sequenzen, die zur Änderung der DNA-Information führt. Weitere Auswirkungen sind Reaktionen, die in der Folge zu Einzel- oder Doppelbrüchen in der DNA-Desoxyribose-Phosphorsäure Kette führen. Ein Transfer eines Radikals aus der Basis in die DNA-Kette führt zum Verlust der Basisfunktion und kann zum Bruch des DNA-Strangs führen. Wie im Fall von primär induzierten Brüchen kann dies bei mehreren nahe aneinander gelegenen Brüchen in einem einzelnen Strang leicht zu Doppelstrangbrüchen führen.

Einzelstrangbrüche sind enzymatisch leicht zu reparieren, da die genetische Funktion erhalten bleibt und durch Kopie der Basensequenz im zweiten Strang ermittelt werden kann. Bei Doppelstrangbrüchen ist dieser Prozess nicht mehr so einfach: Fehlkopien und damit verbundene Änderungen der Informationsstruktur können folgen. Die Strahlungsdosis-bedingte Mutationsrate hängt deswegen nicht nur von der Dosis, sondern auch von der Effizienz des Reparaturmechanismus in den jeweiligen Zellen ab. Im Folgenden soll die Funktionsweise der biochemischen Reparaturmechanismen ausführlicher vorgestellt werden.

### 4.4.4 Biochemische Reparaturmechanismen

Ein interner Mechanismus erkennt Schäden an der DNA und ihren Komponenten. Er steuert und repariert sie eigenständig durch zelleigene Enzyme, auch bei strahlungsinduzierten Fällen. Die entsprechenden Reparaturmechnismen sind im Lauf der Evolution aufgrund der ständig vorliegenden Strahlenbelastung durch natürliche Quellen entstanden. Dies wird als Teil der Entwicklung von Zellen zum selbstregulierenden biologischen System betrachtet. Neben den dafür notwendigen Enzymen finden sich im Zellplasma Substanzen, die aggressive chemische Radikale binden und neutralisieren können. Die Effizienz dieser Reparatur- und Schutzmechanismen hängt jedoch von der Art der Strahlung und vom Ausmaß des Schadens sowie von der Konzentration an Reparaturenzymen und Schutzsubstanzen in der Zelle ab. Weitere kritische Parameter für einen effektiven Reparaturmechanismus sind zellinterne Bedingungen wie die jeweiligen Phasen des Zellzyklus, des Energiegehalts und des Sauerstoffgehalts in der Zelle. Je schneller der Zyklus abläuft, desto weniger Zeit verbleibt den Enzymen zur Reparatur. Das erklärt die besondere Anfälligkeit von Blutzellen[100], die eine kurze Lebensdauer haben und deshalb einem schnellen Regenerationszyklus unterliegen.

Direkte Zellreparaturen finden an den unmittelbar betroffenen Molekülen statt. Sie setzen ein, wenn der Schaden örtlich begrenzt ist und sich zum Beispiel nur auf die DNA-Basen beschränkt. Bei größeren Schäden werden die beschädigten Segmente enzymatisch aus dem DNA-Strang entfernt und neu synthetisiert. Als Vorlage für diese Kopie gilt der gegenüberliegende zweite Strang, soweit dieser nicht auch betroffen ist. Sollten beide Stränge beschädigt sein, findet die Reparatur nach der Replikation der DNA statt. Dabei dient der Informationsträger Chromatin als Vorlage für die Reparatur. Sollte er nicht zur Verfügung stehen, erfolgt die Reparatur ohne Vorlage, was oft wegen des damit verbundenen Informationsverlusts zu genetischen Schäden führt. Die Effizienz der DNA-Reparaturen hängt also stark von der

[100] Tumorzellen unterliegen ebenfalls sehr schnellen Zellteilungs- und Vermehrungsprozessen. Aus diesem Grund hat die radioaktive Bestrahlung eine größere Wirkung auf Tumorzellen als auf benachbartes langsam mutierendes oder langlebiges Zellmaterial.

Unversehrbarkeit des Zellguts ab, das zur verlässlichen Informationsübertragung für die Enzyme notwendig ist.

Bei der Empfindlichkeit der Zellen gegenüber ionisierender Strahlung spielen noch weitere zellspezifische physikalische und chemische Parameter eine Rolle. Manche Zellen haben besondere chemische Schutzsubstanzen, die aggressive Radikale abfangen. Sie sind weniger stark gefährdet. Andere Zellen benötigen Sauerstoffaustausch. Ihr Zellwasser enthält freie Sauerstoffmoleküle $O_2$. Durch die Strahlung angeregt oder ionisiert, bilden sie besonders aggressive Radikale wie Perhydroxyl $OH^-$ und Peroxid $O_2^{2-}$, die die Wahrscheinlichkeit chemischer Sekundärreaktionen dramatisch erhöhen. Die Strahlenbiologie spricht dabei vom Sauerstoffeffekt.

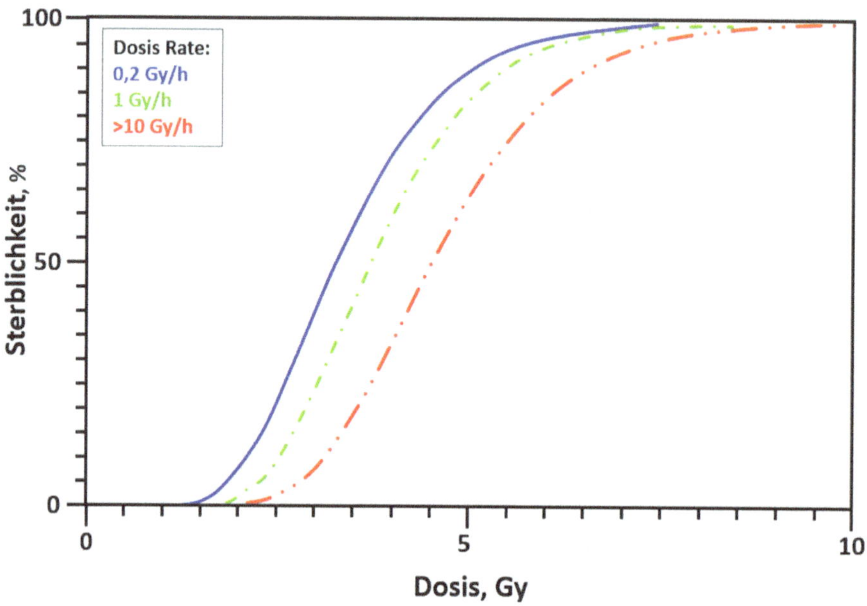


*Abb. 4-16: Sterblichkeitwahrscheinlichkeit von Körperzellen bei drei verschiedenen Dosisraten als Funktion der Ganzkörperdosis. Bei hoher Kurzzeitdosis liegt die 75-Prozent-Schwelle bei 4 Gy, verschiebt sich aber bei niedriger Dosisleistung auf 5,5 Gy. Bei einer Dosis von mehr als 6 Gy sind die Überlebenschancen praktisch null. (Wikipedia)*

Ein weiterer kritischer Effekt ist die Abhängigkeit der Strahlenwirkung von der Zellzyklusphase und dem zeitlichen Bestrahlungsablauf. Zellen sind in der Phase der Mitose oder Zellteilung besonders strahlungsempfindlich. Dabei kommt es oft zum Zelltod, den vornehmlich Veränderungen und Zerstörungen am DNA-Material bewirken. In der geringen verbleibenden

Zeit können sie nicht mehr repariert werden. Sie replizieren sich mit den nächsten Zellteilungen fehlerhaft. Dies kann schon bei relativ geringer Strahlendosis eintreten. Die Zelle ist weniger empfindlich in der Phase zwischen den Zellteilungen. Trotzdem kann es auch hier bei hoher Dosis zu massiven Störungen des chemischen Stoffwechsels und der Enzymbildung kommen, etwa zu drastischen Veränderungen oder Zelltod. Diese Zeitabhängigkeit der Empfindlichkeit führt dazu, dass Gewebe mit besonders hoher Regenerierungskapazität der Zellen weitaus strahlungsempfindlicher ist als weniger zellaktive Körpersubstanzen. Beim Menschen betrifft das insbesondere das blutbildende und lymphatische System sowie die inneren Schleimhäute, an denen sich die ersten Folgen hoher Bestrahlungsdosis in Form der sogenannten Strahlenkrankheit zeigen.

Die Abhängigkeit der Strahlenwirkung vom Zeitmuster der Bestrahlung reflektiert den Einfluss der Dosisleistung (Dosis pro Zeiteinheit). Sie bestimmt den Unterschied der Strahlenschäden, die bei gleicher Dosis über einen kurzen oder langen Zeitraum verteilt eintreten, insbesondere durch die Effizienz des zellenspezifischen, Reparaturmechanismus. Bei kurzzeitig extrem hoher Dosis sind alle Zellen betroffen. Bei niedriger Langzeitdosis zeigen Zellen mit unzureichenden Reparatur- oder Repopulationsmöglichkeiten eine höhere Empfindlichkeit als Zellen mit schnellem Reparaturmechanismus, da bei letzteren genug Zeit zu Reparatur und Regenerierung der Zellen zwischen den einzelnen Schadensereignissen vorhanden ist. Im Allgemeinen kann man feststellen, dass die Verträglichkeit von Strahlung bei geringer Dosisleistung höher ist, wenn sich also die Strahlungsdosis über einen langen Zeitraum verteilt (Abbildung 4-16).

Die durchschnittliche Mortalitätsrate von Zellen hängt von der Dosis für drei verschiedene Leistungen ab: je langsamer die Bestrahlung, desto höher die Wahrscheinlichkeit für erfolgreiche Zellreparaturen. Der 50-Prozent-Übergang liegt zwischen 3,5 und 4,5 Gy. Bei höherer Dosis ist die Überlebenschance von Zellen zunehmend gering.

Ein interessanter Effekt, der besondere Auswirkungen bei niedriger Strahlungsdosis haben könnte, ist der sogenannte Zuschauereffekt (in der angelsächsischen Literatur als *by-stander effect* bezeichnet). Der zeigt sich dadurch, dass beim Eintreten eines Zellschadens durch externe Prozesse wie Strahlung oder andere mutagene Stoffe nicht nur die betroffene Zelle beschädigt wird und Mutationen aufweist, sondern auch ähnliche Folgen in den benachbarten Zellen (den sogenannten Zuschauern) auftreten. Das wird als ein Zeichen für Kommunikationsprozesse zwischen den Zellen interpretiert. Der Träger dieses interzellulären Informationsaustausches ist nicht bekannt. Der Zuschauereffekt tritt nicht bei jedem Zellmaterial auf und hängt auch je nach Zellart und Funktion in unterschiedlichem Maße von der Strahlendosis ab. Im Allgemeinen kann man jedoch sagen, dass dieser Prozess vorwiegend bei niedriger Strahlendosis beobachtet wird. Der Zuschauereffekt wird häufig als ein Prozess identifiziert, der nicht nur den primären strahlungsinduzierten Schaden betrifft, sondern weitergehende Schäden auch bei niedriger Dosis durch diesen Multiplikationseffekt ermöglichen könnte[101]. Jedoch kann dieser Effekt auch als Auswirkung eines zelleigenen Warnsystems verstanden werden, das im Rahmen der Zellentwicklung zum selbstorganisierenden Organismus entstanden ist. Damit würde er eine erhöhte enzymatische Reparaturbereitschaft in den benachbarten Zellen bewirken.[102] Aus diesem Grund kann man in der Literatur verschiedene Interpretationen zur Auswirkung des Zuschauereffekts finden.

Im Folgenden sollen jedoch zuerst die Strahlenschäden und Auswirkungen dargestellt werden, die sich bei relativ hohen Dosen einstellen.

## 4.5 Strahlenschäden, Strahlenkrankheit und Strahlentod

Die Diskussion von möglichen Strahlenschäden konzentriert sich auf mehrere Fragen: Wie wirken sich hohe Dosen im Einzelnen auf die Körperfunktionen aus? Was sind die sofortigen Wirkungen, was die stochastischen Langzeitwirkungen erhöhter Strahlungsdosis? Gibt es Schwellenwerte, unter denen keine Strahlenschäden nachweisbar sind – oder besteht immer die Gefahr möglicher Spätfolgen, die sich nur durch langfristige statistische Studien an Strahlenopfern erfassen lassen?

Man kann zwischen zwei Klassen von Strahlenschäden unterscheiden, den sogenannten deterministischen und den stochastischen Strahlenfolgen. Erstere treten vornehmlich bei hoher Dosis auf und reflektieren die Auswirkungen massiven Ausfalls von Zellfunktionen, durch den ganze Körperfunktionen erheblich beeinträchtigt werden und ausfallen. Stochastische Strahlenwirkungen dagegen sind mögliche Spätfolgen von Bestrahlung, die als Folge somatischer Mutationen mit einer gewissen Wahrscheinlichkeit eintreten. Die relative Wahrscheinlichkeit für das Eintreten dieser Strahlungsfolgen zeigt Abbildung 4-17 grafisch vereinfacht.

Die natürliche Strahlenbelastung der Umwelt bringt allen biologischen Systemen ein Gleichgewicht zwischen Zelltod und Zellerneuerung durch Reparatur oder Regeneration. Eine hohe Dosis erhöht die Möglichkeit des Zelltods und verschiebt dieses Gleichgewicht. Dabei bestehen allerdings erhebliche Unterschiede zwischen den Auswirkungen auf einzelne Organe oder Organfunktionen, die von der oben beschriebenen physikalisch-chemischen Charakteristik der jeweiligen Zellstruktur abhängen.

---

101 Eichiro Ochiai: Hiroshima to Fukushima, Biohazards of Radiation. Heidelberg, Berlin (Springer) 2014, S. 107–108.

102 W. F. Morgan: Non-target and delayed effects of exposure to ionizing radiation: II Radiation induced genomic instability and bystander effects in vivo, clastogenic factors and transgenerational effects; Radiat. Res. 159 (2003), S. 581.

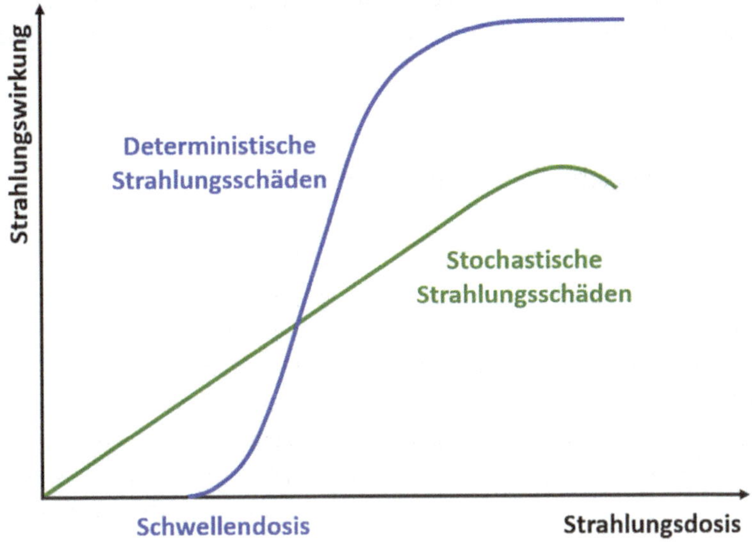


*Abb.4-17: Die Auswirkungen von Strahlung als Funktion der Dosis. Bei Kurzzeit- oder deterministischen Schäden wird von einer Schwellendosis ausgegangen, unterhalb der nichts nachgewiesen werden kann. Im Vergleich dazu wird bei Langzeit- oder stochastischen Auswirkungen eine lineare Abhängigkeit von der Dosis angenommen.*

Deterministische Strahlenschäden sind also Frühschäden, die innerhalb weniger Tage bis Monate nach der Strahlenexposition eintreten; stochastische Strahlungsfolgen treten als Spätschäden auf. Deterministische Strahlenschäden sind als Kurzzeitwirkungen gut bekannt und ausreichend studiert worden. Vor allem amerikanische und japanische Ärzte haben Opfer der Atombombenabwürfe von Hiroshima und Nagasaki untersucht,[103] in den folgenden Jahrzehnten auch strahlungsexponierte Militäreinheiten, Strahlenarbeiter und Strahlenunfälle im zivilen Bereich im Rahmen des amerikanische und sowjetischen Waffenprogramms. Analysen und Tierversuche kamen hinzu[104]. Zu den deterministische Strahlenschäden kommen noch die stochastischen Strahlungsfolgen. Sie können sich oft erst nach langer Zeit einstellen, da sie auf biologischen Prozessen mit langer Inkubationszeit beruhen. Letztere Wirkung ist häufig von persönichen Vorbedingungen wie Alter, Gesundheit

---

103 Ashley W. Oughterson, Shields Warren: Medical Effects of the Atomic Bomb in Japan. New York 1956 (McGraw-Hill); William J. Schull: Effects of Atomic Radiation. New York 1995 (Wiley-Liss).

104 Report of the National Research Council: Assessment of the Scientific Information for the Radiation Exposure Screening and Education Program, Washington 2001 (National Academies Press).

und Lebensumständen verbunden. Das macht eine allgemeine Analyse und Vorhersage schwierig. Im Folgenden sollen deshalb diese beiden Arten strahlungsbedingter Schäden einzeln betrachtet werden.

### 4.5.1 Deterministische Strahlenschäden

Deterministische Strahlenschäden, oft auch als akute Strahlenschäden bezeichnet, treten bei Personen innerhalb kurzer Zeit nach einer Strahlenexposition mit hohen Dosen auf. Bei hoher Strahlendosisleistung, also hoher Dosis über einen kurzen Zeitraum, sind insbesondere Gewebe mit hohen Zellregenerierungsraten betroffen. Dazu gehören die Haut, das Blutsystem sowie die Schleimhäute des Verdauungs- oder gastrointestinalen Systems. Spätschäden treten nach einigen Monaten bis Jahren auf. Sie betreffen Zellsysteme mit geringerer Erneuerungsrate, zumeist verbunden mit dem Funktionsverlust bestimmter Organe. Dazu gehört das Versagen von Drüsen, etwa das Aussetzen der Speicheldrüse oder die Sterilität von Keimdrüsen. Eine weitere Folge ist die Bildung von Katarakten der Augenlinsen und die Verhärtung anderere Gewebeeinheiten.

Die Symptome für Strahlungseinfluss auf die Haut ähneln denen eines schweren, durch UV-Strahlung ausgelösten Sonnenbrands. Die Tiefenwirkung ist allerdings größer; die Heilungsphase dauert länger. Bei niedrigen Dosen kommt es zur Hautrötung, dem sogenannten Erythem, in dessen Folge sich Verbrennungsblasen bilden können (vgl. Abbildung 4-18).

Bei Strahlengeschwüren, die sich je nach Dosis über größere Hautpartien ausbreiten, kann in Extremfällen nur die Amputation der betroffenen Gliedmaßen helfen. Wie bei anhaltender Bestrahlung durch UV-Licht verändert sich die Haut durch lange Niederdosisbestrahlung. Sie erhält ein pergamentartig gegerbtes Aussehen mit Karzinombildungen an besonders betroffenen Stellen. Der bekannteste Fall ist Marie Curie, die durch ihre Arbeit mit großen Mengen Radium und anderen langlebigen Stoffen eine erhebliche Dosis an den Händen erhalten hatte. Ein anderer Fall ist der des Radiologen Mihran Kassabian (1870–1910), der jahrelang ungeschützt mit Röntgenstrahlen arbeitete und durch täglich hohe Dosisleistungen schwerste Verbrennungen an den Händen erlitt. Er dokumentierte die Strahlenschäden, indem er die Veränderungen in der Haut seiner Hände fotografierte. Eins seiner Bilder (Abbildung 4-8) aus der Spätphase zeigt die zerstörte Haut und zwei Amputationsstellen von Fingern.

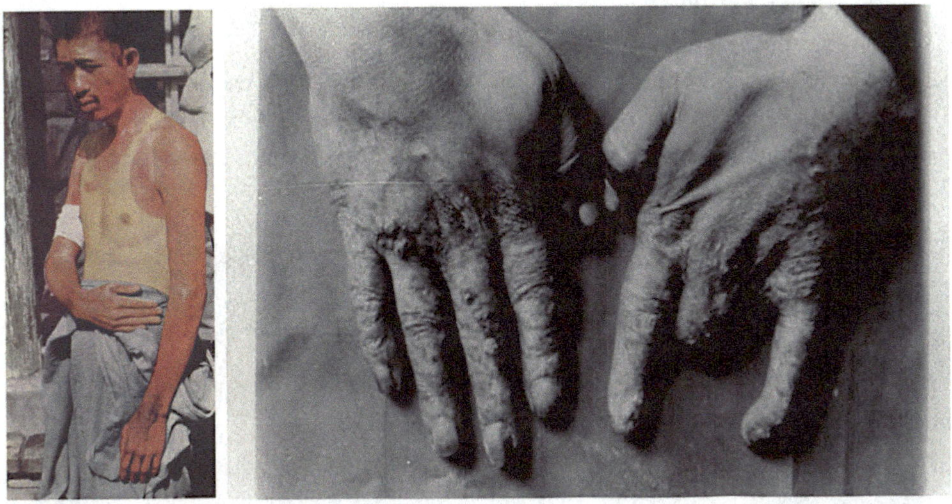

*Abb. 4-18: Links: deutliches Erscheinen von Erythem bei japanischem Strahlenopfer. Der 30-jährige Mann war 3,8 km vom Zentrum der Nagasaki-Bombenexplosion entfernt. Das Bild wurde zwei Monate nach dem Bombenabwurf aufgenommen. Rechts: die Hände von Mihran Kassabian als Beispiel für strahlungsbedingte langfristige Hautschäden nach jahrelang ungeschütztem Umgang mit radiologischen Materialien.*

Erheblich strahlungsgefährdet sind das menschliche Blut und das Blutbildungssystem. Blut setzt sich aus weißen und roten Blutzellen sowie Blutplasma zusammen. Die weißen Blutkörperchen unterscheiden sich in Leukozyten, die für die Immunabwehr wichtig sind, und Thrombozyten oder Blutplättchen, die die Blutgerinnung gewährleisten. Rote Blutzellen oder Erythrozyten sind im Wesentlichen für den Sauerstofftransport von der Lunge zu den anderen Körperorganen verantwortlich.

Die strahlenempfindlichsten Zellen sind die Lymphozyten, die zu den Leukozyten gehören. Im Blut eines normalen erwachsenen Menschen befinden sich im Durchschnitt 35 Milliarden Leukozyten, bei allerdings erheblichen Schwankungen. Die Lebensdauer von 30 Prozent der Lymphozyten liegt je nach Art zwischen Stunden und Monaten; die Regenerierungsphase ist bei vielen dieser Zellen sehr kurz. Dies erklärt ihre Strahlungsempfindlichkeit. Erythrozyten sind dagegen etwas weniger gefährdet: Ihre Lebensdauer beträgt 120 Tage. Allerdings werden täglich 0,8 Prozent der ungefähr 25 Billionen Erythrozyten im Körper eines erwachsenen Menschen erneuert: 160 Millionen Erythrozyten pro Minute. Diese hohe Regenerierungsrate trägt sehr zur Strahlenempfindlichkeit des Blutsystems bei, weil enzymatische Reparaturprozesse nur unzureichend Zeit haben. Thrombozyten sind zwar keine Zellen, aber zumindest in ihrer chemischen Struktur strahlungsgefährdet. Ihre Verweildauer im Blut beträgt 5 bis 11 Tage, bevor sie in Leber und Milz abgebaut werden. Besonders empfindlich sind jedoch die zur Bildung der meisten Blutzellen verantwortlichen Blutstammzellen oder Hämozytoblasten im roten Knochenmark. Sie gewährleisten den konstanten Wiederaufbau des Bluts. Diese Blutzellen regenerieren sich ununterbrochen und sind deswegen ebenfalls extrem empfindlich gegenüber Strahlenschäden.

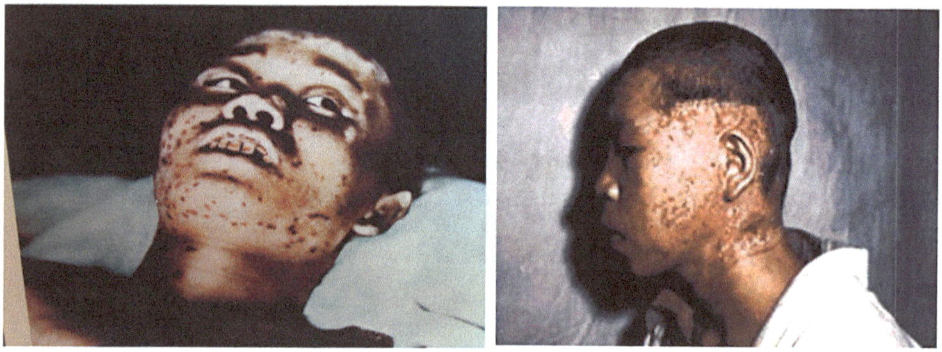

*Abb: 4-19: Beispiele von Purpura an japanischen Bombenopfern von Hiroshima. Der 21-jährige Mann links war ungefähr anderthalb Kilometer vom Zentrum der Bombenexplosion entfernt; er starb nach 28 Tagen. Die Zahl der Leukozyten betrug zum Zeitpunkt seines Todes 1900, die der Erythrozyten 2 Millionen, der Thrombozyten 10 400. Über das Schicksal des rechts gezeigten Opfers ist nichts Näheres bekannt.*

Schon eine relativ niedrige Dosis von 0,25 bis 1 Gy kann zu Änderungen der Lymphozytenzahl und zu internen oder externen Blutungen wegen des Mangels an Blutplättchen führen. Bei Ganzkörperdosen bis zu 10 Gy dominieren hämatologische Symptome. Das Blutbild ändert sich; die Immunabwehr führt zu punktweisen Blutungen im ganzen Körperbereich (Purpura) (Abbildung 4-19). Der Mangel an roten Blutzellen zeigt sich dagegen in Blutarmut oder Anämie.

| **Äquivalentdosis** | **Symptome** |
|---|---|
| bis 0,25 Sv | Keine klinisch erkennbaren Sofortwirkungen. Spätfolgen nicht auszuschließen. |
| 0,25–1,0 Sv | Leichte Veränderung des Blutbilds. Kopfschmerzen und erhöhtes Infektionsrisiko. Spätfolgen nicht auszuschließen. |

| | |
|---|---|
| 1–2 Sv | Übelkeit und Müdigkeit innerhalb weniger Stunden nach Bestrahlung, einige Stunden bis zu einem Tag andauernd – leichte bis mittlere Übelkeit (50 Prozent wahrscheinlich bei 2 Sv) mit gelegentlichem Erbrechen. Akute Veränderung des Blutbilds durch Abfall der Leukozyten. Symptome dauern etwa vier Wochen an und bestehen aus Appetitlosigkeit (50 Prozent wahrscheinlich bei 1,5 Sv), Unwohlsein und Ermüdung (50 Prozent wahrscheinlich bei 2 Sv). Temporäre Unfruchtbarkeit beim Mann. Mögliche Spätwirkungen: Kataraktbildung, Anämien, Entwicklung bösartiger Tumoren und Leukämie. *10 Prozent Todesfälle nach 30 Tagen (Letale Dosis(LD) 10/30).* |
| 2–3 Sv | Übelkeit die Regel (100 Prozent bei 3 Sv), Auftreten von Erbrechen erreicht 50 Prozent bei 2,8 Sv. Weitere Symptome: Haarausfall (50 Prozent wahrscheinlich bei 3 Sv), Unwohlsein und Ermüdung. Massiver Verlust weißer Blutkörperchen, Infektionsrisiko steigt rapide an. Bei Frauen beginnt permanente Sterilität. *40 Prozent Todesfälle nach 30 Tagen (LD 40/30).* |
| 3–6 Sv | Übelkeit und Erbrechen nach wenigen Stunden, nach einer Woche Haarausfall und Fieber, innere Blutungen und Purpura. Nach zwei bis drei Wochen Entzündungen im Rachenraum sowie Magen- und Darmgeschwüre. *50 Prozent Todesfälle nach 30 Tagen (LD 50/30).* |
| 6–10 Sv | Übelkeit, Erbrechen und Durchfall nach wenigen Stunden. Innerhalb weniger Tage Durchfall, innere Blutungen, Purpura sowie Entzündungen im gastrointestinalen System. Magen- und Darmgewebe schwer geschädigt, Knochenmark nahezu oder vollständig zerstört. Anfangssymptome innerhalb von 15 bis 30 Minuten, dauern bis zu zwei Tage an. Endphase mit Tod durch Infektionen und innere Blutungen. *100 Prozent Todesfälle nach 14 Tagen (LD 100/14).* |
| 10–50 Sv | Sofortige Übelkeit und große Schwäche. Rascher Zelltod im Magen-Darm-Trakt mit massivem Durchfall, Darmblutungen und Wasserverlust sowie Störung des Elektrolythaushalts. Tod durch Kreislaufversagen mit Fieberdelirien und Koma. *100 Prozent Todesfälle nach 5 Tagen (LD 100/5).* |
| über 50 Sv | Sofortige Desorientierung und Koma innerhalb von Sekunden oder Minuten. Tod nach wenigen Stunden durch völliges Versagen des Nervensystems. |

*Tab. 4-4: Charakteristische Strahlensymptome und Gesundheitsfolgen bei kurzzeitig verabreichter Ganzkörper-Dosis.*

Der Gastrointestinaltrakt, also das Verdauungssystem, ist ebenso bei hoher Strahlungsdosis sehr gefährdet. Dies betrifft insbesondere die Schleimhäute des Darmsystems, deren Zellen eine hohe Regenerationsrate von drei bis fünf Tagen haben. Bei höheren Dosen zwischen 10 und 50 Gy rückt die Zerstörung eben dieser Schleimhäute im Magen-Darm-Trakt in den Vordergrund. Sie absorbieren Wasser und wichtige Elektrolyte, ohne die der Ablauf der Verdauung außer Kontrolle gerät. Die damit verbundenen Symptome schwerster gastrointestinaler Störungen sind Appetitlosigkeit, Übelkeit, Erbrechen und starker Durchfall mit erheblichem Flüssigkeitsverlust. Durch die Zerstörung des Epithels, einer Zellschicht, die die innere Darmschleimhaut vor den

Verdauungssäften des Magens schützt, kommt es zu Geschwürbildung und Selbstverdauung der Darmwände.

Dosen über 50 Gy führen zum Zerfall von Eiweißkörpern – und damit zur langsamen Selbstvergiftung und Kreislaufversagen bis hin zum Tod. Dieser Dosisbereich greift auch die langlebigen Nervenzellen an. Das kann sich direkt auf das ganze Nervensystem auswirken, die Hirnsubstanz durch Ödembildung angreifen und die Steuerung des Herz-Kreislauf-Systems stören. Bei solch hoher Dosis tritt der Tod schon nach wenigen Stunden ein.

Alle diese durch verschiedene Strahlungsdosen ausgelösten Krankheitssymptome fallen unter den Begriff Strahlenkrankheit. Sie treten je nach Dosis mit verschiedener Intensität ein. Bei hoher Dosis muss man mit gleichzeitigem Auftreten aller dieser Symptome rechnen. Ihre typischen Auswirkungen sind summarisch in Tabelle 4-4 aufgelistet.

## 4.5.2 Stochastische Strahlenwirkungen

Als stochastische Strahlenwirkungen werden mögliche Spätfolgen von Bestrahlung bezeichnet, die mit einer gewissen Wahrscheinlichkeit eintreten. Diese hängt von der Dosis ab, aber auch von den physiologischen Bedingungen bei den betroffenen Personen. Stochastische Schäden gehen auf die Strahlenschäden der DNA einzelner Zellen zurück, die zu somatischer Mutation führen, also zur Entartung von Organen beziehungsweise Organfunktionen, oder bei Keimzellen vererbbare Mutationen verursachen können. Mutationen sind Veränderungen im genetischen Code, die bei der Zellteilung fehlerhaft kodiert weitergegeben werden. Dabei ändert sich die jeweilige genetische Information, was Veränderungen bei der Informationsübertragung in Bezug auf Organfunktion oder Erbgut nach sich ziehen kann. Mutationen im genetischen Code können aus verschiedenen Gründen eintreten: Dazu gehören Zufallsfehler bei der Übertragung genetischer Informationen, die in allen Weitergabeprozessen stattfinden, und externe Einwirkungen, die zur Veränderung der DNA-Struktur führen. Dabei gibt es ein weites Spektrum an möglichen Auslöseprozessen: chemische Reaktionen zwischen der DNA und extern zugeführten chemischen Fremdstoffen im Körper (Karzinogene), Vireninfektionen, nicht-ionisierende ultraviolette Strahlung und auch körpereigene ionisierende oder externe radioaktive Strahlung. Letztere trägt entweder selbst zur Zerstörung von DNA-Sequenzen bei oder führt zur Bildung aggressiver chemischer Radikale, die sekundär chemisch mit DNA-Molekülen reagieren. Die Kombination zufallsbedingter und körperintern induzierter Prozesse führt zu natürlichen Mutationsraten bei somatischen und Erbzellen, wobei zwischen der ersten Mutation und dem Auftreten der Folgesymptome eine Inkubationsperiode oder Latenzperiode verstreichen muss.

Die natürliche Mutationsrate höherer Organismen (Maus, Mensch) liegen etwa bei 1,0 bis $2,5 \cdot 10^{-8}$ Mutationen pro Generation und Basenmolekül[105]. Davon werden im Durchschnitt 99 Prozent durch Enzym- oder Proteineinwirkung repariert und ein Prozent der Mutationen weitervererbt. Die effektive Mutationsrate liegt demnach bei 1,0 bis $2,5 \cdot 10^{-10}$ Mutationen pro Generation und Basenmolekül. Geht man davon aus, dass das menschliche Genom ungefähr $3 \cdot 10^{9}$ Basen enthält[106], werden im Durchschnitt per Neukopie oder Replikation des Genoms 0,3 bis 1,0 Fehlkopien erstellt. Bleibt die Frage, wie viele dieser Mutationen somatische beziehungsweise vererbbare Langzeitfolgen bewirken.

Somatische Mutationen können unter bestimmten Bedingungen zur Tumorbildung in festen Organen oder bei Blut zu Leukämie führen. Diese Arten von Krebs entstehen meist durch eine Akkumulierung natürlicher Mutationen innerhalb einer Zelle, die zum Zusammenbruch ihrer Funktionstüchtigkeit führen kann. Dazu reicht eine einzelne Mutation nicht. Progressives, unkontrolliertes Wachstum von Zellmaterial tritt durch verschiedene Geneffekte ein, zum Beispiel durch Schäden an den Reparaturenzymen, die sich bei jeder Zellteilung vermehren. Dieser Wechsel von der anfänglichen genetischen Störung bis zur Ausbildung eines Tumors erfordert im Allgemeinen eine Latenzzeit von mehreren Jahren, die durch die Zeitskala der aufeinanderfolgenden Zellteilungsprozesse bestimmt ist. Die Wahrscheinlichkeit der Tumorbildung wächst in den meisten Fällen mit dem Lebensalter.

Bei Mutationen im Erbgut hängt die Weitergabe der veränderten Information von der Zeitskala im Generationswechsel ab. Diese Mutationen sind ein natürlicher Prozess, die die Evolution im biologischen Leben bestimmen. Ohne DNA-Mutationen gäbe es keine Fortentwicklung in biologischen Systemen. Die Entwicklung ist dadurch bestimmt, dass durch Mutation entstandenes negatives, die Körperfunktionalität schädigendes Erbgut abstirbt, während positiv mutiertes, die Körperfunktionalität verbesserndes Erbgut größere Überlebenschancen hat. Diese durch Statistik bestimmten Selektionsprozesse bei den DNA-Mutationen reflektieren die Darwin'sche Evolutionstheorie und gelten als Erklärung für Vervielfachung und Selektion in den biologischen Arten[107] (vgl. Kapitel 7).

Zu dieser stochastischen Mutationsrate kommt bei zusätzlicher Strahlendosis eine Komponente, die die natürliche Mutationsrate additiv dadurch erhöht, dass strahlungsbedingte Mutationen als mögliche Keimzellen für Tumorbildung oder Änderungen im Erbgut eine Rolle spielen. Dies scheint für die Entwicklung von Leukämie der Fall zu sein. Allerdings kann diese

---

105 Die Anzahl der Mutationen ist noch nicht genau bekannt; verschiedene Methoden ergeben leicht unterschiedliche Zahlen, die jedoch alle in dem angegebenen Bereich liegen. Die rapide Verbesserung in der Gentechnik wird wohl bald zur Reduzierung dieses Unsicherheitsbereiches führen.

106 http://de.wikipedia.org/wiki/Genom.

107 John H. Relethford: Human Population Genetics. Hoboken NJ 2012 (Wiley-Blackwell), S. 77–100, 181–204.

Komponente auch als Zusatzfaktor wirken, bei dem sich die Wahrscheinlichkeit für Mutationen multiplikativ erhöht – insbesondere dann, wenn zu einem mutationsbedingten Schaden wie der Bildung von Tumoren mehrere Faktoren beitragen müssen.

Im Allgemeinen wird bei der Anwendung des LNT-Modells (Linear No Threshold) zur Feststellung der Wirkung radioaktiver Strahlung von einer linearen Beziehung zwischen Dosis und Auswirkung ausgegangen (vgl. Kapitel 4 und 8). Damit besteht selbst bei geringen Dosen eine gewisse Wahrscheinlichkeit genetischer Schäden. Andere Ansichten vermuten bei geringen Dosen verbesserte Reparaturkapazitäten der Zellen und erwarten damit einen Hormesis-Effekt (Abbildung 4-2). Da die statistischen Grundlagen für diese Ansicht als nicht ausreichend gelten, greift bei der Formulierung der Strahlenschutzgesetze der Ansatz der Minimierung des Risikos. Trotz der vielfach unverstandenen komplexen Mechanismen, wie den Zuschauereffekt und auch den direkten enzymatischen Reparaturprozess, verbleibt man deswegen bei der Anwendung des linearen LNT-Modells ohne Annahme eines Schwellenwertes.

Zu den meistdiskutierten Langzeitfolgen von Strahlung zählen die Entwicklung von Tumoren oder anderen krebsartigen Erscheinungen in Organen und Mutationen im Erbgut, die zu dramatischen Missbildungen in nachfolgenden Generationen führen können. Beide Möglichkeiten werden lebhaft in der Folge von Reaktorunfällen wie Three Mile Island, Tschernobyl und Fukushima Daiichi diskutiert. Diese Folgen können im Prinzip auch bei Langzeitstrahlenbelastung mit relativ niedriger Dosisleistung eintreten, etwa nach Tumorbestrahlung im Rahmen einer radiologischen Leukämie-Therapie[108] oder bei erhöhten Krebsraten durch strahlenbedingte Umwelteinflüsse (kosmogene Strahlung bei Bergbewohnern oder radiogene Bestrahlung bei Bergarbeitern). Oft zitiert wird zudem der mögliche Einfluss einer Reststrahlung von Kernkraftwerken auf die lokale Bevölkerung. Neben einer Erhöhung der Krebsrate kann auch eine Erhöhung in der hereditären (vererbbaren) Mutationsrate möglich sein – und damit die Rate an Fehlgeburten und Missbildungen in der nachfolgenden Generation steigen und längerfristig auch evolutionäre Prozesse beeinflussen.

Abschätzungen dieser langfristigen Strahlenschäden und sich daraus entwickelnder Mutationen sind mathematisch kompliziert und mit erheblichen Unsicherheiten behaftet, die sich zum Teil aus dem Mangel an Daten sowie Unsicherheiten in den vorhandenen Daten erklären. Daneben werden unterschiedliche statistische Methoden bei der Datenanalyse und Verwertung benutzt. Sie bewerten die verschiedenen Risikofaktoren leicht unterschiedlich, die außer der Strahlendosis auf die Tumorbildung einwirken können[109]. Auf der Basis dieser Daten werden mathematische Modelle entwickelt. Heutige Vorhersagen stützen sich vor allem auf die Modellvorschläge der folgenden Institutionen: *Board on Radiation Effects Research* (BEIR

[108] Sekundäre Tumorbildung ist wegen der erheblich längeren Latenzzeit weniger wahrscheinlich.

[109] Kenneth L. Mossman: Radiation Risks in Perspective. Boca Raton 2007 (Taylor & Francis).

2006) im *National Research Council der US National Academies*, *International Commission on Radiological Protection* (ICRP 1991), *National Council on Radiation Protection and Measurements* (NCRP 1993), *Environmental Protection Agency* (EPA 1994, 1999) und *United Nations Scientific Committee on the Effects of Atomic Radiation* (UNSCEAR 2000, 2006, 2008, 2013). Die folgenden Aussagen zur Folgewirkung somatischer und hereditärer Mutationen stützen sich insbesondere auf den BEIR-Report von 2006[110] und den im gleichen Jahr erschienenen UNSCEAR-Report[111]

### 4.5.3 Auswirkungen auf Tumorbildung und Leukämie

Die natürliche Tumorrate hängt neben zufallsbedingten Mutationen vom chemischen Einfluss karzigonener Stoffe und von natürlichen Umweltkomponenten der radioaktiven Strahlung ab. Der Einfluss karzigonener Stoffe in unserer Umwelt dominiert die Krebsrate. Eine Erhöhung der natürlichen radiogenen und kosmogenen Strahlungsintensität durch anthropogene Strahlungsquellen kann jedoch die Dosisleistung verändern und damit strahlungsinduzierte Prozesse und Zellschäden zum dominierenden Faktor in der Bildung von Tumoren oder in der Ursache von Leukämie machen. Doch bei welcher Dosis wird diese Schwelle erreicht, und wie vergleicht sie sich mit der Dosis, der wir im täglichen Leben ausgesetzt sind?

Bei den von Krebsbildung betroffenen Zellen handelt es sich um sogenannte somatische Zellen. Sie sind nicht Teil des Erbguts, können aber zu Mutationen von Organen und Änderungen ihrer Funktion führen. Bei Schäden an somatischen Zellen ist zu beachten, dass die Wahrscheinlichkeit der Tumorbildung kleiner ist als die Wahrscheinlichkeit einer ursprünglichen Änderung der Zellstruktur, denn die Mehrzahl der Zellen kann erfolgreich repariert werden; ernsthafter geschädigte Zellen sterben ab. Bei einer niedrigeren Dosis ist die Gefahr der strahlenbedingten Tumorentwicklung relativ gering, jedenfalls weitaus geringer als die Gefahr, die zum Beispiel von karzigonenen Umwelteinflüssen wie Luftverschmutzung, Fehlernährung und Rauchen ausgeht. Jedoch wächst das Risiko nach dem LNT-Modell linear mit der Strahlendosis. Das heißt, dass selbst bei geringer interner Dosis das Risiko für induzierte Mutation stetig ansteigt (Abbildung 4-2) [112]. Bei einer Strahlendosis von mehr als 3 bis 6 Sv sind die Chancen einer späteren Krebserkrankung relativ hoch, doch kommt es bei dieser Dosis mit wachsender Wahrscheinlichkeit durch deterministische Strahleneffekte zum relativ schnellen

110 National Academies: Health Risks from Exposure to Low Levels of Ionizing Radiation. BEIR VII Phase, National Research Council, Washington DC, 2006.

111 UNSCEAR 2006 Report: Effects of Ionizing Radiation – United Nations Scientific Committee on the Effects of Atomic Radiation; Report to the General Assembly, New York, 2006.

112 Hier ist jedoch zu bedenken, dass mit der Lebensdauer auch die Chancen für eine rein statistisch begründete somatische Mutation wachsen.

Strahlentod, bevor sich Tumoren bilden können. Die typische Latenzzeit für Tumoren kann je nach Alter der betroffenen Person Jahre bis Jahrzehnte dauern. Schnelle Tumorentwicklungen infolge hoher Dosisleistung sind aus diesen Gründen extrem unwahrscheinlich.

Die geringe Zahl der Strahlungsunfälle, bei denen viele Menschen einer hohen Dosis ausgesetzt wurden, beschränkt die Möglichkeiten einer verlässlichen statistischen Analyse. Hauptquelle unseres heutigen Wissens zur Langzeitwirkung radioaktiver Strahlung mit hoher Dosisleistung bleiben die Opfer von Hiroshima und Nagasaki[113] und im geringeren Maße von Tschernobyl[114]. Jedoch ergänzen Tierversuche (zumeist an Mäusen und Ratten) weitgehend die sich aus solchen Analysen ergebenen Informationen. Daneben wächst die Zahl an Untersuchungen von Tschernobyl-Opfern, obwohl der Zugang zu den Daten der relativ hoch belasteten Liquidatoren beschränkt scheint. Zu den Strahlenopfern der Reaktorkatastrophe von Fukushima Daiichi kann man derzeit noch keine Aussagen über langfristige stochastische Folgeerscheinungen machen.

Die Beobachtung japanischer Bombenopfer von 1950 bis 1985 wurden zuerst von der amerikanischen Atomic Bomb Casualty Commission und später, mit stärkerer Beteiligung japanischer Institutionen, von der Radiation Effects Research Foundation (RERF) durchgeführt. Die Untersuchungen erfassten 91 000 Personen, nach 1986 noch 76 000 Personen. 50 000 erfasste Personen erhielten eine Dosis von weniger als 0,1 Sv, 17 000 Dosen von 0,1 bis 1,0 Sv. 2800 Personen erhielten potenziell lebensgefährdende Dosen von 1 bis 4 Sv. 240 Personen waren einer Dosis von mehr als 4 Sv ausgesetzt. Dabei handelte es sich um Menschen, die zu Beginn der Beobachtungszeit 1950 noch lebten. Die meisten Strahlenopfer, die hohen Dosen ausgesetzt waren, verstarben schon kurz nach 1945 an den Kurzzeitfolgen der Strahlung und konnten offensichtlich in diesen Untersuchungen nicht erfasst werden. Die Verteilung der in dieser Langzeitstudie statistisch erfassten Opfer spiegelt im gewissen Sinne die Dosisabhängigkeit der Mortalitätsrate wider. Bei diesen Studien wurde zwischen Leukämie als Bluterkrankung und Tumorentwicklungen in anderen Organen unterschieden.

Bei solchen Untersuchungen muss man auch die natürliche menschliche Krebsrate korrigieren, die durch anders bewirkte Mutationen wie stochastische Fehler bei der DNA-Teilung oder chemisch bedingte Prozesse verursacht werden kann. Von den Strahlenopfern aus Hiroshima und Nagasaki mit verlässlich abgeschätzten Bestrahlungswerten wurden 86 611 seit 1950 ständig auf die Bildung von Tumoren überwacht. Bis 2000 starben 10 127 Personen an Krebs, also 12 Prozent dieser Gruppe. Bei Vergleichsgruppen, die keiner hohen Dosis ausgesetzt waren, umfasst die natürliche Sterblichkeit an Krebs über diesen Zeitraum 9647 Fälle, was einem

113 James V. Neel & William Schull: The Children of Atomic Bomb Survivors. Washington DC 1991 (National Academy Press).

114 World Health Organization: Health Effect of the Chernobyl Accident and Special Health Care Programmes. Report of the UN Chernobyl Forum Expert Group Health, Geneva 2006.

Überschuss von 479 Personen an strahlungsdosisbedingtem Krebs Verstorbenen entspricht[115]. Das sind 0,55 Prozent der ursprünglichen Untersuchungsgruppe. Ähnlich ist die Situation bei Leukämie: Hier wurden 86 955 Personen überwacht, deren anfängliche Bestrahlungsdosis ausreichend bekannt war. Davon sind in den nachfolgenden 50 Jahren 296 Personen an Leukämie verstorben, also 0,34 Prozent. Im Vergleich mit der statistisch erwarteten Leukämierate von 203 Fällen ergibt sich eine Zusatzrate von 93 Personen, also 0,11 Prozent der Personen, die einer messbaren Strahlendosis ausgesetzt waren.

Diese ersten Studien sind inzwischen durch eine Reihe weiterer Studien ergänzt worden, insbesondere der japanischen Life Span Study (LSS), die versucht, einen weiteren Bereich von Strahlenschäden zu erfassen. Die Ergebnisse werden regelmäßig in einer Reihe von Berichten, den sogenannten LSS Reports, veröffentlicht[116]. Die LSS-Studien umfassen 58 500 Überlebende aus Hiroshima und 28 132 aus Nagasaki. Sie wurden von 1950 bis 2003 erfasst. Die Berichte enthalten wichtige statistische Informationen wie Aufenthaltsort, abgeschätzte Strahlungsdosis, Todeszeit und Todesart. Der Risikofaktor (Excess Relative Risk ERR) ergibt sich aus der Todesrate und dem betroffenen vom Krebs befallenen Organ[117]. Dabei wurde ein mathematisch-statistisches Modell mit verschiedenen Wichtungsfaktoren benutzt. Im Beobachtungszeitraum von 1950 bis 2003 starben insgesamt 58 Prozent der betroffenen Personen. Von Personen, die zum Zeitraum des Bombenabwurfs mehr als 40 Jahre alt waren, starben 99,6 Prozent innerhalb des Beobachtungszeitraums. Bei weniger als 20 Jahre alten Personen lebten 2003 noch fast 80 Prozent. 20 Prozent der Todesfälle gehen auf Krebserkrankungen zurück und 1,4 Prozent auf Leukämie und Bluterkrankungen. Die Mehrzahl von 71 Prozent der betroffenen Personen starb an anderen Krankheitsursachen, 5 Prozent unfallbedingt.

---

115 Als Vergleichgruppen wurden anfangs vielfach Amerikaner herangezogen – mit statistisch schwer erfassbaren Unsicherheiten. Große Unterschiede in der kulturellen Lebensweise und den Lebensumständen lassen nicht unbedingt vergleichbare Krebsraten bei japanischen und amerikanischen Bevölkerungsgruppen erwarten. Nachfolgeuntersuchungen mit wenig radioaktiv belasteten japanischen Vergleichgruppen aus der Umgegend von Hiroshima beinhalten Unsicherheiten, die sich auf mögliche Folgen von niedriger Dosisbelastung beziehen.

116 Der letzte dieser Berichte ist LSS14, K. Ozasa et al.: Studies of the Mortality of Atomic Bomb Survivors, Report 14, 1950–2003; An Overview of Cancer and Non-Cancer Diseases. Rad. Research 177 (2012) 229–243.

117 Der Exzess-Relative-Risikofaktor (ERR) beschreibt, um wieviel der Relative Risikofaktor (RR) durch eine zusätzliche Belastung überschritten wird. Er errechnet sich aus der einfachen Formel: ERR=(RR-1). Im Fall radioaktiver Bestrahlung ist RR das Verhältnis des Gesamtrisikos durch zusätzliche Strahlungsbelastung und des Risikos durch natürliche Untergrundbestrahlung. Das Gesamtrisiko ergibt sich aus den gewonnenen Messdaten Das Hintergrundsrisiko hängt stark von lokalen Gegebenheiten ab (vgl. S.?). Dadurch sind die ERR-Daten oft mit großen statistischen Unsicherheiten belastet (Abbildung 4-16).

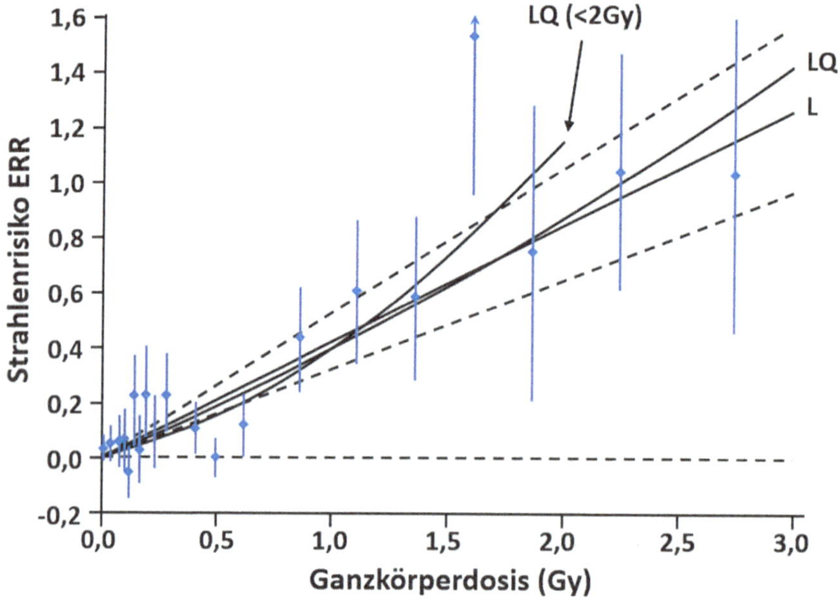


*Abb. 4-20: Die Abbildung wurde der LSS14-Studie entnommen. Sie zeigt die Abhängigkeit des abgeschätzten Strahlungsrisikos (Excess Relative Risk ERR) als Funktion der Ganzkörperdosis (dabei wurde angenommen, dass die leichter zu bestimmende Darmdosis der Ganzkörperdosis entspricht). Die verschiedenen Linien entsprechen der mathematischen Funkion zur Extrapolation der Beobachtungsdaten im Niederdosisbereich (L: linear; LQ: linear-quadratisch).*

Abbildung 4-20 zeigt das sich aus der Studie ergebende Risiko der Tumorentwicklung durch zusätzliche Strahlung. Dabei ist der lineare Anstieg des Riskos bei höherer Dosis klar ersichtlich. Im unteren Dosisbereich sind die statistischen Unsicherheiten zu groß für eindeutige Aussagen. Mehrere theoretische Modelle zur Extrapolation des Strahlungsrisikos in diesem Bereich führen zu unterschiedlichen Risikoannahmen. Die Unsicherheiten liegen in der Abschätzung der Dosis, die sich nur durch Vergleich mit anderen bekannten Folgeerscheinungen von Strahlung wie Haarausfall abschätzen lassen.

In all diesen Studien hatte die Mehrzahl der Strahlenopfer nur eine sehr geringe Dosis abbekommen. Deswegen ist dieses strahlenbedingte zusätzliche Sterblichkeitsrisiko für verschiedene Dosisleistungen in Abhängigkeit vom Todesdatum zu betrachten (Abbildung 4-21).

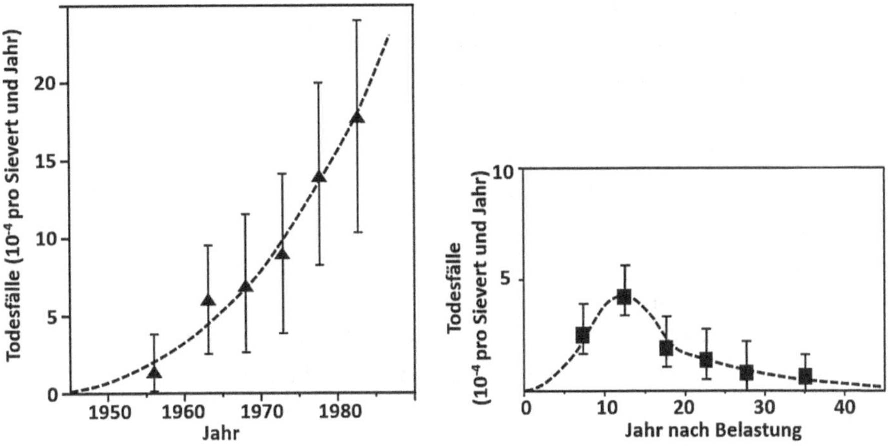


*Abb. 4-21: Das Risiko für Krebsbildung, dargestellt als Sterbefälle pro Sievert und Jahr von Strahlenopfern aus Hiroshima und Nagasaki in den Jahren nach den Bombenabwürfen im August 1945. Links die Todesfälle durch Tumorbildung, rechts die Todesfälle durch Leukämie. Während die Todesfolge durch Tumorbildung stetig ansteigt, erreicht die Kurve für leukämiebedingten Tod nach mehr als 10 Jahren ein Maximum und sinkt nach 15 Jahren stetig ab. ($10^{-4}$ pro Sievert und Jahr, nach Krieger 2011, S. 502).*

Diese sehr unterschiedlich aussehenden Risikokurven werden heute im Rahmen zwei verschiedener Risikomodelle als Grundlage für Modellabschätzungen bei größeren Strahlenunfällen interpretiert. Das Verhalten bei Leukämie entspricht dem sogenannten additiven Modell. In diesem Modell addiert sich die strahlenbedingte Leukämierate auf die natürliche Leukämierate. Die Kurve demonstriert, wie strahleninduzierte Leukämie nach einer typischen mutationsbedingten Latenzzeit von 2 bis 5 Jahren auftritt und eine maximale Sterblichkeitswahrscheinlichkeit nach 10 Jahren erreicht. Danach fällt sie wieder auf die natürliche Leukämierate ab, die stetig mit dem Alter der betroffenen Personen steigt. Die Wahrscheinlichkeit strahlenbedingter Leukämie ist demnach direkt proportional zur Strahlendosis. Dieser Anteil kommt zur Wahrscheinlichkeit altersbedingter Leukämie hinzu.

Das Risiko bei der Bildung von Krebstumoren unterliegt anderen Bedingungen. Die strahlungsinduzierte Tumorrate zeigt kein additives Maximum nach der erwarteten Latenzzeit von 10 Jahren, sondern steigt stetig mit Dosisrate und Zeit. Damit verhält sie sich proportional zur Rate der spontanen altersbedingten Tumorbildung von Personen, die keiner erhöhten Strahlungsdosis ausgesetzt waren. Dieses Verhalten beschreibt das sogenannte multiplikative

Risikomodell, das heute für alle Tumorarten als gültig gesehen wird[118]. Das bedeutet, dass zusätzliche Strahlenbelastung die Zahl der Tumorkeime erhöht. Altersbedingte Effekte führen zu erhöhter Wahrscheinlichkeit der Tumorbildung, die nach dem Muster spontaner Tumorbildung verläuft.

Untersuchungen zu den Tumorraten nach den Reaktorunfällen von Tschernobyl und Fukushima sind noch nicht abgeschlossen. Erste Analysen enthalten die Berichte der International Atomic Energy Agency, der WHO und der UNO als UNESCAR-Reporte. Nach Tschernobyl betrug die durchschnittliche Dosis der Bevölkerung in Weißrussland, Russland und der Ukraine 52 mSv, wovon 30 mSv auf externe und 22 mSv auf interne Strahlenbelastung zurückzuführen sind – Durchschnittszahlen mit ortsbedingt erheblichen Schwankungen. Die durchschnittliche Belastung der Liquidatoren lag bei 100 mSv. In Bezug auf gesundheitliche Langzeit-Folgen bestehen noch große statistische Unsicherheiten, insbesondere dadurch, dass eine genaue Erfassung der gesundheitlichen Belastungsfolgen nur bei den Liquidatoren vorgenommen wurde. Die Leukämierate scheint nach zwei bis drei Jahren auf das Zwei- bis Dreifache der normalen Rate angestiegen zu sein. Das US National Cancer Institute hat verschiedene Untersuchungen zusammengefasst[119] und zitiert derzeit 110 Fälle an Leukämie von 110 000 zu Aufräumungsarbeiten herangezogenen Liquidatoren[120]. Der Bericht der WHO von 2006[121] zitiert vergleichbare Zahlen für Liquidatoren, sagt aber auch, dass bei der Gesamtbevölkerung der betroffenen Gebiete keine erhöhte Leukämierate festgestellt werden konnte. Insgesamt scheinen die gefundenen Resultate die durch die Untersuchungen von Hiroshima und Nagasaki vorhergesagten Erwartungswerte zu bestätigen.

Der UNSCEAR-Report von 2000 zeigt 15 Jahre nach Tschernobyl keinen beobachtbaren Anstieg von Tumoren[122], auch nicht die Studie der WHO von 2006. Dies liegt vermutlich an der langen Inkubationszeit für Tumorentwicklung. Nach Aussagen dieser zusammenfassenden Analysen der verschiedenen vorliegenden Daten und Untersuchungen scheinen längerfristige Untersuchungen notwendig zu sein, um statistisch gesicherte Aussagen zu liefern.

---

118 Hanno Krieger: Grundlagen der Strahlungsphysik und des Strahlenschutzes. Wiesbaden 2007 (Vieweg+Teubner), S. 501–507.

119 http://chernobyl.cancer.gov/leukemia_ukraine.html.

120 Die Gesamtzahl der Liquidatoren war erheblich größer.

121 World Health Organization: Health Effects of the Chernobyl Accident and Special Health Care Programs. Hrsg.: B. Bennet, M. Repacholi, Z. Carr, Genf 2006.

122 Dabei werden die durch das freigesetzte $^{123}$I-Jod-Isotop ausgelösten Schilddrüsentumoren getrennt betrachtet.

Im Gegensatz zu diesen offiziellen Berichten steht eine inoffizielle, 2011 veröffentlichte Zusammenfassung einer Gruppe ukrainischer und weißrussischer Ärzte[123]. Diese Darstellung beruht nach Angaben der Autoren auf einer Reihe örtlicher Untersuchungen und Datenaufnahmen, die weitgehend nur auf Russisch verfasst wurden und deswegen nicht öffentlich zugänglich sind. Diese Arbeit zeichnet ein dramatisch unterschiedliches Bild der Folgen von Tschernobyl, die sich insbesondere im Anstieg von Krebshäufigkeit, Kindersterblichkeit, Geburtsdeformationen in Belarus und der Ukraine manifestiert. Als weitere Konsequenzen werden vorzeitiges Altern und eine höhere Sterberate bei Erwachsenen diskutiert. Daneben wird der Tod von mehr als 100 000 Liquidatoren (bis 2005) vorhergesagt. Diese Angaben sind von offiziellen Stellen verneint worden. Darin sehen die Autoren jedoch eine offizielle Verschleierungstaktik der verschiedenen betroffenen Regierungen. Allerdings widersprechen diese dramatischen Resultate denen der Hiroshima- und Nagasaki-Studie. Deshalb werden die Auswirkungen, wie im Yablokov-Report dargestellt, von vielen anderen Untersuchungen bestritten[124]. Auch der ursprüngliche Herausgeber, die Akademie der Wissenschaft des Staates New York, hat sich von den Ausführungen distanziert. Die Studie bildet jedoch die Grundlage zu einer erweiterten Darstellung der deutschen Ärzte gegen den Atomkrieg[125], die auch für Deutschland, und insbesondere für Bayern, über ein starkes Anwachsen der Leukämie und Krebsraten berichtet. Daneben gibt es noch eine Reihe anderer Veröffentlichungen, die die Yablokov-Aussagen als Tatsache werten.

Geht man jedoch von den dort gegebenen Zahlen aus, so sind die statistischen Unsicherheiten signifikant. Dies liegt an der Unsicherheit der Daten, die für eine genaue epidemiologische Studie unentbehrlich sind. Weder die genaue Dosis noch der Aufenthaltsort der betroffenen Personen zum Zeitpunkt der Bestrahlung ist sicher. Wohl kann man von einem Anwachsen von Tumoren in Schilddrüsen sprechen, aber die genaue Korrelation von Dosis und Wirkung lässt sich nicht mit ausreichender Genauigkeit festlegen. Wird zum Beispiel von 1000 bis 3000

---

123 Alexey V. Yablokov, Vassily B. Nesterenko, Alexey V. Nesterenko: Chernobyl, Consequences of the Catastrophe for People and the Environment. Ann. New York Acad. Sci 1181, 2011.

124 Der Chernobyl-Bericht ist in der Fachliteratur sehr umstritten. Der ursprüngliche Verleger, die New York Academy of Sciences, distanziert sich inzwischen von den dort gemachten Aussagen. Fünf wissenschaftliche Gutachten kamen im Wesentlichen zu dem Ergebnis, dass das Buch erhebliche Mängel und Widersprüche aufweist. Das Gutachten von M. I. Balonov – im Auftrag der New York Academy of Sciences erstellt – schreibt dem Buch *very little scientific merit while being highly misleading to the lay reader* zu. Die geschätzen Zahlen von fast einer Million Toten wurde als more *in the realm of science fiction than science* bezeichnet. (http://www.nyas.org/publications/annals/Detail.aspx?cid=f3f3bd16-51ba-4d7b-a086-753f44b3bfc1).

125 Sebastian Pflugbeil, Henrik Paulitz, Angelika Claussen, Inge Schmitz-Feuerhake: Health Effects of Chernobyl – 25 years after the reactor catastrophe. German Affiliate of International Physicians for the Prevention of Nuclear War (IPPNW), 2011.

zusätzlich deformierten Kindern bei der Geburt gesprochen, so sind das 40 bis 80 pro Jahr. Auch sind die Inkubationsraten erheblich größer, als andere Studien sie erwarteten. Das deutet auf eine Dramatisierung der Situation hin.

Ähnlich wie im Fall der Tschernobyl-Daten ist die Situation bei der Gesundheitsanalyse der 25 000 Strahlen- und Aufräumungsarbeiter von Fukushima Daiichi. Hier sind nur wenige Jahre nach dem Unfall von 2011 vergangen. Die UNSCEAR berichtet 2013, dass bis dahin keine strahlungsbedingten Krankheits- oder Todesfälle beobachtet worden seien. Bedingt durch die Strahlenbelastung könne aber in den kommenden Jahren ein Anstieg der Leukämie- und Tumorrate erwartet werden.

### 4.5.4 Langfristige genetische Effekte

Neben der stochastischen Mutationsrate der DNA-Moleküle in männlichen oder weiblichen Keimzellen (Sperma oder Eizellen) können zusätzliche strahlungsbedingte Mutationen in den Keimzellen eintreten. Solche Änderungen haben in der populären Literatur und Filmindustrie zu dramatischen Neubildungen vom Hulk bis zur Superspinne geführt. Insbesondere ist Godzilla zum Synonym für die Folgen der Hiroshima-Bombe und der späteren Bombentests im Pazifik geworden. Die Wirklichkeit sieht jedoch anders aus.

Zu Beginn dieses Kapitels wurde abgeschätzt, dass bei jeder Replikation eines Genoms durchschnittlich 0,3 bis 1,0 Fehlkopien entstehen. Wie viele davon an die nächste Generation weitergegeben werden, hängt von der Replikationsrate des Genoms ab. Die weibliche Eizelle erfordert 30 Replikationen, die männliche Spermazelle ungefähr 400[126]. Dies ergibt 9 bis 18 Mutationen (0,3, 1,0 x 30) pro Eizelle und 120 bis 400 Mutationen (0,3, 1,0 x 400) pro Spermazelle. Das heißt, dass jede bei der Befruchtung entstandene Zygote[127] zwischen 129 und 418 Mutationen enthalten sollte. Nimmt man einen mittleren Wert von 300 Mutationen pro Zygote, ergibt sich bei der heutigen Weltbevölkerung von rund 7 Milliarden Menschen mit jeder neuen Generation $300 \times 6 \cdot 10^9 = 1{,}8 \cdot 10^{12}$, also ungefähr 2 Billionen Mutationen pro Generation. Das heißt, dass die genetische Struktur der Menschheit stetigem mutationsbedingten Wandel unterliegt, in dem alle 20 Jahre jedes Nukleotid im menschlichen Genom mutiert.

[126] F. Vogel and A. Motulsky: Human Genetics: Problems and Approaches. Berlin, New York (Springer) 1997.

[127] Bei der Vereinigung von Eizelle und Spermzelle entsteht mit der Zygote (griech. zygotos = zusammengebunden) eine Zelle mit vollständigem Chromosomensatz.

Angesichts dieser hohen natürlichen Mutationsrate im Erbgut ist der Nachweis zusätzlicher strahlungsbedingter Mutationen in Keimzellen schwierig. Das gilt vor allem bei niedriger Dosis in medizinischen Anwendungen über längere Zeiträume. Selbst bei der großen Zahl an Nachkommen der Überlebenden von Hiroshima und Nagasaki konnten keine Mutationen statistisch einwandfrei nachgewiesen werden[128]. Die Generation der Kinder wurde auf vielfach mögliche genetische Defekte untersucht: etwa auf Schwangerschaftsrate, Fehlgeburten, Kindersterblichkeit, Wachstumseffekte, Tumorrate und Chromosomendefekte. Die Zahl der untersuchten Kinder von Eltern mit erhöhter Dosisleistung betrug 31 000, während die Zahl der Kinder von Eltern ohne zusätzliche Strahlendosis 41 000 Personen als Kontrollgruppe umfasste.

Die heutigen Informationen über genetische Mutationen, die zu Geburtsfehlern, Chromosomen-Abnormitäten und anderen genetischen Abweichungen führen können, basieren einzig auf Tierversuchen, die wegen der hohen Nachkommenzahl vorwiegend an Mäusen und Ratten vorgenommen wurden. Bedenkt man die geringe Durchschnittsdosis von 0,14 Gy der langzeitig überlebenden Atomopfer in Japan, so ist der Mangel an Beobachtungsdaten verständlich. Die Daten entsprechen den Vorhersagen aus Experimenten mit Mäusen und zeigen zumindest, dass Menschen keine höhere Sensitivität im Erbgut gegenüber strahlungsbedingten Schäden haben als kleinere Säugetiere.

Die Wahrscheinlichkeit strahlungsbedingter genetischer Änderungen im menschlichen Erbgut wird mit 1 Prozent pro Sv angenommen. Davon führen 0,15 Prozent pro Sv zu dominanten Veränderungen in der ersten Folgegeneration und weitere 0,15 Prozent pro Sv zu Folgeerscheinungen, die sich langfristig in die zweite Generation fortsetzen und somit als Langzeitmutation betrachtet werden können.

Diese summarischen Erläuterungen zu Dosimetrie und den biologischen Auswirkungen von radioaktiver Strahlung auf Mensch und Tier schließen den ersten Teil zum Phänomen Radioaktivität. Im folgenden zweiten Teil wollen wir uns auf die Radioaktivität als natürliche Erscheinung konzentrieren, als natürlicher Bestandteil des Systems Erde mit allem was darauf *kreucht und fleucht* seit dem Ursprung des Sonnensystems. Der dritte Teil (Band 2), wendet sich dem Thema der anthropogenen Radioaktivität zu, einem Phänomen, das uns erst seit gut 100 Jahren beschäftigt.

---

[128] James V. Neel & William Schull: The Children of Atomic Bomb Survivors. National Academy Press, Washington DC 1991; William J. Schull: Effects of Atomic Radiation. New York 1995 (Wiley-Liss), S. 243–271.

# Weiterführende Literatur


Edward L. Alpen: Radiation Biophysics. San Diego, London, 2nd Edition, 1998 (Academic Press).

Wilfried Janning, Elisabeth Knust: Genetik. Stuttgart, New York 2004 (Thieme).

Hanno Krieger: Grundlagen der Strahlungsphysik und des Strahlenschutzes. Wiesbaden 2007 (Vieweg+Teubner).

Mark P. Mattson, Edward J. Calabrese (Hrsg.): Hormesis. Berlin, Heidelberg, New York 2010 (Springer).

James V. Neel & William Schull: The Children of Atomic Bomb Survivors., Washington DC 1991 (National Academy Press).

Eiichiro Ochiai: Hiroshima to Fukushima. Berlin, Heidelberg, New York 2014 (Springer).

Ashley W. Oughterson, Shields Warren: Medical Effects of the Atomic Bomb in Japan. New York 1956 (McGraw-Hill).

John H. Relethford: Human Population Genetics. Hoboken NJ 2012 (Wiley-Blackwell).

Anatoly Ruvinsky: Genetics and Randomness. Boca Raton 2010 (CRC Press, Taylor & Francis Group).

Charles L. Sanders: Radiation Hormesis and the Linear-No-Threshold Assumption. Berlin, Heidelberg 2010 (Springer).

William J. Schull: Effects of Atomic Radiation. New York 1995 (Wiley-Liss), S. 243–271.

Werner Stolz: Radioaktivität: Grundlagen – Messung – Anwendungen. [5]2005.

James E. Turner: Atoms, Radiation and Radiation Protection. New York 1995 (John Wiley & Sons).

Elmar Träbert: Radioaktivität: Was man wissen muss. Eine allgemeinverständliche Darstellung, 2011 (KiWi)

F. Vogel and A. Motulsky: Human Genetics: Problems and Approaches. Berlin, New York 1997 (Springer).

Alexey V. Yablokov, Vassily B. Nesterenko, Alexey V. Nesterenko: Chernobyl, Consequences of the Catastrophe for People and the Environment. Ann. New York Acad. Sci 1181, 2011.

Teil 2

# Natürliche Radioaktivität

# 5 Das radioaktive Universum

Radioaktivität ist ein natürliches, aber zeitabhängiges Phänomen. Wo liegt aber der Ursprung oder die Ursache der Entstehung von Radioaktivität? Radioaktive Elemente zerfallen, wobei die Zerfalls--oder Lebensdauer eng mit der inneren Struktur der radioaktiven Atomkerne korreliert. Der radioaktive Zerfall kann innerhalb weniger als Nanosekunden stattfinden ($10^{-9}$ s) oder Milliarden Jahre dauern ($10^{+9}$ a). Da radioaktive Kerne zerfallen, müssen sie irgendwann und irgendwo geformt worden sein. Sie sind Teil der Natur, unserer Umgebung und von uns als Lebewesen. Manche radioaktive Isotope sind älter als unser Sonnensystem, also vor ihm entstanden. Die Anzahl bekannter radioaktiver Isotope ist größer als 3000 und wächst stetig mit neuen Entdeckungen an Teilchenbeschleunigern und Forschungsreaktoren. Von diesen radioaktiven Isotopen haben 289 Isotope Halbwertszeiten von mehr als 80 Millionen Jahren – mithin fast 10 Prozent. Das ist größer als die Zahl der 254 bekannten stabilen Nuklide.

## 5.1 Der Nachweis kosmischer Radioaktivitäten

Die Frage nach dem Ursprung dieser radioaktiven Isotope ist eng verknüpft mit dem Ursprung aller chemischen Elemente in unserem Universum. Die chemische Entwicklung des Universums begann vor gut 13,8 Milliarden Jahren mit dem Urknall oder Big Bang. Als kontinuierlicher Prozess läuft der Aufbau der Elemente über das Werden und Vergehen vieler Sterngenerationen im sich rapide ausdehnenden Universum weiter. Die Revolution in der beobachtenden Astronomie erlaubt es, mit lichtstarken optischen Teleskopen auf abgeschiedenen Bergeshöhen oder mittels in der Erdumlaufbahn stationierter Instrumente wie *Hubble* [benannt nach dem amerikanischen Astronomen Edwin Hubble (1889–1953)] die Tiefen des Weltall bis in die fernsten Punkte zurück in die früheste Vergangenheit zu erforschen. Satelliten wie *COBE* (Cosmic Background Explorer) und *WMAP* (Wilkinson Microwave Anisotropy Probe) der NASA und *Planck* (benannt nach Max Planck) der ESA vermessen den vergehenden Nachhall des Urknalls im elektromagnetischen Spektrum und extrahieren aus den Strukturen und Unregelmäßigkeiten in der Verteilung der elektromagnetischen Hintergrundstrahlung Information zu den Bedingungen in der ersten Sekunde des Universums.

*Abb. 5-1: Die Satelliten Planck (links) und Hubble, die die Entwicklung unseres Universums vom Big Bang bis zum heutigen Tag verfolgen. (Wikipedia)*

Systematische Durchmusterungen aller Sterne unserer Galaxie durch ein Netzwerk kleinerer Teleskope finden die ältesten Sterngenerationen, die sich nach 400 Millionen Jahren aus dem Staub des Urknalls entwickelten. *Hubble* wiederum vermisst die Häufigkeit der Elemente auf diesen Sternen durch spektroskopische Analyse ihrer schwachen Strahlung, die die Erde aus der Vergangenheit erreicht. Solche Messungen soll in Zukunft das geplante *Giant Magellan Telescope* (GMT) in der Atacama-Wüste in Chile vornehmen.

*Abb. 5-2: Links der kürzlich entdeckte älteste Stern in unserer Galaxie, rechts das geplannte GMT, das in der Atacama-Wüste in Chile errichtet werden soll, um die Elementverteilung in diesen frühen Sternen und die damit verbundene erste Phase der Elementsynthese zu vermessen. (Credit: Timothy Beers, University of Notre Dame)*

Auf Satelliten stationierte Röntgenteleskope, wie das europäische Instrument *ROSAT* (Roentgen SATellit)[129] sowie *Chandra*[130],vermessen die Staub- und Gasüberreste stellarer Explosionen von Novae bis Supernovae und extrahieren aus der charakteristischen Röntgenstrahlung die Verteilung der dabei geformten Elemente. Die neueste Generation von Röntgenteleskopen – wie *NUSTAR* (NUclear Spectroscopic Telescope ARray) von NASA oder das mit deutscher Beteiligung erbaute ESA-Instrument *eROSITA* (extended ROentgen Survey with an Imaging Telescope Array) – konzentriert sich neben der Beobachtung von explodierenden Sternen auf die Messung von Röntgenstrahlung, die von Materie akkretierender und kollabierender Neutronensterne und akkretierender Schwarzer Löcher ausgehen.

*Abb. 5-3: Die Röntgensatelliten Chandra und NUStAR messen Röntgenstrahlung, die von explosiven Ereignissen in unserer Galaxie ausgeht. (Wikipedia)*

Neben der Messung der Röntgenstrahlen dieser kataklysmischen Ereignisse, die zu den stärksten Energiequellen des Universums gehören, werden in kilometerlangen Tunneln hochpräzise Interferometer errichtet, wie *LIGO* in den USA und *VIRGO* in Italien. Sie sollen die schwachen Schock- oder Gravitationswellen messen, die unsere Erde nach vielen Lichtjahren erreichen. In den letzten zwei Jahren sind eine ganze Reihe von Beobachtungen, wie die Gravitationswellen von kollabierenden Neutronensternen oder auch Schwarzen Löchern, erfolgreich durchgeführt worden.

---

129 ROSAT operierte als internationales Beobachtungsinstrument von 1990 bis 1999.

130 Chandra wird gemeinsam von NASA und ESA betrieben.

*Abb. 5-4: LIGO (links) und VIRGO sind zwei Interferometrie-Detektoren, die gemeinsam mit anderen Instrumenten in den USA und Europa die Gravitationswellen messen, die die Erde von fernen Sternexplosionen erreichen. Die erste erfolgreiche Beobachtung war der Zusammenprall von zwei Neutronensternen in 2017, der auch als stellare Explosion im optischen Spektrum beobachtet werden konnte. (Wikipedia)*

Tief unter der Erde installierte Detektoren wie *SNO* (Sudbury Neutrino Observatory) in Kanada, *SuperKamiokande* in Japan und *BOREXINO* im Gran-Sasso-Massiv in Italien zählen die Neutrinos, die aus dem Zentrum der Sonne unsere Erde erreichen. Diese Detektoren basieren auf unterschiedlichen Prinzipien, die die Wechselwirkung der Neutrinos mit Detektormaterial nachweisen. *BOREXINO* ist zum Beispiel eine mit Szintillatorflüssigkeit gefüllte Kugel. Ein Neutrino, das mit den Flüssigkeitsmolekülen reagiert, löst einen Lichtblitz aus, der über Fotodioden nachgewiesen und verstärkt werden kann. *SuperKamiokande* ist mit Wasser gefüllt und beruht auf dem Tscherenkow-Prinzip (benannt nach dem russischen Nobelpreisträger Pawel Tscherenkow, 1904–1990), wobei schnelle Teilchen in einem dichten Medium Licht aussenden (Tscherenkow-Strahlung[131]), was durch Fotosensoren nachgewiesen werden kann. Andere Detektoren wie *SNO* weisen die Neutrinos über die Wechselwirkung mit schwerem Wasser $D_2O$ nach, bei der ein Deuterium in ein Proton und ein Neutron dissoziiert wird. Ähnliche Detektoren sollen in Zukunft die Neutrinos aus fernen Supernova-Explosionen vermessen oder sogar die extrem kalten Neutrinos untersuchen, die in den ersten

[131] Tscherenkow-Strahlung ist das grünlich-blau schimmernde Licht, das im Kühlwasser von offenen Schwimmbad-Reaktoren und in Abklingbecken von Kernkraftwerken durch die freigesetzte radioaktive Strahlung, zumeist freie Elektronen, erzeugt wird, wenn diese diese sich im Kühlwasser mit einer Geschwindigkeit bewegen, die größer ist als die Lichtgeschwindigkeit in diesem Medium.

Sekunden des frühen Universums entstanden sind und seit mehr als 13 Milliarden Jahren als Big-Bang-Echo das Weltall mit unmessbarer Strahlung füllen[132]. Dazu muss das Messprinzip auf die Energie und der theoretisch errechneten Wechselwirkungswahrscheinlichkeit dieser Teilchen optimiert werden. Das erfordert neue Detektoren mit extrem niedrigem internem Untergrund.

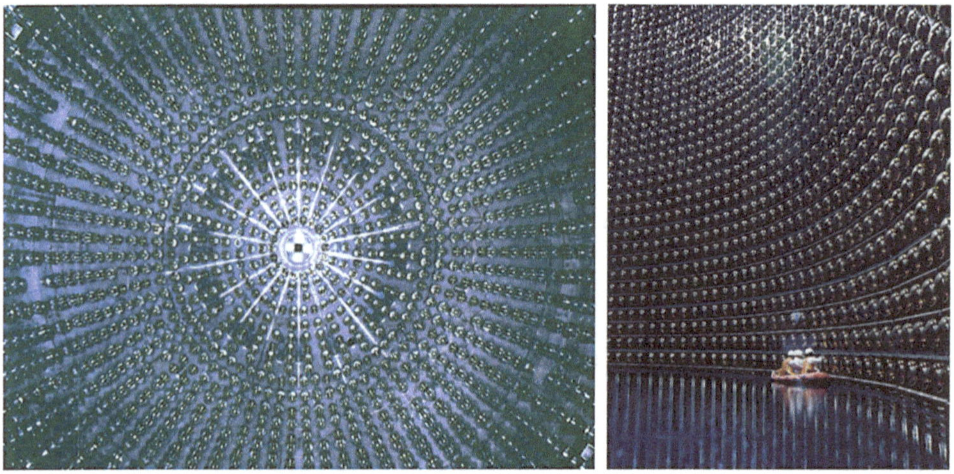

*Abb. 5-5: Die Fotodioden im mit Szintillatorflüssigkeit gefüllten BOREXINO-Detektor (links) und in dem mit reinem Wasser gefüllten SuperKamiokande-Detektor (rechts), mit denen die durch Neutrino-Ereignisse erzeugten-Lichtblitze in der jeweils meterhohen Detektorkugel vermessen sollen. Die Dimensionen kann man rechts an der Größe der Wissenschaftler erkennen, die eine der Fotodioden auswechseln.*

All diese Instrumente geben Informationen über die Entwicklung des Universums, über die Geschichte der Elemententstehung, die als stabile Isotope in langsamen, Milliarden Jahren dauernden Prozessen im Inneren der Sterne gebildet wurden oder als radioaktive Isotope, die in manchmal nur Sekunden dauernden stellaren Explosionen entstanden sind.

132 Die Zahl der Big-Bang-Neutrinos im Universum ist so groß, dass in jedem Moment 10 Millionen von ihnen das Volumen unseres Körpers füllen.

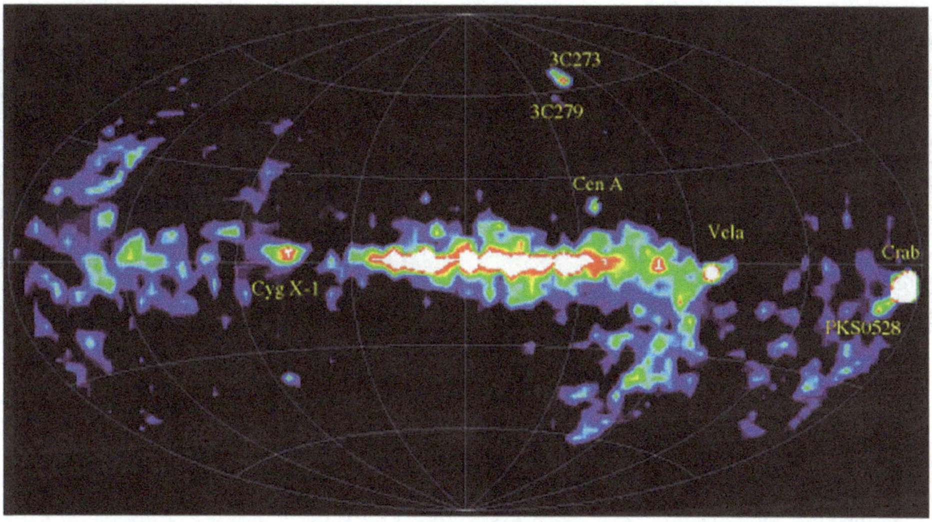


*Abb. 5-6: Das radioaktive Universum. Die Abbildung zeigt die Verteilung der Gammastrahlung von 1 meV bis 30 MeV über unsere Galaxie, die Milchstraße. Die Aktivität konzentriert sich auf das Zentrum der Galaxie sowie auf die Orte, an denen Supernovae und andere Sternexplosionen stattgefunden haben. (Credit: Roland Diehl, MPI für extraterrestrische Physik, Garching)*

Dass diese Prozesse noch heute ablaufen, kann man sehr direkt aus den Messungen des ESA-Gammateleskops *INTEGRAL* erkennen, das systematisch die Verteilung der $\gamma$-Radioaktivität in unserem Universum beobachtet (Abbildung 5-6). Ähnliche Verteilungen kann man für bestimmte andere radioaktive Isotope erstellen.

Dabei handelt es sich insbesondere um radioaktive Elemente wie $^{18}$F, $^{26}$Al, $^{44}$Ti, und $^{60}$Fe, die sich besonders deutlich an den galaktischen Koordinaten von Supernovae verdichten. Da diese Isotope eine relativ kurze Lebensdauer haben, bedeutet dies, dass sie in vielen Fällen erst vor relativ kurzer Zeit produziert wurden. Das zeigt insbesondere das Beispiel von Supernova Cassiopeia A (CAS A), die vor ungefähr 360 Jahren explodierte (Abbildung 5-7). Zu sehen ist das von *NUStAR* aufgenommene Röntgenbild der bei der Explosion entstandenen dominierenden Elemente Magnesium, Silizium und Eisen. Der Supernova-Schock hat sie nach außen geschleudert und mit interstellarem Staub vermischt. Ebenso erkennbar ist die Verteilung des radioaktiven $^{44}$Ti[133], das zum beträchtlichen Teil im kollabierenden Reststern verbleibt und damit Teil des daraus entstehenden Neutronensterns wird.

---

[133] Grefenstette, B., Harrison, F., Boggs, S. *et al.*: Asymmetries in core-collapse supernovae from maps of radioactive 44Ti in Cassiopeia A. Nature, 506 (2014) S. 339–342.

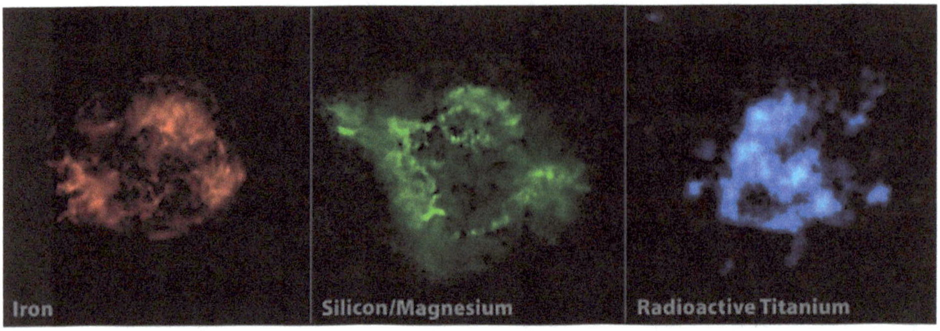


*Abb. 5-7: Supernova Cassiopeia A von NUSTAR aus gesehen. Die Farbgebung der einzelnen Elemente ist künstlich, um die Unterschiede in der Verteilung herauszuheben. (Credit: NASA/JPL-Caltech/CXC/SAO)*

Diese Beobachtungsergebnisse basieren auf der spektroskopischen Analyse der elektromagnetischen Strahlung, die von hochenergetischer $\gamma$- und Röntgenstrahlung bis zu niederenergetischer Strahlung ultravioletten, sichtbaren und infraroten Lichts reicht. Ebenso spielt die chemo-physikalische Untersuchung von Gesteinsproben aus Meteoriten eine extrem wichtige Rolle. Sie wurden aus fernen Sternen auskondensiert oder entstanden bei der Bildung unseres Sonnensystems und regneten nach Millionen und Milliarden Jahren auf die Erde nieder. Außerdem brachten bemannte und unbemannte Raumfähren Materialproben von Mond, Asteroiden und (in naher Zukunft) Planeten im Sonnensystem mit. Der amerikanische Chemiker Harold Urey (1893–1981) begründete in den 1940er und 1950er Jahren in Chicago die moderne Kosmochemie. Das Apollo-Mondprogramm war angeblich durch seinen Ausspruch motiviert: *Give me a piece of the moon and I give you the history of the solar system*[134].

Mit den heute verfügbaren Nachweismethoden können selbst geringste Mengen Spurenelemente aus existierenden stabilen und lang vergangenen radioaktiven Elementen in mikroskopisch kleinen kosmischen Staubproben untersucht und bestimmt werden. Diese Methoden identifizieren und klassifizieren den Ursprung dieser Staubproben als Sternenstaub oder als Produkt von Sternexplosionen[135] (Abbildung 5-8).

---

[134] Übersetzt: *Gib mir ein Stück vom Mond, und ich gebe dir die Geschichte des Sonnensystems.*

[135] Benoit Côté, Maria Lugaro, Rene Reifarth, Marco Pignatari, Blanka Világos, Andrés Yagüe, and Brad K. Gibson: Galactic Chemical Evolution of Radioactive Isotopes. The Astrophysical Journal, 878 (2019) S. 156–172.

*Abb. 5-8: Links die Himmelsspur eines niederfallenden Meteoriten, rechts ein Siliziumcarbid-Staubkorn des 1969 in Australien niedergegangenen Murchison-Meteoriten als Beispiel der kleinsten meteoritischen Teilchen, in denen man mittels Massenspektrometrie Spurenelemente finden kann heute am Institut für Kosmochemie in der Universität von Chicago untersuchten Spurenelemente. (http://geosci.uchicago.edu/directory/andrew-m-davis)*

Die Beobachtungen ergeben Informationen über die zeitliche Entwicklung der Elementsynthese und den Aufbau galaktischer Radioaktivitäten. Sie geben jedoch keinen Hinweis auf den dahinterliegenden kernphysikalischen Mechanismus, der diesen Aufbau bewirkt. Deshalb werden die Beobachtungen durch direkte Messungen von Kernreaktionen ergänzt, die eine kritische Rolle für die Elementsynthese spielen. Diese Messungen erfolgen unter Simulation möglichst sternähnlicher Bedingungen an Teilchenbeschleunigern, Forschungsreaktoren und Laserinstrumenten. Dabei soll die Energie soweit wie möglich der im Inneren der Sterne vorherrschenden Temperatur entsprechen.

Im *ALICE* (A Large Ion Collector Experiment) am CERN sowie am *RHIC* Beschleuniger in Brookhaven simulieren sogenannte Collider-Experimente die frühe Quark-Gluon-Phase des Universums durch Kollision von fast mit Lichtgeschwindigkeit fliegenden Teilchen. Aus ihnen ist alle heute im Weltall beobachtete Materie hervorgegangen. Der Zusammenbruch der kurzen Quark-Gluon-Plasmaphase äußert sich in einem enorm hohen Fluss kurzlebiger Teilchenstrahlung. Deren Messung und Analyse legen die Bedingungen und Eigenschaften der frühen Phase fest. Abbildung 5-9 zeigt neben einer Simulation des Teilchenflusses den zu dessen Messung konstruierten ALICE-Detektor. Er besteht aus einer Vielzahl speziell für den Nachweis verschiedener spezifischer Teilchenarten konzipierter Einzeldetektoren.

*Abb. 5-9: Links der ALICE-Detector am CERN zur Messung des Quark-Gluon-Plasmas im idealen Flüssigkeitszustand. Das soll Hinweise auf den Zustand der Materie in der ersten Sekunde unseres Universums liefern. Rechts Simulation der Kollision von zwei Blei-Atomen mit relativistischer Geschwindigkeit. Die dadurch produzierten Teilchen werden vom ALICE-Detektor erfasst. Aus deren jeweiliger Intensität und Energie wird auf die Bedingungen in der Teilchensuppe im Moment der Kollision zurückgerechnet. (https://home.cern/science/experiments/alice)*

Die extrem langsam ablaufenden Kernreaktionen in Sternen, die deren lange Lebensdauer garantieren, werden an kleineren Teilchenbeschleunigern bei sehr niedrigen Energien vermessen. Diese Energien entsprechen den im Sterninneren vorliegenden Temperaturen. Die dabei entstandenen Zählraten sind so niedrig, dass die Messungen tief unter die Erde verlegt werden mussten: in Autobahnstollen wie beim *LUNA*-Beschleuniger im italienischen Gran-Sasso-Bergmassiv oder in alten Bergbauminen wie beim *CASPAR*-Experiment in SURF (Sanford Underground Research Facility) in den Black Hills, South Dakota (Abbildung 5-10). Die Wechselwirkung eines hochintensiven Strahls von beschleunigten Protonen trifft auf einen Strom an Stickstoffgas ($^{14}N$), der mit Überschallgeschwindigkeit aus einer Gasdüse austritt. Durch die Wechselwirkung zwischen Protonen und $^{14}N$-Teilchen entsteht neben dem durch atomare Anregungsprozesse erzeugten bläulich-weiß erscheinenden Licht auch $\gamma$-Strahlung durch Kernreaktionen, die spezielle Detektoren messen.

Parallel dazu wird auch an heißem, durch Petawatt-Laser komprimiertem Plasma experimentiert, um für Nanosekunden die thermischen Bedingungen im Sterninneren mit dem Ziel zu erreichen, Fusionsreaktionen zwischen den positiven Ionen des Plasmas zu beobachten. (Abbildung 5-10). Für die Messung der Fusionsbedingungen und Produkte müssen letztere durch Kollektoren gesammelt und analysiert werden. Nahe am Fusionsort platzierte Sensoren vermessen neben den Reaktionsprodukten auch Temperatur, Dichte und zeitliche Entwicklung der Plasmabedingungen.

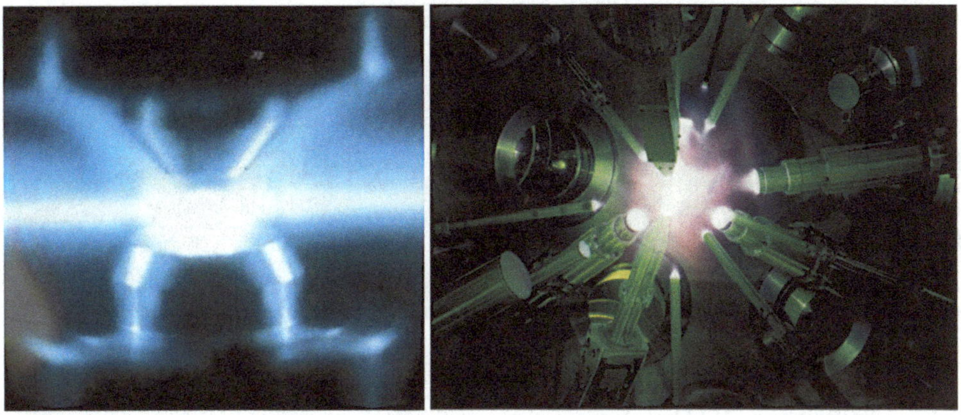

*Abb. 5-10: Links ein intensiver Protonen-Strahl (von rechts nach links), der mit einem vertikalen Supersonic-Jetstrom an Stickstoffteilchen Kernreaktionen auslöst. Rechts eine Fusionsreaktion an der Laserplasma-Einrichtung OMEGA der Universität von Rochester. Die Messgeräte um das zentral liegende Plasma sind deutlich zu erkennen. (Aus der Sammlung des Autors)*

Explosive Prozesse in Sternen laufen sekundenschnell ab. Die innerhalb dieser Zeitskala produzierten radioaktiven Elemente erscheinen stabil und beteiligen sich direkt an nachfolgenden Kernreaktionen. Solche Messungen erfordern die Herstellung radioaktiver Teilchenstrahlen, um die entsprechenden Reaktionen direkt vermessen zu können. Dazu ist der Bau komplexer Anlagen notwendig, um zuerst die radioaktiven Teilchen zu produzieren – bis zu mehreren Milliarden pro Sekunde –, zu bündeln und auf Explosionsenergien zu beschleunigen oder abzubremsen. Die zwei größten, sich derzeit im Bau befindenden Anlagen sind FAIR (Facility for Antiproton and Ion Research) am GSI Helmholtzzentrum für Schwerionenforschung bei Darmstadt und FRIB (Facility for Rare Ion Beams) an der Michigan State University, USA.

Die Ergebnisse all dieser Messungen werden am Computer vernetzt, um den gesamten Elementsynthese-Prozess im Rahmen von thermo- und hydrodynamischen Modellen von Sternen und Sternexplosionen zu beschreiben und mit den Beobachtungsergebnissen zu vergleichen.

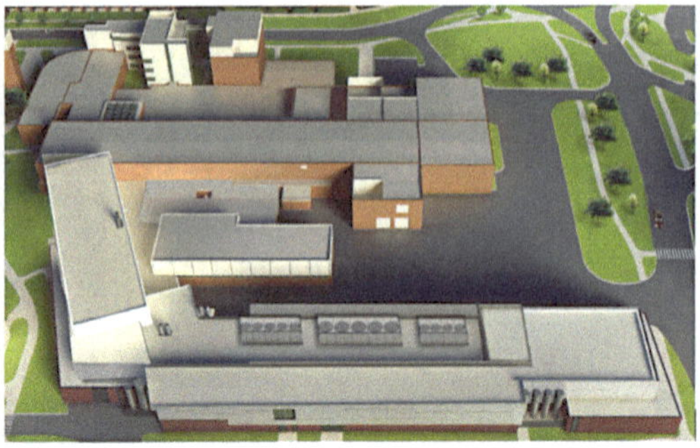

*Abb. 5-11: Links das Modell der sich im Bau befindenden Anlagen von FAIR mit dem rechts oben unterirdisch im Wald liegenden Synchrotron-Ringbeschleuniger zur Erzeugung exotischer Teilchen. Im Vordergrund Experimentierhallen mit Speicherringen und Teilchen-Separatoren. Rechts das Modell der sich im Bau befindenden Anlagen von FRIB auf dem Campus der Michigan State University; im Vordergrund die Halle für den Linerarbeschleuniger zur Erzeugung radioaktiver Teilchen, im Hintergrund die Experimentierhallen.*

Zum detaillierteren Verständnis der chemischen Entwicklung unseres Universums spielt insbesondere die Produktion langlebiger Isotope eine wichtige Rolle. Sie gehen bei massiven Kernen im Wesentlichen auf schnelle Elementsynthese in explodierenden Sternen zurück. Diese radioaktiven Isotope können direkt durch die Emission radioaktiver Strahlung beobachtet werden, aber auch indirekt durch die Zeitabhängigkeit der Helligkeitsbeobachtungen, die die Zerfallskurve radioaktiver Elemente widerspiegelt.

Radioaktive Isotope können auch über Neutrinos im Inneren der Sonne durch den Zerfall der dort produzierten leichten radioaktiven Elemente beobachtet werden. Die Beobachtungen an zahlreichen Neutrinodetektoren, wie SNO in Kanada, Super-Kamiokande in Japan und BOREXINO in Italien, untermauerten direkt die These, dass die Sonne – wie auch alle anderen Sterne – ihre Energie tief im Inneren durch Kernfusion produziert und damit die Stabilität gegen die Gravitationskräfte balanciert. Abbildung 5-12 zeigt den durch die pp-Ketten freigesetzten Neutrinofluss – eine Folge von Fusionsreaktionen zwischen Wasserstoff- und Helium-Kernen im Zentrum der (vgl. Kapitel 5-2).

In der Photosphäre der Sonne zeigen Spektraluntersuchungen das Vorkommen schwerer radioaktiver Isotope, die sich auch auf der Erde als Teil des Sonnensystems wiederfinden. Im Planetensystem selbst bestehen die inneren Planeten zumeist aus festem Material, während es sich bei den mächtigen Planeten Jupiter und Saturn vornehmlich um Gasmaterial handelt, das sich um einen festen Kern angesammelt hat. Die Komposition des Materials der Erde und anderer Planeten sollte damit vergleichbar mit der der Sonne sein. Trotzdem haben chemische und geologische Fraktionierungs-Prozesse zu einer Anreicherung der schweren radioaktiven Elemente im Kern und im Mantel der Erde geführt. Der Zerfall dieser Elemente bestimmt das Schicksal der geologischen Entwicklung unseres Planeten (vgl. Kapitel 6).

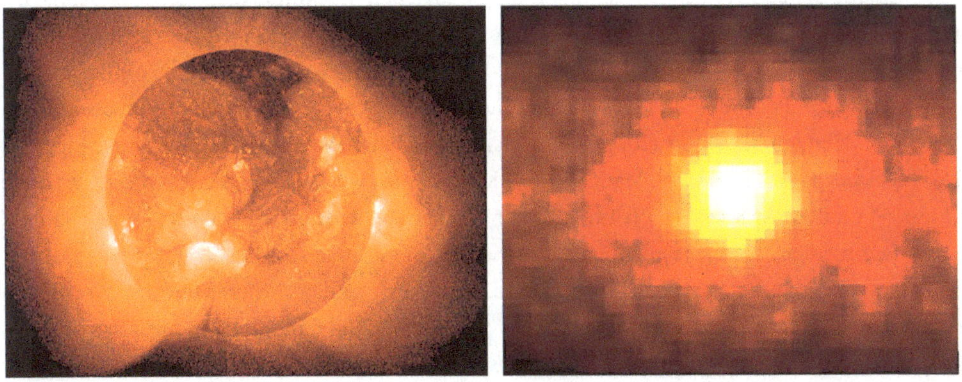

*Abb. 5-12: Links die Sonne in einer Röntgenaufnahme des Soft X-Ray Telescope (SXT), das auf dem Yohkoh Satelliten stationiert ist. Man sieht deutlich, dass unter dem Einfluss von Magnetfeldern stark konvektives Plasma in Protuberanzen eruptiert oder an kühleren Stellen als dunkle Sonnenflecken erscheint. In Äquatorhöhe zeigt sich das von Magnetfeldern gebundene heiße Gas als leuchtende Corona der Sonne. An den Polen kann das Gas nicht magnetisch gebunden werden. (wikimedia.org/wiki/File:Sun_in_X-Ray.png) Rechts die Sonne als hell leuchtender Neutrinofleck, der dem Zentrum der Sonne entspricht. Die Aufnahme entstand am japanischen Detektor Super-Kamiokande, der sich in 1000 m Tiefe in der Kamioka-Mine in Hida-City in Japan befindet. Die Helligkeit der Pixel reflektiert die Intensität des Neutrinoflusses, der direkt durch die Kernreaktionen der pp-Ketten erzeugt wird. (apod.nasa.gov/apod/ap980605.html)*

Als Teil unseres Planeten nehmen wir Menschen durch Atmen, Essen und Trinken täglich neue Atome und Moleküle in unseren Körper auf. Einiges davon scheiden wir wieder aus, aber die große Menge verbleibt im Blut, in den Organen, den Nerven und den Knochen. Davon ist ein kleiner Teil radioaktiv und kann die biologische Entwicklung beeinflussen.

## 5.2 Der Ursprung der Elemente

Basierend auf den Ergebnissen vieler Beobachtungen, Messungen und Modellrechnungen konnte in den letzten Jahrzehnten ein konsistentes Bild der Elementsynthese entwickelt werden.

Dabei entstanden in der ersten Minute nach dem Urknall aus der Quark-Gluon-Suppe des frühen Universums zwei Baryonenarten, Protonen und Neutronen, die anfangs durch ständige Wechselwirkung mit Leptonen, Elektronen und Neutrinos identisch blieben. Erst nach der Entkopplung dieser schwachen Wechselwirkung – ungefähr 1 Sekunde nach dem Big Bang – bei rasch abfallender Dichte, fanden Protonen und Neutronen ihre Identität, wobei Neutronen wegen ihrer etwas höheren Masse eine geringere Häufigkeit haben. In der dritten Minute koppelten sich Neutronen und Protonen zu Deuterium. Durch weitere Kernreaktionprozesse in den folgenden Minuten bildeten sich die primordialen Elemente Wasserstoff, Helium und Lithium. Die Tatsache, dass es keine stabilen Kerne mit Massezahl $A = 5$ und $A = 8$ gibt – das sogenannte „Mass 5" und „Mass 8 gap" – verhinderte den Aufbau der schweren Elemente im Big Bang[136]. Diese faszinierende Tatsache demonstriert, wie eng die Entwicklung unseres Universums mit der mikroskopischen Struktur der Atomkerne vernetzt ist und von dieser bestimmt wird. Die sich aus dem Urknall ergebende sogenannte primordiale Häufigkeitsverteilung zeigt, dass 75 Prozent der Elemente als Wasserstoffisotop $^{1}H$ verbleibt, und 25 Prozent als Heliumisotop $^{4}He$. Die Baryonenmasse im Universum besteht also vor allem aus Protonen und α-Teilchen[137], mit Lithium als nur schwer nachweisbarem Spurenelement. Die Elementsynthese kommt nach ungefähr 10 Minuten zum Stillstand, da die Dichte des sich ausdehnenden Universums soweit gesunken ist, dass wegen des schnell wachsenden Teilchenabstands keine Reaktionen mehr stattfinden können.

Erst 400 Millionen Jahre später, nach dem Ende der Photonen-dominierten Epoche des Universums, formten sich aus den Inhomogenitäten in der Masseverteilung durch die Gravitationskraft die ersten massiven Sterne. Diese erste Generation von Sternen hatte zwischen zehn und zweihundert Sonnenmassen, wie aus Simulationsrechnungen abgeschätzt wurde. Sie waren damit so massiv, dass sie sich nicht selbst stabilisieren konnten, sondern unter dem Einfluss ihrer eigenen Masse kontrahierten, wobei im Sterninneren die ersten Nukleosyntheseprozesse abliefen, die zum Aufbau von Kohlenstoff und Sauerstoff führten.

---

136 Die Pioniere des Feldes sind zum Beispiel der russisch-amerikanische Physiker George Gamow (1904–1968), der neben dem belgischen Priester Georges Lemaître (1894–1966) als intellektueller Vater der Urknall-Theorie gilt, aber auch wesentliche Arbeiten zur Radioaktivität geliefert hat. Gamow vertrat lange die Ansicht, dass alle Elemente mit dem Urknall auf einen Schlag erzeugt wurden. Dies wurde in seiner berühmten nach den drei Autoren benannten αβγ-Arbeit dargelegt (R.A. Alpher, H. Bethe, H.G. Gamow: Phys. Rev. 73 (1948) S. 803. Erst in den 1950er Jahren änderte Gamow seine Ansichten.

137 Die Baryonenmasse, also unsere Atome, bildet jedoch nur einen kleinen Anteil von 4,6 Prozent der Gesamtmasse des Universums. Den größten Anteil haben die sogenannte Dunkle Materie (Dark Matter) mit 24 Prozent und Dunkle Energie (Dark Energy) mit 71,4 Prozent. Dunkle Materie sind vermutlich andere schwer nachweisbare Teilchenarten wie Leptonen. Über Dunkle Energie wird noch weitgehend spekuliert, man geht davon aus, dass Dunkle Energie einer Masse entspricht, die sich voneinander abstößt und damit das Universum ausdehnt.

Dies ist besonders bemerkenswert, denn mit der Umwandlung von primordialem Helium zu Kohlenstoff und Sauerstoff in der ersten Sterngeneration werden das „Mass 5“ und „Mass 8 gap“ als Inseln der Instabilität[138] überbrückt. Diese Entwicklung führte zu ersten Supernova-Explosionen, bei denen die Produkte der Kernreaktionen – etwa bis zur Masse A = 40 – ins All geschleudert wurden und damit das primordiale Material mit den ersten schweren Elementen anreicherten (Abbildung 5-12). Das heißt, dass schon in den ersten Sternen, die biologisch kritischen Elemente Kohlenstoff und Sauerstoff gebildet wurden.

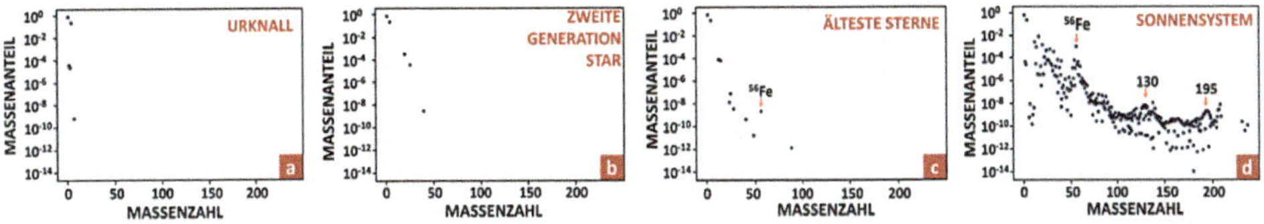


*Abb. 5-13: Die Häufigkeitsverteilung der Elemente nach ihrer Massenzahl A geordnet. Links die primordialen Häufigkeiten, wie sie aus der gegenwärtigen Big-Bang-Theorie angenommen werden. Die zwei mittleren Abbildungen zeigen die Häufigkeitsverteilungen der beiden ältesten beobachteten Sterne, wobei die linke Abbildung wohl die Häufigkeitsverteilung einer fernen Supernova zeigt, die aus einem der ersten Sterne entstanden ist. Die rechte mittlere Verteilung zeigt einen Stern zweiter oder dritter Generation, bei dem das stellare Spektrum schon Elemente bis Strontium widerspiegelt. Rechts die Elementverteilung in unserem solaren System mit allen bekannten Elemente bis zu Uran und Plutonium.*

Die gesamte Vielfalt der uns heute bekannten Elemente ist langsam durch komplizierte Kernreaktions-Sequenzen in vielen folgenden Sterngenerationen aufgebaut worden. Abbildung 5-13 zeigt Momentaufnahmen der Element- oder Isotopensynthese, beginnend mit ihrer primordialen Verteilung sowie der beobachteten Verteilung der Isotope in mehr als 10 Milliarden Jahren alten Sternsystemen bis zur Verteilung in unserem solaren System heute. Bei diesem Prozess des langsamen Aufbaus der Elemente in Vielfach-Generationen von Sternen hängen die verschiedenen Produktions-Prozesse kritisch von Temperaturen, Dichten und der Zeitdauer der einzelnen Phasen im Leben und Vergehen im Zentrum dieser Sterne ab. Dies ist ähnlich bei der Bildung von Molekülen, die sich aus chemischen Reaktionen der vorliegenden Atome

---

[138] Die Isotope mit Masse A=5 und A=8 sind extrem instabil und zerfallen sofort in zwei kleinere stabile Teilchen, wie $^{5}He \Rightarrow {}^{4}He+n$, $^{5}Li \Rightarrow {}^{4}He+p$, $^{8}Be \Rightarrow {}^{4}He+{}^{4}He$. Diese Lücke in der Stabilität hat den Aufbau schwerer Elemente im Big-Bang verhindert und kann nur bei hohen Materialdichten durch schnelle Fusionsreaktionen überbrückt werden.

entwickeln, wobei Art und Geschwindigkeit der chemischen Prozesse kritisch von den jeweiligen Umweltbedingungen auf der Erde, auf anderen Planeten oder im interstellaren Raum abhängen.

Sterne laufen durch verschiedene Entwicklungsphasen, die durch ihren Brennstoffvorrat sowie innere Transportprozesse bestimmt sind. Die Dauer dieser verschiedenen Phasen hängt von der Masse des Sterns ab: Je massiver der Stern ist, desto rascher verläuft die Entwicklung. Während die ersten zwei Entwicklungsphasen des Wasserstoff- und Heliumbrennens je nach der Masse des Sterns zwischen Milliarden und Millionen Jahre dauern, laufen die folgenden Phasen des Kohlenstoff, Neon, Sauerstoff- und Siliziumbrennens relativ schnell ab. Deshalb ist es schwierig, Sterne in dieser Phase ihrer Entwicklung zu beobachten. Jede Phase der stellaren Entwicklung ist durch bestimmte Kernreaktionsfolgen bestimmt; das heißt, dass Sterne nichts anderes sind als gigantische, durch Gravitation zusammengehaltene Gaswolken mit einem Fusionsreaktor im Sterneninneren, der als Motor die Entwicklung treibt.

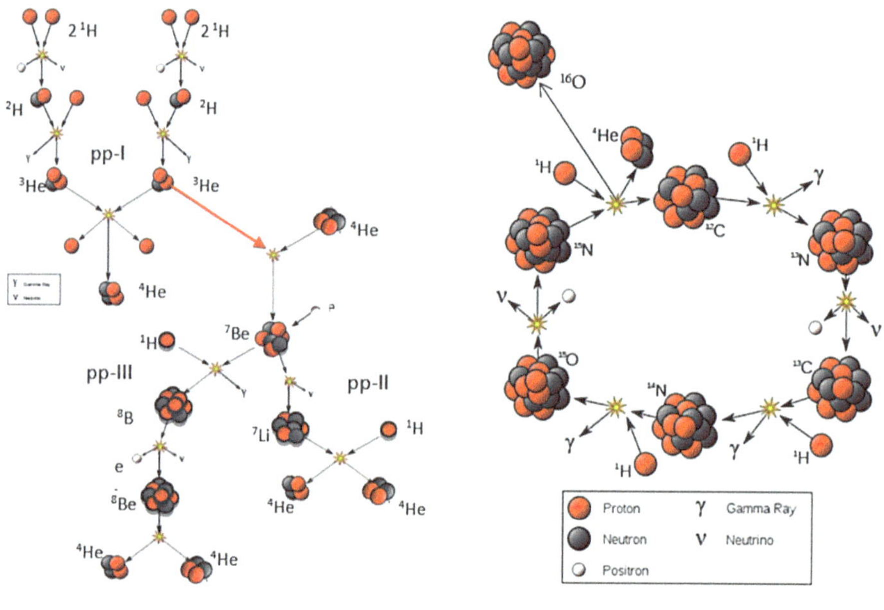


*Abb. 5-14: Reaktionen des stellaren Wasserstoffbrennens. Links die drei pp-Ketten, über die Wasserstoff zu Helium fusioniert wird. Diese Reaktions-Sequenzen bestimmen den inneren Energiehaushalt unserer Sonne und vieler anderer Sterne mit vergleichbarer Größe. Rechts der CNO-Zyklus oder Bethe-Weizsäcker-Zylus, der eine katalytische Reaktions-Sequenz darstellt, bei der vier $^1H$ Wasserstoffisotope durch Einfang von Kohlenstoff- und Stickstoffisotopen zu $^4He$ umgeformt werden. (Wikipedia)*

Mit der Kontraktion der präsolaren Staubwolke unter dem Einfluss der Gravitation erhitzt und verdichtet sich das Sterninnere bis zu Temperaturen und Dichten, bei denen Fusionsreaktionen zwischen den leichten Wasserstoffatomen einsetzen. Dies sind die sogenannten pp-Ketten, eine Serie von Fusions- und Einfangsreaktionen, die die $^{1}$H-Wasserstoff-Isotope zu $^{4}$He umwandeln. Dabei wird Bindungsenergie freigesetzt (vgl. Abbildung 5-14). Die freigesetzte Energie erhitzt das Sterninnere und erhöht den internen Druck, der bei ausreichender Energieproduktion die gravitationsbedingte Kontraktion des Proto-Sterns stabilisiert.

Als Teil der Reaktionskette werden auch radioaktive Isotope wie $^{7}$Be und $^{8}$B erzeugt, wobei $^{7}$Be durch Elektroneneinfang aus dem Plasma des Sterns zu $^{7}$Li zerfällt und $^{8}$B sich durch $\beta^{+}$-Zerfall zu $^{8}$Be wandelt, das sofort in zwei $\alpha$-Teilchen – also in zwei $^{4}$He-Kerne – zerfällt. Beide Zerfallsprozesse setzen auch Neutrinos frei, die dank ihrer geringen Wechselwirkung mit Materie die Sonne fast unbehindert verlassen und auf der Erde durch riesige unterirdische Neutrino-Detektoren beobachtet werden können. Neutrinos bieten also die einmalige Möglichkeit, direkt ins Zentrum der Sonne zu schauen, während das normale Auge nur das in der Photosphäre produzierte Licht der Sonne erkennt[139]. Neutrinos brauchen nur wenige Minuten, um die Sonnenoberfläche zu erreichen, während $\gamma$-Strahlung – durch Streuprozesse verzögert – mehrere hunderttausend Jahre brauchen, um dieselbe Distanz zu durchmessen.

Starke magnetische Felder charakterisieren magnetohydrodynamische Konvektionen, Protuberanzen und kalte Sonnenflecken an der Oberfläche im Röntgenbereich – zum Vergleich eine am japanischen Super-Kamiokande erstellte Aufnahme der Neutrinostrahlung, die direkt aus dem Innersten der Sonne kommt und ungehindert unsere Erde erreicht (Abbildung 5-15).

In diesem Stadium des Wasserstoffbrennens befindet sich unsere Sonne seit 4 bis 5 Milliarden Jahren. Sie ist ungefähr in der Mitte dieser Entwicklungsphase. Schätzungsweise werden noch 6 bis 7 Milliarden Jahre vergehen, bis größere Änderungen eintreten. Diese Änderungen sind dadurch bedingt, dass sich der Wasserstoffvorrat langsam verbraucht und sich die Brennzone aus dem inneren Kern langsam radial nach außen ausdehnt, während sich der ausgebrannte Kern langsam unter seiner Gravitation kontrahiert. Damit dehnt sich der Gasball der Sonne zu einem Roten Riesenstern aus, der die sonnennahen Planeten wie Merkur, Venus und möglicherweise auch Erde und Mars schlucken wird.

---

[139] Ebenso werden die übrigen Anteile des elektromagnetischen Spektrums der Sonne – Röntgenstrahlung, UV- und Infrarot-Strahlung – in der Photosphäre produziert.

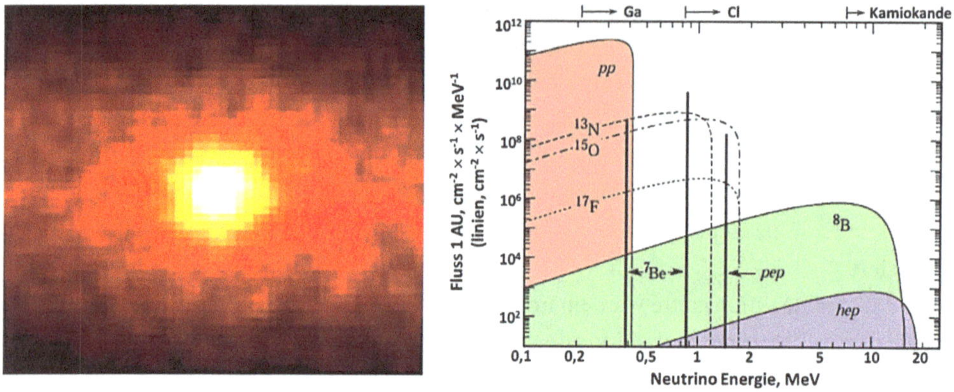


*Abb. 5-15: Links die Sonne als hell leuchtender Neutrinofleck, der dem Zentrum der Sonne entspricht. Rechts das Neutrinospektrum, das die Beiträge von Neutrinos aus den verschiedenen schwachen Wechselwirkungsprozessen in den pp-Ketten aufzeigt. Die niederenergetischen Neutrinos kommen zumeist aus der Wasserstoff-Fusion H+H→D, wobei die Umwandlung von Di-Protonium zu Deuterium ein Neutrino freigesetzt wird. Die höherenergetischen Neutrinos stammen zumeist aus dem β-Zerfall von $^{8}B$. Ebenso gezeigt sind die bislang noch nicht direkt nachgewiesenen Neutrinos aus dem Zerfall der radioaktiven Isotope $^{13}N$, $^{15}O$, und $^{17}F$, die durch den schwachen CNO-Anteil in den solaren Brennprozessen herrühren. (Wikipedia)*

Diese Art des Wasserstoffbrennens reicht jedoch nur bei kleineren Sternen mit Massen bis zu 1,5 Sonnenmassen aus, um die gravitationsbedingte Kontraktion zu balancieren. Dies liegt daran, dass die erste Reaktion der pp-Ketten $^{1}H+^{1}H \Rightarrow ^{2}H+\beta^{+}+\nu$ ein Deuteron unter Umwandlung eines Protons in ein Neutron bildet – ein schwacher Wechselwirkungs-Prozess, der extrem langsam ist und damit die lange Lebensdauer der Sonne ermöglicht.

Bei massiveren Sternen, zum Beispiel Sirius im Sternbild Großer Hund, dem hellsten ‚Fixstern', müssen zusätzliche Reaktionen initiiert werden, denn die pp-Ketten reichen nicht aus, um die notwendige Energie zu erzeugen, die den Stern gegenüber der Gravitation stabilisiert. Diese zusätzliche Reaktionssequenz ist der sogenannte CNO-Zyklus oder Bethe-Weizsäcker-Zyklus, den 1936 Hans Bethe und Carl Friedrich von Weizsäcker vorhergesagt haben – (fast) unabhängig voneinander.[140] Dabei dienen die Kohlenstoff-Isotope $^{12}C$ und $^{13}C$ sowie die Stickstoff-Isotope $^{14}N$ und $^{15}N$ als Katalysatoren (Abbildung 5-14). Sie erlauben einen Reaktionskreis von

140 Einzelheiten zu dieser seit Jahrzehnten existierender Prioritätsdiskussion vgl. Michael Wiescher: Carl-Friedrich v. Weizsäcker. Leopoldina 2013.

vier Einfangsreaktionen eines Wasserstoffkerns mit der Emittierung eines α-Teilchens. Ein ähnlicher Zyklus entwickelt sich aus dem Protoneinfang am Sauerstoff-Isotop $^{16}O$, das entweder schon im Sterninneren vorhanden ist oder aber durch Protoneneinfang am $^{15}N$ aus dem ersten Teil des Zyklus gebildet wird. Teil dieser zyklischen Reaktions-Sequenzen ist der Aufbau radioaktiver Isotope $^{13}N$ und $^{15}O$ im ersten Zyklus und $^{17}F$ im zweiten Zyklus. Sie sind damit im Sterninneren ständig präsent und tragen durch $\beta^+$-Zerfall zum Neutrinofluss der Sterne bei. Durch diesen Prozess werden die vorhandenen Kohlenstoff-Isotope im Sterninneren zum $^{14}N$ Stickstoff-Isotop umgewandelt.

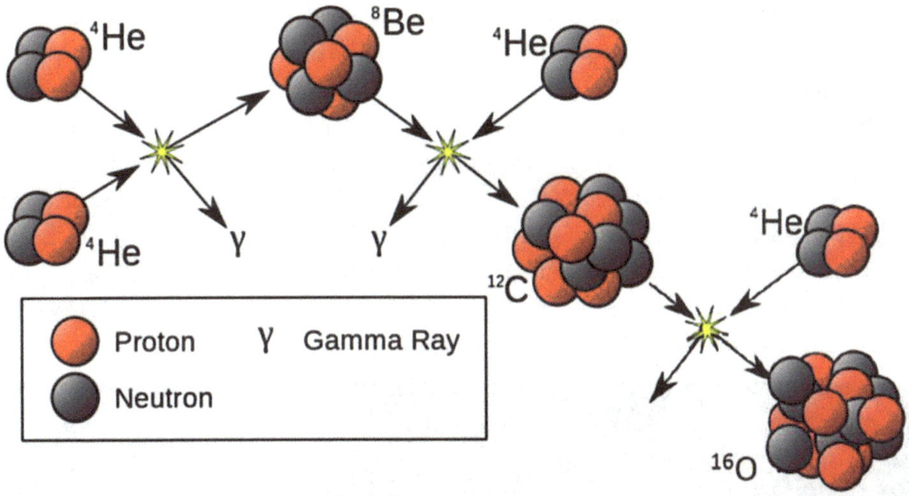


*Abb. 5-16: Kernreaktionssequenz des stellaren Heliumbrennens, über die leichte $^4$He Kerne durch eine sequentielle Drei-Teilchen-Fusion – dem sogenannten Triple-Alpha-Prozess – in Kohlenstoff $^{12}$C umgewandelt wird. Durch einen weiteren Alpha ($^4$He)-Einfang wird der Sauerstoffkern $^{16}$O aufgebaut.*

Wenn der Wasserstoffvorrat im Inneren eines Sternes verbraucht ist, verlegt sich die Brennzone weiter in die Sphäre, die den ausgebrannten Kern umschließt. Als Reaktion auf diese Verlagerung wird der Druck als Folge des Strahlungsverhaltens nach außen erhöht; der Stern bläht sich auf, um ein neues Gleichgewicht zu finden. Für den Beobachter verändert sich die Farbe von weißgelb zu rot; der Stern wird zum Roten Riesen. Das Innere des Sternes dagegen kann nicht mehr durch die Erzeugung von Fusionsenergie stabilisiert werden und kontrahiert, wobei sich wiederum Dichte und Temperatur erhöhen. Diese Kontraktion kommt erst wieder mit dem Einsetzen des Heliumbrennens zum Stillstand. Beim Heliumbrennen wird die Energie durch die Fusion von drei α-Teilchen – dem sogenannten Triple-α-Prozess – zu einem $^{12}C$-Kohlenstoffkern erzeugt, und $^{12}C$

bildet durch eine weitere $\alpha$-Einfangsreaktion $^{16}$O-Sauerstoff. Das Heliumbrennen in Sternen ist also der Haupterzeugungsort für die beiden lebenswichtigen Kohlenstoff- und Sauerstoff-Isotope in unserem Universum. Ohne diese Kernreaktionen tief im Inneren der Roten Riesensterne gäbe es diese beiden Isotope nicht, auf denen das gesamte organische Leben aufbaut (siehe Abbildung 5-16).

Der bekannteste Rote Riese ist Beteigeuze (vgl. Abbildung 5-17), um die 700 Lichtjahre entfernt und als Hauptstern im Sternbild des Orions bekannt. Beteigeuze ist so riesig, dass in ihm die Umlaufbahn von Jupiter in unserem Sonnensystem Platz fände.

Neben diesen Reaktionen, die die Energie im Roten Riesen erzeugt, laufen jedoch eine Reihe anderer Kernreaktionen ab, die sich an der $^{14}$N-Asche der vorhergegangenen Phase des Wasserstoffbrennens entzünden. Durch diese Reaktionen werden Neutronen erzeugt, die sich an die vorhandenen Isotope lagern und langsam durch eine Folge von Neutroneneinfängen mit nachfolgendem $\beta$-Zerfall der dabei gebildeten radioaktiven Isotope schwerere Elemente aufbauen. Dies ist der sogenannte s-Prozess (slow neutron capture process), über den ein großer Anteil der schweren Elemente oberhalb von Eisen gebildet wird. Nur wenige der dabei erzeugten radioaktiven Isotope überleben diese Entwicklungssphase des Sterns, da die Halbwertszeiten relativ kurz sind im Vergleich zur Dauer des Heliumbrennens. Ein klassisches Beispiel ist Technetium (Tc), das 1952 in Roten Riesensternen nachgewiesen wurde.[141] Technetium hat keine stabilen Isotope. Im s-Prozess Roter Riesen kann $^{97}$Tc und $^{98}$Tc gebildet werden, die eine Halbwertszeit von 2,6 beziehungsweise 4,2 Millionen Jahren haben.

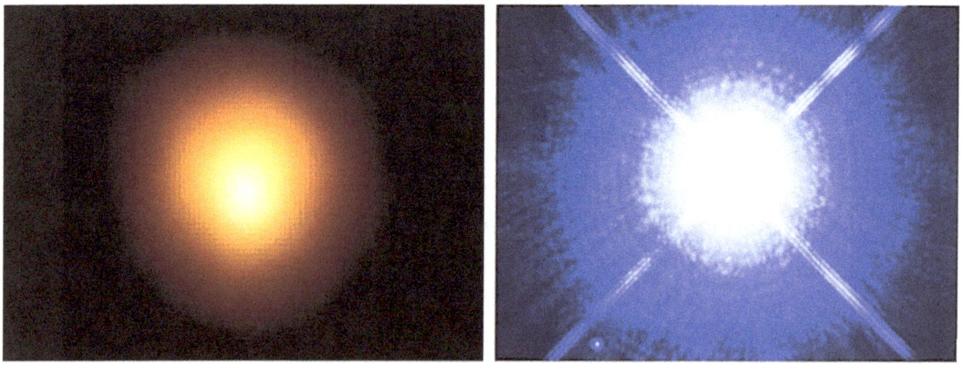

*Abb. 5-17: Links der Rote Riesenstern Beteigeuze, möglicherweise am Ende der Helium brennenden Phase. Rechts Sirus in der Wasserstoff brennenden Phase, mit seinem Doppelsternpartner Sirius B oder Mira, ein Weißer Zwerg, der schwach im linken unterern Quadranten der Abbildung zu erkennen ist. (Wikipedia)*

[141] Tc-Nachweis in Roten Riesen. Referenz: Paul W. Merill: Technetium in the Stars, Science 115 (1952) S. 484.

Das Ende des Heliumbrennens tritt ein, wenn der Vorrat an Helium in Kohlenstoff und Sauerstoff umgewandelt ist. Infolge der enormen Gravitationskräfte kontrahiert das Sterninnere wieder unter seinem eigenen Gewicht. Bei massearmen Sternen wie unserer Sonne ist dies die letzte Phase, denn die freiwerdende Gravitationsenergie reicht nicht aus, um das Sterninnere ausreichend zu erhitzen und die nächste Phase an Kernreaktionen zwischen Kohlenstoff und Sauerstoff zu entzünden. Der Kern des Sterns fällt deswegen weiter in sich zusammen, bis der Druck von auf kleinstem Raum zusammengepferchten Elektronen infolge eines Zustandsübergangs zur sogenannten ‚entarteten Materie' den Sturz stabilisiert. Die äußere Hülle wird dabei als Gaswolke abgestoßen. Zurück bleibt ein Weißer Zwerg, der im Wesentlichen nur aus $^{12}C$ Kohlenstoff und $^{16}O$ Sauerstoff als Endprodukten des Heliumbrennens besteht. Im Doppelsternsystem[142] von Sirius leuchtet seine zweite Komponente Mira, ein Weißer Zwerg, nur noch schwach dank seiner Resthitze mit einer Oberflächentemperatur von ungefähr 25 000° C. Mira ist in seiner Masse vergleichbar mit der Sonne, aber durch seine enorme innere Dichte entspricht er in seiner Größe der Erde.

Bei massereichen Sternen dagegen setzt sich die Entwicklung mit der Phase des Kohlenstoffbrennens fort, wobei zwei $^{12}C$-Isotope fusionieren und dabei eine Verteilung von $^{20}Ne$, $^{23}Na$ und $^{24}Mg$ erzeugen. Diese Phase dauert jedoch je nach Masse des Sterns nur einige tausend Jahre. Dann ist der Kohlenstoff verbraucht. Danach fällt das Zentrum des Sterns unter dem Einfluss der Eigengravitation weiter in sich zusammen, und die kohlenstoffbrennende Zone beschränkt sich nur noch auf eine sich langsam ausdehnende Schale um den Kern, während im Inneren $^{20}Ne$ als Hauptteil der Asche der Kohlenstoff-Brennphase verbleibt. Das Innere verdichtet sich, die intensive Strahlung bewirkt die Dissoziation des nur schwach gebundenen $^{20}Ne$-Isotops in einen Sauerstoff $^{16}O$-Kern und ein $\alpha$-Teilchen. Durch die freiwerdende Gravitationsenergie erhitzt sich das Zentrum des Sterns zunehmend weiter bis zu einer Temperatur, bei der die Kernfusion zwischen den Sauerstoffkernen ablaufen kann. Dabei entsteht vor allem Silizium. Diese beiden letzten Phasen des Neonbrennens und des Sauerstoffbrennens dauern nur wenige Jahre. Dann ist der jeweilige Brennvorrat verbraucht, und $^{28}Si$ bleibt als Hauptanteil der Asche zurück.

Als letzte Phase des stellaren Brennens gilt das Siliziumbrennen. Es verläuft ähnlich wie das Neonbrennen: Strahlungsinduzierte Dissoziationsprozesse brechen $^{28}Si$ auf, die leichten Restteilchen wie Protonen, Neutronen und $\alpha$-Teilchen lagern sich gleichzeitig dem $^{28}Si$ an, so dass sich im schnellen Reaktionsgleichgewicht die Elementverteilung von Silizium in den Eisen-Nickel-Bereich verschiebt. Dies spielt sich innerhalb weniger Tage ab, und es entstehen auch langlebige radioaktive Isotope wie $^{44}Ti$ ($T_{1/2}$ = 59 Jahre) und $^{56}Ni$ ($T_{1/2}$ = 5 Tage). Die Sternentwicklung lässt sich im Rahmen

[142] Mehr als 75 Prozent aller Sterne sind Doppelsterne oder Mehrfachsternsysteme, wie aus rotationsbedingten Variationen in der Leuchtkraft der beobachteten Systeme geschlossen werden kann. Nur wenige Sterne sind wie unsere Sonne ein Einzelsternsystem. Bei Jupiter, unserem größten Planeten, hat die Masse nicht zur Zündung von Kernreaktionen im Inneren ausgereicht.

eines Dichte-Temperatur-Phasendiagramms für das Sterninnere wie auch die Ausdehnung der äußeren Hülle und die dadurch bedingten Änderungen der Beobachtungsparameter für den Astronomen schematisch darstellen (Abbildung 5-18).

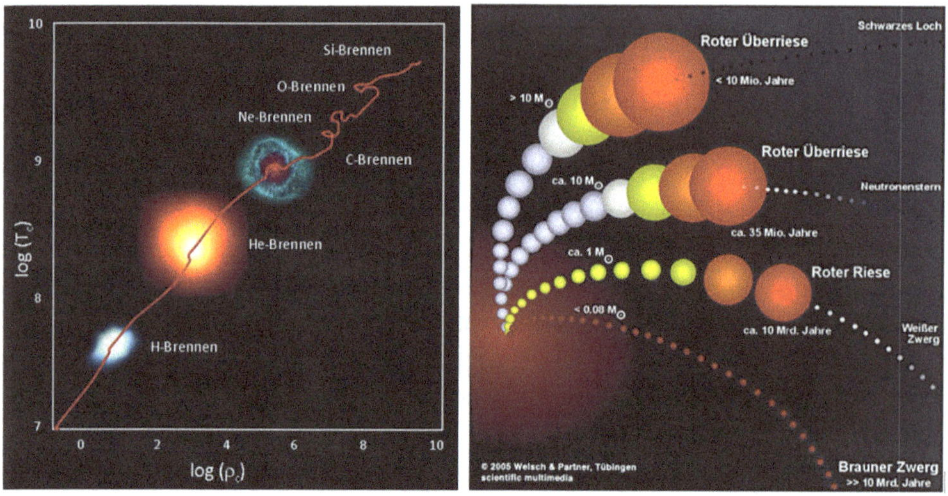


*Abb. 5-18: Links eine Darstellung der Sternentwicklung im Temperatur-Dichte-Phasen-Diagramm. Temperatur und Dichte sind im logarithmischen Maßstab dargestellt. Die rot eingezeichnete Kurve stellt eine Simulation der Bedingungen im Inneren eines Sternes von 20 Sonnenmassen dar. Die Dichte steigt von links nach rechts von weniger als 1 g/cm$^3$ in der präsolaren Wolke bis auf mehr als 10$^9$ g/cm$^3$ (Gigagramm) in der siliziumbrennenden Phase. Die Temperatur ist auf der vertikalen Achse dargestellt und steigt von 10$^7$ K, also ungefähr 10 Millionen Grad C, im Protostern bis auf fast 10$^{10}$ K, also 10 Milliarden Grad C. Dargestellt sind auch die jeweiligen Bedingungen für die verschiedenen im Text beschriebenen Brennphasen. (vom Autor erstellt)*

*Rechts eine schematische Darstellung der äußeren Ausdehnung des Sterns unter dem Einfluss des Strahlendrucks in der Hülle. Durch die Vergrößerung der Oberfläche verschiebt sich die Farbe des Sterns ins Rote. Das Ende der Sterne hängt von der Masse ab. Sehr massearme Sterne zünden nicht und werden deshalb als Braune Zwerge bezeichnet. Jupiter ist zum Beispiel ein Brauner Zwerg. Sterne mit Massen im Sonnenbereich enden nach der Helium- oder auch Kohlenstoff-brennenden Phase als Weiße Zwerge. Massereiche Sterne entwickeln sich bis zum Siliziumbrennen, dem eine Supernova-Explosion folgt, die den Hauptteil der Masse wegschleudert. Der Reststern verbleibt entweder als Neutronenstern oder als Schwarzes Loch. (Darstellung von Weinreich & Partner, Scientific Multimedia)*

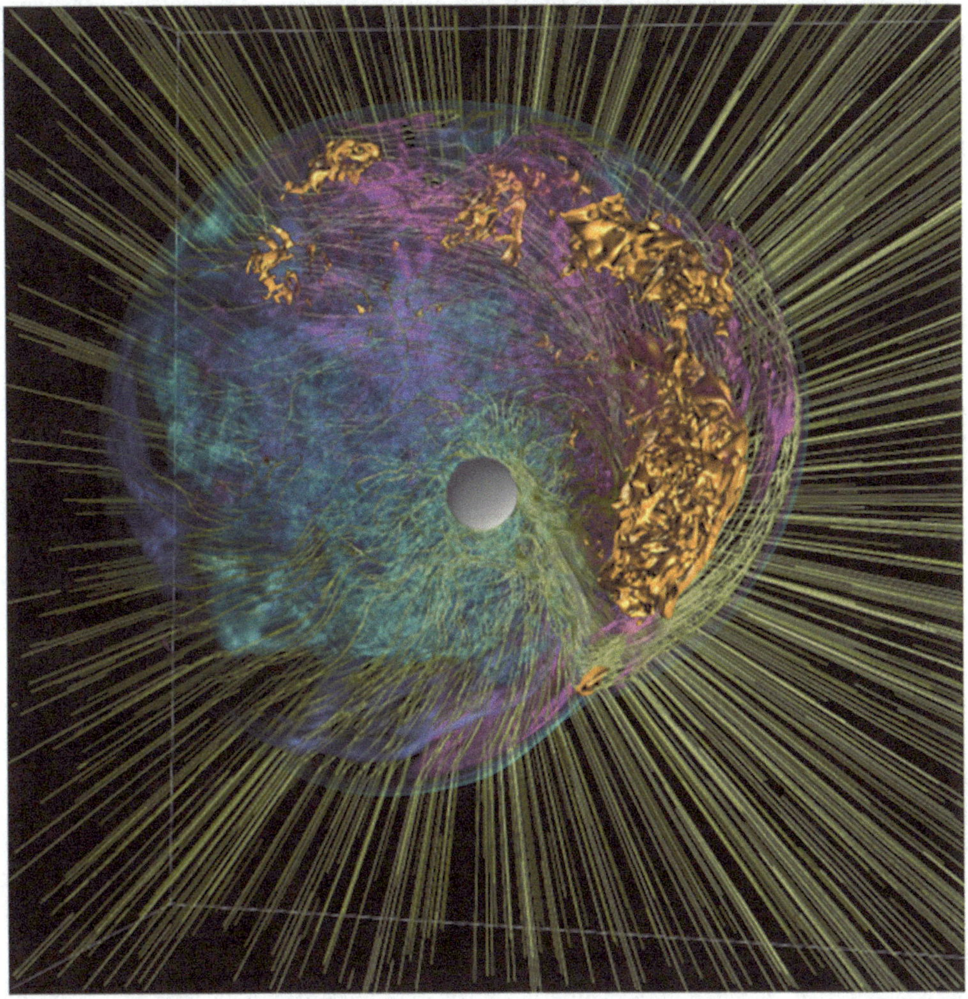

*Abb. 5-19: Eine dreidimensionale Simulation einer Supernova-Explosion (Oak Ridge National Laboratory). Die unterschiedliche Farbkodierung stellt die Dichte- und Temperaturbedingungen dar. Die Linien zeigen den nach außen gerichteten Fluss des durch die Schockfront weggeschleuderten Materials, oder, nach innen gerichtet, das Material, das auf den als graue Sphäre gekennzeichneten Neutronenstern zurückfällt. Der schwere innere Kern verbleibt damit ein Teil des Neutronensterns, während die äußeren Hüllen des ursprünglichen Sterns weggeschleudert werden und damit das Saatmaterial für darauffolgende Sterngenerationen bildet.*

In diesem Endstadium des Sterns kann man sich dessen Struktur-wie die einer Zwiebel vorstellen. Im Zentrum die siliziumbrennende Zone, schalenförmig herum die sauerstoffbrennende Zone, die neonbrennende Zone, gefolgt von den Schalen die durch Kohlenstoff, Helium- und Wasserstoffbrennen charakterisiert sind. Dieses Zwiebelmodell ist etwas vereinfacht, in Wirklichkeit finden starke Konvektionen statt, die durch den raschen Abfall der Temperatur zwischen dem Sterninneren und den äußeren Schalen bedingt ist, wie moderne dreidimensionale Computer Simulationen zeigen.

Da das Maximum der Bindungsenergie im Nickel-Eisen-Bereich liegt, kann im Zentrum des Sterns keine weitere Energie durch Fusions-Prozesse mehr freigesetzt werden, die den Stern gegen die Gravitation stabilisiert. Vielmehr wird durch Elektroneneinfänge im extrem dichten Plasma Energie aus dem Sterninneren verbraucht, was zur Kühlung beiträgt. Das destabilisiert den Stern und bewirkt einen plötzlichen Kollaps des Sterninneren. In Sekundenschnelle bricht es unter seinem eigenen Gewicht in sich zusammen. Die Materie verdichtet sich, bis sie die Dichte von Atomkernen selbst erreicht: zirka $2 \cdot 10^{14}$ g/cm$^3$. Sie ist also 200 Billionen Mal dichter als Wasser mit 1 g/cm$^3$. Dabei brechen alle bislang existierenden Atomkerne auseinander und werden zurück in ihre Einzelteile – Protonen und Neutronen – dissoziiert. Dabei entsteht ein extrem hoher Fluss an freien Neutrinos, die Energie nach außen tragen.

Kernmasse folgt anderen Zustandsbedingungen als normale Materie. Diese Bedingungen versucht man heute durch verschiedene kernphysikalische Experimente im Detail zu ermitteln, Vereinfacht gesehen ist Kernmaterie jedoch wie ein Gummiball: Sie kann nur bis zu einer gewissen Grenze komprimiert werden, dann schnellt sie zurück. Dadurch wird ein interner Schock erzeugt, der radial nach außen wirkt. Die äußeren Hüllen haben noch nicht bemerkt, dass unter ihnen der Boden weggebrochen ist, aber wenn sie der Schock von innen trifft, werden sie in Sekundenschnelle komprimiert und erhitzt. Rechnungen haben gezeigt, dass dabei der Schock seine Energie verbraucht. Jedoch durch den Strahlungsdruck der im Kollaps produzierten Neutrinos wird neue Energie geliefert, die die Schockwelle weiter nach außen treibt. Der Schock schleudert explosiv die äußere Sternhülle weg, zurück bleibt nur das komprimierte Sterninnere, der Neutronenstern mit einer dichten Atmosphäre aus hochradioaktivem Titan, Eisen und Nickel. Die Computersimulation zeigt ein solches Ereignis, das als Supernova-Explosion vielfach in unserem Universum beobachtet werden kann.

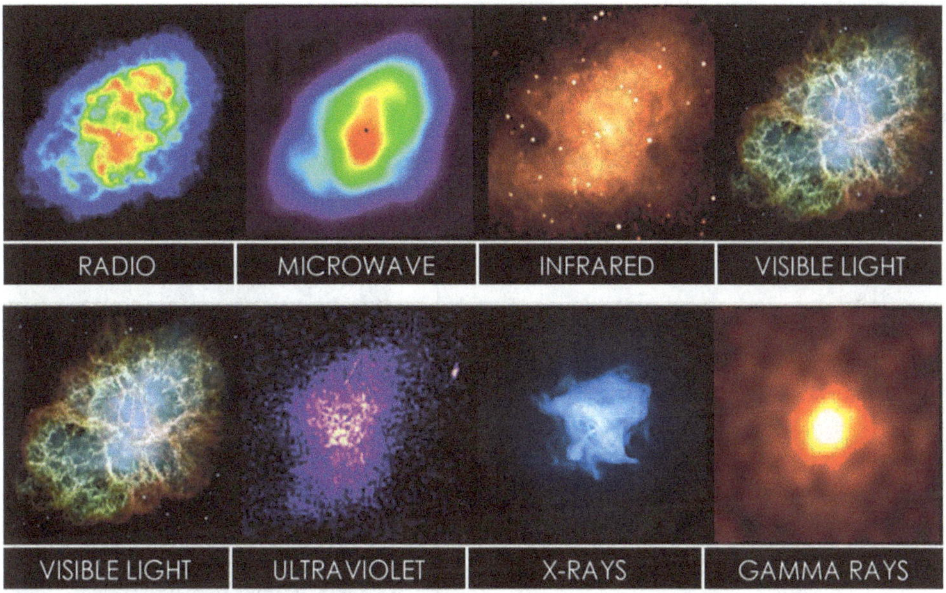


*Abb. 5-20: Der Crabnebel als klassisches Beispiel einer Supernova, die im Jahre 1054 AD von chinesischen Astronomen beobachtet wurde. Die Abbildung zeigt die sich ausdehnende Wolke in verschiedenen Wellenbereichen elektromagnetischer Strahlung, die Temperatur- und Strahlungsverteilung charakterisieren. Während im Bereich des sichtbaren Lichts das abgeschleuderte Material gut erkannt werden kann, zeigt sich im Röntgenbereich der schnell rotierende Neutronenstern als Pulsar, dessen Atmosphäre als hochradioaktive Quelle im $\gamma$-Strahlungsbereich glüht. (Wikipedia)*

Der Crabnebel ist eine 1054 von chinesischen Astronomen beobachtete und sich noch heute stetig ausdehnende Supernova (Abbildung 5-20). Die Signale in allen Wellenbereichen unterstreichen das explosive Ausdehnen heißer und radioaktiver Materie mit einem schnell rotierenden, hochradioaktiven Pulsar im Zentrum.

Bei diesen extremen Bedingungen der sich rapide ausdehnenden Schockfront fusionieren die herausgeschleuderten Protonen und Neutronen zu hochradioaktivem $^{44}$Ti und $^{56}$Ni. Die Lichtkurve einer Supernova-Explosion bestätigt das anschaulich. Infolge der plötzlich freigesetzten Energie bei der Explosion steigt die Lichtkurve schlagartig an, was zumeist nicht beobachtet werden kann, da die Astronomen erst aufmerksam werden, wenn nach der Explosion ein neuer Stern am Himmel erscheint. Jedoch dann konzentrieren sich alle Beobachtungen auf diese Erscheinung, um Intensität, Dauer und Abfall der Lichtkurve zu bestimmen. Der Abfall geht nur langsam vor sich, da ein großer Anteil der beobachteten

Leuchtkraft aus der Zerfallsenergie der radioaktiven Elemente stammt. Wenn man den Abfall der Leuchtkraft mit der Zeit beobachtet, spiegelt dieser genau den Abfall der verschiedenen radioaktiven Komponenten wider, die bei der Supernova-Explosion entstanden sind, hauptsächlich radioaktive Nickel-Isotope $^{56}Ni$ und $^{57}Ni$. Sie zerfallen innerhalb kurzer Zeit in wiederum radioaktive Kobalt-Isotope $^{56}Co$, $^{57}Co$ und radioaktives Titan $^{44}Ti$ (Abbildung 5-21).

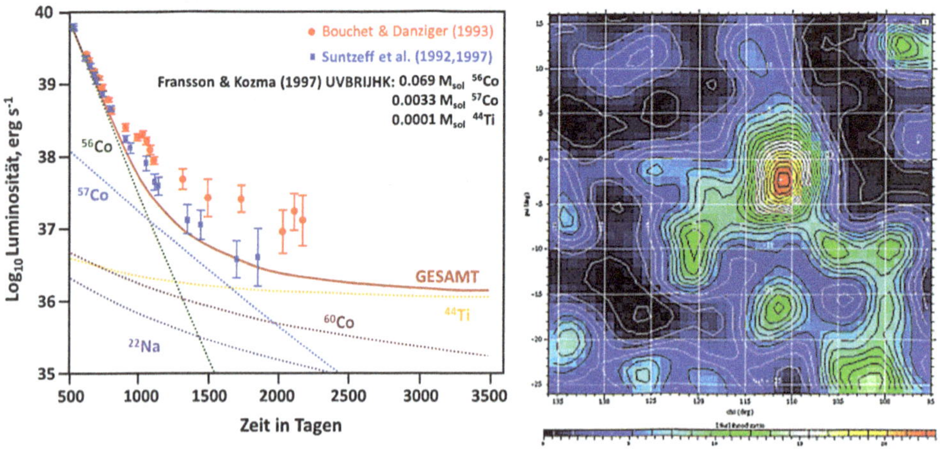


*Abb. 5-21: Links die Leuchtkurve der 1987 in der Magellan'schen Wolke beobachteten Supernova 1987A und die dazu beitragenden Zerfallskurven der verschiedenen produzierten radioaktiven Isotope. (Credit: F. Timmes, ASU) Rechts die Verteilung der typischen $\gamma$-Strahlung von $^{44}Ti$ in der um 1635 explodierten Supernova Cassiopeia A. (Credit: R. Diehl, MPI Garching)*

Die bei diesen kernphysikalischen Prozessen freigesetzte Energie ist zumeist hochenergetische Gamma-Strahlungsenergie, die durch Comptonstreuung, Teilchenanregung und andere Strahlungstransportprozesse in Röntgen- und andere niederenergetische elektro-magnetische Strahlungskomponenten von ultravioletten zum optischen und Infrarot-Licht umgesetzt wird (Abbildung 5-20).

Neben den direkt beobachtbaren radioaktiven Isotopen entstehen noch viele andere langlebige radioaktive Elemente, die wegen ihres langsamen Zerfalls oder ihrer geringeren Häufigkeit nicht wesentlich zur Lichtkurve beitragen. Sie verdanken ihren Ursprung zahllosen freien Neutronen im sich ausdehnenden Schock, die sich innerhalb einer Sekunde an die vorhandenen schweren Kerne im sogenannten r-Prozess (rapid neutron capture process) anlagern. Durch diese Serie von Neutroneneinfängen entwickelt sich für kurze Zeit eine neue Elementverteilung fernab der Stabilitätsline, die nach weiterer Kühlung in der sich ausdehnenden hochradioaktiven Wolke durch $\beta^-$- und $\beta$-verzögertem Neutronenzerfall zurück zur Stabilitätslinie zerfallen. Dieser r-Prozess gilt neben dem s-Prozess als Ursprung fast aller Elemente schwerer als Eisen. Dazu gehören die von der Menschheit so geschätzten Edelmetalle von Gold bis Platin, aber auch die so verteufelten Aktinide von Thorium und Uran zu Plutonium.

Jedoch gelten Supernovae nicht als der einzig mögliche Ort für einen r-Prozess. Als bevorzugte Möglichkeit wird heute vielfach der Zusammenstoß zweier Neutronensterne diskutiert (neutron star mergers), die nach den theoretischen Rechnungen sogar günstigere Bedingungen für einen r-Prozess liefern können. Dazu müsste es jedoch in der frühen Phase des Universums zahlreiche Doppelsternsysteme mit zwei Neutronensternen gegeben haben, um die beobachtete Häufigkeit der radioaktiven Elemente in unserem Universum erklären zu können.[143] Jedoch wurde 2017 mittels der Messung von Gravitationswellen zum ersten Mal ein solches Ereignis beobachtet, dass dann auch durch Messungen der Lichtkurve im optischen Bereich bestätigt werden konnte. Die beobachtete Färbung des Lichts wandelte sich von blau graduell zu rot, was einer Verringerung der emittierten Photonenenergie entspricht. Das zeitliche Verhalten deutet nach der Interpretation der Beobachter auf die Erzeugung schwerer Elemente, der sogenannten Lanthaniden oder Seltenen Erden bei diesem Ereignis hin. Dies wurde als direkte Bestätigung gewertet, dass die schwersten beobachteten Elemente, die Lanthaniden und Aktiniden, durch diese Art explosiver Verschmelzung zweier Neutronensterne entstanden sind.

Wo der r-Prozess stattfand, oder ob es zwei r-Prozess-Möglichkeiten gibt, wird heute noch intensiv diskutiert. Eine genaue Antwort kann nur durch die detaillierte Analyse der jeweiligen Explosionsbedingungen gegeben werden. Man erkennt auf Abbildung 5-22 deutlich, dass der ebenfalls dargestellte Reaktionspfad des s-Prozesses in Sternen entlang der Stabilitätslinie verläuft, der r-Prozess Pfad dagegen weit abseits der Stabilität. Tritt der Zerfall ein, läuft er überwiegend als $\beta$-Zerfall ab, wobei viele schwere, langlebig radioaktive Aktiniden wie Uran, Neptunium und Thorium erzeugt werden. Diese Isotope $^{235}$U, $^{238}$U, $^{237}$Np, $^{232}$Th bilden den Ausgangspunkt der schon diskutierten natürlichen Zerfallsreihen. Sie zerfallen langsam in Milliarden Jahren zu stabilen Bismut- und Blei-Isotopen. Da diese Atomkerne mit der Explosion in den interstellaren Raum geschleudert werden, sind sie Bestandteil des interstellaren Staubs, der sich mit jeder

143 In der Tat ist ein solches Ereignis 2018 durch Gravitationswellen am LIGO in einer Entfernung zwischen 85 und 160 Lichtjahren beobachtet worden. Diese Beobachtungen konnten auch im optischen Wellenlängenbereich bestätigt werden. Die Analyse der Daten stimmt mit Vorhersagen theoretischer Modelle für den r-Prozess überein. Deswegen tendieren Astrophysiker dahin, den Neutronenstern-Mergern eine größere Rolle bei der Produktion schwerer Elemente zuzuweisen, als vorher angenommen. M. R. Drout et al.: Light curves of the neutron star merger GW170817/SSS17a: Implications for r-process nucleosynthesis. Science 2017.

Supernova-Explosion radioaktiv anreichert – im Durchschnitt ein- bis zweimal pro Jahrhundert und Galaxie.

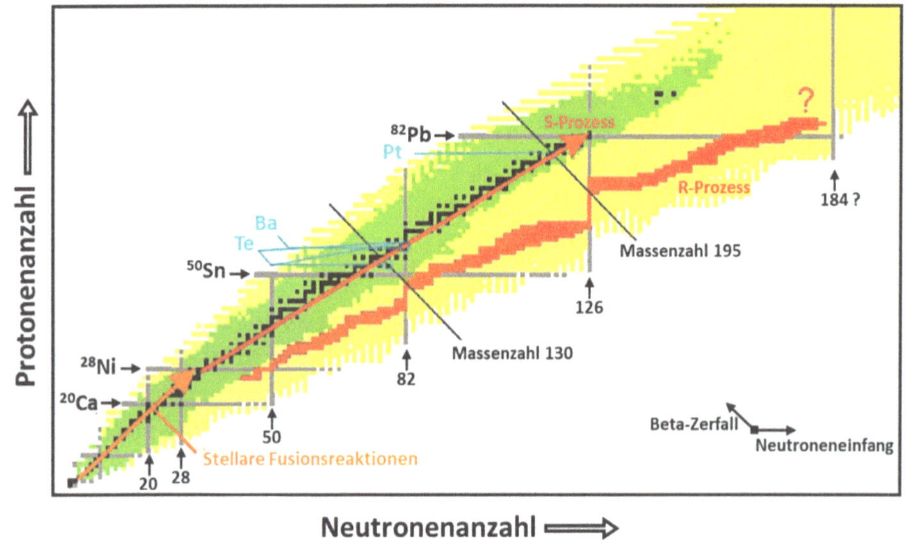


*Abb. 5-22: Schematische Darstellung des Reaktionspfads eines s-Prozesses entlang der Stabilitätslinie und des r-Prozesses, weitab im neutronenreichen Bereich der Nuklidkarte. Der s-Prozess endet im Blei-Bismut-Bereich und produziert nur einige langlebige radioaktive Isotope entlang des Reaktionspfads. Beim r-Prozess hingegen zerfällt die Häufigkeitsverteilung, die sich entlang des Reaktionspfades entwickelt hat, zurück zur Stabilität. Dabei entstehen viele langlebige Isotope im Aktinidenbereich von Uran und Thorium. Diese Aktinide sind Ursprung der natürlichen Zerfallsreihen, die über lange Ketten von α-Zerfällen zu den stabilen Bismut- und Blei-Isotopen zerfallen. (Credit: B. Sherrill, NSCL/MSU)*

Vom kataklysmischen Tod der Sterne in Supernova-Explosionen bleibt uns der interstellare Staub, der als feiner Nebel das Weltall durchweht und schließlich nach kompletter Abkühlung durch Selbstgravitation und Molekülbildung die Kondensationskerne für neue Sterngenerationen bildet. Zurück bleiben die Neutronensterne oder auch Schwarze Löcher, die sich aus dem in sich zusammenstürzenden Sterninneren formiert haben. Diese extrem dichten Objekte saugen durch ihre gewaltigen Gravitationskräfte interstellaren Staub oder ganze benachbarte Sterne an – ein Prozess, der als Akkretion bezeichnet wird. Beim Sturz dieser Materie auf die dichten Objekte wird energiereiche Röntgenstrahlung emittiert, die unser Universum erfüllt (Abbildung 5-23).

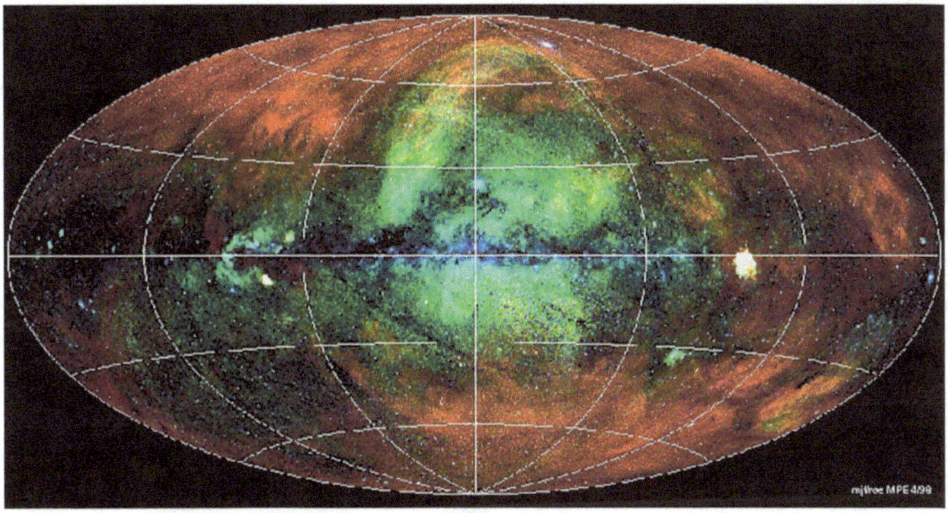


*Abb. 5-23: Unser Röntgenuniversum aus der Sicht des deutschen Röntgensatelliten ROSAT. Die Abbildung zeigt verschiedene intensive Röntgenquellen entlang des galaktischen Äquators, die den Überresten von Supernovae, akkreditierenden Neutronensternen oder Schwarzen Löchern zugeordnet werden können. Daneben zeigt sich aber auch, dass das gesamte Universum von niederenergetischer Hintergrundstrahlung im Röntgenbereich ausgefüllt ist. (ROSAT-All Sky Survey, DLR)*

Diese Akkretion von Materie auf ein Objekt, zum Beispiel auf einen Neutronenstern mit extremen Dichtebedingungen, kann zu explosionsartigen Kernprozessen auf der Oberfläche des Sterns führen, die über Ketten von Fusionsreaktionen leichter Kerne in Sekundenschnelle ablaufen. Die dabei freigesetzte Fusionsenergie ist direkt als äußerst energiereiche Blitze von Röntgenstrahlung im All erkennbar. Solche Ereignisse werden deswegen als Röntgenbursts bezeichnet, von denen seit ihrer ersten Beobachtung in den 1970er Jahren schon viele Hundert untersucht wurden. Sie zählen neben den Supernovae zu den energiereichsten Ereignissen, die man in unserer Galaxie beobachten kann.

Das Universum glüht in der Strahlung vergangener Sterngenerationen: Neutrinos, die fast ungehindert seit dem Beginn des Universums das Weltall ausfüllen und sich mit dessen Ausdehnung langsam abkühlen, $\gamma$-Strahlung, die beim Zerfall langlebiger Radio-Isotope entsteht, Röntgenstrahlung, die von gravitationsbedingter Akkretion oder von elektromagnetischen Prozessen herrührt. Daneben wird das All noch von hochenergetischer Teilchenstrahlung ausgefüllt, der sogenannten kosmischen Strahlung, die durch magnetische Felder unserer Sonne oder ferner Supernovae beschleunigt auch unsere Erde erreicht.

## 5.3 Der Ursprung der kosmischen Strahlung

Als kosmische Strahlung bezeichnet man ein hochenergetisches Strahlungsfeld, dem die Erde beständig ausgesetzt ist. Sie klassifiziert sich in verschiedenen Strahlungsarten, die durch Kernreaktionen in kosmischen Objekten wie der Sonne, anderen Sternen, Supernovae und anderen explosiven stellaren Prozessen in unserer und anderen Galaxien entstehen. Da das Universum weitgehend leer ist[144], kann die kosmische Strahlung weite Bereiche des Universums ungehindert ohne größere Absorptionsprozesse durchqueren. Das heißt, dass man auch Strahlung aus der frühen Phase des Universums sehen kann, die sich aber durch die ständige Ausdehnung des Universums abgekühlt und damit an Energie verloren hat. Die für die Erde und ihre Bewohner wichtigste Komponente kosmischer Strahlung ist die sogenannte Höhenstrahlung, deren überwiegend hochenergetisch geladenen leichten Teilchen, vornehmlich Protonen, die äußere Erdatmosphäre bombardieren. Die Höhenstrahlung hat den größten Einfluss auf die atmosphärischen Strahlungsbedingungen unserer Erde. Neben ihr sind die Neutrinos das wohl interessanteste Strahlungsfeld – die intensivste kosmische Strahlungsquelle, die ungehindert auf die Erdoberfläche einwirkt. Andererseits ist die Wahrscheinlichkeit, dass Neutrinos absorbiert werden, besonders gering. Für die menschliche Strahlendosis können sie fast völlig vernachlässigt werden. Die dritte Strahlungsart sind die Photonen, insbesondere hochenergetische Röntgen- und $\gamma$-Strahlung, die das Universum erfüllen und deren Widerschein wir im sichtbaren Bereich am Nachthimmel sehen. Der Photonenfluss ist vielfach eine gleichmäßige Strahlungsquelle, die größtenteils die Atmosphäre abschirmt. Gegenwärtig empfangen wir Messdaten über Detektoren, die auf Satelliten in der Erdumlaufbahn stationiert sind. Ein höherer Strahlungsfluss, der die Erdatmosphäre durchdringen könnte, wäre zu erwarten, wenn eine Supernova in der Nähe des Sonnensystems explodierte. Dies kann je nach Abstand kurzzeitig einen erheblichen Einfluss auf den hochenergetischen Photonenfluss an der Erdoberfläche haben und zur Produktion zusätzlicher langlebiger Radioaktivität führen[145].

---

[144] Abgesehen von bislang noch nicht vollkommen untersuchten Materiearten wie die Schwarze Materie – vermutlich eine Art Elementarteilchen – und Schwarze Energie, deren Natur bis heute weitgehend Gegenstand von Spekulation bleibt.

[145] Dies wird als mögliche Erklärung für die erhöhte Häufigkeit des langlebigen radioaktiven Eisen-Isotops $^{60}Fe$ in den manganreichen Ablagerungen pazifischer Ozeanschichten diskutiert. Die Tiefe, in der diese Ablagerungen nachgewiesen wurden, würde mit einer erdnahen Supernova vor ungefähr 3 Millionen Jahren korrelieren. Solch ein Ereignis würde zu einem erheblich höheren Strahlungsfluss in der Erdatmosphäre führen, dessen Auswirkungen auf die genetische Entwicklung biologischen Lebens noch unbekannt sind. K. Knie: Astrophysik, Spuren einer Sternenexplosion. Physik in unserer Zeit 36,1 (2005), S. 8

Die Höhenstrahlung hat verschiedene Ursprungsquellen, die mit bestimmten Energiebereichen im Spektrum der Strahlung korrelieren. Diese These bestätigt die Änderung der Zusammensetzung der Teilchenstrahlung als Funktion der Energie, da die Häufigkeitsverteilung mit dem Ursprungsort zusammenhängt. Der Großteil der Strahlung im niederen Energiebereich wird in Protuberanzen durch die magnetischen Felder der Sonne erzeugt und beschleunigt. Die Intensität ist direkt von der Aktivität der Sonne abhängig, die einem Elf-Jahres-Zyklus unterliegt. Diese Strahlung hat Energien von bis zu $10^{10}$ eV (10 GeV) und eine Intensität von bis zu $10^{4}$ Teilchen pro Quadratmeter und Sekunde, die auf die äußere Atmosphärenschicht treffen (Abbildung 5-24). Ein höherenergetischer Strahlungsanteil von bis zu $10^{16}$ eV (10 TeV) wird durch die Explosion zahlloser Supernovae (im Durchschnitt ein bis zwei pro Jahrhundert) in unserer Galaxie erzeugt und durch die dabei ablaufenden magnetohydrodynamischen Prozesse beschleunigt. Andere Beschleunigungsprozesse sind kosmische Jets von Schwarzen Löchern oder von Pulsaren in unserer Galaxie. Diese hochenergetische Stahlung erfüllt den interstellaren Raum der Milchstraße, wobei sich die Intensität in deren Zentrum wesentlich erhöht. Die Intensität der Strahlung fällt schnell mit zunehmender Energie über sieben Größenordnungen von 1 Teilchen pro Quadratmeter und Sekunde bei 10 GeV auf 1 Teilchen pro Quadratmeter und Jahr bei 10 TeV ab. Die weiteren Anteile im hochenergetischen Bereich der kosmischen Strahlung bis zu $10^{20}$ eV sind nach heutiger Vorstellung im extragalaktischen Bereich unseres Universums entstanden. Sie haben die enormen Distanzen zwischen den Galaxien[146] durchquert und geben deshalb vermutlich einen Hinweis auf die frühe dramatische Geschichte unseres Universums nach seiner Entstehung vor zirka 13,8 Milliarden Jahren. Der geringe Anteil dieser extrem hochenergetischen Strahlung im Bereich von weniger als 1 Teilchen pro Quadratmeter und Jahrhundert ist für die Auswirkung auf die Strahlungsbelastung unserer Atmosphäre unerheblich.

[146] Nach heutigen kosmologischen Abschätzungen, die auf den Messungen des COBE Satelliten beruhen, hat das sichtbare Universum heute einen Durchmesser von zirka 93 Milliarden Lichtjahren und enthält außer unserer Milchstraße bis zu 200 Millionen andere Galaxien.

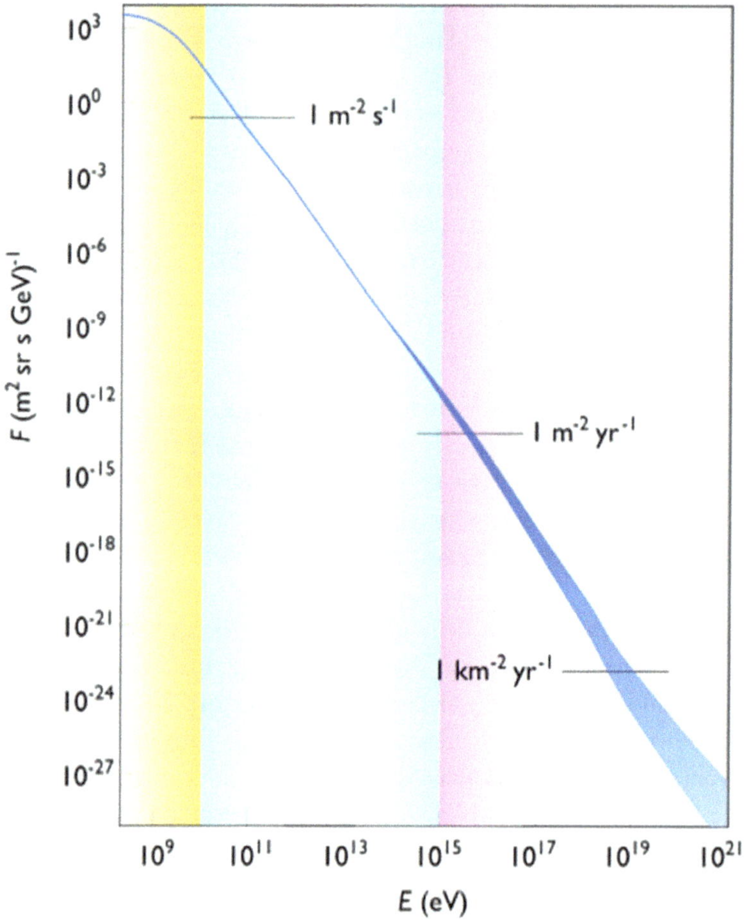


*Abb. 5-24: Der Fluss der Höhenstrahlung als Funktion der kinetischen Energie einfallender Teilchen. (Wikipedia)*

Die primäre kosmische Strahlung besteht ungefähr zu 87 Prozent aus Protonen (Wasserstoffkerne), 12 Prozent Alpha-Teilchen (Heliumkerne) und 1 Prozent schwereren Atomkernen bis zum Eisen. Im Durchschnitt treffen ungefähr tausend bis zehntausend Teilchen pro Quadratmeter und Sekunde auf die äußere Erdatmosphäre. Dieser Teilchenfluss hängt jedoch sehr vom Breitengrad ab, da die Strahlung der geladenen Teilchen weitgehend durch das erdmagnetische Feld gesteuert und abgelenkt wird. Da die Sonne als Hauptquelle für die kosmische Strahlung gilt, hängt dieser Fluss auch von der Aktivität der Sonne ab, die unter den Bedingungen des solaren Magnetfeldes variiert. Der Elf-Jahres-Zyklus der Sonnenaktivität zeigt sich deutlich in einem starken, oft fast zehn bis zwanzigfachen Anwachsen der dunklen Sonnenflecken[147], bei denen die Intensität der Höhenstrahlung allerdings nur um 0,1 Prozent variiert. Im längeren Zeitbereich wird über Änderungen der Sonnenaktivität mit der inneren Energieerzeugungsrate diskutiert. Dies wird aber nur einen Einfluss im frühen Sonnensystem gehabt haben, als die Proto-Sonne noch nicht ihre volle Leuchtkraft erreicht hatte.

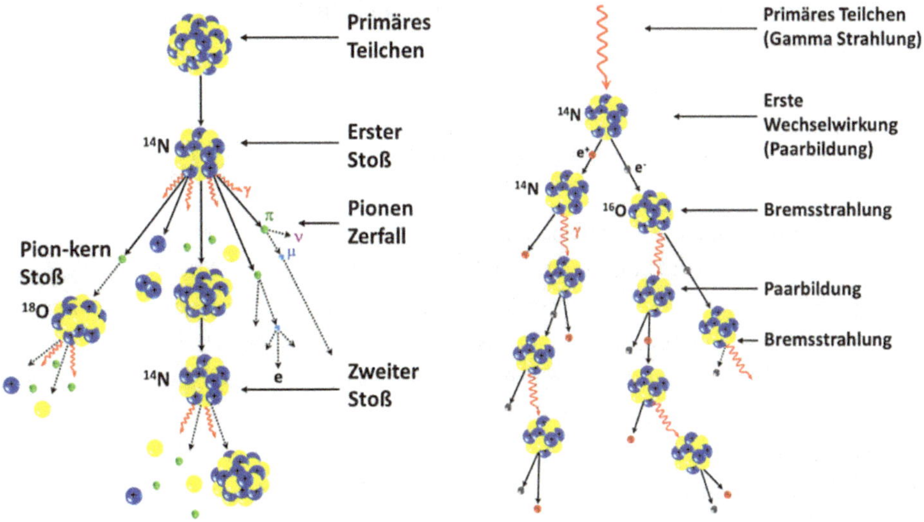


*Abb. 5-25: Entwicklung von kosmischen Schauern an hochenergetischen Teilchen durch Spallationsreaktionen in der Atmosphäre. (nach: Konrad Bernlöhr, https://www.mpi-hd.mpg.de/hfm/CosmicRay/Showers.html)*

Durch die Wechselwirkung dieser hochenergetischen kosmischen Primärstrahlung mit Gasmolekülen in der Atmosphäre entstehen breitgestreute Schauer an Sekundärteilchen. Diese Teilchenschauer sind anfangs eng gefächert, können aber eine horizontale Ausdehnung von einem Quadratkilometer haben. Die Sekundärteilchen entstehen hauptsächlich aus dem Aufbruch oder der Spallation der Primärteilchen. Dabei bilden sich vorzugsweise Protonen, Neutronen, Myonen und Pionen, obwohl mit dem Aufbruch von schweren Primärteilchen wie Eisen auch schwere Spallationsprodukte in geringer Anzahl produziert werden können. Die Anzahl der Sekundärteilchen hängt von der Energie des einfallenden Primärteilchens ab, bei solaren

[147] Dies sind kühlere Oberflächenzonen, die einer Verdichtung der Magnetfeldlinien des solaren Dynamos entsprechen. Aufgrund ihrer niedrigeren Temperatur scheinen sie dem Beobachter dunkler zu sein.

Energien können Strahlenschauer bis zu $10^{11}$ Sekundärteilchen pro Primärteilchen entstehen. Die Intensität der Sekundärstrahlung nimmt durch Stoß- und Zerfallsprozesse allmählich ab, so dass nur wenige Prozent der anfänglichen Strahlungsintensität die Erdoberfläche erreichen. Jedoch können Teilchen aus dem Strahlungsfluss direkt Kernreaktionen mit atmosphärischen Atomen eingehen, was zur Produktion eines erheblichen Anteils radioaktiver Isotope wie $^{3}H$ (Tritium), $^{10}Be$, und $^{14}C$ in unserer Atmosphäre führt. Diese fallen durch Regen und andere atmosphärische Prozesse nieder und werden durch hydrologische, geologische, und biologische Prozesse verteilt.

## 5.4 Kosmische Neutrino-Strahlung

Das Universum ist mit einem hohen Fluss von Neutrinos erfüllt. Neutrinos sowie deren Antiteilchen, die Antineutrinos, entstehen bei schwachen Wechselwirkungsprozessen, wie dem β-Zerfall, Elektroneneinfängen sowie Reaktionen und Zerfallsprozesse, die durch andere Leptonenarten wie Myonen bewirkt werden. Neutrinos selbst sind neutrale Teilchen. Stoßprozesse und Reaktionen finden nur über die schwache Wechselwirkung statt, was zu extrem niedriger Streu- oder Reaktionswahrscheinlichkeit führt.

Der Wirkungsquerschnitt für Neutrino-induzierte Streuprozesse liegt im Bereich von $10^{-14}$ barn und damit erheblich tiefer als Reaktionsprozesse mit geladenen Leptonen wie Elektronen oder ungeladenen Hadronen wie Neutronen. Das bedeutet, dass Neutrinos fast ungehindert große Massen an Material durchqueren können. Dies wurde schon vorher am Beispiel der solaren Neutrinos erwähnt, die durch Reaktions- und Zerfallsprozesse im Inneren der Sonne bei der Fusion des Wasserstoffs zu Helium entstehen und fast ungestört[148] aus dem Inneren der Sonne entkommen. Sie können nur über Jahre hinweg mit großvolumigen Detektoren tief in der Erde gemessen werden.

Der größte auf die Atmosphäre einfallende Neutrinofluss stammt noch vom Urknall. Dieser entstand während der ersten wenigen Sekunden durch schwache Wechselwirkungsprozesse vor der Trennung der Baryonen in Protonen und Neutronen. Durch die Ausdehnung des Universums kühlten diese Neutrinos auf extrem niedrige Energien von 0,1 meV ab. Mit dieser Energie erfüllen sie praktisch ungestört seit 13,8 Milliarden Jahren das Weltall. Der auf

[148] Hierbei wird die sogenannte Neutrino-Oszillation ignoriert. Es gibt drei Arten von Neutrinos, die den jeweilig geladenen Leptonenteilchen zugeordnet sind: das Elektron-Neutrino, das Muon-Neutrino und das Tau-Neutrino. Neutrino-Oszillation bedeutet, dass sich eine Neutrino-Art nach einer gewissen Zeit in eine andere umwandeln kann. Dies ist der Fall bei den Solar-Neutrinos, die als Elektron-Neutrinos entstehen, sich aber auf dem langen Weg vom Sonnenzentrum zur Erde teilweise in Tau-Neutrinos umwandeln.

die Erde einfallende Fluss dieser kosmischen Neutrinos ist mit ungefähr $10^{12}$ Neutrinos pro Quadratmeter und Sekunde um viele Größenordnungen höher als der Fluss der kosmischen Teilchenstrahlung.

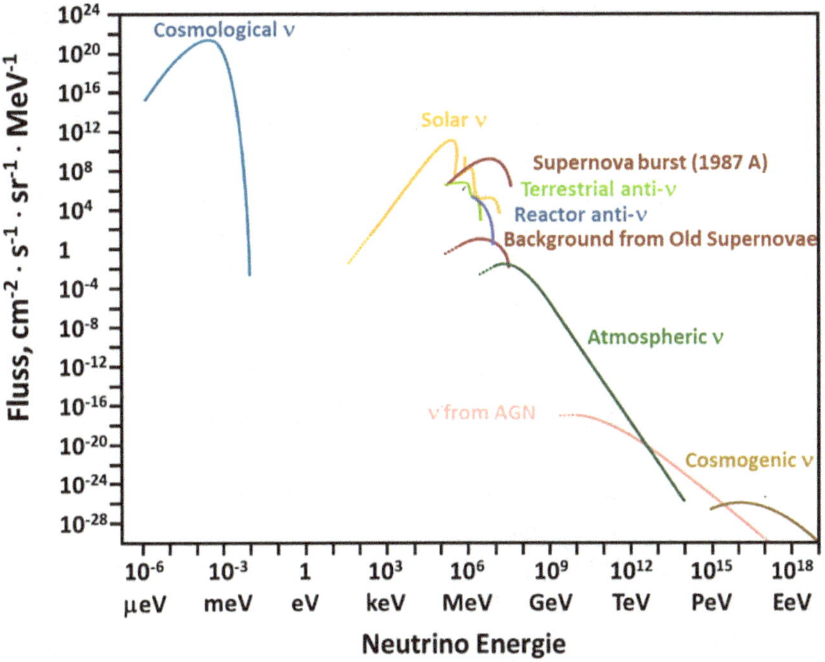


*Abb. 5-26: Der Fluss kosmischer Neutrinos als Funktion der Neutrino-Energie. Gekennzeichnet sind die verschiedenen Entstehungsorte der Neutrinos. (Image credit: IceCube collaboration/NSF)*

Die zweite dominierende Komponente (Abbildung 5-26) des Neutrino-Flusses sind die solaren Neutrinos, die beim Wasserstoffbrennen im Inneren der Sonne vorwiegend durch die pp-Ketten und mit wenigen Prozent auch durch die Zerfallsreaktionen im CNO-Zyklus entstehen. Diese Neutrinos haben mit 1 MeV eine wesentlich höhere Energie als die abgekühlten Neutrinos aus dem Urknall. Der integrierte Fluss dieser solaren Neutrinos ist mit ungefähr $10^{12}$ Neutrinos pro Quadratmeter und Sekunde vergleichbar mit dem der Urknall-Neutrinos.

Von nahe gelegenen Supernova-Explosionen ist ein deutlich höherer Fluss zu erwarten. Diese Neutrinos stammen vor allem aus Elektroneneinfangs-Reaktionen von Eisen und ähnlich schweren Elementen im Prä-Supernova-Stern, die dessen Zentrum destabilisieren und den

Kollaps zum Neutronenstern einleiten. In der Tat, die Explosion der Supernova 1987A in der benachbarten Zwerggalaxie der Magellan'schen Wolke vor fast dreißig Jahren produzierte einen enormen Neutrinofluss, vergleichbar mit dem solaren Fluss oder sogar größer als er. Von diesem Fluss konnten allerdings nur wenige Neutrinos nachgewiesen werden. Im ähnlichen Bereich liegen die Anti-Neutrinos aus Erdmantel und Kruste, die sogenannten Geo-Neutrinos, die von den radioaktiven Zerfallsketten der langlebigen Aktiniden sowie vom Zerfall des $^{40}$K und anderer langlebiger Isotope stammen.

So enorm diese Zahlen sind: Der Einfluss von Neutrinostrahlung auf die tägliche Strahlungsbelastung des Menschen ist vernachlässigbar. Dies liegt an der geringen Wechselwirkungs-Wahrscheinlichkeit der Neutrinos. Man kann leicht abschätzen, dass weniger als ein Neutrino pro Sekunde im Körper gestoppt wird. Mit einer Energie von weniger als 1 MeV ergibt sich für den menschlichen Körper eine Dosisrate von weniger als $10^{-15}$ Gy/s oder 1 fmGy/s.

## 5.5 Kosmische Photonen

Der Kosmos ist von Photonen erfüllt, die ein breites Energiespektrum abdecken, von thermischer zu optischer Strahlung und im hochenergetischen Bereich von Ultraviolett zur Röntgenstrahlung und schließlich $\gamma$-Strahlung. Diese Energie strahlt aus nahen und fernen Sternen und Supernovae in die Leere des Weltalls. Die Energieverteilung dieser Strahlung ist durch das von Max Planck formulierte Gesetz der Planck-Strahlung beschrieben, die jeden Körper – je nach Temperatur – einem Energiespektrum zuordnet. Der größte Photonenfluss auf der Erde kommt von der am nächsten gelegenen kosmischen Strahlungsquelle, der Sonne, die eine Oberflächentemperatur von ungefähr 6000 °C hat. Die Sonne ist die größte Energiequelle der Erde mit einer Leuchtkraft von $3{,}85 \cdot 10^{26}$ J/s und einer Wärmeleistung von 73,5 MW/m$^2$. Betrachtet man den von der Sonnenoberfläche emittierten Strahlungsfluss, so liegt das Maximum der Strahlungsintensität im Bereich des ultravioletten und sichtbaren Lichts mit erheblichem Anteil an infraroter und Wärmestrahlung (Abbildung 5-27) [149]. Man sieht, dass bei den niedrigen Oberflächentemperaturen der Sonne kaum höherenergetische Strahlung emittiert wird. Die Erdatmosphäre absorbiert einen erheblichen Teil dieser Strahlen durch die energetische Anregung von Schwingungen in molekularen Gasanteilen wie $H_2O$, $O_2$, $O_3$ und $CO_2$.

---

[149] Die Wellenlänge eines Photons ist umgekehrt proportional zur Photonenenergie $\lambda = c \cdot h \cdot E^{-1}$ mit c als Lichtgeschwindigkeit und h als Planck'sches Wirkungsquantum.

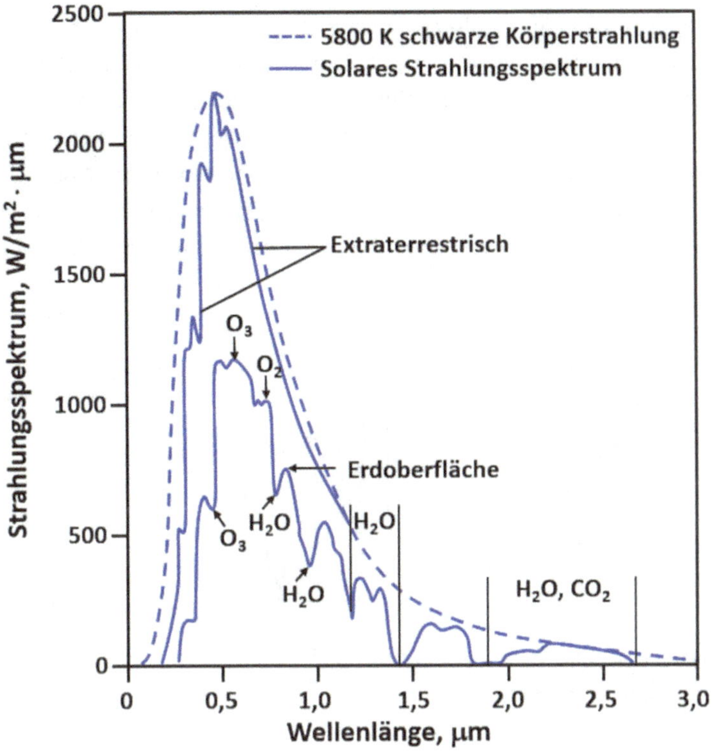


*Abb. 5-27: Das Planck-Spektrum der Sonnenstrahlung als Funktion der Strahlungswellenlänge. Die gestrichelte Linie stellt die theoretische Planck-Kurve dar, die der Strahlungsverteilung eines Körpers einer Temperatur von 5800 K entspricht. Die durchgezogenen Linien entsprechen der durch Absorptionseffekte modifizierten Verteilung an der äußeren Oberfläche der Atmosphäre beziehungsweise der Erdoberfläche. [F. Incropera et al. Fundamentals of Heat and Mass Transfer (Wiley, 2007)]*

Die gewaltige Strahlungsenergie, die der Urknall freigesetzte, und die als hochenergetische Strahlung von der zehnten Sekunde an für fast 400 Millionen Jahre – der sogenannten Photonenepoche – das frühe Universum dominierte, erscheint noch heute als Nachhall dieses gewaltigen Ereignisses. Die Temperatur zu Beginn der Photonenepoche lag bei Milliarden Kelvin, was einer enormen Strahlungsenergie im Planck-Spektrum von bis zu Giga-Elektronenvolt entsprach. Jedoch kühlte sich das Universum mit der Ausdehnung ab und erreichte nach 400 Millionen Jahren eine Temperatur im Bereich von 1000 Kelvin (Abbildung 5-28). Bei Temperaturen um 1000 Kelvin ist die Photonenenergie mit mehreren Elektonvolt zu niedrig, um die vorliegende Wasserstoff- und Heliumelemente zu ionisieren und die vordem freien Ionen mit den Elektronen im Weltall zu Atomen zu rekombinieren. Sie können nur noch im Plasma heißer Sterne ionisiert werden. Heute, mehr als 13 Milliarden Jahre später, ist das Universum so abgekühlt, dass die Planck-Verteilung bei einer Strahlungsenergie zwischen 1,3 μeV und 13 μeV liegt, was einer Wellenlängenverteilung von 1 mm zu 10 mm entspricht. Neuere Beobachtungen mit den COBE- und Planck-Satelliten haben die Verteilung genau vermessen. Die Ergebnisse zeigen (Abbildung 5-28), dass die Hintergrundstrahlung der Energieverteilung eines eisig kalten Körpers von 2,7 Kelvin nahe dem absoluten Temperatur-Nullpunkt entspricht.

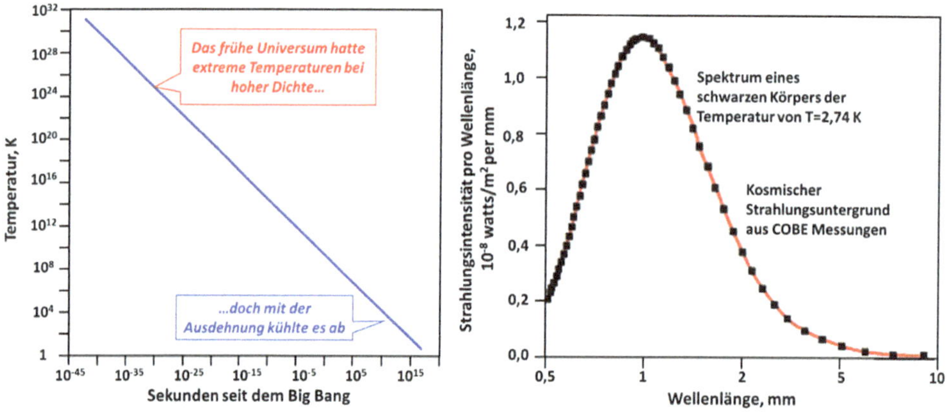


*Abb. 5-28: Links die Abkühlung des Universums seit der frühen Phase des Urknalls bis zur Gegenwart. Die Photonen-dominierte Epoche lag im Bereich zwischen der ersten Sekunde und 400 Millionen Jahren. Rechts gezeigt ist das Planck-Spektrum der 3K-Hintergrundstrahlung, ein Strahlungsnachhall des Urknalls mit einer Wellenlänge von Millimetern.*

Neben der niederenergetischen Strahlung vom Big Bang bis zur Sonne gibt es jedoch auch höherenergetische Strahlung vom Röntgen- bis zum γ-Energiebereich, die zumeist von den explosiven stellaren Ereignissen wie Supernovae- bis Röntgenbursts stammt und man direkt mit Detektoren auf Satelliten außerhalb der Atmosphäre beobachten kann. Die Strahlung ist nicht homogen verteilt, sondern kommt aus den Regionen größter Aktivität in Sternentwicklung und Sternentod, also aus dem galaktischen Zentrum. Wesentliche Anteile dieser Strahlung, insbesondere im sichtbaren Bereich, sind dabei durch Staub- und Dunkelwolken absorbiert, die sich zwischen dem Sonnensystem und dem Zentrum der Milchstraße befinden. Ohne diese Dunkelwolken wäre die auf die Erde treffende Intensität um ein Vielfaches höher.

Trotzdem: Elektromagnetische Strahlung aus dem Zentrum der Galaxie und entlang der galaktischen Ebene erreicht die Erde in allen Wellenbereichen – von energiereicher und damit kurzwelliger $\gamma$-Strahlung bis zur niederenergetischen, langwelligen Radiostrahlung. Abbildung 5-29 zeigt die Verteilung der Strahlungsquellen für alle Frequenz- beziehungsweise Längenwellenbereiche von langwelliger Radiostrahlung bis zur kurzwelligen $\gamma$-Strahlung. Die Beobachtungsergebnisse basieren auf Satellitenmessungen in den verschiedenen Wellenlängenbereichen. Das heißt, dass es sich um Strahlung handelt, die auf die äußere Erdatmosphäre trifft. Diese ist undurchsichtig für verschiedene Wellenlängenbereiche. Der größte Teil des Spektrums wird deswegen in den höheren Lagen der Atmosphäre – insbesondere der Ionospäre und der Mesosphäre – absorbiert.

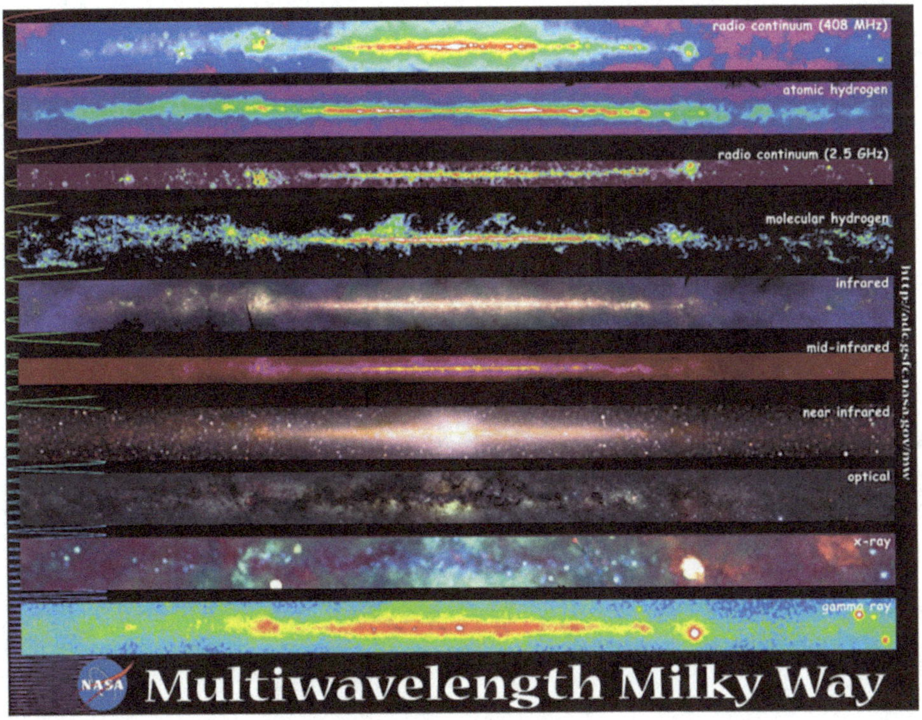


*Abb. 5-29: Verteilung der elektromagnetischen Strahlungsquellen, geordnet nach Frequenz- beziehungsweise Wellenlängenbereichen, über die galaktische Ebene. Die Strahlung erreicht ihre maximale Intensität im galaktischen Zentrum. Dies trifft für alle Frequenzbereiche zu, außer für Röntgenstrahlung (x-rays) und sichtbares Licht. Dieser Frequenzbereich wird durch interstellare Staubansammlungen zwischen dem Sonnensystem und dem galaktischen Zentrum absorbiert. (Astrophysics Science Division, NASA)*

Neben dem galaktischen Zentrum sind noch weitere punktförmige Quellen mit hoher Strahlungsintensität zu erkennen. Diese können meist Gas- und Staubwolken zugeordnet werden, den Überresten einer Supernova-Explosion in unserer Galaxie. Die Strahlung kommt sowohl vom Pulsar, einem schnell rotierenden Neutronenstern – dem zentralen Überbleibsel der Explosion – sowie von der sich rasch ausdehnenden hochradioaktiven Wolke der bei der Supernova herausgeschleuderten Materie. Die bei der Supernova-Explosion entstandene langlebigen Radioaktivität von $^{26}$Al, $^{44}$Ti und $^{60}$Fe allein liegt zwischen $10^{42}$ bis $10^{45}$ Bq, die pro Jahrhundert in unserer Galaxie produziert werden. Obwohl bei solchen Explosionen zumeist hochenergetische, elektromagnetische Strahlung entsteht, wird der Photonenfluss zumeist vollkommen in der Atmosphäre absorbiert. Fände die Supernova-Explosion in der näheren Umgebung des Sonnensystems statt, käme es, je nach Abstand, zu einem erheblich größeren Strahlungsfluss auf der Erdoberfläche, als wir gegenwärtig beobachten.

# Weiterführende Literatur


Roland Diehl, Dieter H. Hartmann, Nikos Prantzos: Astronomy with Radioactivities. Springer, 2011/2018

Christian Iliadis: Nuclear Physics of Stars. Wiley, 2007, 2015

Claus Rolfs: Cauldrons in the Cosmos. University of Chicago Press, 1983

Dave Arnett: Supernovae. University of Chicago Press, 1996

# 6 Unser radioaktiver Planet

Weder die Tiefen des Weltalls noch die unseres Planeten, der Erde, sind uns direkt zugänglich. Unsere Interpretation des Erdinneren und kosmischer Erscheinungen hängt von der Beobachtung sogenannter Proxies ab. Das sind sekundäre Daten, über die man anhand theoretischer Interpretation auf die gewünschten Informationen mittels allgemeingültiger physikalischer oder chemischer Gesetze schließen kann. Auf der Basis dieser Informationen und Interpretationen bauen sich die verschiedenen Strukturmodelle des Erdinneren und der geologischen Entwicklung unseres Planeten auf. Das Verfahren ist, wie alle wissenschaftlichen Verfahren, von statistischen Unsicherheiten belastet – auch in der Interpretation der Daten und der Komplexität der sich daraus ergebenen Modelle.

Die im 19. Jahrhundert dominante Vorstellung, die Erdkruste sei fest mit einem weitgehend erstarrten Erdinneren verbunden, stellte 1912 der deutsche Polarforscher Alfred Wegener (1880–1930) mit seinem dynamischen Modell der Kontinentalverschiebung in Frage. Demnach schwimmen die Kontinente als Kruste auf dem zähflüssigen inneren Mantel der Erde. Diese Idee setzte sich erst nach langen Widerständen in den 1950er und 1960er Jahren aufgrund erweiterter Messungen zum Erdmagnetismus durch und wurde in den folgenden Jahrzehnten zum heute allgemein akzeptierten Modell der Plattentektonik erweitert. Auf diesen Vorstellungen zur dynamischen Erde beruhen die folgenden Betrachtungen.

Externe geodätische Beobachtungen zu Umlaufbahn und Erdanziehungskraft ergeben für die Erde einen Radius von 6370 km sowie eine Gesamtdichte von durchschnittlich $\rho=5{,}5\ g/cm^3$. Die durchschnittliche Dichte an der Oberfläche beträgt hingegen nur 2,5 $g/cm^3$. Daraus kann man errechnen, dass die Dichte im Erdinneren ungefähr 12 bis 14 $g/cm^3$ beträgt. Das ist mehr als viermal so viel wie die Dichte von Granit und fast doppelt so viel wie die von reinem Eisen.

Ein genaueres Verständnis der Erdstruktur erfordert Informationen zu Geologie und Chemie, also zu Verteilung und Homogenität des Materials in unserem Planeten. Weitere Fragen gelten dem Ursprung und der geologischen Entwicklung der Erde als Teil der Entwicklung unseres Sonnensystems. Unser Verständnis der Sterne und des Universums beruht überwiegend auf spektroskopisch gewonnenen Informationen zur elektromagnetischen Strahlung. Die so gewonnenen spektroskopischen Informationen werden durch die chemische und physikalische Analyse der Isotopenhäufigkeiten in Meteoritengestein ergänzt. Blicken wir analytisch ins Innere der Erde, sind spektroskopische Methoden nur beschränkt anwendbar. Über seismographische Messungen kann man die Dichteverteilung im Erdinneren untersuchen und dabei die Strukturen der verschiedenen Zonen von Erdkern, Mantel und innerer Kruste analysieren.

Die direkte Messung der chemischen Struktur des Erdmaterials beschränkt sich auf die oberste Kruste. Tiefbohrungen dringen allenfalls wenige Kilometer weit und erreichen nicht einmal den inneren Bereich der Kruste[150]. Direkte chemische Analyse ist jedoch bei aus größeren Tiefen hervorgequollener Lava möglich. Die Kristallstruktur verschiedener früher Erdschichten hilft dabei. Radiochemische Methoden können ihr Alter bestimmen. Dazu müssen die Häufigkeiten der in den Gesteinskristallen eingebetteten Radio-Isotope sowie deren Tochterisotope gemessen werden. Aus dem Verhältnis der Häufigkeiten von Mutter- und Tochterisotopen kann man direkt das Alter des Gesteins ermitteln und Informationen über den Wandel in der Erdgeschichte gewinnen. Dazu müssen die Halbwertszeit und das Verhältnis der stabilen Isotope der betreffenden Elemente im Gestein bekannt sein.

Da der innere Bereich der Erde nicht direkt zugänglich ist, beschränken sich die chemischen Messungen auf die Erdkruste. Sie können aber im Rahmen unserer Vorstellungen von der geologischen Entwicklung der Erde durch Informationen zur chemischen Zusammensetzung von meteoritischem Gestein, den Chondriten, erweitert werden. Diese reflektieren die chemische Struktur des präsolaren Staubs, aus dem sich zumindest das innere Planetensystem gebildet hat[151]. Meteoritengestein besteht vor allem aus einer Eisen-Nickel-Legierung (Fe-Ni) und aus Silikaten mit leichten Spurenelementen von Eisen und Magnesium. Dies bietet eine erste Grundlage für die Annahme, dass auch das Material innerhalb der Erde aus zwei Komponenten besteht.

Die wichtigsten Informationen zur gegenwärtigen Struktur des Erdinneren kommen aus seismischen Messungen. Über verschiedene Messstationen bestimmt man Verteilung, Richtung und Geschwindigkeit der von lokalen Erdbeben oder früher auch durch Atombombentests ausgelösten seismischen Wellen entlang der Erdkruste und durch das Erdinnere. Die Laufzeiten sowie die Dämpfung und Reflexion der verschiedenen seismischen Wellen[152] indizieren Dichte- und Phasenveränderungen innerhalb des Erdmaterials. Sie deuten auf eine Schalenstruktur des Erdinneren hin. Das sich daraus ergebende seismische Profil des Erdkörpers weist zwei Diskontinuitäten auf, die als Grenzlinien zwischen Erdkruste und Erdmantel sowie Erdmantel und Erdkern interpretiert werden. Damit lässt sich die Erdstruktur grob in drei Sektionen unterteilen: Kern, Mantel und Kruste. Mit verfeinerten Methoden wurden weitere Diskontinuitäten festgestellt. Sie sind entweder chemischer Natur oder deuten auf eine Änderung der plastischen Eigenschaften hin. Sie reflektieren

---

150 Die bisher weltweit tiefste Bohrung fand von 1970 bis 1994 auf der russischen Halbinsel Kola bei Murmansk statt und erreichte eine Tiefe von 12262 m.

151 Die äußeren Riesenplaneten bestehen zumeist aus leichterem Gasmaterial.

152 Es gibt im Wesentlichen zwei seismische Komponenten, die Primär- oder P-Wellen und die Sekundär- oder S-Wellen. P-Wellen komprimieren als Schockwellen sowohl flüssiges als auch festes Material, S-Wellen hingegen wirken deformierend auf das Material und werden in flüssigem Material absorbiert, liefern also keine Informationen.

eine sogenannte Phasen-Transformation, die die chemische Komposition ändert oder das Erdmaterial unter dem Einfluss der Druck- oder Temperaturbedingungen in eine flüssige oder feste Phase wandelt. Seismische Methoden liefern damit die wichtigsten Informationen zu gegenwärtigem Zustand und Struktur des Erdinneren.

Messungen des erdmagnetischen Felds und dessen Variationen ergänzen weithin die seismischen Untersuchungen. Die Entstehung eines solchen Felds erfordert einen elektrischen Strom im Erdinneren, der wiederum eine flüssige metallische Fe-Ni-Struktur voraussetzt. Hinweise auf periodische Variationen ergeben sich aus der unterschiedlichen Ausrichtung von Eisenfragmenten in magnetischem Gestein. Da das magnetische Feld aus geodynamischen Vorgängen im Erdinneren entsteht, können aus dieser Analyse genauere Informationen zu den Flüssigkeitsbedingungen im Erdzentrum extrahiert werden. Wenn man das Alter der eisenhaltigen Fragmente bestimmen kann, lassen sich daraus sogar Aussagen über zeitliche Änderungen des erdmagnetischen Felds treffen.

Eine wichtige Informationsquelle ist die Erdwärme. Nach gegenwärtigen Vorstellungen liegt die Wärmeproduktion im Erdinneren bei 42 bis $47 \cdot 10^{12}$ W, also 42 bis 47 Terawatt. Diese Zahl ergibt sich vor allem aus der Abschätzung des Wärmeflusses zwischen Erdinnerem und Oberfläche. Dieser Fluss wird durch die thermische Leitfähigkeit oder Konduktion des Gesteins und durch den Temperaturabfall $\Delta T$ über eine gewisse Tiefendistanz $\Delta x$, dem geothermischen Gradienten $\Delta T/\Delta x$, festgelegt. Temperaturmessungen in verschiedenen Tiefen eines Bohrlochs ermitteln den geothermischen Gradienten. Labormessungen können die mittlere thermische Konduktivität k der durchbohrten Gesteinsschicht für verschiedene Gesteine feststellen. Sie liegt je nach Gesteinsart zwischen k=2 bis 5 W/m·°C. Aus diesen Informationen ergibt sich mittels der sogenannten Wärmeflussgleichung $\Phi$ (Phi)=$k \cdot \Delta T/\Delta x$ der Wärmefluss $\Phi$ aus dem Inneren der Erde, der auch die Abkühlungsrate bestimmt. Dieser Wärmefluss hängt von den tektonischen Bedingungen am Bohrort ab und variiert zwischen 0,03 und 0,13 W/m$^2$ mit einem durchschnittlichen Wert von 0,08 W/m$^2$. Diese Werte lassen eine Wärmequelle im Inneren vermuten, sagen aber nichts über Ursprung und Verteilung dieser Wärme aus. Es fragt sich, ob dieser Wärmefluss nur die Restwärme eines sich langsam abkühlenden Körpers ist, dessen ursprüngliche Hitze aus der frühen Ära der Planetenbildung herrührt, oder ob es noch existierende Wärmequellen gibt, die zur Erhitzung des Erdkörpers beitragen. Derlei Wärmequellen könnten Reibungsprozesse zwischen den verschiedenen Erdschichten sein, aber auch chemische Prozesse sowie radioaktive Zerfallsprozesse im Erdinneren.[153]

---

[153] Dies führte auch zu Spekulationen über einen thermonuklearen Reaktor im Erdinneren, der die Erdwärme durch langsam ablaufende Spaltreaktionen der dort konzentrierten Uranvorkommen liefern sollte. Philip Ball: Are there nuclear reactors at Earth's core? Nature News (2008) doi:10.1038/news.2008.822.

2005 gab es einen wichtigen wissenschaftlichen Durchbruch, der das Instrumentarium für Erdbeobachtungen erheblich erweiterte: die Beobachtung sogenannter Exoplaneten in verschiedenen Entwicklungsstadien ferner Sonnensysteme. Aus deren physikalisch-chemischen Eigenschaften können direkte Rückschlüsse auf die Entwicklung unseres Planetensystems gezogen werden. Für unsere Fragestellung bedeutender ist die direkte Bestimmung der inneren Radioaktivität unserer Erde durch Messen der Anti-Neutrinos, die aus den Ketten der natürlichen Uran-Thorium-Zerfallsreihen stammen. Diese Messungen wurden mit den Neutrino-Detektoren *BOREXINO* im Gran-Sasso-Massiv in Italien sowie mit Super-Kamiokande in Japan ausgeführt[154] (vgl. Kapitel 5.1). Die Ergebnisse zeigen direkt, dass 50 Prozent oder mehr der Erdwärme aus dem radioaktiven Zerfall schwerer Aktinide kommen. Weitere Messungen sind am SNO-Detektor in Kanada geplant, um Neutrinos aus dem Zerfall des langlebigen Kalium-Radio-Isotops $^{40}K$ zu bestimmen. Dessen Vorkommen in großen Mengen wird für den Erdmantel und insbesondere für die Erdkruste vorhergesagt. Solche Aussagen basieren auf einer Reihe systematischer Untersuchungen zum Verhältnis von $^{40}K$ zu $^{238}U$ in verschiedenen Gesteinsarten der Kruste, die das sogenannte K/U-Verhältnis auf $10^4$ festlegten.

Das Kaliumisotop $^{40}K$ zerfällt mit einer Halbwertszeit von $1{,}25 \cdot 10^9$ Jahren vorwiegend über $\beta^-$-Zerfall zu $^{40}Ca$, nur 10 Prozent zerfallen über Elektroneneinfang zu $^{40}Ar$, zumeist zu dessen angeregten Zustand bei 1,46 MeV, der wiederum durch $\gamma$-Emission zum Grundzustand zerfällt. Insgesamt werden beim $\beta^-$ Zerfall zum $^{40}Ca$ 1,32 MeV frei und beim Zerfall zum $^{40}Ar$ 1,5 MeV. Dabei werden 1,46 MeV als $\gamma$-Energie freigesetzt. Die langlebigen Aktinidenisotope $^{232}Th$ und $^{238}U$ wandeln sich über Ketten von $\alpha$- und $\beta$-Zerfällen in Blei-Isotope. Das setzt im Durchschnitt 4 bis 5 MeV an Energie pro $\alpha$-Zerfall frei, die sich direkt über Streuprozesse in Erdwärme umsetzen. Diese Vorhersagen machen die Radioaktivität zur dominanten inneren Energiequelle der Erde. Das beeinflusst bestimmend Entwicklung, Struktur und Lebensbedingungen auf unserem Planeten. Das Verhältnis zwischen der radiogenen Wärmeerzeugung des Erdinneren und des Wärmeverlustes durch die Erdkruste bezeichnet man als Urey-Verhältnis (nach dem US-amerikanischen Chemiker Harold C. Urey, 1893–1981). Nach heutigen Vorstellungen beträgt das Urey-Verhältnis 0,57, gemittelt über die Erdgeschichte. Frisch erzeugte Strahlungswärme ersetzt demnach nur 57 Prozent des Wärmeverlustes. In der Frühgeschichte der Erde war der Wert wesentlich höher. Seit ihrer Entstehung kühlt sich also das Innere unserer Erde langsam ab – ein Prozess, der sich mit dem Abklingen der inneren Radioaktivität weiter beschleunigt.

---

154 A. Gando, D. A. Dwyer, R. D. McKeown, C. Zhang: Partial radiogenic heat model for Earth revealed by geoneutrino measurements. Nature Geoscience, 4(9) (2011) S. 647–651.

## 6.1 Die Entwicklung des Planetensystems

Unsere Erde ist Teil des Sonnensystems, das sich in unserer Galaxie, der Milchstraße, befindet, fernab von dessen strahlungserfülltem Zentrum. Dessen hochenergetisches Leuchten radioaktiver Strahlung ist größtenteils durch dunkle Staubwolken abgeschirmt, die zwischen Sonne und galaktischem Zentrum liegen. Unser Sonnensystem hat sich durch die Kontraktion einer protostellaren molekularen Gas- und Staubwolke vor fast 5 Milliarden Jahren gebildet. Nach den gegenwärtigen Vorstellungen sah diese Wolke ähnlich aus wie der Orion-Nebel, der als Geburtsort junger Sterne gilt. Das Gas- und Staubmaterial in der Wolke enthielt die Asche vieler vorhergehender Sterngenerationen des damals 9 Milliarden Jahre alten Universums[155]. Die Häufigkeitsverteilung der Elemente unseres Sonnensystems formte sich in diesen vorhergehenden Sterngenerationen durch viele nukleare Brennprozesse (vgl. Kapitel 5, Abbildung 5-13). Die Zeitdauer für den Kollaps der Wolke zu einem schwach leuchtenden Stern, der Proto-Sonne, war mit 10 000 Jahren relativ kurz. Aus der anfänglich nur langsam rotierenden Wolke entwickelte sich ein schnell rotierender Stern, um den sich eine abgeflachte Scheibe aus Gas- und Staubmaterie bildete. Dabei enthielt der junge Stern ungefähr 99,8 Prozent der Gesamtmasse, während sich in der Scheibe nur ein Masseanteil von 0,2 Prozent befand. Aus ihm bildete sich das Planetensystem. Die Einzelheiten der folgenden Entwicklung dieser Staubscheibe zu einem geordneten Planetensystem sind noch nicht vollständig verstanden, vermutlich eine Balance zwischen der gravitativen Anziehung des Zentralgestirns und den zentrifugalen Kräften der Rotation. Dazu kam der Einfluss des magnetischen Felds unserer Sonne, das eine Verzweigung des Flusses zumeist elektrisch geladener Teilchen in der Nähe der Proto-Sonne bewirkt. Ein Teil wurde in das Zentralgestirn akkretiert, ein Teil abgelenkt und als Gasstrahl emittiert. Daraus entwickelte sich eine masse- und staubfreie Zone um das Zentralgestirn, also eine Trennung von Proto-Sonne und planetarer Scheibe (Abbildung 6-1).

In der dichten Staubwolke kam es zu zahllosen Zusammenstößen zwischen den einzelnen Staubteilchen, die vielfach wegen des hohen Wasserstoff- und Sauerstoffgehalts von einer Eisschicht bedeckt waren. Das führte zum sogenannten Schneeballeffekt: Diese Teilchen blieben aneinander kleben und formten die Kondensationskerne zur Planetenbildung. Diese sogenannten Planeten-Embryos konnten schon Größen erreichen, die vergleichbar sind mit denen des Mondes oder der kleineren inneren Planeten wie Merkur, Venus, Erde und Mars. Computersimulationen dieser Prozesse ergaben, dass die Bildung eines planetaren Körpers von der Größe der Erde mehrere Millionen Jahre dauert.

---

155 Dabei ist zu bedenken, dass die meisten Sterne viel massereicher sind als unsere Sonne und deshalb ihre Entwicklung wesentlich schneller durchlaufen.

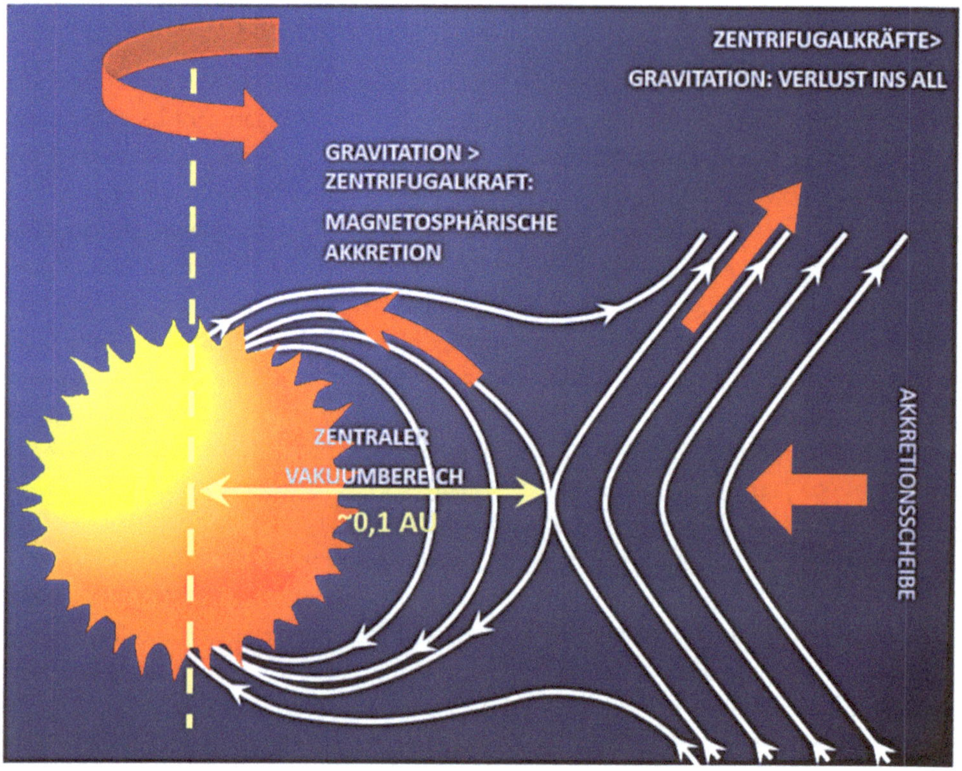


*Abb. 6-1: Struktur der magnetischen Feldbedingungen im frühen Sonnensystem, die eine Trennung der rotationsbedingten Feldlinien vorhersagen. Die Aufspaltung des Feldes in einen Teil, der mit dem Zentralgestirn verbunden blieb, und einen Teil, der der Planetenscheibe verblieb, bewirkte auch eine Trennung der geladenen Staubteilchen, die dem Verlauf der Magnetfeldlinien folgten. (Nach Muriel Gargaud et al.: Early Earth and the Origins of Life. Berlin, Heidelberg 2012 (Springer).*

Körper dieser Größe haben schon eine erhebliche Gravitation und können Gase und Staubteilchen aus der sie umgebenden Wolke anziehen. Diese Akkretionsprozesse fegten die Umgebung des Planeten frei. Innerhalb von 10 Millionen Jahren bildeten sich die riesigen äußeren Planeten unseres Sonnensystems wie Jupiter, Saturn, Uranus und Neptun, die zum größten Teil aus Gas bestehen. Die sich ändernde Masse führte bei diesen Akkretionsprozessen vielfach zum Wechsel in der Planetenbahn. Dabei kam es zu Kollisionen mit kleineren Planeten-Embryos oder Asteroiden. So wurden entweder größere massive Asteroiden eingefangen oder Teile von Planeten herausgeschlagen, zum Beispiel nach gängiger Vorstellung bei der

Bildung des Mondes. Solche Prozesse formten die inneren Planeten mit massivem Staub- und Gesteinsmaterial aus den übriggebliebenen Planeten-Embryos. Dieser Mechanismus dauerte mehrere 10 bis 100 Millionen Jahre und erklärt den Unterschied in der chemischen Komposition der inneren kleinen Gesteinsplaneten und der äußeren großen Gasplaneten.

Bei einer durchschnittlichen Masse von, angenommen, einer Million ($10^6$) kg für die Planeten-Embryos und einer Akkretionszeit von 10 Millionen Jahren erforderte die Bildung des Erdkörpers mit einer Masse von $6 \cdot 10^{24}$ kg die enorme Anzahl von 280 Millionen Stoßprozessen pro Tag. Das setzte gewaltige Wärmemengen frei, bei der typischen Geschwindigkeit von 30 km/s für Asteroiden pro Stoß eine Energie von ungefähr $4{,}5 \cdot 10^{14}$ J, das Zehnfache der Hiroshima-Bombe, pro Tag $1{,}26 \cdot 10^{23}$ J. Das entspricht einer Wärmeleistung von $1{,}5 \cdot 10^{18}$ W oder auch 1500 PW.

Jedoch war damit die Zeit der turbulenten Bildung des Planetensystems nicht vorbei. Durch den stetigen Massezuwachs der äußeren Riesenplaneten und der damit verbundenen wachsenden Gravitation zwischen ihnen wechselten diese allmählich ihre Bahn und zogen eine neue Furche der Zerstörung durch die mit Staub, Felsbrocken und kleineren Planeten-Embryos gefüllte Planetenscheibe. Viele dieser Komponenten wurden aufgefangen oder aus ihrer Bahn geworfen und stürzten Richtung Sonne. Das setzte auch das innere Planetensystem einem Hagel von Asteroidengeschossen aus. Diese Periode in der Bildung des Planetensystems wird nach dem Hades, dem Totenreich der griechischen Mythologie, als Hadaikum bezeichnet. Sie zeigt sich noch heute in den zahllosen Kratern auf der Oberfläche des Mondes. Diese Krater gab es auch auf der Erde, spätere geologische Änderungen haben sie aber weitgehend überdeckt.

Die langsame Entstehung der Erde im Hadaikum fand vor 4,57 bis 4 Milliarden Jahren statt. Dieses Alter ergibt sich aus der Analyse der ältesten bekannten Gesteine, wie Acasta-Gneis und Zirkon-Kristalle, die sich aus dem frühen Magma herauskristallisiert haben. Dazu kommt die Analyse kohlenstoffreicher Chondriten: kleinen Spurenelementen in Meteoritgestein, das entweder auf der Erde gefunden oder von Raumsonden gesammelt wurde. Teil der Chondriten sind CaAl-Einschlüsse. Spurenelemente langlebiger radioaktiver Isotope bilden die durch den radioaktiven Zerfallsmechanismus gegebene innere Uhr dieser Materialien. Dazu gehören etwa $^{26}$Al ($T_{1/2}$=707000 a), $^{41}$Ca ($T_{1/2}$=100000 a), $^{60}$Fe ($T_{1/2}$=1,5 Ma), $^{87}$Rb ($T_{1/2}$=45 Ga), $^{147}$Sm ($T_{1/2}$=100 Ga) und $^{182}$Hf ($T_{1/2}$=9 Ma) sowie radioaktive Aktinide, die aufgrund ihrer chemischen Eigenschaften in das kondensierende oder auskristallisierende Material eingebettet wurden. Sie zerfielen aber zu anderen Isotopen mit unterschiedlichen chemischen Eigenschaften wie $^{26}$Mg, $^{41}$K, $^{60}$Co beziehungsweise $^{60}$Ni, $^{147}$Sm, $^{182}$W und die verschiedenen stabilen Blei-Isotope $^{206}$Pb, $^{207}$Pb und $^{208}$Pb. Der Häufigkeitsvergleich verschiedener Blei-Isotope als Endprodukte der natürlichen Aktinidenzerfallsreihen sowie die Isotopenverhältnisse der Tochterelemente anderer radioaktiver Komponenten ermöglichen die Altersbestimmung der Chondriten und ihrer CaAl-Einschlüsse, dem ältesten Material im Sonnensystem. Auch lässt sich damit der Zeitrahmen für die verschiedenen Kondensations- und Kristallisationsprozesse bei der Bildung des Planeten festlegen. Das heißt, dass diese innere Uhr ein enorm wichtiges Instrument ist, um die geologische Entwicklung unseres Planeten und des gesamten Sonnensystems zu verfolgen.

Wie liefen die geologischen Entwicklungen ab, und was bedeutet das für die innere Radioaktivität unseres Planeten? Schon in der frühen Hadaikum-Phase, als die Oberfläche, durch permanentes Meteoriten-Bombardement erhitzt, aus noch flüssigem Magma bestand, setzte eine erste Trennung der verschiedenen Gesteinskomponenten ein. Flüssiges Fe und Ni sowie schwere metallische Elemente sanken als dichtere Materialien unter dem Einfluss der Erdgravitation zum Zentrum, während leichtere Gesteinsarten, etwa Silikate, wegen ihres höheren Schmelzpunkts als feste Kondensate an der Magma-Oberfläche verblieben und mit langsamer Abkühlung den Erdmantel formten. Die Zeitskala für diese Trennung in ein metallisches Innere und einen von Mineralien dominierten Erdmantel[156] kann die Analyse des radioaktiven Zerfalls von nichtmetallischem Hafnium $^{182}$Hf in das Metall Wolfram $^{182}$W festlegen. Die Halbwertszeit von $^{182}$Hf ist $T_{1/2}$=9 Millionen Jahre (Ma). Allgemein kann man sagen, dass nach 5 Halbwertszeiten das ursprüngliche radioaktive Isotop praktisch verschwunden ist, da gemäß dem Zerfallsgesetz nur noch zirka 3 Prozent verblieben sind. Hafnium würde bei der Trennung als mineralogisches Element im Silikatmantel bleiben und Wolfram sich als Metall im Erdinneren anreichern. Aus der im Mantel beobachteten Häufigkeit für Wolfram kann man erschließen, dass die Trennung der Materialien im Erdkern und im Erdmantel ungefähr 30 Millionen Jahren nach der Entstehung des Planeten geschehen sein muss.

Dieses Ergebnis wird durch den Vergleich der Häufigkeit von Neodymium-Isotopen in Meteoriten- und Lava-Material aus der inneren Mantelzone unterstützt. Samarium ist Bestandteil des silikathaltigen Mantelmaterials. Zwei langlebige Samarium-Isotope zerfallen durch $\alpha$-Emission zu Neodymium: $^{146}$Sm zu $^{142}$Nd mit einer Halbwertszeit von 103 Millionen Jahre (Ma) und $^{147}$Sm zu $^{143}$Nd mit einer Halbwertszeit von 106 Milliarden Jahre (Ga). Chondriteneinschlüsse in Meteoriten-Material zeigen ein niedrigeres $^{142}$Nd/$^{143}$Nd-Verhältnis als im terrestrischen Mantelmaterial. Daraus errechnet sich ebenfalls, dass die Trennung zwischen Mantel und Kern schon frühzeitig stattgefunden haben muss, 30 Millionen Jahre nach der Bildung des Erdkörpers.

## 6.2 Radioaktivität im frühen Sonnensystem

Der Zerfall langlebiger radioaktiver Elemente spielt eine besondere Rolle in der frühen Entwicklung des Sonnensystems, nicht nur als interne Uhr zur Altersbestimmung der verschiedenen

---

156 Die Trennung ist natürlich nicht absolut, was geologisch bedingt hohe Metallvorkommen an manchen Orten erkennen lassen.

Materialien, sondern auch als Treiber vieler physikalischer und chemischer Prozesse, die die Entwicklung des Sonnensystems bestimmten und auch bis heute zur Bewohnbarkeit (Habilität) unseres Planeten beitragen. Neben den bislang diskutierten langlebigen radioaktiven Kernen $^{40}$K, $^{232}$Th, $^{238}$U und anderen Isotopen mit Halbwertszeiten von 10 Millionen bis 100 Millionen Jahren gab es zu Beginn, vor 4,5 Milliarden Jahren, noch eine ganze Reihe kurzlebiger radioaktiver Isotope mit Halbwertszeiten zwischen 0,1 und 10 Millionen Jahren. In Anbetracht des Alters von 4,5 Milliarden Jahren unseres solaren Systems sind diese Isotope wegen ihrer relativ kurzen Lebensdauer schon lange zerfallen. Die Identifizierung und Häufigkeit dieser frühen radioaktiven Elements beruht im Wesentlichen auf der Analyse der Isotopenverhältnisse der stabilen Tochterkerne in Meteoriten-Material aus dem frühen Sonnensystem. Diese Ergebnisse zeigen, dass nicht nur eine erhebliche Anzahl an radioaktiven Elementen vorlag, sondern auch, dass die Intensität der Zerfallsstrahlung großen Einfluss auf die erste Phase der Bildung des Planetensystems hatte.

Es handelt sich zumeist um radioaktive Isotope wie $^{10}$Be (Beryllium), $^{26}$Al (Aluminium), $^{36}$Cl (Chlor), $^{41}$Ca (Kalzium), $^{60}$Fe (Eisen), $^{92}$Nb (Niobium), $^{107}$Pd (Palladium), $^{126}$Sn (Zinn), $^{129}$I (Jod), $^{135}$Cs (Cäsium), $^{142}$Nd (Neodymium), und $^{182}$Hf (Hafnium), die wegen ihrer relativ kurzen Lebensdauer eine enorme Energiequelle in der frühen Phase der Planetenbildung stellen. Diese Isotope haben jedoch unterschiedliche Nukleosynthesequellen, die die ursprünglich proto-solare Wolke über längere Zeiträume von bis zu 50 Millionen Jahren hin mit relativ kurzlebigen Radioaktivitäten kontaminiert haben, deren Zerfallsprodukte heute im festen Verhältnis zu den ursprünglichen stabilen Isotope der jeweiligen Elemente zu finden sind. Es sind teilweise Produkte, die man für die verschiedene Brennphasen in massiven Sternen erwartet, teilweise für Sterne mit geringerer Masse als Produkte des s-Prozesses vorhergesagt hat, und teilweise auch Nukleosyntheseprozessen mit hohem Neutronenfluss wie dem r-Prozess zuschreibt.

Eine der ursprünglichen Thesen war die der Bing-Bang-Theorie, wobei eine Supernova im Bereich der Protosolaren Wolke explodierte und nicht nur letztere mit radioaktiven Elementen anreicherte, sondern auch durch den Schock die beschleunigte Kontraktion der Wolke stimulierte. Andere Quellen könnten der stellare Wind massiver (>25 Sonnenmassen) Wolf-Rayet-Sterne sein, die ihre Umgebung mit radioaktiven Elementen anreichern. Eine andere These postuliert, dass sich unser frühes Sonnensystem im Bereich einer solchen Strahlungswolke befunden hat, wobei $^{26}$Al sich als Bestandteil von Staubteilchen mit dem Gas und Staub der protosolare Wolke vermischt hat.[157] Der massive Stern dagegen entwickelte sich weiter zur Supernova, deren Schockfront den Kollaps der proto-solaren Wolke auslöste.

157 V. Dwarkadas, N. Dauphas, B. Meyer, P. Boyajian, M. Bojazi: Triggered Star Formation inside the Shell of a Wolf-Rayet Bubble as the Origin of the Solar System. Astrophysical Journal 851 (2017), S. 147–161.

Eine ausführliche Analyse all dieser Szenarien zur Injektion radioaktiver Elemente ist außerordentlich komplex und kann deshalb hier in diesem Rahmen nicht beschrieben werden. Hintergründe und Einzelheiten dieser Entwicklung findet man in der Fachliteratur.[158] Von den zahlreichen kurzlebigen Isotopen, die im proto-planetaren Sonnensystem vorlagen (Abbildung 6-2 und 6-3), sticht insbesondere $^{26}$Al ($T_{1/2}$=717.000 a) durch seine spezielle Rolle in der thermo-dynamischen und chemischen Entwicklung der Planetesimals als erste Bausteine des Planetensystems. Die Häufigkeit der stabilen $^{26}$Mg-Tochterkerne in meteoritischen Proben erlaubt den Schluss, dass die ursprüngliche Häufigkeit von $^{26}$Al in der protosolaren Wolke siebzehnmal größer ist als die Durchschnittshäufigkeit von $^{26}$Al in unserer Milchstraße. Die große Häufigkeit von $^{26}$Al und die relativ kurze Halbwertszeit für den Zerfall setzte eine enorme Zerfallswärme frei, die erheblich größer war als die freigesetzte Zerfallswärme der anderen radioaktiven Isotope.

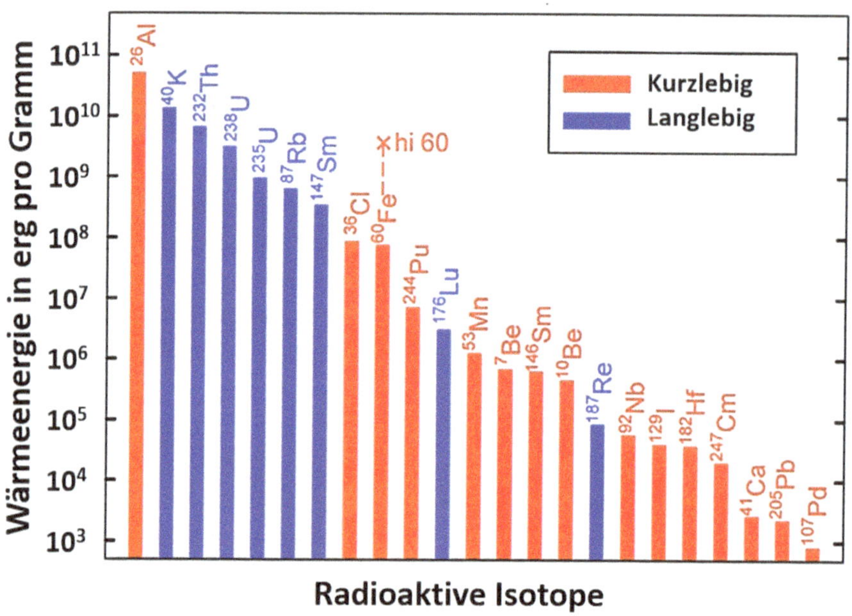


*Abb. 6-2: Die Wärme-Energie pro Gramm, die mit dem vollständigen Zerfall der sich im frühen Sonnensystem befindenden Radio-Isotope freigesetzt wurde. Die Radio-Isotope sind nach ihrem jeweiligen Beitrag zur Erzeugung der gesamten Zerfallsenergie geordnet. Die ursprüngliche Häufigkeit dieser Isotope ergibt sich aus Meteoritenmessungen. Unsicherheiten bestehen beim $^{60}$Fe, weswegen zwei der vorgeschlagenen Werte gezeigt sind. (nach Lugaro et al., 2018)*

---

[158] M. Lugaro, U. Ott, A. Kereszturi: Radioactive Nuclei from Cosmochronology to Habitability. Progress in Particle and Nuclear Physics 102 (2018), S. 1–47.

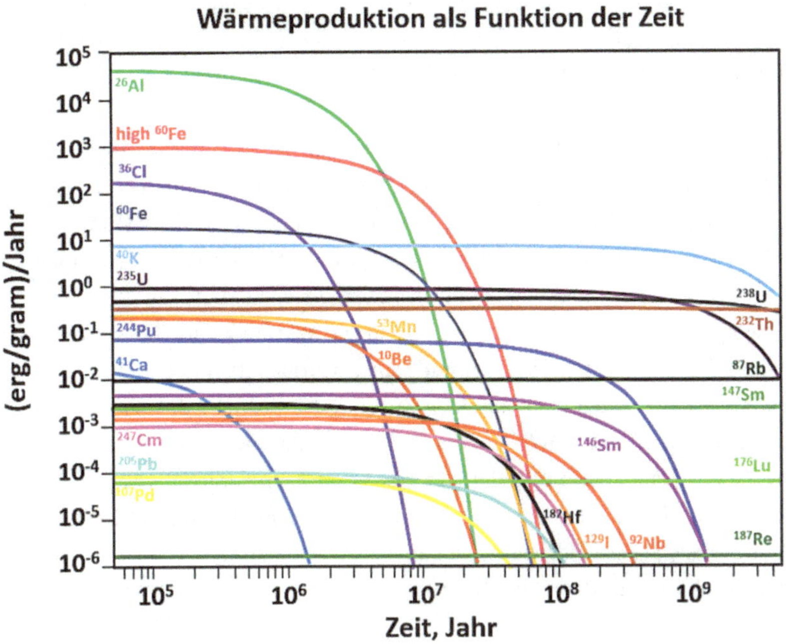


*Abb. 6-3: Die jährliche Zerfallsenergie pro Gramm, freigesetzt durch die verschiedenen radioaktiven Isotope im frühen Sonnensystem als Funktion der Zeit, beginnend 50 000 Jahre nach dem Zeitpunkt Null, definiert als die Zeit, in der die Kerne zu zerfallen beginnen. Man erkennt, dass die meisten der kurzlebigen Isotope schon nach 10 Millionen Jahren zerfallen sind und nur noch die langlebigen Isotope wie $^{40}$K, $^{232}$Th, sowie die zwei Uranisotope $^{235}$U und $^{238}$U im heutigen Planetensystem, also auch auf der Erde, vorliegen sollten. Letztere tragen also noch heute zum internen Wärmehaushalt unserer Erde und anderer Planeten bei. Die ursprünglich freigesetzte Zerfallswärme von $^{26}$Al ist um ungefähr 50 000-mal höher, als das, was heute durch den Zerfall von $^{40}$K und der langlebigen Aktiniden freigesetzt wird. (nach Lugaro et al., 2018)*

Die Zerfallswärme von $^{26}$Al erhitzte den inneren Kern von Planetesimals mit Durchmesser von mehr als 10 km zu mehreren tausend Grad, so dass der Schmelzpunkt des Gesteins erreicht wurde.[159] Dadurch kam es zur Änderung der ursprünglichen Konsistenz, zur Vermischung und Bildung neuer Minerale sowie zur Schmelze und Verdampfung der in das Planetesimal eingebauten Eisbrocken. Dies wiederum löste geo-chemische Prozesse im Inneren der Planetesimals

[159] Richard C. Greenwood, Ian A. Franchi, Albert Jambon, Paul C. Buchanan: Widespread magma oceans on asteroidal bodies in the early Solar System. Nature 435 (2005), S. 916–918.

aus. Silikate bildeten sich, und möglicherweise bauten sich auch organische Moleküle aus dem in der Schmelze vorliegenden Kohlenstoff auf. Die Folgen für die weitere geochemische Entwicklung der sich aus den Planetesimals langsam aufbauenden Planeten ist noch weitgehend in der Diskussion.

Daraus ergibt sich jedoch schon, dass Radioaktvität in sehr komplexer Weise die verschiedenen Faktoren in der Planetenentwicklung und damit insbesondere die Entwicklung der anorganischen und möglicherweise auch der organischen Materie der Erde bestimmt. Dies wird im Wesentlichen durch die Wärme-Entwicklung beim radioaktiven Zerfall beeinflusst. Während dies zur Schmelze der ursprünglichen Planetesimals führte, dient die Zerfallswärme der verbliebenen langlebigen Isotope im Erdmaterial als interne Wärmequelle, die weitreichende Folgen hat für die Entwicklung unseres Planeten und seines heutigen Zustandes hat. Die Zerfallswärme ist verantwortlich für den teilweise flüssigen Zustand des Erdmantels (vgl. Kapitel 6.4), der als zirkulierende Magma-Masse den Motor für die Plattentektonik, also das langsame Treiben der Kontinente liefert. Damit ist die Radioaktivität, wenn auch indirekt, die treibende Kraft des Vulkanismus auf unserem Planeten. Die Rotation der Erde mit dem durch Zerfallshitze teilweise geschmolzenen Eisenkerns liefert das erdmagnetische Feld, das den Aufbau organischen Lebens vor tödlicher Strahlung aus dem All schützt.

## 6.3 Die Struktur der Erde

Die heutige Erdstruktur lässt sich aufgrund der helioseismologischen Messergebnisse im Rahmen eines Schichtenmodells beschreiben. Der Erdkern hat danach einen Radius von ungefähr 3450 km und besteht aus einer Eisen-Nickel-Legierung, die im Inneren fest, aber im äußeren Bereich flüssig ist. Der Kern umfasst ungefähr 15 Prozent des gesamten Erdvolumens. Darüber liegt der sogenannte Erdmantel, eine mehr als 2900 km dicke, feste Silikatschicht, die plastisch verformbar ist und damit Flüssigkeitseigenschaften aufweist. Der Mantel umfasst 84 Prozent des Gesamtvolumens der Erde. Der obere Bereich des Mantels wird als Asthenosphäre bezeichnet. Auf ihr ruht die feste Erdkruste, die Lithosphäre, die nur ein Prozent des Gesamtvolumens umfasst. Reibung und Austausch zwischen den zähflüssig beweglichen Mantelschichten und der Lithosphäre sind für unsere Betrachtungen zur Radioaktivität unseres Planeten besonders wichtig.

Abbildung 6-4 zeigt den Querschnitt der Erde von der äußeren Kruste bis zum metallischen, vornehmlich aus Eisen, Nickel und einigen Spurenelementen an Schwermetallen bestehenden Zentrum sowie die Temperatur- und Dichtebedingungen, die sich aus Messungen und verschiedenen physikalischen Modellrechnungen ergeben. Die Temperaturen im Erdkern liegen zwischen 5000 und 7000°C. Der innere Kern ist wegen des enormen Drucks fest, die äußere Schicht des Erdkerns dagegen weitgehend flüssig.

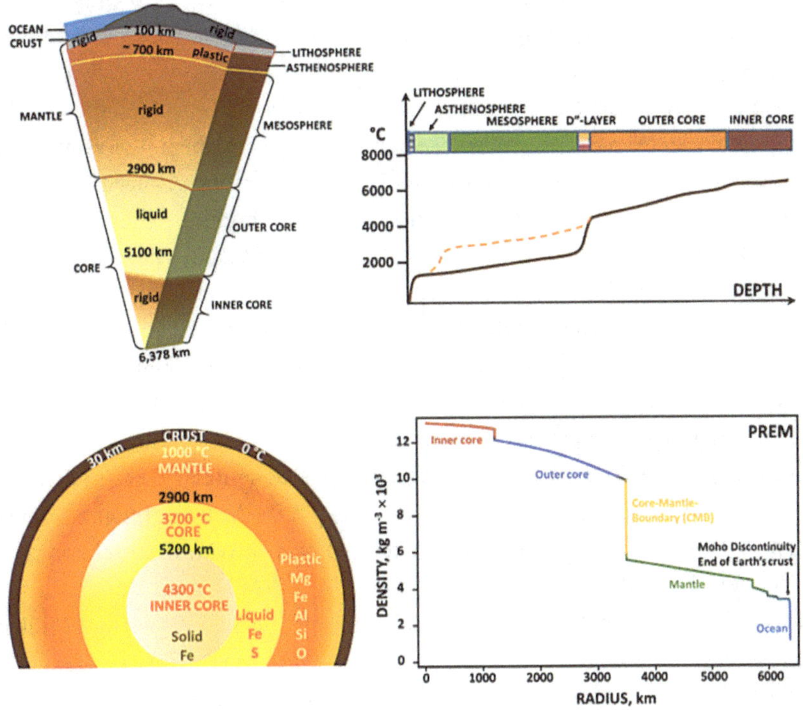


*Abb. 6-4: Die innere Struktur der Erde, aufgeteilt in verschiedene Schichtdicken, charakterisiert durch chemische Zusammensetzung und physikalische Bedingungen wie Temperatur und Dichte des Erdmaterials.*

Die Dichte im festen inneren Kern liegt oberhalb von 12 g/cm³ und fällt im äußeren flüssigen Bereich des Kerninneren auf 10 g/cm³ ab. Diese Bedingungen können im Rahmen einer vorwiegend metallischen Komposition für das Erdinnere verstanden werden. Dabei dominiert der Eisenanteil mit mehr als 80 Prozent bei einem Nickelanteil, der im Höchstfall 5 bis 20 Prozent beträgt. Im Durchschnitt liegt das Verhältnis Ni/Fe bei ungefähr 0,057 bis 0,082. Unter 5 Prozent liegen auch andere chemische Komponenten vor. Sie befinden sich insbesondere im äußeren flüssigen Bereich des Erdkerns, dessen Dichte etwa 10 Prozent geringer ist, als es für eine reine Eisen-Nickel-Schmelze zu erwarten wäre. Der äußere Kern muss daher einige Prozent eines leichten Elements enthalten, wobei vor allem Sauerstoff und Silizium, aber auch Kohlenstoff, Schwefel und Wasserstoff als mögliche Komponenten in Frage kommen. Diesen Anteil lässt die chemische Affinität zu frühem Eisen-Nickel-Meteoritenmaterial vermuten. Der Unterschied in der Komposition des äußeren und inneren Erdkerns ist wahrscheinlich durch chemische

Fraktionierung bei der langsamen Kristallisation des inneren Kerns bedingt. Die leichten Elemente stiegen wegen ihres geringeren spezifischen Gewichts nach oben und verblieben damit in der flüssige Restschmelze.

Neben den stabilen Elementen liegen auch langlebige radioaktive Isotope vor. Kurzlebige radioaktive Isotope wie $^{26}Al$ und $^{60}Fe$ sind auch von großem geologischem Interesse, da ihr Zerfall zur anfänglichen Erwärmung und zum Schmelzen des Erdkerns beigetragen haben kann. Der Anteil langlebiger radioaktiver Komponenten der Uran- und Thorium-Reihen ist vermutlich gering, da diese sich chemisch unterschiedlich verhalten. Trotzdem kann nicht ausgeschlossen werden, dass größere Mengen dieses schweren Materials gravitativ in den äußeren Kern abgesunken sind und sich dann mit dem äußeren Bereich der Fe-Ni-Schmelze vermischt haben. Höher wird allerdings der Anteil des radioaktiven $^{40}K$ eingeschätzt, da Kalium eine besondere chemische Affinität zu Schwefel hat. Aus Abschätzungen der Wärmeleitung und des Kühlungsverhaltens des Erdkerns ergibt sich ein Wert von 29 ppm als maximale Kalium-Häufigkeit. Dies entspricht einer durchschnittlichen Aktivität von 1 Bq/kg. Bei einer Gesamtmasse des Erdkerns von ungefähr $1{,}9 \cdot 10^{24}$ kg ergibt das eine Aktivität von $1{,}9 \cdot 10^{24}$ Bq[160]. Da die freiwerdende Zerfallsenergie von $^{40}K$ rund 1,4 MeV beträgt, entspräche das einer radiogenen Wärmeproduktion im Erdkern von $2 \cdot 10^{11}$ W oder 0,2 TW.

Über dem Erdkern liegt der feste innere Mantel – eine sehr heiße, 2900 km dicke Silikatschicht mit hohen Anteilen an Metalloxiden (Magnesium und Eisen) und Uran-Thorium Aktiniden, die eine chemisch große Affinität zum silikat- und oxidreichen Mantelmaterial haben. Diese Aktiniden tragen erheblich zum beobachteten Fluss der Anti-Neutrinos bei. Gemäß der Anzahl gemessener Geo-Neutrinos kommt ungefähr 50 Prozent der Gesamtwärme der Erde, also 20 TW, aus dem radioaktiven Zerfall der Aktiniden. Da die radioaktiven Aktinide vornehmlich im Mantel vorkommen, kann man daraus die Gesamtaktivität abschätzen. Bei durchschnittlicher Zerfallsenergie von 5 MeV in den natürlichen Zerfallsketten entspricht das gegenwärtig einer Gesamtaktivität von mehr als $2 \cdot 10^{25}$ Bq – ein enormer Wert, der allerdings nur ein Viertel der ursprünglichen Radioaktivität des Erdinneren darstellt. Das entspricht $4 \cdot 10^{42}$ Teilchen und bedeutet ungefähr $10^{15}$ Tonnen Uran bei einer mittleren Halbwertszeit von 4,4 Milliarden Jahren. Diese Menge war ursprünglich doppelt so groß, da die Aktivitäten gemäß dem Zerfallsgesetz exponentiell mit der Zeit abfallen.

Neben den Aktiniden existieren im Mantel noch große Mengen an Kalium mit einem Anteil von ungefähr 0,1 Prozent des Mantelmaterials. Kalium liegt in der atomaren Form von K und als Oxid $K_2O$ vor[161], davon sind 0,01 Prozent radioaktives Kalium $^{40}K$ mit einer Halbwertszeit von $1{,}25 \cdot 10^9$ Jahren. Die von diesem Zerfall stammenden Neutrinos konnten bislang nicht gemessen

[160] Ungefähr 2 Yotta-Becquerel (YBq).

[161] http://en.wikipedia.org/wiki/Mantle_%28geology%29.

werden, was aber nötig wäre, um diese geologischen Abschätzungen direkt zu überprüfen. Die Information kann man jedoch aus der Elementanalyse von Lavamaterial gewinnen, das aus verschiedenen Schichten des Erdmantels durch vulkanische Aktivität an die Erdoberfläche gelangt ist[162]. Im Durchschnitt wird für den Mantel ein K/U-Verhältnis von 13 800 erwartet, mit einem Kalium-Wert von 280 μg in einem Gramm Mantelmaterial. Dies entspricht einer Aktivität von 8,9 Bq/kg oder ungefähr einer Gesamtaktivität von $2{,}6 \cdot 10^{25}$ Bq oder 26 YBq bei einer Masse von rund $3 \cdot 10^{24}$ kg für den Mantelbereich[163].

Die $^{238}$U-Häufigkeit beträgt 20 ng/g. Wegen der kleineren Menge und der größeren Halbwertszeit ergibt sich daraus eine Aktivität von 3,5 Bq/kg mit einer Gesamtaktivität von 10 YBq. Ähnlich ermittelt man aus den Messungen eine Thorium-Menge von 80 ng in einem Gramm Mantelmaterial. Das entspricht wegen der langen Halbwertszeit von 14 Milliarden Jahren einer Aktivität von 33 Bq/kg, also einer Thorium-bedingten Aktivität im Erdmantel von ungefähr 10 YBq. Die Gesamtaktivität durch den Zerfall der Uran- und Thorium-Ketten beträgt also 20 YBq. Das stimmt gut mit dem Ergebnis der Anti-Neutrino-Messungen überein. Dazu kommt noch die Gesamtaktivität von 26 YBq an $^{40}$K, so dass die totale Radioaktivität des Erdmantels fast 50 YBq beträgt. Diese radioaktiven Komponenten tragen zur kontinuierlichen Erwärmung des Mantels bei. Gegenwärtig entspricht die Wärmeleistung durch den Aktinidenzerfall ungefähr 11 TW (Tera-Watt), wozu der Zerfall des $^{40}$K weitere 6 TW beiträgt. Zum Vergleich: Ein Kernkraftwerk hat eine typische Nettoleistung von einem Gigawatt. Eine vergleichbare Wärmeleistung zum radioaktiven Zerfall im Erdmantel erforderte den Bau von fast 20 000 Kernkraftwerken. Derzeit existieren weltweit 439 Reaktoren mit insgesamt 377 GW Nettoleistung[164].

Wegen der unterschiedlichen Halbwertszeiten radiogener Isotope veränderte sich allerdings mit der Zeit deren relativer Anteil an der Wärmeproduktion des Erdmantels. Auch verringerte sich die Gesamtwärmeleistung durch den Zerfall radiogener Isotope über die letzten 4,6 Milliarden Jahre (Abbildung 6-3 und 6-5). Anfangs kam die Wärme überwiegend von der Freisetzung gravitationeller Energie, wurde aber zunehmend nach den ersten Milliarden Jahren von der internen Radioaktivität bestimmt. Wegen der langen Halbwertszeit von 14 Milliarden Jahren ist die $^{232}$Th-Aktivität über die bislang vergangenen 4,6 Milliarden Jahre Erdgeschichte relativ konstant geblieben. Von $^{238}$U sind ungefähr 50 Prozent der ursprünglichen Aktivität zerfallen. Bei $^{40}$K sind bei wesentlich kürzerer Halbwertszeit nur noch 10 Prozent der Ursprungsaktivität vorhanden. Das restliche Material ist zu Kalzium und zu 10 Prozent zum

---

162 R. Arevalo, W. F. McDonough, M. Luong: The K/U ratio of the silicate earth. Earth and Planetary Science Letters 278 (2009), S. 361

163 Für die Gesamtmasse des Mantels wird im Allgemeinen $4 \cdot 10^{24}$ kg angenommen, wobei allerdings die äußere Mantelschicht oder Asthenosphäre eine geringere Aktiniden-Häufigkeit aufweist.

164 http://www.iaea.org/pris/

Edelgas Argon zerfallen. Produzierte Thorium zu Beginn nur 10 Prozent der Wärme, dominiert heute die Thorium-Kette die Erderwärmung. Umgekehrt war $^{40}$K das dominierende Isotop für die Erzeugung von Zerfallswärme. Heute liefert es nur noch einen Anteil von ungefähr oder weniger als 50 Prozent der Gesamtwärmeleistung.

Abbildung 6-5 zeigt neben den Zerfallskurven der dominanten radiogenen Isotope auch das Spektrum der Anti-Neutrinos, die auf der Basis der erwarteten Radioaktivität des Erdmantels vorhergesagt werden. Die Spektren sind auf die Anzahl der gemessenen Anti-Neutrinos aus der $^{238}$U- und $^{232}$Th-Kette normalisiert.

Betrachtet man das hohe Atomgewicht der Aktiniden und ihrer Zerfallsprodukte, die zu den schwersten bekannten Atomen zählen, wird aufgrund ihres hohen spezifischen Gewichts eine allmähliche gravitationsbedingte chemische Fraktionierung erwartet. Die damit verbundene Radioaktivität sammelt sich im unteren Bereich des Mantels an, wo das Gravitationsfeld der Erde das Maximum erreicht[165]. Das trifft nicht auf die Verteilung des langlebigen $^{40}$K-Isotops zu, für das eine gleichmäßigere Verteilung erwartet wird. Konvektive Prozesse haben jedoch Einfluss auf die Gesamtverteilung der verschiedenen radioaktiven Komponenten.

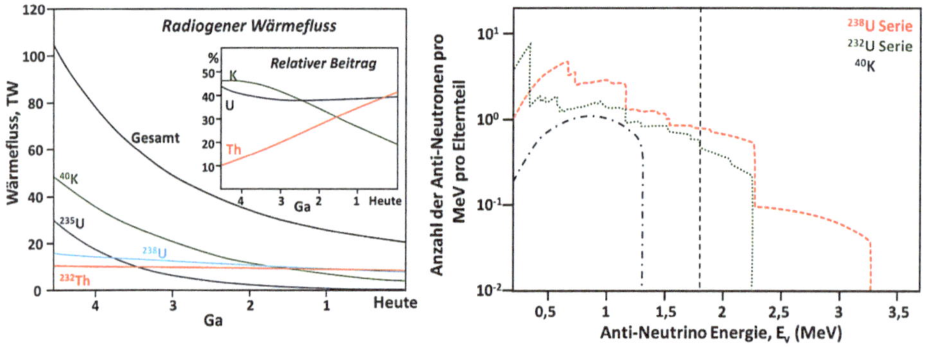


*Abb. 6-5: Die linke Abbildung demonstriert den zeitlichen Abfall der aus dem radioaktiven Zerfall stammenden Erdwärme, die sich aus Neutrino- und Lava-Messungen bestimmten K/U-und U/Th-Häufigkeitsverhältnissen ergeben. Rechts das simulierte Spektrum der Anti-Neutrinos, die aus dem Erdinneren erwartet werden und mit dem die gemessene Zahl der Anti-Neutrinos vom $^{238}$U- und $^{232}$Th-Zerfall verglichen werden kann. (Wikipidia)*

Der Erdmantel macht rund zwei Drittel der Erdmasse aus; die mittlere Dichte seiner Schalen liegt bei 3 bis 6 g/cm$^3$ und ist damit deutlich geringer als die des durch den internen Druck

165 J. Korenaga: Urey ratio and the structure and evolution of Earth's mantle. Reviews of Geophysics, 46 (2008).

komprimierten Erdkerns. Die Temperatur liegt mit 3000°C unter der des Kerns, ist aber wegen der hohen Zerfallswärme der radioaktiven Elemente immer noch sehr hoch. Aufgrund des hohen Drucks und des erhöhten Schmelzpunkts im Vergleich zum Ni-Fe-Kern ist der innere Mantel fest. Dies ändert sich erst, wenn der Druck näher zur Erdoberfläche hin abfällt. Die äußere, 700 km dicke Mantelschicht, die Asthenosphäre, ist deswegen weitgehend zähflüssig.

In dieser Schicht liegt ein K/U≈19300-Verhältnis vor, das sich aus einem Kalium-Massenanteil von 100 µg pro Gramm Erdmaterial sowie für $^{238}$U von 5,3 ng und $^{232}$Th von ungefähr 20 ng pro Gramm Erdmaterial ergibt. Dies entspricht einer Aktivität von 3,2 Bq/kg für $^{40}$K, von 0,9 Bq/kg für $^{238}$U und 0,8 Bq/kg für $^{232}$Th. Dieser Anteil trägt ebenfalls zur Wärmeproduktion im oberen Mantelbereich bei, wobei 0,5 TW vom radioaktiven Zerfall des Kaliums $^{40}$K und jeweils 1 TW von den Zerfallsketten des Urans und des Thoriums herrühren.

| | Aktivität [$10^{24}$ Bq] | | | Wärmeerzeugung [$10^{12}$ W] | | |
|---|---|---|---|---|---|---|
| Isotope | $^{40}$K | $^{232}$Th | $^{238}$U | $^{40}$K | $^{232}$Th | $^{238}$U |
| Erdkern | 2 | - | - | 0,5 | - | - |
| Erdmantel | 27 | 10 | 10 | 6 | 5 | 6 |
| Asthenosphäre | 0,5 | 1 | 1 | 0,5 | 1 | 1 |
| Total | 30 | 11 | 11 | 7 | 6 | 7 |

*Tabelle 6-1. Radiogene Strahlungsaktivität in Erdkern und Erdmantel und die sich daraus ergebende gegenwärtige Wärmeleistung für das Innere unseres Planeten.*

Die Aktivität aus dem abgeschätzten Vorkommen der einzelnen langlebigen Isotope in den verschiedenen Erdschichten und deren Zerfall bestimmen die radiogene Wärmeerzeugung im Erdinneren (Tabelle 6-1).

Die obere Schicht des Mantels, die Asthenosphäre, wird von einer relativ dünnen, festen Erdkruste bedeckt, der Lithosphäre. Sie ist keine geschlossene Kruste, sondern in sieben große und mehrere kleinere Lithosphärenplatten gegliedert, auch tektonische Platten oder Kontinentalplatten genannt. Die Plattenzonen umfassen die einzelnen Kontinente, aber auch weite, von Ozeanen bedeckte Gebiete. Die Plattengrenzen erstrecken sich meist entlang der Ozeane und sind durch die sogenannten Riffzonen oder Tiefseerinnen charakterisiert. Die Schichtdicke der Lithosphäre variiert, die kontinentale Kruste liegt zwischen 30 und 70 km Dicke, die Ozeankruste ist im Durchschnitt mit 7 bis 30 km erheblich dünner. Die Kruste besteht aus Silikaten und Oxiden (Quarz und Feldspat) mit nur relativ geringem Magnesium- und Eisenanteil. An der Oberfläche der Erdkruste sind diese Gesteinsarten durch Austausch mit der Atmosphäre einem ständigen chemischen Verwitterungs- und Umwandlungsprozess unterworfen, dem Kreislauf der Gesteine. Heute gibt es fast keine Gesteine mehr, die seit der ersten Krustenbildung in der Erdgeschichte unverändert geblieben sind.

Diese Struktur von Erdkern, -mantel und -kruste erscheint kurzfristig gesehen statisch zu sein, ist aber wegen der flüssigen Mantelkomponenten und den damit verbundenen hydrodynamischen Bedingungen ständig in Bewegung. Dadurch kommt es zu physikalisch-chemischen Mischprozessen zwischen Mantel und Kruste. Das reichert das Krustenmaterial kontinuierlich mit langlebigem, radioaktivem Material aus dem Mantel an. Daneben hat die Dynamik des Erdinneren eine Reihe von anderen Konsequenzen, die die geologischen Wandlungen in der Erdgeschichte bestimmen und maßgebend für die Entwicklung des Lebens auf unserem Planeten sind.

Treibende Kraft oder Motor hinter diesen Entwicklungen ist die unaufhörliche Freisetzung langlebiger radioaktiver Zerfallsenergie im Erdmantel. Ohne diese innere Energiequelle wäre die Erde weitgehend zu einem toten, starren Körper erkaltet.

## 6.4 Radioaktivität als geologischer Motor

In der frühen Erdphase bewirkte die Freisetzung von Gravitationsenergie eine Erhitzung des Erdinneren. Zusätzlich lieferte jedoch der Zerfall langlebiger radioaktiver Isotope (Aktinide und $^{40}K$) den größten Teil der Energie, die zu hohen Temperaturen im Erdinneren führten. Mit der Verdichtung und dem Erstarren ihres heißen inneren Kerns durch gravitationsbedingte Kontraktion der Erde verblieb eine äußere, flüssig-heiße metallische Zone, der äußere Kern. Möglicherweise heizte ihn Aktinidenanreicherung und die damit verbundene Zerfallsenergie zusätzlich auf. Bei Temperaturen von mehr als 5000°C sind die Atome weitgehend ionisiert, also elektrische Ladungsträger. Bedingt durch die Erdrotation und den Temperaturgradienten zwischen Mantel und innerem Kern entstehen Konvektionsströme und interne Umwälzungen in der flüssigen Fe-Ni-Hülle. Sie erzeugen elektrische Ströme, die als Geodynamo das erdmagnetische Feld induzieren (Abbildung 6-6). Modelle des konvektionsbedingten geodynamischen Verhaltens können weitgehend das beobachtete Verhalten des erdmagnetischen Felds darstellen. Dazu gehören insbesondere die spontanen Umpolungen des Erdmagnetfelds, wie sie in der geologischen Vergangenheit häufig aufgetreten sind. Der flüssige Zustand ist dafür eine kritische Voraussetzung. Das erdmagnetische Feld besteht seit ungefähr 3,8 Milliarden Jahren, ist mithin so alt wie der feste innere Erdkern. Die Beständigkeit des Felds erfordert eine permanente Wärmequelle, die sich heute aus der Strahlungswärme des inneren Kerns, der Reibungsenergie an den Manteloberflächen sowie aus der Zerfallsenergie der dort vorliegenden radioaktiven Isotope zusammensetzt. Diese ursprüngliche Annahme der Freisetzung hoher Zerfallsenergie wird heute durch die direkte Messung des Neutrinoflusses aus dem Erdinneren unterstützt.

Durch die vorliegenden Strömungsbedingungen kann es leicht zum Wechsel zwischen zyklonalen und antizyklonalen Wirbelströmen kommen, die die Hauptrichtung des Feldverlaufs bestimmen. Dies bewirkt die Umpolung des erdmagnetischen Felds. Nach paläomagnetischen Messungen der Restmagnetisierung von eisenhaltigem Gestein der Erdkruste muss das in mehr oder weniger regelmäßigen Zeitabständen von mehreren 100 000 Jahren stattgefunden haben – zum bisher letzten Mal vor 780 000 Jahren. Das ungewöhnlich schnelle Abklingen des erdmagnetischen Felds um mehr als 10 Prozent seit seiner ersten Bestimmung um 1830 durch den deutschen Naturforscher Alexander von Humboldt (1769–1859) wird dahingehend interpretiert, dass wir uns gegenwärtig wieder in einer Umpolungsphase befinden.

Das erdmagnetische Feld hat enormen Einfluss auf die externen Strahlungsbedingungen der Erde. Ohne das Erdmagnetfeld gäbe es keine lebensfreundlichen Umweltbedingungen auf der Erdoberfläche, da das Magnetfeld weitgehend die hochenergetische kosmische Strahlung der Sonne ablenkt und damit die externe Strahlenbelastung der Erdoberfläche größtenteils reduziert (vgl. Kapitel 6.8).

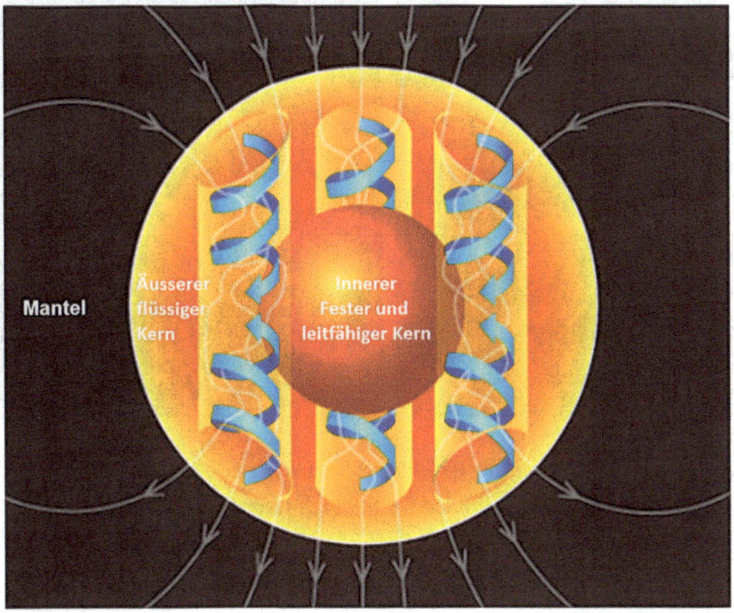


*Abb. 6-6: Nach der Dynamotheorie sind die grundlegenden Anforderungen an ein Magnetfeld Konvektionsströme, die durch starke Temperaturgradienten getrieben werden, die Rotation des Planeten und ein elektrisch leitfähiger Kern. All diese Bedingungen sind für die Erde, aber nicht für einige der anderen Planeten gegeben. Bei Venus ist die Rotation zu langsam und bei Mars lautet die gegenwärtige These, dass sich der früher flüssige Kern verfestigt hat. (Wikipedia)*

Ein faszinierender Umstand ist, dass Mars, ein wesentlich kleinerer Planet, nach neuesten Forschungen und Analysen von Marsproben sein magnetisches Feld schon 1 Milliarde Jahre nach der Entstehung des Planetensystems verloren hat. Der Eisenkern kühlte schneller ab als bei der größeren Erde. Der Eisenkern wandelte sich von flüssiger Masse in einen festen Block um; damit brach die Induktion des magnetischen Feldes zusammen. Messungen von Marsgestein jünger als 3,5 Milliarden Jahren zeigen, dass das vorher existierende magnetische Feld verschwunden war. Ohne den Schutz eines Magnetfeldes konnte kosmische Strahlung ungehindert in die Atmosphäre und zur Oberfläche durchdringen. Das führte zu Aufbruch und Zerstörung der Moleküle und zum Verlust leichter atmosphärischer Gase mit einer Rate von 1 kg/sec – ein Vorgang, der bis heute anhält. Der Planet kühlte ab und verlor seinen Atmosphären- und Oberflächen-Wassergehalt, was möglicherweise vor 3,5 Milliarden Jahren zum Zusammenbruch anfänglich positiver Lebensbedingungen geführt hat.

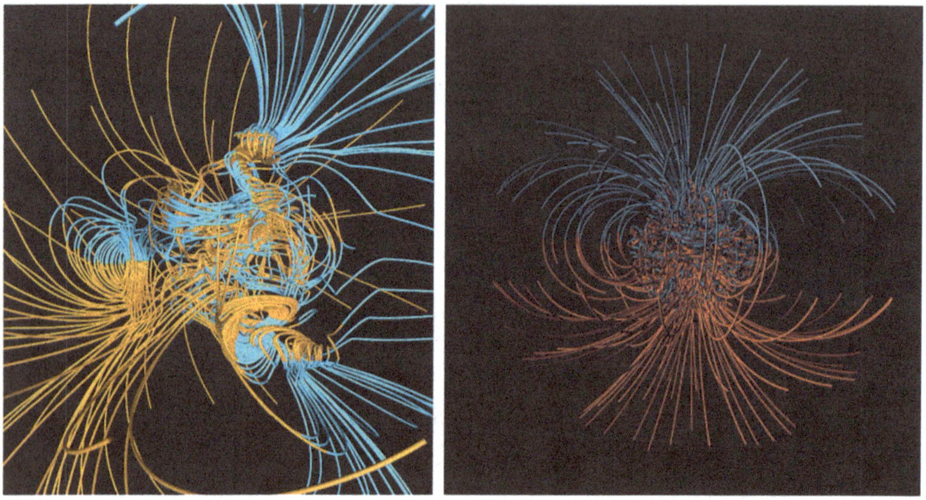

*Abb. 6-7: Ein einfaches Modell des Geodynamos: Gelbe und blaue Bereiche repräsentieren zyklonale und antizyklonale Wirbel in der Strömung des Kerns. Links der chaotische Verlauf der Feldlinien im Inneren des Erdkerns, rechts das gesamte erdmagnetische Feld, das sich außerhalb der Erde als Dipolfeld darstellt. (Quelle: http://de.wikipedia.org/wiki/Erdmagnetfeld)*

Auch der Erdmantel befand sich während der frühen Phase in weitgehend flüssigem Zustand, weil ihn Akkretions- und Kontraktionsprozesse sowie die radioaktiven Zerfallsprozesse von $^{26}$Al und $^{60}$Fe und der verbliebenen anderen radioaktiven Elemente auf über 10 000°C erhitzten. Doch die Zerfallszeiten dieser radioaktiven Isotope sind relativ kurz. Die interne radiogene Wärmeproduktion sank daher schnell ab und wurde nur noch durch die Zerfallsenergie der längerlebigen $^{40}K$ Isotope und der Zerfallsketten aufrechterhalten. Dadurch kam es zur allmählichen Abkühlung und Verfestigung der Mantelzonen.

Trotz seiner Verfestigung besitzt das Mantelmaterial eine gewisse Plastizität, die zu einem trägen Flüssigkeitsverhalten mit extrem hoher Viskosität führt[166]. Das bedingt ein komplexes thermodynamischen Verhalten, da die Mantelschicht von unten durch den Wärmeaustausch mit dem heißen Erdkern sowie der freigesetzten radioaktiven Zerfallsenergie erhitzt und von oben durch die Wechselwirkung mit der Lithosphäre gekühlt wird. Daneben liegt das allmähliche Abkühlen des gesamten inneren Erdbereichs vor. Diese thermodynamischen Bedingungen bewirken ein konvektives Verhalten der Materie im Mantelbereich, wobei, ähnlich wie beim Kochtopf, erhitztes Material vom tieferen Mantelbereich nach oben in die Asthenosphäre steigt, wo es nach der Abkühlung über Wärmeaustausch mit der unteren Lithosphäre wieder nach unten sinkt. Dieses konvektive Verhalten ist extrem langsam: Eine Umwälzung dauert ungefähr 100 Millionen Jahre. Die Konvektionsgeschwindigkeit war zunächst wesentlich schneller, weil die Zerfallsprozesse erheblich größere Wärmemengen freigesetzt hatten (Abbildung 6-4). Bei dieser Interpretation bleiben allerdings noch viele Fragen offen, die insbesondere mit der Kühlungsrate der Mantelschichten zusammenhängen und die vermutlich ein etwas komplexeres und vielschichtigeres Konvektionsverhalten erfordern, als hier diskutiert werden kann und schematisch in Abbildung 6-8 dargestellt ist.

Die Konvektionsbewegung unterteilt sich in einzelne Konvektionszonen zwischen den jeweiligen Mantelkomponenten. Das wird dann der Fall sein, wenn sich die radioaktiven Isotope anders verteilen als bei den hier angenommenen geo-chemischen Separierungsprozessen. Danach sammeln sich die schweren Uran-Thorium-Komponenten im inneren Bereich des Mantels an. Beim Kaliumisotop $^{40}K$ liegt eine ausgeprägtere Gleichverteilung vor. Sollten die Elemente der Uran-Thorium-Ketten auch gleichverteilt sein, wird die Konvektion vermutlich über mehrere Mantelschichten ablaufen. Die Verteilung ist schwer nachzuprüfen und beruht auf den oben erwähnten Messungen der Elementverteilung in Lava-Material und den daraus extrahierten theoretischen Modellannahmen. Die Verteilungsfrage bleibt Gegenstand der wissenschaftlichen Debatte.

Durch Reibung mit der starren Kruste wird die Konvektionsenergie auf die Lithosphäre übertragen und bedingt so die tektonische Bewegung der Kontinente. An den sogenannten divergenten Plattengrenzen treibt die Mantelkonvektion die Kontinente durch austretendes Magma an den Gräben oder sogenannten Rifts entlang der mittleren Ozeanzonen auseinander. Die dabei herausquellende Magmamasse erkaltet und bildet eine neue Kruste. Dieser Vorgang wird als *Sea-floor spreading* (Ozeanbodenspreizung) bezeichnet. Dadurch verbreitert

[166] Glas gilt in diesem Sinne als Flüssigkeit.

sich der Atlantik jedes Jahr um wenige Zentimeter[167]. Globale Plattenverteilung, der Verlauf der verschiedenen Riftzonen und neue, erkaltete Magmaschichten bewirken die kontinentale Drift.

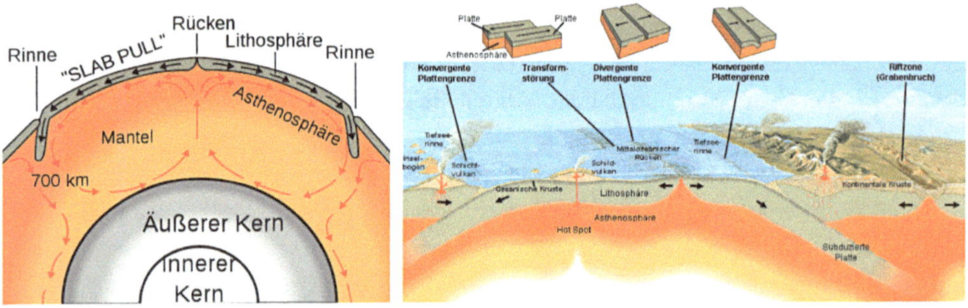


*Abb. 6-8: Konvektion im Erdmantel: Dabei kommt es zu Wärmeübertragung zwischen Erdkern und Erdkruste, aber auch zum Austausch von Material zwischen Mantel und Erdkruste durch Reibung zwischen der oberen Asthenosphäre des Mantels und der Lithosphäre. Über diesen Mechanismus wird eine Anreicherung der Lithosphäre an radioaktiven Materialien aus dem inneren Bereich des Mantels erwartet. (Wikipedia)*

An konvergenten Plattengrenzen stoßen zwei Platten aneinander. Dies sind Grenzen entlang der kontinentalen Küsten. Dabei sinkt die schwerere ozeanische Platte bei Kontakt mit der festeren kontinentalen Plattenzone ab und wird in die Asthenosphäre bis in die untere Mantelschicht gepresst. Dieser Prozess heißt Subduktion. Die dabei entstehende Faltung bildet einen Tiefseegraben vor der kontinentalen Küste, die sich ihrerseits zu einem Gebirgszug auffaltet. Dies kann man insbesondere an der Westküste des amerikanischen Kontinents beobachten. Starke Erdbeben und vulkanische Aktivität – verursacht durch Reibungsprozesse zwischen den verschiedenen Krustenbereichen – prägen sowohl die Riftzone als auch den der Subduktionszone.

Subduktion ist wirklicher Materialaustausch, denn kaltes Krustenmaterial sinkt tief in die Mantelzone ab, nach manchen Annahmen sogar bis zur äußeren Zone des Erdkerns, während heißes Magma aus dem Erdinneren als neues Krustenmaterial an die Oberfläche dringt. Dies findet vorwiegend entlang den Riftzonen in den Ozeanen statt. Die durchschnittliche Rate für die Flächenerzeugung von neuem Erdkrustenmaterial beträgt ungefähr 3,4 $km^2$ pro Jahr.

[167] Divergente Plattengrenzen finden sich vor allem in den mittelozeanischen Rücken (Mittelatlantischer Rücken, Island), aber auch in kontinentalen Gräben (Rifts). Der Ostafrikanische Graben ist ein Beispiel für kontinentale Divergenz.

In der Tat findet man in den heutigen Ozeanen keine Lithosphäre, die älter als 200 Millionen Jahre ist. Das entspricht ungefähr dem geologischen Alter des Atlantischen und des Pazifischen Ozeans. Das in den Mantel gepresste Lithosphärematerial wird durch Reibung, Kompression und Wärmeaustausch mit dem tieferen Material des äußeren Mantels aufgeheizt und erreicht Temperaturen von 1200°C in einer Tiefe von 100 km. In einer Tiefe von 500 km, am unteren Rand der Asthenosphäre, beginnt der Großteil des Materials bei 2000°C zu schmelzen und vermischt sich dabei mit dem Material der tieferen Mantelschichten.

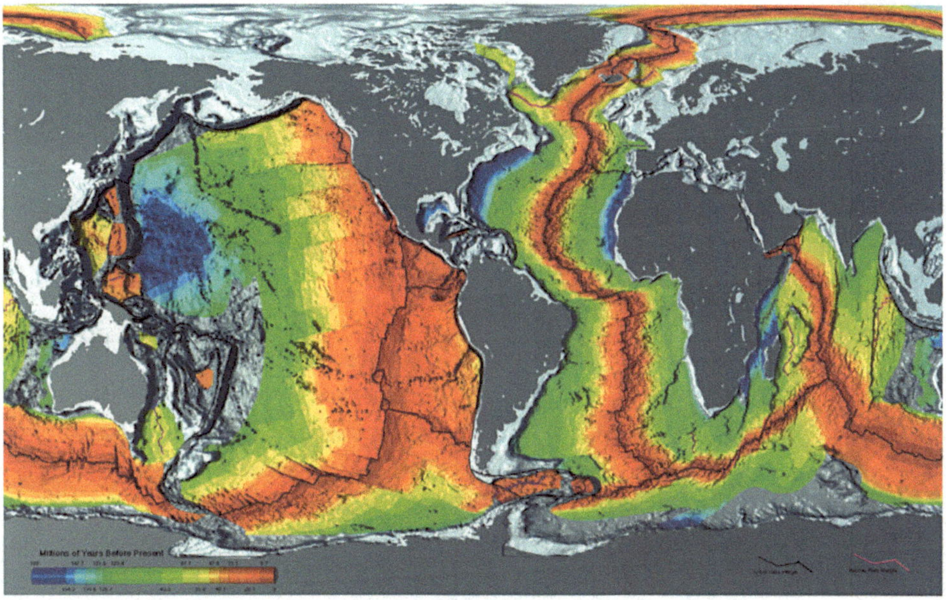


*Abb. 6-9: Die zeitliche Entwicklung der ozeanischen Riftzonen, die die Bewegung der kontinentalen Platten bewirken. Das Alter der ozeanischen Bodenschichten ist farblich gekennzeichnet, wobei die roten Zonen die jüngste Entwicklung kennzeichnen (Credit: Wiki Commons).*

Neben dem langsamen Konvektionsprozess der Lithosphäre tragen auch andere vulkanische Prozesse zum Materialaustausch zwischen Mantel und Kruste bei. Tiefliegende Magma-Taschen, die sogenannten Plumes, sind oft durch Kanäle mit der Oberfläche verbunden, über die der vulkanische Ausbruch stattfindet. Vulkane bieten damit einen Blick auf die Komposition des Mantelmaterials. Die chemische Analyse von Magma zeigt die erwartete Mantelkomposition von Silikat- und Oxidmineralien, mit Beimischungen von Eisen, Kalzium, Magnesium und Kalium.

Mantelkonvektion und Bildung neuen Krustenmaterials sowie direkter Transport von Magma aus den Tiefen des Erdmantels fördert radioaktives Material nach oben in die Lithosphäre. So reichert sich die Kruste allmählich mit Radioaktivität an. Natürlich sinkt bei der Subduktion ein gewisser Anteil des Materials wieder in den Mantel ab und sorgt für ein Gleichgewicht im Transportmechanismus. Vor allem in der frühen Zeit dominierte die Krustenbildung derart die Subduktion, dass heute die Konzentration an radiogenem Material in der Kruste mehr als 200-mal größer ist als im Mantel.

Das langsame Anwachsen der Radioaktivität in der Kruste und die heutige prozentuale Häufigkeit im Vergleich zur Anzahl der radiogenen Elemente im Erdmantel läuft nicht durch chemische Fraktionierung einzelner Elemente ab, wie bei den Mischprozessen zwischen der unteren Mantelsphäre und dem äußeren flüssigen Bereich des Erdkerns, sondern durch Austausch von Gestein und Mineralien (Abbildung 6-10). Sie werden aus dem flüssigen Bereich der Asthenosphäre nach oben gebracht und kristallisieren durch Kühlung aus. Das heißt, dass die radioaktiven Isotope chemischer Bestandteil der verschiedenen Mineralien sind. Sie machen das Krustengestein aus und kommen in den oberen Schichten der Erdkruste vor – je nach Gesteinsart und mit lokal unterschiedlicher Häufigkeit.

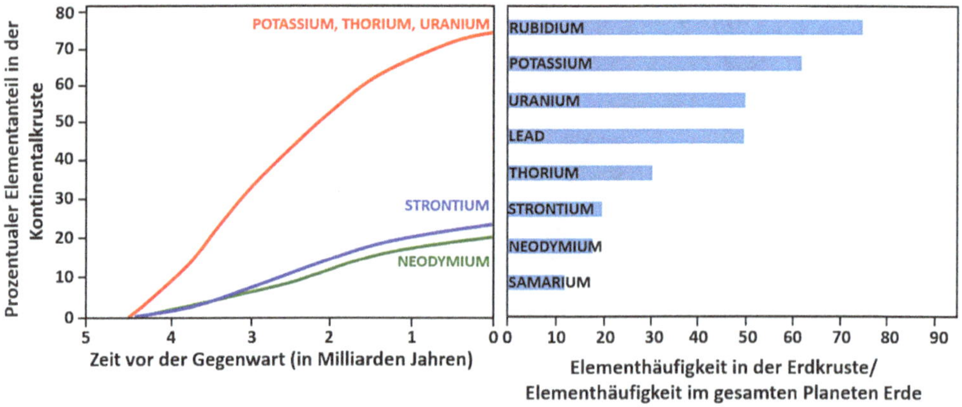


*Abb. 6-10: Modellvorhersagen für die allmähliche Anreicherung (links) und gegenwärtige prozentuale Häufigkeit (rechts) von radioaktiven Materialien (im Vergleich zur Gesamthäufigkeit) in der Erdkruste durch Mantelkonvektion. Bei diesen Rechnungen wurde angenommen, dass nur 50 Prozent des Mantels am Konvektionsprozess beteiligt ist.*

Viele dieser Radio-Isotope liegen nur in geringen Mengen vor und haben deswegen keinen großen Einfluss auf die Thermik von Mantel oder Kruste. Ihre Bedeutung liegt jedoch in den verschiedenen geophysikalischen Anwendungsmöglichkeiten. Durch die relative

Häufigkeitsverteilung verschiedener Mutter- und Tochterkomponenten in unterschiedlichen Gesteins- und Mineralarten kann der zeitliche Ablauf der Misch- und Kristallisationsprozesse detailliert bestimmt und mit den jeweiligen Modellvorhersagen verglichen werden.

Insbesondere die Aktiniden $^{232}$Th, $^{235}$U und $^{238}$U füttern wegen ihrer langen Lebensdauer ständig die Zerfallsketten und tragen damit neben der Wärmeleitung zwischen Mantel und Kruste zur permanenten Erwärmung der Erdkruste bei. Dabei sind die Zerfallsprodukte hauptsächlich $\alpha$- und $\beta^-$-Teilchen, die nur eine kurze Reichweite im Gestein haben, aber deren kinetische Energie sich durch den Abbremsprozess in Wärme-Energie wandelt. Allerdings kommt es vielfach zu sekundären Kernreaktionen zwischen den relativ hochenergetischen $\alpha$-Teilchen mit einer Durchschnittsenergie von 5 MeV und Atomkernen im Erdmaterial. Diese Streuprozesse werden über die $\alpha$-Teilchen abgebremst. Ein kleiner Prozentsatz der $\alpha$-Teilchen bewirkt, je nach Wirkungsquerschnitt, $(\alpha,n)$ Reaktionen, über die ein ständiger Neutronenfluss innerhalb der Erdkruste und an der Erdoberfläche von durchschnittlich 10 bis 30 Neutronen pro Minute und Quadratmeter produziert wird. Dies ist zwar ein sehr geringer, aber doch direkt nachweisbarer Fluss, der zu Neutronen-induzierten Tertiär-Reaktionen führen kann. Je nach Intensität der $\alpha$-Quellen, also der Häufigkeit von Uran und Thorium, kann es jedoch zu höheren Neutronenflüssen kommen.

Außer den Zerfallsreihen ist es der Zerfall des radioaktiven $^{40}$K, das wegen seiner großen Häufigkeit im Gesteinsmaterial einen wesentlichen Beitrag zur Erwärmung der Kruste liefert. Hier wird die Zerfallsenergie hauptsächlich als $\beta^-$-Strahlung mit kurzer Reichweite freigesetzt. Ein 1-Prozent-Anteil kommt aber auch als 1,45 MeV-$\gamma$-Strahlung vor, den in tieferen Zonen der Erdkruste zwar die Compton-Streuprozesse abstoppen, der aber an der Erdoberfläche direkt zur allgemeinen Strahlenbelastung beiträgt.

Alle diese Zerfallsprozesse produzieren Edelgase im Erdinneren. Der $\alpha$-Zerfall führt zur Anreicherung von Helium-Gas ($^4$He). Radioaktives $^{220}$Rn ($T_{1/2}$=55s) aus der $^{232}$Th- und $^{222}$Rn- ($T_{1/2}$=3.82d) aus der $^{238}$U-Zerfallskette bilden sich ständig und können aus der Oberfläche in die Atmosphäre diffundieren. Aus dem Zerfall des $^{40}$K entsteht das Edelgas $^{40}$Ar, die Hauptquelle für den Ursprung von Argon, der dritthäufigsten Komponente in unserer Atmosphäre.

Diese Beobachtungen und Ergebnisse demonstrieren, dass die Erdwärme, die durch lokale Wärmepumpen aus 400 m Tiefe nahe der Oberfläche gewonnen oder mittels geothermischer Kraftwerke aus Tiefenschichten von mehreren tausend Metern der Kruste entzogen wird, ein Folgeprodukt des Zerfalls langlebiger radioaktiver Elemente ist. Die heute abgeschätzte Wärmeleistung entspricht ungefähr 40 bis 50 kW/km$^2$. Ohne diese radioaktiven Zerfallsprozesse wäre es schon lange zu einer Abkühlung der Kruste gekommen – und die Erde wesentlich kälter und als Lebensraum unfreundlicher.

Ein spezieller Fall von raschem Transport langlebiger radioaktiver Stoffe aus der Tiefe des Erdmantels an die Erdoberfläche sind Vulkanausbrüche. Menge und Aktivität der dabei ausgeworfenen Materialien hängen von der Art des Vulkanausbruchs ab. Sie ergibt die Mischung aus Material tieferer Mantelschichten und vulkanischem Oberflächengestein. Genaue Daten sind verständlicherweise schwer zu erlangen: Sammlung und Analyse des ausgeworfenen Lavagesteins erfordern relativ schnellen Zugriff, um sekundäre chemische Fraktionierungs- und Mischungsprozesse mit Oberflächenmaterial zu verhindern. Doch schon 1964 wurde über die Anreicherung der Atmosphäre mit radioaktivem Blei aus Vulkanausbrüchen debattiert[168]. Dieses radioaktive Blei entsteht aus dem Zerfall von radioaktivem Radongas $^{222}$Rn mit einer Halbwertszeit von 3,8 Tagen aus der $^{238}$U-Zerfallskette. Das Edelgas Radon wird beim Vulkanausbruch neben den Feststoffen in großen Mengen freigesetzt. Es zerfällt dabei vorwiegend über die α-Zerfallskette zu $^{210}$Pb mit einer Halbwertszeit von 20 Jahren und über zwei nachfolgende β-Zerfälle zu $^{210}$Polonium (Po): ${}^{222}_{86}Rn \Rightarrow {}^{210}_{82}Pb \Rightarrow {}^{210}_{83}Bi \Rightarrow {}^{210}_{94}Po$. Dieses $^{210}$Po zerfällt mit einer Halbwertszeit von 138 Tagen über α-Emission zum stabilen Blei-Isotop $^{206}$Pb. Vulkanische Aktivität setzt pro Jahr durchschnittlich mehr als $1{,}85 \cdot 10^{15}$ Bq an vulkanischem $^{210}$Po in die Troposphäre und $3{,}7 \cdot 10^{15}$ Bq in die Stratosphäre frei[169]. Dies scheint gering im Vergleich zum Ausstoß von Tschernobyl mit $5{,}2 \cdot 10^{18}$ Bq und Fukushima mit $8 \cdot 10^{17}$ Bq, jedoch handelt es sich dabei nur um Radioaktivität, die mit der Emission von Radongasen einhergeht. Aus dem Gleichgewicht zwischen vulkanischer Produktion und natürlichem Zerfall entsteht in der Atmosphäre eine Gleichgewichtshäufigkeit dieser radioaktiven Stoffe. Messungen von Aerosolen in der Atmosphäre über dem antarktischen Ozean haben eine Gleichgewichtsaktivität von 0,044 Bq/m$^3$ bei $^{222}$Rn und 0,00001 Bq/m$^3$ bei $^{210}$Pb festgestellt. Dort ist die Atmosphäre am wenigsten durch Emission von Radon aus der Landmasse betroffen. Bei der Untersuchung radioaktiver Feststoffe, die sich nicht nur in der flüssigen Lavamasse, sondern auch im Staub und Ascheausfall befinden, liegen weniger Daten vor.

Eine detailliertere Untersuchung fand beim Ausbruch des Vulkans Mount St. Helens im März 1980 statt[170]. Der Vulkan liegt pazifiknah im Süden des US-Bundesstaates Washington. Dabei wurden für mehr als ein Jahr Proben entnommen und auf den Aktiniden-Gehalt aus den radioaktiven Uran- und Thorium-Zerfallsketten untersucht. Die Proben enthielten eine durchschnittliche Konzentration von 1 ppm an $^{238}$U und 2,4 ppm $^{232}$Th. Das entspricht einer Aktivität von 13 Bq/kg beziehungsweise von 10 Bq/kg, also den durchschnittlichen Gesteinswerten (Tabelle 6-2), und reflektiert keinen übermäßigen Anstieg lokaler Radioaktivität. Aus den so gewonnenen Daten ergibt sich allerdings eine $^{210}$Po-Emission von $1{,}1 \cdot 10^{13}$ bis $1{,}85 \cdot 10^{14}$ Bq, die der Ausbruch des Mount St. Helens freisetzte. Das liegt unter dem jährlichen Gesamtdurchschnitt

---

168 F.G. Houtermans, A. Eberhardt, G. Ferrara. In: H. Craig, S.L. Miller and G.J. Wasserburg (Hrsg.): Lead of volcanic origin. Isotopic and Cosmic Chemistry, Amsterdam 1964, S. 233–243.

169 G. Lambert, A. Buisson, J. Sanak, B. Ardouin: Modification of the atmospheric polonium 210 to lead 210 ratio by volcanic emissions. J. Geophys. Res. 84 (1979), S. 6980–6986.

170 J. T. Bennett, S. Krishnaswami, K. K. Turekian, W. G. Melson, C. A. Hopson: The uranium and thorium decay series nuclides in Mt. St. Hellens effusive. Earth Planet. Sci. Lett. 60 (1982), S. 61–69.

vulkanischer Produktion. Der Wert ist allerdings vergleichbar mit dem natürlichen $^{210}$Po-Gehalt der Atmosphäre und der jährlichen Produktion von $^{210}$Po durch Kohleverbrennung, Düngemittelherstellung und Metallschmelzen – alles anthropogene Beiträge zum radioaktiven Gesamthaushalt (vgl. Band 2 Kapitel 11).

## 6.5 Radiogene Radioaktivität an der Erdoberfläche

Radioaktive Elemente bestimmen jedoch nicht nur die Erwärmung tieferer Erdschichten, sondern kommen auch an der Erdoberfläche vor. Wie in größeren Tiefenschichten entsteht die Radioaktivität an der Erdoberfläche ebenfalls überwiegend aus dem Zerfall der langlebigen radiogenen Isotope $^{238}$U, $^{232}$Th und $^{40}$K sowie ihrer radioaktiven Tochter-Isotope. Bedingt durch ihr chemisch-mineralogisches Verhalten kommen diese Elemente in oft sehr unterschiedlichen Häufigkeiten im Gestein und Bodenmaterial vor. Tabelle 6-2 listet die häufigsten Gesteinsarten und den typischen Bereich für die Konzentration (in ppm) der wichtigsten Radio-Isotope in den jeweiligen Mineralien. Ebenso gegeben sind die Zerfallsaktivität der verschiedenen radiogenen Komponenten und ihre Dosisleistungen, die als Teil der natürlichen Strahlenbelastung für Mensch und Tier gelten.

| Minerale und Gesteine | Konzentration | | | Aktivität | | | Dosisleistung | | |
|---|---|---|---|---|---|---|---|---|---|
| | $^{238}$U [ppm] | $^{232}$Th [ppm] | $K_{nat}$ [ppm] | $^{228}$U [Bq/kg] | $^{232}$Th [Bq/kg] | $^{40}$K [Bq/kg] | $^{228}$U [nGy/h] | $^{232}$Th [nGy/h] | $^{40}$K [nGy/h] |
| Feldspat | 0,2–3 | 0,5–10 | | 2,5–37 | 2-41 | | 1–17 | 1,3–26 | |
| Quarz | 0,1–5 | 0,5–10 | | 1.26–62 | 2-41 | | 0,5–25 | 1,3–26 | |
| Hornblende | 1–30 | 5–50 | | 12–372 | 21-205 | | 6–170 | 13–130 | |
| Magmatit | 0,3–20 | 4–90 | 0,6–5,4 | 4–252 | 2-369 | 180–1683 | 2–116 | 2–234 | 7,5–70 |
| Sandstein | 0,5–3 | 1–9 | 0,01–6,7 | 6–38 | 4-37 | 3–2081 | 3–17 | 2,6–23 | 0,1–86 |
| Tonstein | 1,5–8 | 10–17 | 0,5–4,3 | 25–101 | 41-70 | 153–1352 | 8–46 | 26–44 | 6,3-56 |
| Carbonat | 0,3–2,3 | 0,3–1 | 0,02–1,5 | 4–29 | 0,5-12 | 6–480 | 1–13 | 0,3–7,8 | 0,3-20 |
| Bauxit | 2–27 | 49 | | 25–340 | 201 | | 12–157 | 127 | |
| Schiefer | 3–1200 | 100 | | 38–15 120 | 410 | | 17–6960 | 260 | |
| Phosphat | 50–900 | 1–5 | | 630–11 340 | 4-21 | | 290–5220 | 2,6–13 | |
| Boden | 1–20 | 4–23 | 0,05–9,5 | 13–252 | 17-94 | 16–2960 | 6–116 | 11–60 | 0,6-123 |

*Tab. 6-2: Vorkommen und Aktivitätsbelastung der wichtigsten radiogenen Isotope in typischen Gesteinsmaterialien.*

Aus den Häufigkeiten der verschiedenen Isotope kann man ihre Aktivität über die bekannten Zerfallskonstanten errechnen. Daraus ergeben sich folgende Umrechnungswerte: 1 ppm $U_{nat} \approx$ 25,4 Bq/kg; 1 ppm $^{238}U \approx$ 12,4 Bq/kg; 1 ppm $^{232}Th \approx$ 4,1 Bq/kg; 1%$K_{nat} \approx$ 311,7 Bq/kg. Hierbei ist nicht die Radioaktivität der Tochterelemente berücksichtigt, die bei vorliegendem radioaktivem Gleichgewicht mit dem langsam zerfallenden Mutterisotop in jeweils gleicher Aktivität vorhanden sein müssen. Zur Berechnung der Gesamtaktivität des Bodenmaterials muss die in der Tabelle angegebene Aktivität des Mutterisotops mit der Anzahl der radioaktiven Isotope in der Zerfallskette multipliziert werden. Das ist einfach bei $^{40}K$, da nur ein einziges Radio-Isotop vorliegt. Bei der $^{238}U$-Zerfallsreihe sind es insgesamt 14 Radio-Isotope, bei der $^{232}Th$-Zerfallskette 10 Radio-Isotope mit einer Verzweigung in der Zerfallskette. Neben der Aktivität ist in der Tabelle auch die typische stündliche Dosisleistung in Gray angegeben, die sich aus der Aktivität und der dabei freigesetzten Energie der jeweiligen Zerfälle in das umgebende Medium ergibt. Diese Umrechnung geschieht mittels standardisierter, empirisch gewonnener Faktoren, die in den UNSCEAR-Reporten[171] aufgrund neuester Messungen verzeichnet sind. Danach entspricht eine Aktivität von 1 Bq an $^{238}U$ einer Dosisleistung von 0,46 nGy/h, 1 Bq an $^{232}Th$ einer Dosisleistung von 0,623 nGy/h und eine $^{40}K$-Aktivität von 1 Bq einer Dosisleistung von 0,0414 nGy/h beziehungsweise 1 Prozent an natürlichem Kalium in Bodenmaterialien einer Dosisleistung von 12,9 nGy/h.

Für die biologische Wirkung der Strahlung auf den Menschen muss man die Energiedosis der Strahlung in die Äquivalentdosis über den strahlungsbedingten Gewichtungsfaktor umrechnen (vgl. Kapitel 3). Für $\alpha$-Teilchen ist dieser Umrechnungsfaktor Q=20. Jedoch gilt im Fall der Strahlung aus dem Erdreich ein verringerter Faktor, da nur der Anteil der in die Atmosphäre emittierten $\gamma$-Strahlung berücksichtigt werden sollte, die sogenannte Ortsdosis. Als effektiver Umrechnungsfaktor für diese Ortsdosis gilt 1,15 Sv/Gy, womit eine Dosis von 1 Gy einer Ortsdosis von 1,15 Sv entspricht.

Das durchschnittliche Vorkommen von Uran in der Erdkruste ist mit 2 bis 4 ppm relativ hoch, wesentlich häufiger als Antimon, Cadmium, Quecksilber, Silber oder Zinn. Die Erdkruste enthält damit etwa $10^{14}$ Tonnen Uran. Davon liegen ungefähr $10^{10}$ Tonnen als Uraniumsalze in gelöster Form im Ozeanwasser vor, das damit als größte potenziell erschließbare Uranquelle gilt. Der Boden selbst, wie Wald- und Ackerboden, enthält bis zu 11 ppm Uran, wovon ein erheblicher Teil aus der Verwendung von Düngemitteln stammt (vgl. Band 2, Kapitel 11). Fels und Gestein enthalten Uran in Hunderten verschiedener Mineralien, besonders stark natürlich in kristallisiertem Uranoxid $UO_2$ oder $U_3O_8$ (Uraninit,

171 UNSCEAR 1993 Report: Sources, effects, and risks of ionizing radiation – United Nations Scientific Committee on the Effects of Atomic Radiation; Report to the General Assembly, New York, 1993, S. 549

das uns schon unter dem Namen Pechblende begegnet ist, vgl. Kapitel 3). Weitere Minerale sind Uranophan, ein Kalzium-Uran-Silikat, oder Carnotit, ein Kalium-Uranyl-Vanadat, das neben der $^{238,\,235}U$-Aktivität auch $^{40}K$-Radioakivität birgt. An allgemeinen Gesteinsarten ist insbesondere Granit sehr uranhaltig – daher die hohe natürliche Radioaktivität in den deutschen Mittelgebirgen. Aber auch phosphathaltiges Minerale wie Autunit, Selenit und Tobernit, zudem die in Sandgestein vorliegenden Minerale wie Monazit und Lignit (Braunkohle), sind stark uranhaltig und deshalb als Sekundärquellen für den Uranabbau von großer Bedeutung.

Langlebiges radioaktives Thorium kommt in verschiedener Form vor, oft gemeinsam mit Uran als Tochterelement $^{227,\,231}Th$ der $^{235}U$-Aktinidenkette und $^{230,\,234}Th$ der $^{238}U$-Urankette. Am häufigsten findet man jedoch radioaktives $^{232}Th$ als langlebiges Mutterisotop der Thoriumkette vor. Thorium kommt aus chemisch-mineralogischen Gründen oft in geringen Mengen gemeinsam mit Uran in Mineralien vor. Allgemein ist Thorium ein relativ häufig auftretendes Element, vergleichbar mit dem Vorkommen von Blei und Molybdän und wesentlich häufiger als das Vorkommen von Uran. Thorium tritt mit 2,5 Prozent stark im Phosphatsand Monazit auf, mit bis zu 2 Prozent Häufigkeit im Silikatmineral Allanit sowie im Thoriumsilikat Thorit.

Die gesamte Aktivität von Uran und Thorium sowie ihrer Zerfallsprodukte schwanken je nach geologischem Untergrund zwischen ungefähr 10 und 40 Bq/kg. Zur Verteilung von Uran und Thorium in den USA vgl. Abbildung 6-11. Man erkennt deutlich, dass die Zonen erhöhter Radioaktivität mit granithaltigen Berggebieten wie den Appalachen in North und South Carolina sowie in Tennessee und Georgia korrelieren und auch in den Rocky Mountains (Idaho, Montana, Colorado) auftreten. Sedimentbedingte Radioaktivität liegt überwiegend im Südwesten der USA in Arizona, dem südlichen Kalifornien, Nevada und Utah als früherem Ozeangebiet vor.

Im Gegensatz dazu ist das Vorkommen an Uran und Thorium in vulkanreichen Gebieten, etwa entlang der Kaskade-Vulkankette in Washington und Oregon sowie dem nördlichen Kalifornien sehr niedrig. Das gilt ebenfalls für die Gebiete um die Großen Seen als Überbleibsel des eiszeitlichen Agassiz-Sees, der den ganzen Bereich bedeckte. Ähnlich dazu zeigen Sumpf- und Küstengebiete, zum Beispiel Florida, nur eine geringe Uran-Thorium-Häufigkeit.

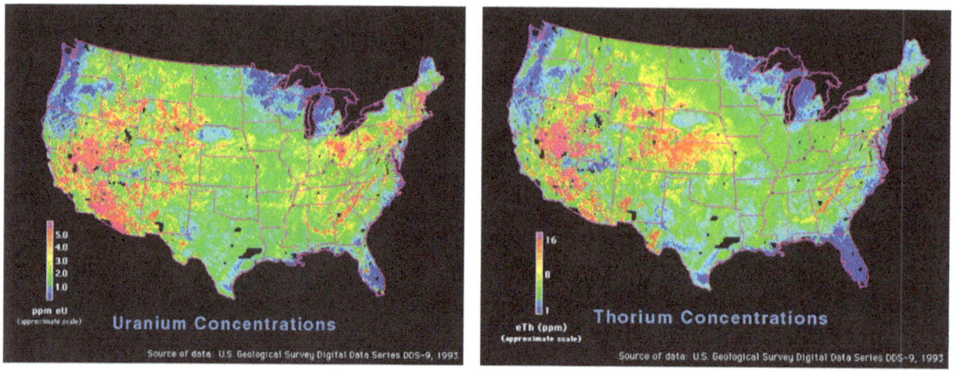


*Abb. 6-11: Verteilung der radioaktiven Aktinidenelemente Uran und Thorium in den USA. Erhöhte Anreicherung findet man insbesondere in den mineralreichen Gebieten des Südwestens und der Rocky-Mountain-Staaten. Bemerkenswert ist das geringe Vorkommen in der vulkanisch aktiven Zone entlang der Westküste der US-Bundesstaaten Washington, Oregonund dem nördlichen Kalifornien, einem Teil der pazifischen Vulkanzone Ring of Fire ist. (US Geological Survey DDS-9, 1993, https://certmapper.cr.usgs.gov/data/PubArchives/radon/DDS-9.html)*

Der radioaktive Zerfall von $^{40}K$ in Erdmantel und -kruste liefert den drittgrößten Anteil an der Produktion von Erdwärme. Kalium ist das siebthäufigste Element in der Erdkruste und das sechsthäufigste in den im Ozeanwasser gelösten Salzen. Es kommt in den verschiedensten Mineralien vor wie Feldspat, eine wichtige Komponente im Granit, sowie in Carnotit und dem Ozeansediment Carnallit, das viel und gern als Düngemittelzusatz genutzt wird. Ebenso existiert es als natürliches Kaliumchlorid-Mineralsalz (KCl – auch als Sylvin bezeichnet). Es wird im Lebensmittelhandel als gesundheitsfördernde Diätsalz-Alternative zum normalen Kochsalz (NaCl) angeboten.

Kalium ist ein wichtiger Bestandteil des Erdreichs mit einem durchschnittlichen Beitrag von ungefähr 20 000 ppm. Kalium kommt dabei oft als mineralisierte Sandkomponente vor und wird durch Feuchtigkeit ausgewaschen. Die Effizienz hängt von den jeweiligen Wetterbedingungen ab. Schwere, feuchte, lehmhaltige Erde enthält große Mengen an Kalium; trockener Sandboden hat nur einen relativ niedrigen Anteil an freiem Kalium. Diese Bodenbedingungen bestimmen auch die Verteilung der radioaktiven $^{40}K$-Komponente. Abbildung 6-12 zeigt die Verteilung von Kalium und damit seiner radioaktiven Komponente $^{40}K$ über das Landgebiet der USA. Im Vergleich dazu zeigt die Abbildung auch die $\gamma$-Aktivität, die einen Meter oberhalb der Erdoberfläche vermessen wurde. Der Vergleich demonstriert deutlich, dass ein Großteil der lokalen $\gamma$-Strahlungsbelastung vom Zerfall des natürlichen $^{40}K$ herrührt. Die größte Intensität der Strahlung und damit Strahlungsbelastung tritt in den Wüstengebieten des amerikanischen Südwestens auf, von Nevada (Death Valley), Arizona, New Mexico bis ins westliche Texas mit dem Llano Estacado. Ebenso erkennt man ein erhöhtes Kalium Vorkommen im Zentralgebiet der USA, im westlichen Colorado und in Montana. Vulkanische Gebiete im amerikanischen Nordwesten sowie die Tiefebenen im amerikanischen Südwesten zeigen ein nur sehr geringes Kalium Vorkommen. Im Durchschnitt wurden je nach Region $^{40}$K-Aktivitätswerte zwischen 100 und 1000 Bq/kg gemessen.

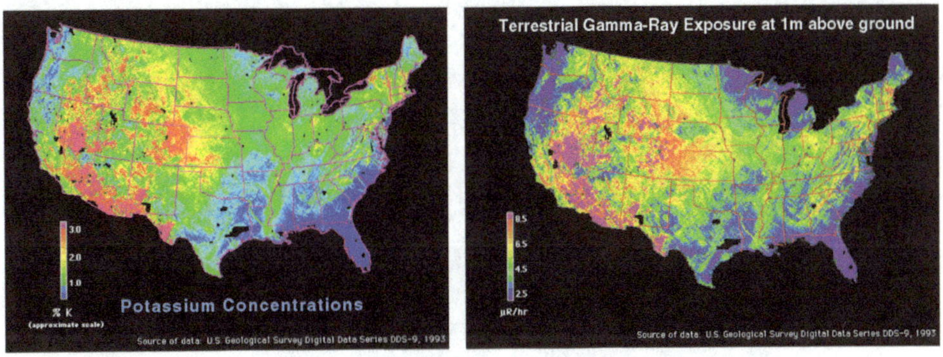


*Abb. 6-12: Anreicherung von $^{40}$K im Vergleich zur allgemeinen γ-Strahlenbelastung in den USA. Aus der Ähnlichkeit der Verteilung kann man ersehen, dass der Hauptanteil der γ-Strahlenbelastung mit dem Vorkommen von $^{40}$K im Erdreich assoziiert ist. Einen hohen Anteil an $^{40}$K kann man wiederum in den Ozeansedimentgebieten des amerikanischen Südwestens finden. Jedoch zeichnen sich auch die Präriegebiete von Nevada und Colorado durch erhöhtes $^{40}$K-Vorkommen aus. Bemerkenswert ist der Anteil an $^{40}$K-Aktivität im Flussgebiet des Mississippis, der vermutlich von Schwemmsalzen aus den stärker belasteten Midwest-Gebieten herrührt. (US Geological Survey DDS-9, 1993, https://certmapper.cr.usgs.gov/data/PubArchives/radon/DDS-9.html)*

Ähnliche Bedingungen für das Auftreten von Bodenradioaktivität sind auch für Europa und Deutschland gegeben[172]. Allerdings zeigen die Untersuchungen wesentlich weniger dramatische Schwankungen (Abbildungen 6-13 und 6-14).

Der Zerfall dieser langlebigen radioaktiven Elemente erzeugt einen erheblichen Anteil der Strahlenbelastung im Erdreich, produziert aber auch Erdwärme im Krustenbereich. Der Beitrag jedes Nuklids kann separat aus der Häufigkeit, der Zerfallsenergie und der Zerfallsrate berechnet werden. Dabei ist die jeweilige Häufigkeit lokal nur schwer zu vermessen. Sie ermittelt sich aus der Gesteinsstruktur in den verschiedenen geologischen Formationen.

---

172 G. Cinellia, T Tollefsen, P. Bossew, V. Gruber, K.s Bogucarskis, L. De Felice, M. De Cor: Digital version of the European Atlas of natural radiation. Journal of Environmental Radioactivity 196 (2019), S. 240–252.

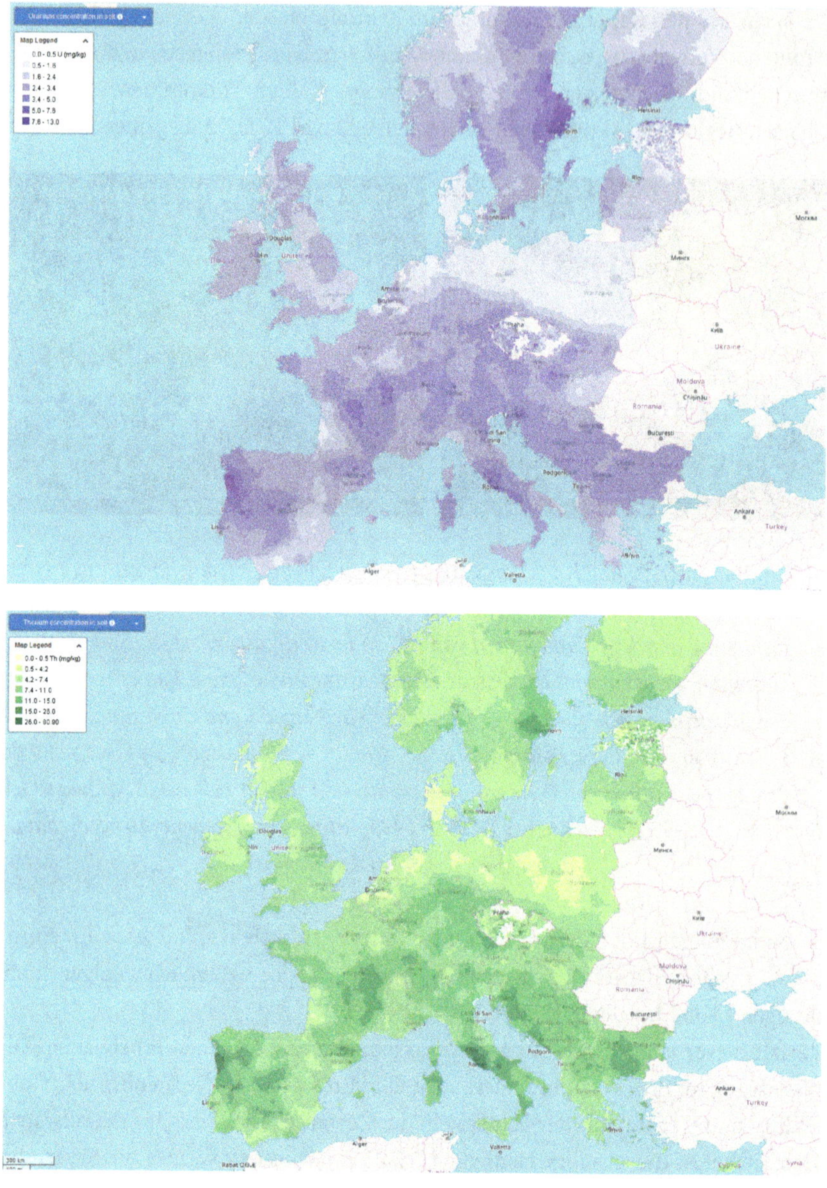


*Abb. 6-13: Verteilung von Uran und Thorium im europäischen Bodenmaterial in Einheiten mg pro kg Erdmaterial. Es ist bemerkenswert, dass die entsprechende Häufigkeit deutlicher in Skandinavien und im norddeutschen Raum auftritt. (https://remon.jrc.ec.europa.eu)*

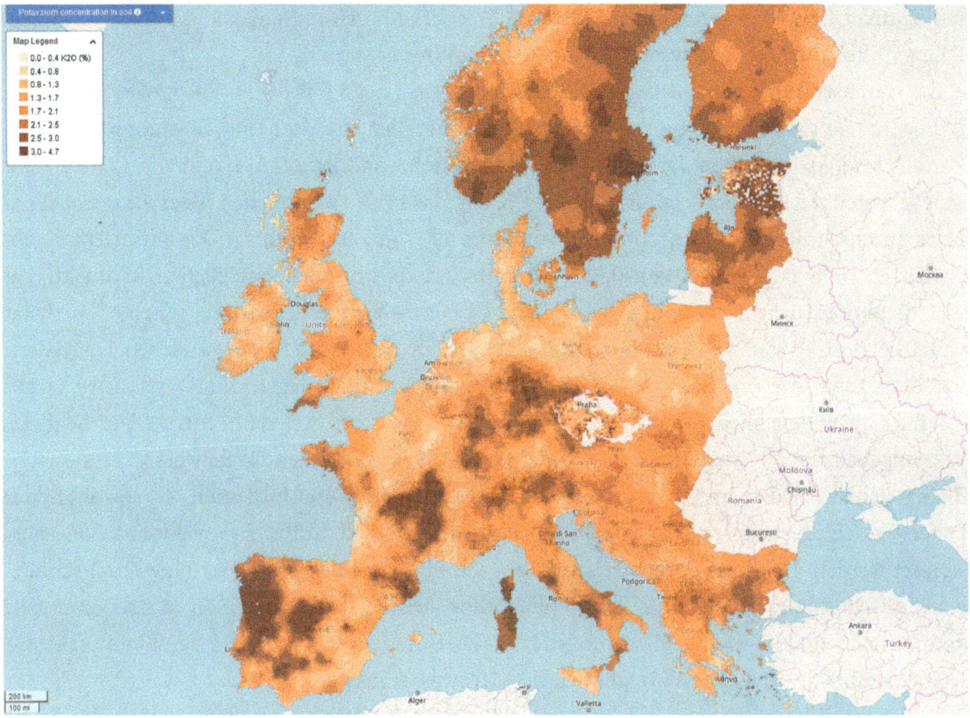


*Abb. 6-14: Die Karte zeigt die Belastung durch γ-Strahlung in nano-Sievert/Stunde, soweit sie derzeit im europäischen Bereich vermessen wurde. Erhöhte Strahlung tritt insbesondere im zentraleuropäischen Mittelgebirgsbereich sowie in der Hochebene von Kastilien auf. (https://remon.jrc.ec.europa.eu)*

Eng verbunden mit der natürlichen radiogenen Aktivität der Erdoberfläche ist die Radioaktivität in den Ozeanen. Die Ozeane bedecken mit $3{,}6 \cdot 10^8$ km² den Großteil unserer Erdoberfläche und haben eine durchschnittliche Tiefe von 3800 m. Dies entspricht einem Gesamtvolumen von $1{,}37 \cdot 10^9$ km³. Der Küstenbereich ist durchschnittlich 150 m tief und erstreckt sich 150 km weit in die See. Die Oberflächenzone der Ozeane mit einer Tiefe von 10 bis 200 m ist durch die Wechselwirkung mit den atmosphärischen Winden sehr turbulent, was zu einer gleichmässigen Durchmischung des Oberflächenwassers und der darin gelösten Salze führt. In diesem Tiefenbereich sind Temperatur, Dichte und Salzgehalt (die Salinität des Wassers) konstant. Dichte und Salinität sind höher in größeren Tiefen, da leichteres Wasser zur Oberfläche hin tendiert. Die Salinität korreliert direkt mit der Radioaktivität, die zumeist von den gelösten Salzen und Mineralien im Meereswasser stammt. Die Verteilung der Radioaktivität besorgen von atmosphärischen Winden getriebene Meeresströmungen (vgl. Band 2 zum Thema, e.g. Einlass radioaktiver Gewässer durch Kernkraftwerke, Wiederaufbereitungsanlagen, Tiefseebohrungen, Düngemittel und des Unterwasserbombentestprogramms‘).

Die durchschnittliche Salinität des Ozeanwassers liegt bei 3,5 Prozent. Ein großer Anteil der radiogenen Komponenten kommt durch gelöste Mineralien, die Uran und Thorium sowie deren Zerfallsprodukte enthalten. Dies entspricht einer durchschnittlichen Aktivität von 1,6 Bq/l. Der größte Anteil rührt jedoch vom Zerfall des $^{40}K$ her, das in den zahlreichen Meerwassersalzen in einer durchschnittlichen Konzentration von zirka 400 mg/l enthalten ist. Das entspricht einem Gehalt an radioaktivem $^{40}K$ von 0,045 mg/l, was wiederum einer natürlichen Radioaktivität von 12 Bq/l entspricht. Die durchschnittliche Gesamtbelastung liegt somit bei einer Aktivität von 13,6 Bq/l, wovon 88 Prozent vom Zerfall des $^{40}K$ herrühren.[173] In salzarmen Gewässern wie der Ostsee mit durchschnittlich zirka 1 Prozent Salinität, liegen die Aktivitätswerte mit 3,4 Bq/l wesentlich niedriger. In sehr salzhaltigen Gewässern wie dem Toten Meer liegt der Kaliumgehalt bei 28 Prozent, ist also 8-mal höher als im normalen Ozeanwasser. Das erlaubt die wirtschaftliche Produktion von Kaliumsalzen durch Israel und Jordanien, die sowohl in der Lebensmittelindustrie als auch in der Haut- und Atemtherapie (https://www.dermasel.de/) verwendet werden. Bei diesen Mengen an Kaliumsalzen besitzt das Tote Meer eine durchschnittliche Aktivität von fast 96 Bq/l. Zu diesen radiogenen Radioaktivitäten in Meeresgewässern kommt noch ein kleiner Anteil kosmogener Radio-Isotope wie Tritium $^{3}H$, Beryllium $^{10}Be$ und Kohlenstoff $^{14}C$ (vgl. Kapitel 6.8), die sich im Meerwasser lösen.

In diesem Zusammenhang soll noch erwähnt werden, dass die Radioaktivität eines Liters Meerwasser, umgerechnet auf das gesamte Ozeanvolumen, einen Aktivitätswert von $1{,}4 \cdot 10^{13}$ Bq oder 14 Tera Becquerel ergibt. Außer im engen Oberflächenbereich wird die emittierte Alphastrahlung im Wasser absorbiert und geht als Heliumgas in die Atmosphäre über. Die Gammastrahlung hat eine etwas größere Reichweite und mit einer Oberflächen-Aktivität von zirka 1200 Bq/m$^3$ bei einer angenommenen Reichweite der $\gamma$-Strahlung in Wasser von 10 cm.

## 6.6 Geologische Formationen mit hoher Radioaktivitätskonzentration

Geologische Gesteinsformationen zeigen erhebliche Unterschiede und können bei hoher Anreicherung von uran, thorium- und kaliumhaltigen Mineralien in fester oder bei heißen Quellen in gelöster Form zu hohen Strahlenwerten führen. Mehrere Gebiete sind weltweit als Orte mit extrem hoher Konzentration von natürlicher radioaktiver Strahlung identifiziert

[173] M. I. Walker und K. S. B. Rose: The Radioactivity of the Sea. Nucl. Energy 29, (1990), S. 267–278.

worden. Abgelegenere, noch unbekannte Orte mit ähnlichen Konzentrationen könnten noch entdeckt werden.

Ein besonders markantes Beispiel ist das Gebiet von Oklo in Gabun, Westafrika. Dort wurde 1956 uranreiches Gestein entdeckt, das vorwiegend französische Bergbaugesellschaften für den Bedarf des französischen Atomprogramms abbauten. Das Gestein ist von der Mineralverbindung Uran-Vanadate durchsetzt, die nach der nahegelegenen Provinzhauptstadt Francevillette benannt wurde (Abbildung 6-15). Beim Abbau dieser natürlichem Uranvorkommen entdeckte man 1972 an verschiedenen Orten entlang der uranreichen Gesteinsader eine ungewöhnliche Zusammensetzung der Uranisotope. Die natürliche Häufigkeit des Isotops $^{235}U$ mit 0,717 Prozent ist etwas niedriger als in anderen Uranvorkommen (0,720 Prozent). Wissenschaftler der französischen Atomenergie-Kommission CEA (Commissariat à l'énergie atomique et aux énergies alternatives) sahen darin einen ersten Nachweis für die Existenz natürlicher Spaltreaktoren, die größere Anreicherungen von $^{235}U$ durch natürliche Kernspaltung abbauen[174].

*Abb. 6-15: Links ein Beispiel von Francevillette, ein orange-gelb getöntes Barium-Uranayl-Vanadat, das Uran-Vanadate und andere chemische Uranoxid-Verbindungen enthält. Rechts die Uranader, deren Isotopenzusammensetzung auf die Existenz eines natürlichen Spaltreaktors im Gestein hinweist. Die Abbildung zeigt den Oklo-Reaktor 15; die gelben Ausscheidungen im Fels sind uranhaltige Mineralien von unterschiedlicher Zusammensetzung*

Die Möglichkeit natürlicher Reaktoren wurde schon in den 1950er Jahren diskutiert. Für ihre Existenz waren aber mehrere geologische Bedingungen erforderlich. Die Ausmaße des Vorkommens müssen mindestens 70 cm betragen, damit beim Spaltprozess freigesetzte

[174] A. Meshik: The Workings of an Ancient Nuclear Reactor. *Scientific American* 293 (2005), S. 82–91.

Neutronen durch Streuung thermalisiert werden und Spaltung bei weiteren $^{235}U$-Kernen bewirken können. Es muss sich um ein auf 3 Prozent in $^{235}U$ angereichertes Vorkommen handeln. Das war in der frühen Erdgeschichte durchaus möglich, da $^{235}U$ noch nicht in dem Umfang zerfallen war wie heute. Weiterhin sollte das Gestein leichte Elemente enthalten, die als Moderator, aber nicht als Absorber für die freigesetzten Neutronen dienen. Diese Bedingungen waren für die Uranablagerungen in Oklo gegeben: wasserhaltiges Sandgestein mit ausgedehnteren Uranansammlungen. Das Wasser diente als Moderator, und der Mangel an Lithium- und Bor-Vorkommen reduzierte die Neutronenabsorption.

Entlang der uranreichen Gesteinsader wurden beim Abbau insgesamt siebzehn natürliche Reaktoren identifiziert, die sich vor 2 Milliarden Jahren durch geologische Entwicklungen bildeten. Der chemische Ursprung dieser Reaktoren ist ein interessantes Kapitel der Erdgeschichte, die die komplexen Zusammenhänge zwischen *lebender* und *toter* Materie unterstreicht.

Die Entstehung der Reaktoren hängt mit dem rapide ansteigenden Sauerstoffgehalt in der Erdatmosphäre vor 2 Milliarden Jahren zusammen. Dieser Anstieg erfolgte hauptsächlich durch die Entwicklung pflanzlichen Lebens, das durch Fotosynthese, die vordem kohlendioxidreiche ($CO_2$) Atmosphäre in eine sauerstoffreiche ($O_2$) Atmosphäre umwandelte. Vor dieser Entwicklung lag Uran nur in chemisch stabiler reduzierter Form von wasserunlöslichen Verbindungen vor. Jedoch führte der Anstieg von Sauerstoff zu Oxidationsprozessen in den Oberflächengesteinen, die unter anderem auch uranreiche Mineralien wasserlöslich machten. Erst als das Gestein gesättigt war, stieg der Sauerstoffgehalt in der Atmosphäre (vgl. Abbildung 6-13 in Kapitel 6.6). Als lösliche Mineralsalze wurden Uranverbindungen wie Monazit, Thorit und Uranit durch Regenwasser Bestandteil des hydrothermischen Zyklus und konnten in größere Tiefen abgeschwemmt werden. Durch diesen Schwemmprozess sammelten sich die Uranlösungen lokal an und erreichten eine kritische Dichte als Voraussetzung für natürliche Spaltprozesse[175]. Die Oklo-Reaktoren waren über 100 000 Jahre aktiv, bis das natürliche $^{235}U$-Vorkommen durch Spaltungs, aber auch Zerfallsprozesse soweit reduziert war, dass der selbstgesteuerte Reaktorbetrieb aus Brennstoffmangel nicht weiterlief. Diese Zeitdauer errechnet sich aus dem Vorkommen der Spaltprodukte in den Gesteinsablagerungen.

Über diesen Zeitraum gab es je nach Wasservorkommen Perioden, in denen der Spaltprozess unterbrochen war, weil die Neutronen nicht ausreichend abgebremst wurden. Er stellte sich aber in regenreichen Perioden wieder ein. Weiterhin wird vermutet, dass es sich wegen der freigesetzten Strahlungsenergie um einen – in moderner Terminologie – gepulsten Reaktor gehandelt haben muss, der eine Wärmeleistung von ungefähr 100 kW erzeugte. Dies ist vergleichbar mit der Leistung moderner Forschungsreaktoren. Die Wärme brachte nach einer halben Stunde Laufzeit das im Sandstein akkumulierte Wasser zum Verdampfen; die Kettenreaktion setzte aus,

175 L. A. Coogan and J. T. Cullen: Did natural reactors form as a consequence of the emergence of oxygenic photosynthesis during the Archean? GSA Today 19 (10) (2009), S. 4–10.

da die Neutronen nicht mehr thermalisiert werden konnten. Nachdem der Sandstein für zirka 2,5 Stunden abkühlen konnte, sammelte sich das Wasser wieder, thermalisierte die Zerfallsneutronen, und die Kettenreaktion setzte erneut ein. Diese Sequenz lief über mehrere 10 000 Jahre ab, produzierte nach Abschätzungen der Wissenschaftler einen Neutronenfluss von $10^9$ Neutronen pro Quadratzentimeter und Sekunde, einen Gesamtfluss von $10^{21}$ Neutronen pro Quadratzentimeter und setzte insgesamt 15 GW Energie frei. Dabei wurden 5 bis 6 Tonnen $^{235}U$ in leichtere Zerfallsprodukte umgesetzt. Es ist bemerkenswert, dass diese Zerfallsprodukte trotz der relativ instablilen geologischen Bedingungen über 2 Milliarden Jahre am Reaktorort verblieben und sich nicht durch Auswaschungs- oder Diffusionsprozesse über ein größeres Gebiet verteilt haben.

Das Vorkommen natürlicher Reaktoren ist ein faszinierendes Phänomen, das zu zahlreichen Debatten über das Gesamtvorkommen und dessen Auswirkungen auf die frühe Entwicklung von biologischem Leben auf der Erde geführt hat (vgl. Kapitel 7.3). Die Oklo-Reaktoren sind in den letzten 40 Jahren dem Uranabbau zum Opfer gefallen und heute verschwunden. Bislang hat man keine weiteren natürlichen Reaktoren gefunden. Deren Vorkommen kann jedoch in noch nicht von Minenkonglomeraten erschlossenen uranreichen Gegenden der Welt wie Zentral-Australien durchaus möglich sein.

Drei weitere Beispiele zeigen Gebiete, in denen die natürliche Strahlung weit über dem allgemeinen Durchschnitt von 2,4 mSv/a oder 275 nSv/h liegt. Dies sind der Ort Ramsar im nördlichen Iran, die Guarapari-Sandstrände an der brasilianischen Atlantikküste und die heißen Quellen von Paralana im südlichen Australien.

Ramsar im nördlichen Iran liegt an der Südküste des Kaspischen Meers. Der Ort hält den Weltrekord an natürlicher Strahlungsintensität. Die lokale Strahlenbelastung im Stadtzentrum beträgt 250 mSv/Jahr und ist damit fast 80-mal höher als die durchschnittliche radiogene Strahlenbelastung an der Erdoberfläche. Das entspricht fast einem Drittel der jährlichen Strahlenbelastung von Astronauten im interplanetaren Raum.[176] Der Ursprung der Strahlung geht auf natürliche heiße Quellen mit hohem Mineralsalzgehalt zurück. Es handelt sich um Radiumauswaschungen aus uranhaltigem Gestein, die durch das heiße Wasser an die Oberfläche gebracht werden. Durch das schnelle Verdampfen des heißen Wassers kommt es typischerweise zu schnellen Kalksteinausfällungen, als Travertin bezeichnet. Durch den hohen Radium- und Urangehalt des Wassers ist auch der Kalkstein sehr radioaktiv, wurde aber als leicht zu bearbeitendes Baumaterial für die älteren Gebäude von Ramsar benutzt. Das nichtverdampfte Wasser, soweit es nicht in die örtlichen Badeanlagen gelangt, versickert und reichert das lokale Grundwasser an.

Ein weiteres Beispiel für hohe, natürlich vorkommende Radioaktivität sind die Strände von Guarapari, nordöstlich von Rio de Janeiro, mit einer jährlichen Strahlenbelastung von 30 mSv bis zu 175 mSv. Das heißt, dass die örtliche Belastung der Strandbesucher im Jahresdurchschnitt fast

176 Zum Vergleich: https://www.remm.nlm.gov/DOE_PosterShowingRadiationDoses_Part2.pdf.

sechzigmal höher ist als die durchschnittliche Jahresbelastung eines Menschen und wesentlich höher ist als der gesetzlich erlaubte Grenzwert von 20 mSv für professionelle Strahlenarbeiter. Die stündliche Belastung von 20 μSv/h ist fast zehnmal höher als am Copacabana-Strand in Rio de Janeiro. Das Phänomen hoher Radioaktivität betrifft die brasilianische Atlantikküste zwischen Rio und dem Bundesstaat Bahia. Die Radioaktivität stammt vor allem von $^{232}$Th-reichen Monazit-Auswaschungen der nahe der Küste gelegenen Gebirgszone. Sie enthält neben Thorium auch radioaktive Tochterisotope entlang der Zerfallsreihe. Dabei gibt es deutliche Unterschiede zwischen den Messungen der vermutlich durch Meerwasserverdünnung hervorgerufenen Sandablagerungen. Die $^{232}$Th-Aktivitäten liegen zwischen 57 und 41 200 Bq/kg, $^{226}$Ra Aktivitäten zwischen 11 und 4070 Bq/kg.

*Abb. 6-16: Links die heißen Quellen von Ramsar im Iran mit Kalksteinausfällungen am Wasserrand. Recht der weiße Strand von Guarapari an der brasilianischen Atlantikküste. In beiden Fällen liegen hohe natürliche Radioaktivitäten durch Uran-Radium- und Uran-Thorium-Ausscheidungen vor.*

Die heißen Paralana-Quellen liegen nahe dem Mount Painter im trockenen, nördlichen Bereich der Flinders-Berge im südlichen Australien. Es handelt sich wiederum um unterirdische Quellen, die der Mount Painter speist. Deren Wasser zirkuliert durch stark uran, thorium- und kaliumhaltige – und damit radioaktiv aufgeheizte – Gesteinsschichten[177]. Sie wärmen das Wasser auf fast 60° C. Die radioaktive Heizkraft des Gesteins beträgt ungefähr 0,035 mW/

[177] Die Paralana-Hochebene ist eins der ergiebigsten Uranabbaugebiete der Welt. Der Abbau erfolgt durch die dort gelegene Beverly Mine, deren Ausbau als Beverly Four Mile Uranium Project weiter betrieben wird. Dabei ist auch das Arkaroola Wilderness Sanctuary betroffen, auf dessen Gebiet die Paralana-Quellen liegen. (http://www.pir.sa.gov.au/__data/assets/pdf_file/0008/92285/4M_PER_Mining_Proposal_DRAFT_Jan09.pdf).

kg. Das 56° C heiße Wasser trägt gelöste Uransalze mit sich. Die Häufigkeiten indizieren örtliche Fluktuationen. Aber Urankonzentrationen sind von bis zu 660 ppm nachgewiesen, für die Aktivität bis zu 11 000 Bq/m³. Die durchschnittliche Dosisleistung des Bodenmaterials ist mit 2,5 mSv/Jahr vergleichbar mit dem Weltdurchschnitt. Langer Aufenthalt in der Nähe des heißen Wassers der Quellteiche kann jedoch zu erheblich höherer Strahlenbelastung führen.

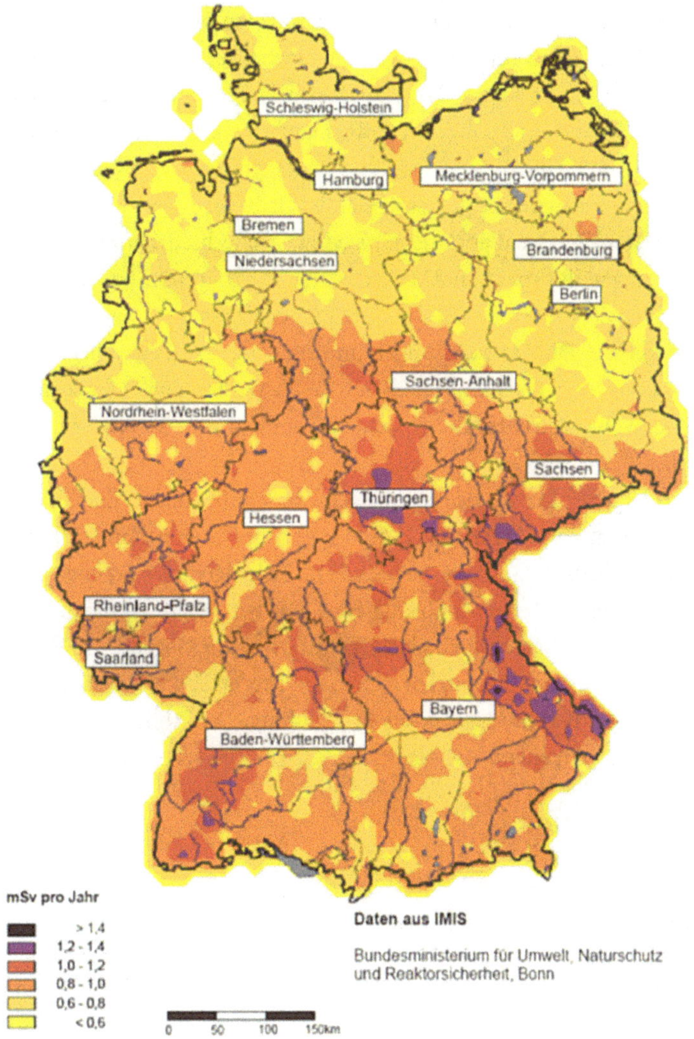


*Abb: 6-17: Bodenradioaktivität in Deutschland, gemessen 2003.*

In Deutschland ist die radiogene Strahlenbelastung ausgeglichener. Im Durchschnitt liegen jährliche Belastungswerte von 1,1 mSv unter dem Weltdurchschnitt. Lokale Schwankungen von wenigen Millisievert hängen von der Bodenbeschaffung ab (Abbildung 6-17)[178].

Die höchsten radiogenen Strahlenbelastungen verzeichnen die deutschen Mittelgebirge in Thüringen, Sachsen, Oberfranken, der Oberpfalz und im Schwarzwald. Vorwiegend die uran-, thorium- und kaliumhaltige Granit- und Gneisgesteine an der Oberfläche sowie paläozoische, metamorph überprägte Gesteine weisen zusätzlich radioaktive Komponenten auf. Im Pferdeberg bei Döbeln in Sachsen[179] betrugen die Höchstwerte für die örtliche Aktivität bis zu 242 Bq/kg an $^{238}U$ und 393 Bq/kg an $^{232}Th$. Die Dosisbelastung im Vogtland, West-Sachsen, liegt zwischen 80 und 100 nSv/h und steigt bei Döbeln auf 140 nSv/h. In Thüringen schwanken die Durchschnittswerte um 70 nSv/h[180].

Der Granitgürtel der Mittelgebirge dehnt sich in Ostbayern vom Fichtelgebirge im Norden und dem Bayerischen Wald entlang der Grenze zu Tschechien bis nach Österreich aus. Im Fichtelgebirge betragen die typischen Aktivitätswerte an $^{238}U$ 170 Bq/kg und für $^{232}Th$ 55 Bq/kg, erhöhen sich aber in der weiter östlich gelegenen Oberpfalz bei Flossenbürg bis auf 450 Bq/kg für den Zerfall von $^{238}U$. Die Dosisleistungen im ostbayerischen Raum liegen im Durchschnitt bei 110 nSv/h, können aber bis auf 500 nSv/h ansteigen. Diese Schwankungen spiegeln Variationen in der Mineralstruktur der einzelnen Granite wider: Sie bestimmen den Uran- und Thorium-Gehalt.

In diesen Mittelgebirgen wurde schon seit dem Mittelalter Erzabbau betrieben. In Thüringen und Sachsen konzentrierte sich der Bergbau im 20. Jahrhundert auf den Abbau von Schwermetallen von Bismut zu Uran, während im Fichtelgebirge Uranbergbau ansässig war. Diese Aktivitäten waren nach der Auflösung der DDR wirtschaftlich nicht mehr rentabel und wurden eingestellt. Uranabbau im Fichtelgebirge gab es in der Gegend von Weißenstadt, das in den 50er Jahren zur deutschen Atomstadt ausgebaut werden sollte.[181] Das dort abgebaute Uran diente dem Betrieb des Forschungsreaktors in Garching. Der Abbau wurde 1990 trotz hoher Urankonzentrationen weitgehend eingestellt. Anstatt zur deutschen Atomstadt hat sich der Ort

---

[178] Eine ausführliche Zusammenfassung der Boden-Radioaktivität in Deutschland findet man bei Joachim Kemski und Ralf Klingel: Die terrestrische Strahlung durch natürlich radioaktive Elemente in Gestein und Böden. In: Agemar Siehl (Hrsg.): Umweltradioaktivität. Berlin 1996 (Ernst & Sohn).

[179] http://www.opengeiger.de/RadioaktivitaetGranitgestein.pdf.

[180] http://www.kemski-bonn.de/downloads/TerrStr.pdf.

[181] Stefan Meier, Bernhard Dünkel: Das Zinn- und Uranbergwerk am Rudolfstein bei Weißenstadt, Fichtelgebirge. Lapis 2 (2010), S. 29–37.

heute durch die Anwendung von Radon-haltigem[182] Quellwasser vom Rudolfstein zu einem neuen Kurzentrum mit florierendem Fremdenverkehr entwickelt.[183]

Auch das Mittelrheingebiet rund um die Vulkan-Eifel im Rheinischen Schiefergebirge verzeichnet relativ hohe Strahlenwerte. In diesen Gebieten weisen Vulkanite und Bimsstoffe erhöhte Konzentrationen an Radionukliden auf. Die Dosisleistungen schwanken stark zwischen 4 und 380 nSv/h, wobei in vulkanithaltigem Gestein 180 nSv/h erreicht werden.

## 6.7 Die Entwicklung der Atmosphäre

Schon frühzeitig hatte sich eine erste Atmosphäre für die Erde gebildet. Sie entwickelte sich durch natürliche Ausgasungsprozesse aus Wasserdampf $H_2O$, Kohlendioxid $CO_2$ und Stickstoff $N_2$. Über einen längeren Zeitraum lösten sich andere Gase aus der noch heißen, flüssigen Oberfläche, insbesondere Edelgase wie Argon, Helium und Radon, die durch langsamen radioaktiven Zerfall entstehen. Die Komposition der frühen Atmosphäre kann man aus der Zusammensetzung vulkanischer Gase abschätzen, die zu ungefähr 26 Prozent aus Wasserdampf $H_2O$, 60 Prozent $N_2$, 6 Prozent $CO_2$, 6 Prozent $CH_4$, 2 Prozent $SO_2$ sowie einigen Spuren von 0,1 Prozent $H_2S$ und 0,005 Prozent HCL bestehen (Abbildung 6-18). Die frühe Atmosphäre war also eine recht giftige und durch Schwefel übelriechende Angelegenheit. Der Ausgasungsprozess beschleunigte sich während der Hadaikum-Phase des Meteoriten-Bombardements. Dessen Stöße brachen die Kristallstrukturen fester Stoffe auf und setzten gebundene Restgaskomponenten frei. Zudem wurden enorme Mengen an Staub, Gas und Wasser in die Atmosphäre geschleudert. Die Meteoriten brachten auch neues Material mit unterschiedlicher Element- und Isotopen-Häufigkeitsverteilung auf die Oberfläche und in die Atmosphäre[184].

Zu Beginn dieser Abläufe hatte die Oberfläche Temperaturen von ungefähr 2000°C und kühlte erst langsam über die folgenden 100 Millionen Jahre ab. Dabei kam es auch zur Kondensation des atmosphärischen Wasseranteils. Gemeinsam mit dem hohen $CO_2$-Anteil bewirkte das

---

182 Die Dosis des Kurgastes für eine dreiwöchige Radontherapie errechnet sich zu 2 mSv.

183 https://www.kurzentrum-weissenstadt.de/gesundheit/naturheilmittel-radon/.

184 Das bekannteste Beispiel dafür ist der viel später eingetroffene Chicxulub-Meteorit, der vor 65 Millionen Jahren am Ende der Kreidezeit nahe der heutigen Halbinsel Yukatan in Mexiko einschlug und durch den dabei aufgewirbelten Staub einen viele Jahre dauernden Winter bewirkte. Er gilt als Ursache des Saurier-Aussterbens. Dieser Meteorit war reich an Iridium. Dieses Element kann man heute klar in der sogenannten K-Linie entdecken, die als geologische Trennungslinie zwischen Kreide- und Tertiärzeit gilt und aus dem Staub der aufgewirbelten Erdmassen und des Meteoritengesteins besteht.

einen Treibhaus-Effekt[185], der die Atmosphäre auf hohe Temperaturen von bis zu 1000°C hielt. In dieser Phase war der Luftdruck wesentlich höher als heute[186], der Wassergasanteil machte 270 bar aus und der $CO_2$-Anteil lag zwischen 40 und 140 bar, der Anteil des Stickstoff $N_2$ mit anderen Restgasen bei ungefähr 1 bar, was dem heutigen Wert entspricht. Zum Vergleich: Der heutige $CO_2$-Anteil des Atmosphärendrucks liegt bei zirka $3{,}5 \cdot 10^{-4}$ bar. Über die folgenden 100 Millionen Jahren regnete die dichte Wolkendecke ab; es bildeten sich die ersten Ozeane. Dieser Prozess war vor 4,4 Milliarden Jahren abgeschlossen. Die Oberflächentemperatur hatte sich auf 200°C abgekühlt; hoher Luftdruck hinderte das Wasser am Verdampfen. Ein mineralogischer Kohlenstoffzyklus hielt den Bestandteil an $CO_2$ in der Atmosphäre im Gleichgewicht, wobei die chemische Verbindung von Magnesiumsilikaten, $CO_2$ und Wasser zur Bildung von Siliziumdioxid $SiO_2$ und Bicarbonaten $2(HCO_3^-)$ führte. In einem zweiten Schritt reagierten die Bicarbonate mit Kalzium und bildeten Kalziumsulfate und Kalziumkarbonate (Gips und Marmor), setzten allerdings auch ein Drittel des im ersten Schritt absorbierten $CO_2$ wieder frei. Über diesen normalen chemischen Prozess werden auch heute silikathaltige Gesteine zu Kalkgestein umgesetzt. Dieser zyklische Prozess befreite die Atmosphäre langsam von ihrem hohen $CO_2$-Gehalt: Der Treibhaus-Effekt reduzierte sich allmählich; die Erdoberfläche kühlte ab. Allerdings kompensierte hohe Vulkantätigkeit in diesem frühen Erdalter das Absinken des $CO_2$-Anteils durch Freisetzen großer Mengen $CO_2$ und $SO_2$. Dies führte zu Temperatur-Schwankungen an der Erdoberfläche. Bei niedrigem $CO_2$-Anteil kühlte die Erde völlig ab und vereiste. Vulkanische Aktivität und Vereisung ließen den mineralogischen Kohlenstoffzyklus ausfrieren. Das führte wieder zum Ansteigen des $CO_2$-Anteils in der Atmosphäre mit nachfolgender Erwärmung. Die langsamen mineralogisch-chemischen Prozesse machten vor dem Kohlenstoffzyklus nicht halt. Es dauerte Millionen Jahre, bis sich neue Gleichgewichtsbedingungen eingestellt hatten.

Mit dem Beginn biologischen Lebens und dem Ausbreiten pflanzlicher Lebensformen nach ungefähr 2 Milliarden Jahren Erdgeschichte ersetzte ein erheblich schnellerer biologischer Kohlenstoffzyklus den langsamen mineralogischen Kohlenstoffzyklus. Der biologische Zyklus beruht auf dem durch Sonnenlicht induzierten Aufbruch von $CO_2$ in Glukose als Pflanzennährstoff und Sauerstoff, der sogenannten Fotosynthese $CO_2+H_2O+h\nu \Rightarrow C_6H_{12}O_6+O_2$. Dieser Prozess findet vorwiegend im Sommer bei Belaubung und vollem Sonnenlicht statt. Im Winter, wenn die Blätter fallen und sich zersetzen, ist es umgekehrt. Organisches Material wie

---

[185] Als Treibhaus-Effekt wird die Erwärmung der Atmosphäre durch einen hohen Gasanteil beschrieben, der die Wärmestrahlung der Erde absorbiert. Dieser Absorptionsprozess findet zumeist durch molekulare Schwingungszustände statt, angeregt von Wärmestrahlung. Besonders kritische Treibhausgase sind Kohlendioxid $CO_2$ und Methan $CH_4$, deren molekularen Schwingungen genau im Strahlungsbereich der Erde liegen.

[186] Der mittlere Luftdruck der Atmosphäre (atmosphärischer Druck) auf Meereshöhe entspricht heute $\approx$ 1 bar.

Glukose oder Methan wird wieder in Wasser und Kohlendioxid sowie Energie hν umgesetzt: $C_6H_{12}O_6$ oder $CH_4+O_2 \Rightarrow CO_2+H_2O+h\nu$. Dieser Prozess symbolisiert alle chemischen, $CO_2$ freisetzenden Zerfallsprozesse organischer Materialien.

Die Fotosynthese beeinflusst auch die heutige Komposition der Erdatmosphäre. Der schnelle Aufbruch von $CO_2$ durch Chlorophyll und Sonnenlicht setzt sehr hohe Mengen Sauerstoff frei, so dass heute das Sauerstoffgas $O_2$ neben dem Stickstoffgas $N_2$ die wichtigste Komponente in der Atmosphäre darstellt (Abbildung 6-18).

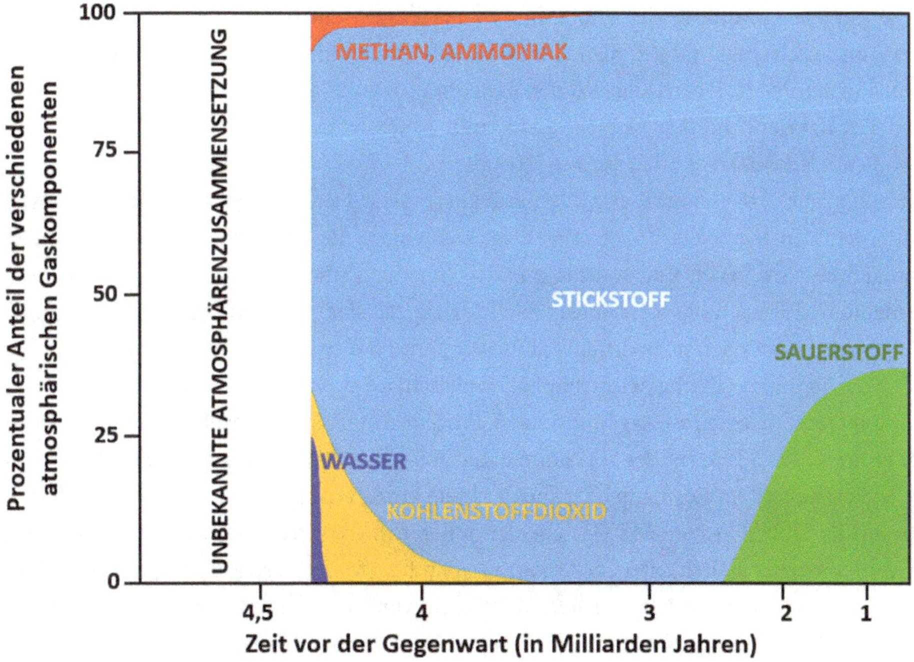


*Abb. 6-18: Allmählicher Abbau von $CO_2$ und $CH_4$ in der Atmosphäre durch mineralogisch-chemische Prozesse in der frühen Phase der Erdgeschichte sowie Aufbau von Sauerstoff $O_2$ durch den biologisch-chemischen Prozess der Fotosynthese in Pflanzen während der folgenden 2 Milliarden Jahren Erdgeschichte. (http://www.fas.org/irp/imint/docs/rst/Sect19/Sect19_2a.html)*

Auch in anderen Respirationsprozessen wie der Atmung beim Menschen und anderen Lebewesen wird eingeatmeter Sauerstoff in $CO_2$-Gas umgebildet und in die Atmosphäre freigesetzt. Durch diese verschiedenen Prozesse stellt sich ein Gleichgewicht für den $CO_2$-Gehalt in der Atmosphäre ein. Der $CO_2$-Gehalt beruht auf der Menge des pflanzlichen Chlorophylls und der Intensität des einfallenden Sonnenlichts, hängt also von der Ausbreitung der Pflanzen über die Erdoberfläche sowie von der Jahreszeit ab. Dieses $CO_2$-Gleichgewicht in der Atmosphäre bestimmt das Klima an der Erdoberfläche. Andere, das Klima beeinflussende Faktoren sind, neben der solaren Strahlungsintensität an der Erdoberfläche, die Albedo genannte Reflektivität der Erdoberfläche und der Wasserdampfgehalt in der Atmosphäre. Größere Störungen dieses Gleichgewichts haben Klimaveränderungen zur Folge, die ein neues Gleichgewicht erzeugen werden. Das belegt die Analyse paläoklimatischer Bedingungen in der Erdgeschichte. Die Klima-Entwicklung der Erde ist jedoch nicht unser Thema. Der Kohlenstoffzyklus stellt aber eine wichtige Komponente im Zusammenhang mit den radiologischen Bedingungen in der Erdatmosphäre dar.

Die heutige Erdatmosphäre (Abbildung 6-19) basiert auf ihrer chemischen Entwicklung, dem Austausch gasförmiger Elemente oder Moleküle durch chemische Reaktionen oder Diffusion aus der Erdoberfläche. Zu den ersteren Prozessen gehören die gerade beschriebenen Kohlenstoffzyklen, die den Kohlendioxid- und Sauerstoffgehalt in der Atmosphäre bestimmen. Chemisch inaktive Edelgase wie $^{4}$He oder $^{40}$Ar entstanden aus den Zerfallsprozessen der Aktinidenketten sowie des $^{40}$K und können aus geringerer Tiefe der Erdkruste in die Atmosphäre diffundieren. In den tieferen Zonen sind diese Elemente in die verschiedenen Gesteinsstrukturen physikalisch eingefroren und werden nur bei Vulkanausbrüchen freigesetzt. Zu den Edelgas-Elementen zählt auch das kurzlebige $^{222}$Rn, das als Teil der $^{238}$U-Zerfallskette entsteht und als Edelgas an die Erdoberfläche dringen kann, dort aber schnell weiter zerfällt. Es findet sich nur in Spuren als lokale Gleichgewichtshäufigkeit zwischen Diffusion und Zerfall.

Von diesen Edelgasen ist Argon mit fast 1 Prozent Anteil am Atmosphärengas die wichtigste Komponente. 99,6 Prozent des vorkommenden Argons ist $^{40}$Ar, das Zerfallsprodukt von $^{40}$K in der Erdkruste und im Erdmantel. Die beobachtete große Häufigkeit an $^{40}$Ar in der Atmosphäre liegt an der Diffusion von $^{40}$Ar-Gas aus der äußeren Erdkruste. Diesen Prozess bestimmt die Diffusionswahrscheinlichkeit von Argon aus der Kruste. Er korreliert jedoch auch mit der Mantelkonvektion, dem tektonischen Austausch von Krustenmaterial und Mantelmaterial (Kapitel 6.3). Dabei kann frisches $^{40}$Ar den oberen Krustenbereich erreichen. $^{40}$Ar gelangt auch bei Vulkanausbrüchen mit den im Mantelmaterial gespeicherten Zerfallsgasen in die Atmosphäre. Dieser Prozess war in der frühen Erdphase mit hoher vulkanischer Aktivität besonders effektiv. Als durchschnittliche Ausgasrate von $^{40}$Ar in die Atmosphäre wird $2{,}2\cdot10^{9}$ g/a, also 2,2 Millionen kg im Jahr angesetzt.

Das Edelgas Helium dagegen zeigt mit nur 5 ppm einen sehr geringen Wert, obwohl es in der Erdkruste durch den radioaktiven Zerfall innerhalb der Uran- und Thorium-Ketten in großen Mengen entsteht. Ungefähr 7 ppm des Heliums verbleiben in der Erdkruste als Teil natürlicher Gasvorkommen[187]. Die niedrige Häufigkeit an Helium $^{4}$He und auch an Wasserstoff Gasen $H_2$ in

[187] Dieser Anteil wird heute mittels Fracking-Methoden an die Erdoberfläche gebracht und für den wachsenden industriellen Verbrauch an Helium aus dem Erdgas herausdestilliert.

der Atmosphäre liegt hauptsächlich an der hohen Geschwindigkeit mit der diese leichte Gase aus dem Gravitationsfeld der Erde ins All diffundieren können.

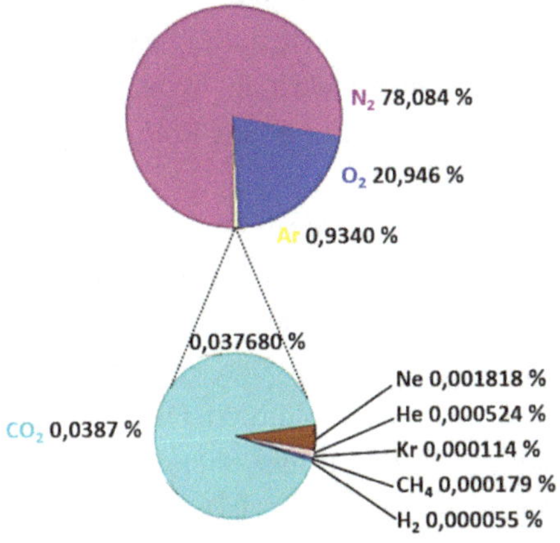


| Gas Name | Chemical Formula | Percent Volume |
|---|---|---|
| Nitrogen | $N_2$ | 78.08% |
| Oxygen | $O_2$ | 20.95% |
| *Water | $H_2O$ | 0 to 4% |
| Argon | Ar | 0.93% |
| *Carbon Dioxide | $CO_2$ | 0.0360% |
| Neon | Ne | 0.0018% |
| Helium | He | 0.0005% |
| *Methane | $CH_4$ | 0.00017% |
| Hydrogen | $H_2$ | 0.00005% |
| *Nitrous Oxide | $N_2O$ | 0.00003% |
| *Ozone | $O_3$ | 0.000004% |

* variable gases

*Abb. 6-19: Chemische Komposition der Erdatmosphäre, die zu 99 Prozent aus Stickstoff und Sauerstoffgasen besteht. Dabei wird Wasserdampf als Luftfeuchtigkeit vernachlässigt. Alle anderen Gaskomponenten zeigen einen extrem niedrigen Anteil, können aber doch, wie $CO_2$, $CH_4$ und auch $O_3$, eine wichtige Rolle für das Erdklima spielen.*

Weder $^{40}$Ar noch $^{4}$He sind radioaktive Isotope. Es sind stabile Edelgase, die im ersten Fall als Endprodukt eines radioaktiven Zerfalls oder im zweiten Fall als Beiprodukt einer ganzen Zerfallskette entstehen. Das Radon-Isotop $^{222}$Rn ($T_{1/2}$=3,8 d) ist radioaktives Teilprodukt der Uran-Zerfallsreihe und diffundiert als Edelgas chemisch ungehindert aus der Erdkruste in die Atmosphäre. Es zerfällt durch $\alpha$-Emission zu $^{218}$Po. Ein weiteres radiologisch bedeutsames Radon-Isotop ist $^{220}$Rn als Produkt der Thorium-Reihe. Es hat zwar mit 55,6 s eine deutlich kürzere Halbwertszeit als $^{222}$Rn, erzeugt aber eine wesentlich höhere Nachfolgeaktivität durch das Tochterisotop Polonium, das sich als Staubablagerung niederschlagen kann. Radon befindet sich hauptsächlich in Bodenlagen und kann deswegen nicht als nennenswerter Bestandteil der Atmosphärengase gewertet werden. Der durchschnittliche Atmosphärenanteil liegt bei 0,000.000.000.000.000.000.1 Prozent. Es sammelt sich jedoch in geschlossenen Höhlen, Stollen sowie Kellerräumen als farb- und geruchloses Gas an und kann dort leicht eingeatmet werden. In der Erdkruste beträgt die durchschnittliche Häufigkeit $4 \cdot 10^{-13}$ mg/kg. Im Ozeanwasser, wohin es durch Emission aus dem Ozeangrund gelangt, schätzt man die durchschnittliche Häufigkeit auf $6 \cdot 10^{-16}$ mg/l.

Trotz dieser geringen Mengen hat Radon einen erheblichen Anteil am natürlichen Strahlungsaufkommen der Erdoberfläche. Die durchschnittliche radonbedingte effektive Dosis pro Person in Deutschland beträgt etwa 1,1 mSv/Jahr, gefolgt von der Höhenstrahlung mit ungefähr 0,4 mSv/Jahr. Radon kommt vorwiegend in Gebieten mit hohem Uran- und Thoriumgehalt im Boden vor (Abbildung 6-17), also hauptsächlich in Mittelgebirgen aus Granitgestein. In Süddeutschland liegt Radon deswegen in deutlich höherer Konzentration vor als in Norddeutschland.

Die Komposition der Atmosphäre verdünnt und ändert sich mit der Höhe über dem Erdboden[188]. Für unsere Diskussion ist vor allem die Komposition der Atmosphäre im unteren Bereich bis zu 10 km Höhe (Troposphäre) und bis zu 50 km Höhe (Stratosphäre) von direktem Interesse. Abbildung 6-19 zeigt, wie sich die Atmosphäre aus den wichtigsten Gasen zusammensetzt (die jeweilige Häufigkeit in Prozent am Gesamtvolumen). Diese Verteilung ist bis zu einer Höhe von 25 km gültig und ändert sich erst in der oberen Stratosphäre und der darauffolgenden Mesosphäre. Betrachtet man jedoch die Gase, die sich, aus der Erdkruste kommend, in der Atmosphäre angesammelt haben, erscheint die radioaktive Belastung als minimal, vom Radon abgesehen. Hier ist es der Einfluss der Sonne, die einen Anteil beiträgt.

## 6.8 Die radioaktive Atmosphäre

Die in der Atmosphäre beobachtete natürliche Radioaktivität ist speziell dem Einfluss der Sonne und der zum größten Teil von ihr herrührenden kosmischen Strahlung oder Höhenstrahlung zu verdanken. Deshalb wird sie auch im Gegensatz zur radiogenen Radioaktivität des Krusten- und Mantelmaterials als kosmogene Radioaktivität bezeichnet.

Der Ursprung der Höhenstrahlung ist schon in Kapitel 5.3 beschrieben worden. Hier sollen nur die langfristigen Auswirkungen des Strahlen-Bombardements auf das Budget der Radioaktivität in der Atmosphäre dargestellt werden. Durch Spallations- oder Aufbruchsprozesse der Primärteilchen an den Gasmolekülen in den oberen Schichten der Atmosphäre entstehen Teilchenschauer mit bis zu 100 Milliarden ($10^{11}$) Sekundärteilchen (Abbildung 6-20).

Der Hauptanteil der Sekundärstrahlung fällt auf Neutronen, Protonen und Pionen. Trotz anfänglich hoher Energien werden Protonen und Neutronen durch Streuung und

---

[188] Die Atmosphäre wird nach Höhe in verschiedene Schichten unterteilt: Troposphäre, Stratosphäre, Mesosphäre, Ionosphäre (letztere manchmal auch als Thermosphäre oder Exosphäre bezeichnet). Die Schichten unterscheiden sich durch chemische Zusammensetzung und Temperatur, was auf den Einfluss der Sonnen- und anderer kosmischer Strahlung zurückzuführen ist.

Reaktionsprozesse schnell in den höheren Lagen der Atmosphäre abgebremst und durch Stoß- und Zerfallsprozesse neutralisiert. Protonen können dabei chemische Verbindungen mit Sauerstoff oder Ozon eingehen und Wassermoleküle erzeugen. Als leichte, eigenständige Teilchen überwinden sie aber auch bei hoher Geschwindigkeit das Gravitationspotenzial der Erde und werden in den interplanetaren Raum zurückreflektiert. Solange Neutronen keine Wechselwirkung eingehen (vgl. Kapitel 3.5 und 5.2), entstehen aus ihnen durch $\beta^-$-Zerfall mit zirka 9 Minuten Halbwertszeit Protonen, Elektronen und Anti-Neutrinos. Die Pionen sind eine besondere Klasse von Hadronen, die – im Gegensatz zu den Baryonen-Teilchen Proton und Neutron mit jeweils drei Quarks – aus nur zwei Quarks bestehen. Sie haben eine relativ kurze Lebensdauer und zerfallen durch unterschiedliche Prozesse in Myonen, $\gamma$-Photonen, Elektronen und Neutrinos.

*Abb. 6-20: Höhenstrahlungsschauer über London: Simulation des durch kosmische Primärstrahlung ausgelösten Teilchenschauers aus Protonen, Neutronen, Pionen und Myonen (http://www.ep.ph.bham.ac.uk/DiscoveringParticles/detection/cosmic-rays/). Diese Schauer kommen häufig vor und korrelieren zumeist mit der Sonnenaktivität. Sie können Störungen im Funkverkehr bewirken. In der Realität bleiben diese Schauer unsichtbar, da die einzelnen Teilchen nur einige Femtometer ($10^{-15}$ m) Durchmesser haben.*

Der Myonen- und Elektronenfluss des Schauers nimmt durch sekundäre Wechselwirkung ab, so dass an der Erdoberfläche nur noch ungefähr 100 Myonen pro Quadratmeter und Sekunde gemessen werden können. Diese Myonen sind sehr energiereich und besitzen ein hohes Strahlungspotenzial an der Erdoberfläche. Dort bewirken sie durch Reaktionsprozesse mit Materialien einen hohen $\gamma$-Strahlungsuntergrund im Energiebereich bis zu 20 MeV. Dieser Untergrund beeinträchtigt die Messung schwacher Radioaktivitätskomponenten. Die Messstationen werden deswegen bis zu 2500 m tief in den Erduntergrund verlegt, um die Myonenstrahlung erfolgreich zu absorbieren.

Die Intensität der Höhenstrahlung verringert sich mit abnehmender Höhe schnell durch diese Absorptionsprozesse gemäß dem in Kapitel 4 beschriebenen Absorptionsgesetz mit einer durchschnittlichen Absorptionskonstante $\mu$. Damit fällt die Strahlungsintensität exponentiell ab, je näher man sich in Meereshöhe befindet. Die daraus abgeschätzte Dosis auf Meereshöhe beträgt ungefähr 0,05 μSv/h. Das variiert je nach Breitengrad, weil die Höhenstrahlung, fokussiert durch das erdmagnetische Feld, besonders stark in den Polargegenden auftritt.

Umgekehrt kann man abschätzen, dass sich die Intensität der Höhenstrahlung alle 1500 Höhenmeter verdoppelt. Damit erhalten Bergbewohner in 3000 m Höhe die vierfache Strahlendosis der Bewohner küstennaher Ebenen. Die Höhenstrahlung beeinflusst auch den Luftverkehr erheblich. Die normale Flughöhe beträgt im Durchschnitt 10 km. Das bedeutet eine 30-fach höhere Dosis für Passagiere und Luftpersonal im Vergleich zur Meereshöhe (vgl. Abbildung 21). Ein neunstündiger Transatlantikflug von Frankfurt nach Chicago entspricht einer effektiven Dosis von 40 μSv bei einer Rate von 5 μSv/h. Ein fünfmaliger Transatlantik-Rundflug entspricht also einer effektiven Dosis von 400 μSv, was die durchschnittliche kosmische Jahresdosis von ungefähr 400 μSv des Reisenden mehr als verdoppelt. Diese Zahlen sind nur Richtwerte, da die genaue Strahlungsdosis von der Flugroute sowie der Sonnenaktivität abhängt.

Flüge über Polregionen erhöhen die Dosis zusätzlich, da die kosmische Strahlung wegen des erdmagnetischen Felds an den Polarzonen besonders intensiv ist, was zur bekannten Himmelserscheinung des Polarlichts führt. Ein 12 Stunden dauernder Flug von Frankfurt nach Tokio entspricht dadurch einer effektiven Dosis von 100 μSv.

Die kosmische Strahlung und ihre sekundären Zerfallsprodukte tragen zur Produktion langlebiger radioaktiver Isotope in der Erdatmosphäre bei, die sich durch physikalische und chemische Austauschprozesse in der Erdkruste ablagern können. Zu diesen kosmogenen Radionukliden gehören das Kohlenstoff-Isotop $^{14}C$ ($T_{1/2}$=5730 a), das radioaktive Tritium $^{3}H$ ($T_{1/2}$=12,3 a), das seltenere $^{10}Be$ ($T_{1/2}=1{,}39\cdot10^{6}$ a) sowie in geringeren Mengen die schwereren langlebigen Aluminium- und Chlor-Isotope $^{26}Al$ ($T_{1/2}=7{,}17\cdot10^{5}$ a) und $^{36}Cl$ ($T_{1/2}=3{,}01\cdot10^{5}$ a).

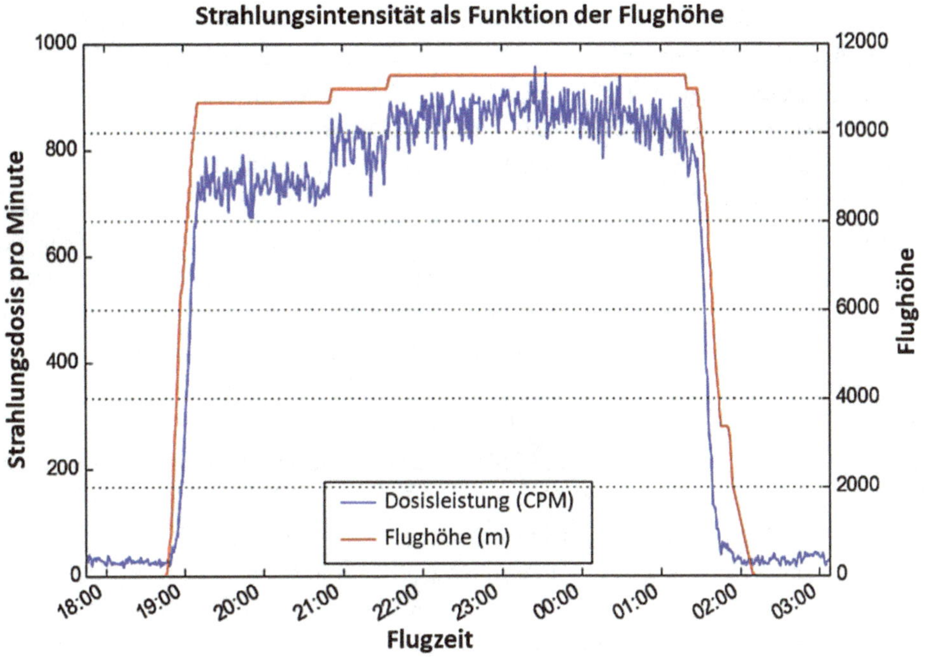


*Abb. 6-21: Strahlungsdosis (Zählrate der auftreffenden Strahlung) als Funktion der Zeit zwischen dem Betreten des Flughafens eine Stunde vor Abflug bis zum Verlassen eines Flughafen eine Stunde nach Ankunft. Die durchschnittliche Dosisrate auf Flughöhe beträgt ungefähr 5 bis 6 μSv/h.*

Die wichtigste Komponente der kosmogenen Radioaktivität ist zweifelsohne das neutronenreiche Kohlenstoff-Isotop $^{14}C$, das durch $\beta^-$-Zerfall zum Stickstoff-Isotop $^{14}N$ zerfällt. Die Zerfallsenergie ist mit 152 keV relativ niedrig. Das heißt, dass $^{14}C$ nur eine geringe Dosisleistung hat. Die Halbwertszeit von $^{14}C$ ist jedoch mit 5730 Jahren relativ lang, was für die Altersbestimmung archäologischer und historischer Fundstücke (mit organischen Komponenten) genutzt wird (vgl. Buch 2, Kapitel 16.5).

Das Kohlenstoff-Isotop $^{14}C$ wird durch Spallationsreaktionen zwischen den hochenergetischen Primärteilchen der kosmischen Strahlung und den Gasen in den oberen Atmosphärenschichten erzeugt. Ein kleiner Anteil der Spallationsprodukte sind $^{14}C$-Isotope, aber freie Neutronen bestimmen die Hauptproduktion. Sie treten ebenfalls in großer Häufigkeit als Sekundärteilchen auf. Die Neutronen thermalisieren durch Stöße die sie umgebenden Gasteilchen und führen Kernreaktionen mit ihnen aus. Die wichtigste Reaktion ist $^{1}n + {}^{14}N \Rightarrow {}^{14}C + {}^{1}H$ oder, in kernphysikalischer Terminologie, $^{14}N(n,p)^{14}C$. Jedoch tragen auch andere Reaktionen an Kohlenstoff- und Sauerstoff-Isotopen mit geringerer Häufigkeit wie $^{13}C(n,\gamma)^{14}C$, und $^{17}O(n,\alpha)^{14}C$ zur Produktion bei. Die Produktionsrate für $^{14}C$ erreicht ihr Maximum in einer Höhe zwischen 9 und 15 km, also in der oberen Troposphäre und der unteren Stratosphäre. Die Rate steigt zu hohen Breitengraden hin an (das heißt, in Richtung der Pole), da dort die hochenergetischen, kosmisch geladenen Teilchen, durch das erdmagnetische Feld fokussiert, bevorzugt in die Atmosphäre eintreten.

Aus dem thermischen Wirkungsquerschnitt der $^{14}N(n,p)$-$^{14}C$-Reaktion sowie der Häufigkeit an Stickstoffatomen und dem durchschnittlichen Neutronenfluss in diesen Höhenlagen kann man direkt die Produktionsrate nach den in Kapitel 3 angegebenen Gleichungen abschätzen. Demnach beträgt die durchschnittliche Rate 22 000 $^{14}C$-Isotope pro Sekunde und Quadratmeter. Nimmt man die Zerfallsrate von $\lambda=\ln 2/5730\ y=1{,}21\cdot10^{-4}\ y^{-1}$, beträgt die Produktion von $^{14}C$-Radioaktivität ungefähr 2,66 Bq/y $m^2$. Das ergibt, gemittelt über das Gesamtvolumen der unteren Erdatmosphäre, einen jährlichen Wert von 1,4 PBq/y, also 1400 Billionen Becquerel.

$^{14}C$ verhält sich chemisch wie ein normales stabiles $^{12}C$-Atom. Es verbindet sich in der Atmosphäre mit Sauerstoff zu $^{14}CO_2$ und unterliegt damit normalen biologisch-chemischen Austauschprozessen zwischen Atmosphäre, Ozean und Erdkruste. Bedingt durch die verschiedenen Produktions- und Absorptionsprozesse entwickelt sich ein Gleichgewicht zwischen der stabilen $^{12}C$-Häufigkeit und der $^{14}C$-Häufigkeit in der Atmosphäre. Besonders bedeutend ist bei den Austauschprozessen der Kohlenstoffzyklus, der $^{14}C$ in pflanzliches Material und damit über den normalen Futterkreislauf in anderes biologisches, insbesondere tierisches und menschliches Körpermaterial überträgt. Da alle Lebewesen über Atmung und andere Stoffwechselmechanismen ständig Kohlenstoff mit der Atmosphäre austauschen, stellt sich in den lebenden Organismen dasselbe Verteilungsverhältnis für die Kohlenstoff-Isotope ein, wie es in der Atmosphäre vorliegt. Dieses Gleichgewicht zwischen Produktion und Absorption legt die $^{14}C$-Aktivität in unserer Atmosphäre auf $1{,}4\cdot10^{17}$ Bq (140 PBq) fest[189]. Demnach enthält die Atmosphäre eine Billion mehr stabile $^{12}C$-Atome als die radioaktive $^{14}C$-Komponente. Dieses Verhältnis zwischen den Häufigkeiten von $^{12}C$ und $^{14}C$ in Materialien wird durch den Parameter $\delta^{14}C$ beschrieben. Das drückt das Häufigkeitsverhältnis zwischen den beiden Isotopen relativ zu einem Standardwert aus. Dieser Wert hängt von verschiedenen Umständen ab, etwa der Produktionsrate von $^{14}C$ sowie der chemischen Fraktionierung durch physikalisch-chemische oder auch biologisch-chemische Prozesse, denen das Material unterworfen war.

---

[189] UNSCEAR 2008 Report: Sources and Effects of Ionizing Radiation – United Nations Scientific Committee on the Effects of Atomic Radiation; Report to the General Assembly, New York, 2011.

Dass die Produktion von $^{14}C$ direkt mit der Intensität der einfallenden kosmischen Strahlung zusammenhängt, ist durch die Aktivität der Sonne bedingt. Deren Aktivität und ihre Schwankungen folgen einem Elf-Jahres-Zyklus – direkt nachvollziehbar an den gemessenen $^{14}C$-Werten über längere Perioden. Diese Schwankungen und die Intensität der jeweiligen $^{14}C$-Aktivität lassen sich mit radiochemischen Methoden zum Beispiel an Jahresringen von Baumstämmen messen und datieren. Jahresweine ermöglichen ebenfalls langfristige Messungen (Abbildung 6-22), letztlich alles Pflanzenmaterial.

Zur $^{14}C$-Häufigkeit über längere Zeiträume geben Bohrproben von Grönlandeis oder antarktischem Eis Auskunft. Der jährliche Schneefallzyklus hat ebenfalls Jahresringe an frischem Schneematerial entwickelt, die die jährlichen Variationen in Luftverschmutzung und Isotopenverhältnissen widerspiegeln. Mittels Analyse solcher Eisringe kann man die klimatischen Bedingungen auf der Erde über mehrere 100 000 Jahre zurückverfolgen. Dies ist allerdings bei der $^{14}C$-Analyse wegen der geringen $^{14}C$-Halbwertszeit von 5730 Jahren nicht möglich. Je nach Sensitivität der Nachweismethode ($^{14}C$ Accelerator Mass Spectrometry) kann man die Schwankungen bis zu 50 000 Jahren zurückverfolgen[190].

Tritium, das neutronenreiche Wasserstoff-Isotop $^{3}H$, hat eine Halbwertszeit von 12,3 Jahren. Es zerfällt also wesentlich schneller als das $^{14}C$-Isotop. Der $\beta^-$-Zerfall setzt eine Gesamtenergie von 18,6 keV frei, wobei die Elektronen mit durchschnittlich 5,7 keV nur einer geringen Strahlungsbelastung entsprechen. Das Zerfallsprodukt ist das neutronenarme Helium-Isotop $^{3}He$. Tritium wird durch die Reaktion schneller Spallationsneutronen mit $^{14}N$-Stickstoff und auch mit $^{16}O$-Sauerstoff in der oberen Troposphäre und der unteren Stratosphäre produziert. In der physikalischen Nomenklatur wird Tritium oft vereinfach als t bezeichnet. Die wichtigste Reaktion ist $^{1}n + {}^{14}N \Rightarrow {}^{12}C + {}^{3}H$ oder, in kernphysikalischer Terminologie, $^{14}N(n,t)^{12}C$. Diese Reaktion läuft bei Neutronenenergien von mehr als 4 MeV ab. Eine etwas schwächere zweite Produktionsreaktion ist $^{16}O(p,t)^{14}N$. Die durchschnittliche natürliche Produktionsrate beträgt 2000 $^{3}H$-Kerne pro Quadratmeter und Sekunde, also eine Größenordnung niedriger als die Produktionsrate von $^{14}C$. Die jährliche Produktion an Tritium-Aktivität in der Atmosphäre ist damit 72 PBq.

Tritium bindet sich chemisch relativ schnell mit Sauerstoff oder Hydroxyl-Molekülen zu schwerem Wasser, $^{3}H^{1}HO$ oder in geringeren Mengen zu $^{3}H_2O$. Das schwere Wasser verhält sich wie reguläres $^{1}H_2O$ und nimmt am normalen Wasseraustausch zwischen Atmosphäre und Ozeanen und anderen Gewässern, der sogenannten Hydrosphäre, teil. Die durchschnittliche Aufenthaltsdauer für Wasserdampf in der Atmosphäre liegt zwischen 3 und 20 Tagen, bevor es durch Niederschlag ausfällt. Darüber wird es auch schnell Bestandteil des normalen

190 https://journals.uair.arizona.edu/index.php/radiocarbon/article/view/609

Grundwasserhaushalts. Hydrologen errechneten, dass alle 10 Tage der in Wolken gespeicherte Wasserdampf in der Troposphäre einen vollen Austauschzyklus mit der Hydrosphäre durchläuft.

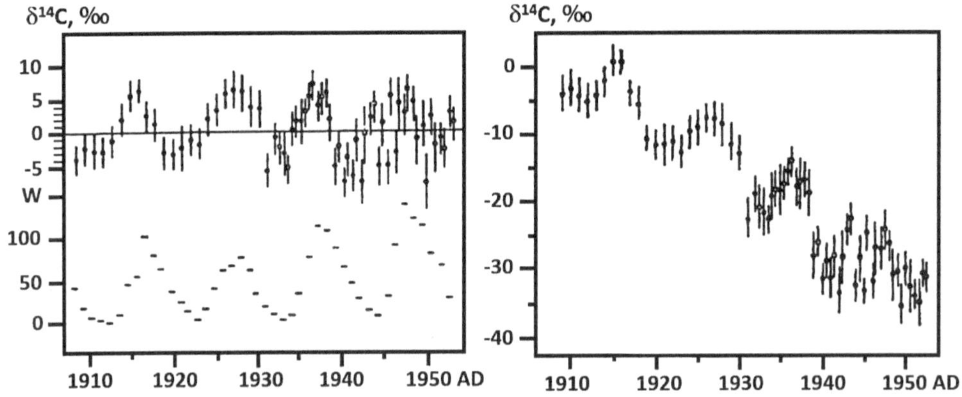


*Abb. 6-22: Links die Korrelation zwischen den $^{14}C$-Häufigkeiten $\delta^{14}C$ in georgischen Jahresweinen, die von 1909 bis 1952 produziert wurden (obere Kurve) und der jährlich vermessenen Sonnenaktivität im Elf-Jahres-Zyklus folgt (untere Kurve). Man sieht deutlich, dass sich erhöhte Sonnenaktivität in erhöhte $^{14}C$-Radioaktivität im Wein umsetzt. Das unkorrelierte Ansteigen von $\delta^{14}C$ nach 1949 hängt mit dem Beitrag an $^{14}C$-Produktion in der Atmosphäre durch das Atomwaffen-Testprogramm zusammen (vgl. Band 2, Kapitel 12.4). Die $\delta^{14}C$-Kurve ist auf einen konstanten Wert normiert, um die Korrelation besser zu verdeutlichen. Rechts die nicht normierte $\delta^{14}C$-Kurve: Sie zeigt einen kontinuierlichen Abfall am $^{14}C$-Gleichgewichtswert. Diesen Abfall bedingt die zunehmende $CO_2$-Produktion in der Erdatmosphäre durch fossile Brennstoffe wie Kohle und Öl. Ursprünglich Pflanzen, unterlagen die fossilen Brennstoffe den normalen $^{14}C$-Gleichgewichtsbedingungen. Jedoch ist dieser $^{14}C$-Anteil lang zerfallen. Deswegen enthalten Kohle und Öl keine $^{14}C$-Komponenten. Industrielle Verbrennungsprozesse dieser Materialien und die damit verbundene Freisetzung von $^{12}CO_2$-Gasen verringern kontinuierlich den relativen $^{14}C$-Anteil in der Atmosphäre, was sich im Abfallen dieser $\delta^{14}C$-Kurve widerspiegelt.*

Der natürliche Anteil von Tritium in Atmosphäre und Hydrosphäre kann aus den Gleichgewichtsverhältnissen zwischen Produktion durch kosmische Strahlung und dem normalen hydrologischen Zyklus zu 26 MCi oder $9{,}6\cdot 10^5$ TBq abgeschätzt werden. Dabei sind ungefähr 90 Prozent in Gewässern, die restlichen 10 Prozent als Wasserdampf oder als Teil anderer Gas-Moleküle in der Atmosphäre gespeichert. Dort kommen auf jedes Tritium-Atom $2{,}5\cdot 10^{14}$ stabile Wasserstoffkerne oder Protonen. Wegen der großen Mengen an Ozeanwasser ist der

Tritium-Anteil in der Hydrosphäre wesentlich geringer: Auf ein Tritium-Atom kommen ungefähr $10^{18}$ stabile Wasserstoffkerne. Dieses Verhältnis kann natürlich lokal stark variieren. Die Hydrologie benutzt deswegen die Tritium-Unit (TU), eine Einheit, die die Tritium-Menge im Wasser festlegt. Danach entspricht 1 TU einem Tritium-Atom in $10^{18}$ Wasseratomen. Errechnet man die Aktivität des Tritiums für einen Liter Wasser, so entspricht 1 TU einer Tritium-Aktivität von 0,118 Bq/l. Unter normalen Bedingungen beträgt die Konzentration von Tritium im Regenwasser 5 TU. Das entspricht einer Aktivität von ungefähr 0,6 Bq/l. Aufgrund der Atombombentestprogramme und des Tritium-Ausstoßes von Atomreaktoren ist die derzeitige Tritium-Häufigkeit jedoch erheblich höher (vgl. Band 2, Kapitel 12.4).

Das Radio-Isotop $^{10}Be$ ($T_{1/2}=1{,}39\cdot10^{6}$ a) wird durch Spallationsreaktionen hochenergetischer sekundärer Protonen und Neutronen an schwereren Elementen in der Atmosphäre erzeugt. Labormessungen von Spallationsquerschnitten haben die dominierenden Reaktionen ergeben: $^{14}N+n\Rightarrow^{10}B$, $^{16}O+n\Rightarrow^{10}B$ bei Neutronenenergien unter 100 MeV und $^{14}N+p\Rightarrow^{10}B$, $^{16}O+p\Rightarrow^{10}B$ bei Protonenenergien von mehr als 100 MeV. Die totale Produktionsrate liegt bei 200 $^{10}Be$-Isotopen pro Sekunde und Quadratmeter. Mit einer vergleichbaren Rate wird auch $^{14}C$ durch Spallationsreaktionen erzeugt, aber das ist vernachlässigbar gegenüber der Produktion durch thermalisierte Neutronen. $^{10}Be$ zerfällt über $\beta^-$-Zerfall zu $^{10}B$ mit einer Zerfallsenergie von 556,2 keV. Regen wäscht das radioaktive $^{10}Be$ aus. Das schlägt sich im Grundwasser nieder. Ähnlich wie Tritium wird die Messung von $^{10}Be$-Aktivitäten in Gewässern als Methode angewandt, um den hydrologischen Kreislauf über längere Zeiträume zu analysieren sowie das Alter von Wasser in tiefliegenden Grundwasserspeichern zu bestimmen. $^{10}Be$ fällt bei weniger alkalischen Gewässern aus, sammelt sich im umgebenden Erdreich an und führt zu leichten Anreicherungen der Aktivität in Böden. Im Ozeanwasser fällt $^{10}Be$ in Sedimenten aus und kann deswegen zur Bestimmung der Wachstumsrate von Sedimentniederschlag genutzt werden.

Dies und andere langlebige radioaktive Produkte von Spallationsreaktionen wie $^{26}Al$ und $^{36}Cl$ sind jedoch wegen ihrer geringen Häufigkeit sowie der niedrigen Zerfallsenergie für die allgemeine Strahlenbelastung weitgehend vernachlässigbar.

## 6.9 Kosmische Strahlung und das erdmagnetische Feld

Das durch den Dynamo-Effekt des flüssigen äußeren Erdkerns induzierte erdmagnetische Feld lenkt die hochenergetisch geladenen Teilchen der kosmischen Strahlung der Sonne ab und schützt damit weitgehend die Erdatmosphäre und Eroberfläche. Statt im direkten Flug in die Erdatmosphäre einzutreten, folgen die hochenergetischen geladenen Teilchen einer Spiralbahn um die magnetischen Feldlinien. Viele der einfallenden Teilchen werden so in den interplanetaren Raum zurückreflektiert. Die verbliebenen Teilchen fokussieren sich entlang der Feldlinien auf die polaren Bereiche. Die durchschnittliche Dosis der verbleibenden Gesamtbestrahlung auf Meereshöhe beträgt ungefähr 0,04 μSv/h, verdoppelt sich allerdings ungefähr alle 1500 Höhenmeter. Die Strahlungsbelastung variiert jedoch nicht nur mit der Höhe, sondern auch mit dem Breitengrad durch den Einfluss des erdmagnetischen Feldes. Damit ist die kosmische Strahlungsintensität in den Polargegenden erheblich höher als im äquatorialem Bereich. Abbildung 6-23 zeigt die Intensität der kosmischen Strahlung über die verschiedenen Breitengerade der Erde. Bewohner der Polargegenden sowie Fluggäste bei Polarflügen erhalten deswegen eine mehr als hundertfache bis tausendfache höhere Strahlungsdosis als Menschen in den tropischen Zonen oder auch die Bewohner der mittleren Breitengrade.

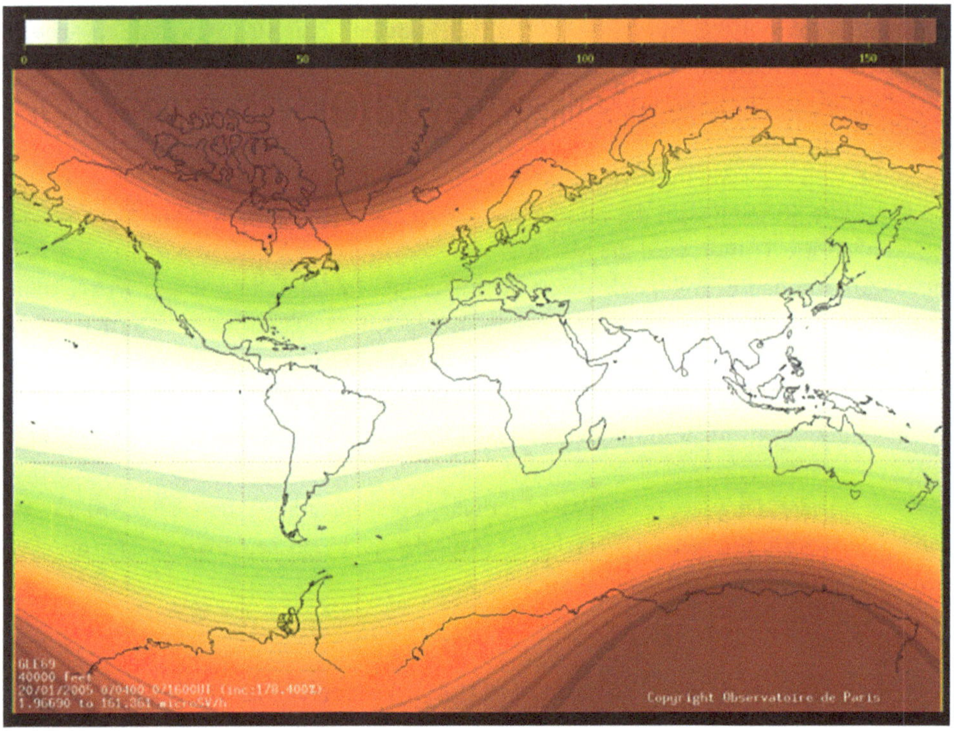


*Abb. 6-23: Die stündliche Strahlendosis bei 13 000 m Höhe, aufgenommen am 20. Januar 2005 durch das Observatoire de Paris bei extrem hoher Sonnenaktivität. Die Strahlenbelastung in dieser Höhe variiert zwischen 2 und 160 μSv/h bei einer durchschnittlichen Strahlenbelastung von 0,04 μSv/h an der Erdoberfläche. (Wikipedia Commons)*

Die über die Pole einfallende kosmische Strahlung bewirkt eine starke Ionisierung der oberen Bereiche von 200 bis 600 km der Atmosphäre – die sogenannte Ionosphäre. Dieser Strahlungsfluss, oft auch als Sonnenwind bezeichnet, insbesondere der hochenergetische Photonenanteil wie Röntgen- und Gammastrahlung, ionisiert die Stickstoff- und Sauerstoffatome und Moleküle in diesem Höhenbereich und kann bei hoher Strahlungsintensität einen großen Fluss von Millionen freier hochenergetischer Elektronen pro Kubikzentimeter erzeugen, die wiederum weitere sekundäre Strahlungseffekte verursachen können.

Dies zeigt sich insbesondere im bekannten Phänomen des Polarlichts oder der Aurora Borealis: rot-grüne Lichtspiele im Polarbereich des Himmels, die insbesondere in der Zeit eines hohen kosmischen Strahlungsflusses von der Sonne auftreten. Dabei beschleunigt das Erdmagnetfeld die geladenen Partikel und regt durch inelastische Streuprozesse die Hülle der Atome und Moleküle der atmosphärischen Gase in 80 bis 250 km Höhe an. Bei der Abregung wird die charakteristische Strahlung der Atome und Moleküle emittiert Für Sauerstoff liegt die Wellenlänge der emittierten Strahlung bei 557,7 nm im grünen Bereich und bei 630,0 nm und 636,3 nm im roten Bereich (Abbildung 6-24). Dies erklärt das faszinierende rot-grüne Farbenspiel der Aurora Borealis. Die emittierte Strahlung angeregter Stickstoffmoleküle liegt im ultravioletten und infraroten Wellenlängenbereich, was das bloße Auge als violett wahrnimmt.

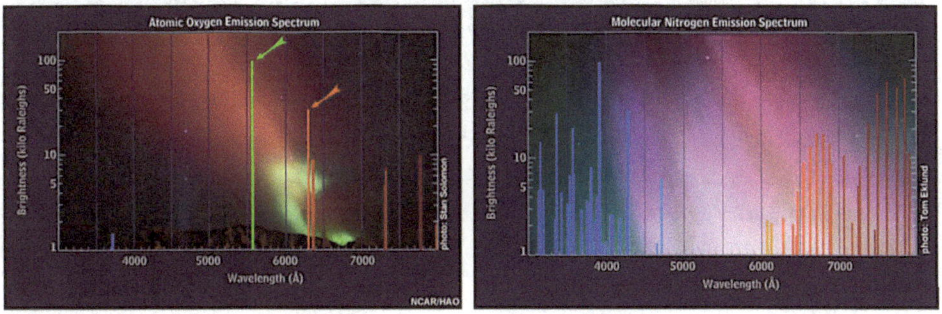


*Abb. 6-24: Links das Spektrum angeregter Sauerstoffatome (O) mit den charakteristischen Lichtemissionen im roten und grünen Linienbereich. Es erklärt das rot-grüne Farbenspiel der Polarlichter. Rechts das Spektrum des molekularen Stickstoffs ($N_2$), eine komplexere Linienstruktur im blau-violetten und rot-infraroten Bereich, was den Ursprung der Magenta-Färbung in der Aurora erklärt. Blautöne sind zudem für das menschliche Auge nachts schwer zu erkennen. (MetEd/Comet http://www.meted.ucar.edu/hao/aurora/aurora.1.htm)*

Die schützende Wirkung des erdmagnetischen Feldes zeigt sich klar am Vergleich mit den Verhältnissen auf unserem Nachbarplaneten Mars, dessen Oberflächen- und Atmosphärenbedingungen in den letzten Jahrzehnten durch eine Reihe von Marssonden untersucht wurden. Bodenuntersuchungen mittels der Rover-Marssonde ergaben, dass das ursprünglich starke magnetische Feld unseres Schwesterplaneten vor zirka 4 bis 3,5 Milliarden Jahren zusammengebrochen ist, also mehr als 100 Millionen Jahre nach dem großen Bombardement während des Hadaikums. Über die vorhergehenden 500 Millionen Jahre verlief die geologische Entwicklung beider Planeten parallel, sowohl Oberflächenbedingungen mit weiten Wasserflächen gemeinsam mit einer dichten Gas-Atmosphäre waren vergleichbar. Heute ist das magnetische Feld des Mars bis auf kleine, punktuell verteilte Restfelder verschwunden (Abbildung 6-25), während sich das erdmagnetische Feld weitgehend in seiner ursprünglichen Stärke erhalten hat.

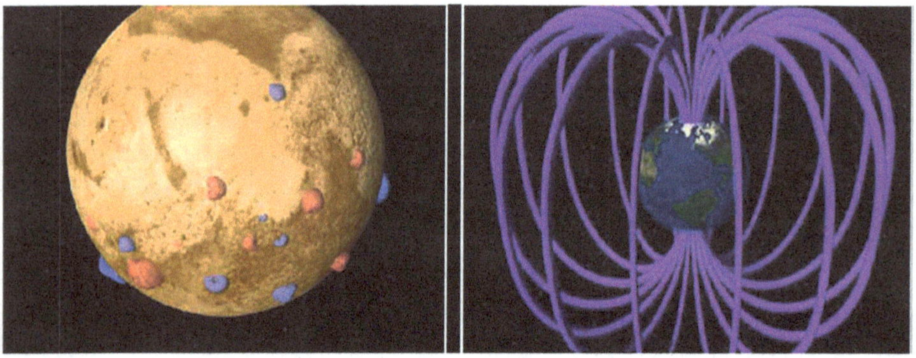

*Abb. 6-25: Vergleich der heutigen Magnetfeldbedingungen auf Mars (links) und auf Erde (rechts). Das Erdmagnetfeld wird von einem Dynamo erzeugt – dem äußeren Erdkern aus flüssigem Metall, das zwischen dem festen inneren Eisenkern der Erde und dem kühleren Mantelbereich konvektiert. Das Magnetfeld umgibt die Erde und erscheint als globales Phänomen. Die verschiedenen marsianischen Magnetfelder umfassen nicht den gesamten Planeten und sind rein lokale Erscheinungen. Den Mars-Dynamo gibt es nicht mehr; seine Magnetfelder sind ‚fossile' Überreste seines alten, globalen Magnetfeldes. (Bildnachweis: NASA/GSFC)*

Man geht heute davon aus, dass der Dynamo-Effekt des Mars über einen relative kurzen Zeitraum zusammengebrochen ist – entweder dadurch, dass der metallische (Fe-Ni) Kern des Mars[191] schon nach einer Milliarde Jahre erkaltet und erstarrt ist oder die Abkühlung durch

[191] Der Eisenkern von Mars hat einen Radius von ungefähr 1700 km, vergleichbar dem festen inneren Eisenkern der Erde mit einem Radius von 1300 km. Mars hat keinen flüssigen äußeren Kern mehr als Grundlage für die Erzeugung des magnetischen Feldes durch den Dynamo-Effekt. Der äußere flüssige Eisenkern der Erde hat einen Radius von 3500 km. Der Dynamo-Effekt wird durch Konvektion zwischen innerem Kern und Mantel getrieben.

Kollision mit einem größeren Objekt initiiert wurde[192]. Es gibt zahlreiche Spekulationen über den Grund des plötzlichen Verschwindes des magnetischen Feldes.[193] Die Frage bleibt, ob die rasche Erkaltung auch durch einen geringeren Anteil an langlebigen radioaktiven Stoffen im Marsinneren bewirkt wurde. Mit dem Abfall von Zerfallswärme kann der flüssige Zustand des äußeren Metallkerns nicht lange aufrecht erhalten werden.

Seit dem Verlust des Magnetfeldes ist die Marsoberfläche einer viel höheren Strahlung ausgesetzt als die Erde. Dieser Mechanismus ist ähnlich wie bei der Wechselwirkung der kosmischen Strahlung mit der Erdatmosphäre an den Polen, nur dass ohne schützendes Magnetfeld bei kleinerem Abstand zur Sonne die Intensität des Sonnenwindes in der Marsatmosphäre um ein Vielfaches höher liegt (Abbildung 6-26). Neue Daten, die mittels der Marssonde MAVEN in vielen Umläufen durch die innere und obere Marsatmosphäre gesammelt wurden, deuten auf die immer noch fortwährende Existenz eines starken solaren Windes durch extreme kosmische Bestrahlung hin.

*Abb. 6-26: Das Magnetfeld der Erde (rechts) lenkt die hochenergetische Sonnenstrahlung weitgehend ab. Nur geringe Strahlungsanteile werden über die Feldlinien auf die magnetischen Pole fokussiert. Mars (links) ist ohne eigenes Magnetfeld der intensiven Sonnenstrahklung schutzlos ausgesetzt und hat seine Atmosphäre durch Ionisierungseffekte und damit einhergehender Verdunstung weitgehend verloren. https://arstechnica.com/science/2015/11/how-mars-lost-its-atmosphere-and-became-a-cold-dry-world/ (Image credit: NASA/GSFC)*

Infolgedessen wurde die Marsatmosphäre im Laufe der nächsten 500 Millionen Jahre durch den Sonnenwind langsam abgetragen. Die große Anzahl der ionisierten Teilchen in der oberen

192 https://www.sciencemag.org/news/2009/04/did-marss-magnetic-field-die-whimper-or-bang.

193 https://www.seis-insight.eu/en/public-2/martian-science/internal-models-of-mars.

Marsatmosphäre erzeugt ein starkes elektrisches Feld, in dem Teilchen auf eine Fluchtgeschwindigkeit beschleunigt werden und damit ins All ‚verdunsten'. Damit entsteht an der Marsoberfläche ein viel höheres kosmisches Strahlungsfeld als auf der Erde. Neben dieser regelmäßigen Belastung durch kosmische Strahlung und Sonnenwind kommt es auch häufig zu schlagartigem Anstieg der Strahlung, die durch starke Sonneneruptionen erzeugt werden. Die NASA-Raumsonde *Mars Odyssey* aus dem Jahr 2001 war mit einem speziellen Instrument namens Martian Radiation Experiment (oder MARIE) ausgestattet, das zur Messung der Strahlungsumgebung um den Mars herum entwickelt wurde. Da Mars eine so dünne Atmosphäre hat, ist die von Mars Odyssey erfasste Strahlung vergleichbar mit der Strahlungsintensität an der Oberfläche. Im Laufe von etwa 18 Monaten entdeckte Mars Odyssey kontinuierliche 256 Strahlungswerte, die 2,5-mal höher sind als die Beobachtungswerte auf der Internationalen Raumstation – 0,2 mGray pro Tag, was 0,08 Gray pro Jahr entspricht. Die Raumsonde entdeckte auch 2 solare Protonenereignisse, bei denen die Strahlung mit etwa 0,02 Gray pro Tag ihren Höhepunkt erreichte, und einige andere Ereignisse bis zu etwa 0,001 Gray pro Tag (Abbildung 6-27).

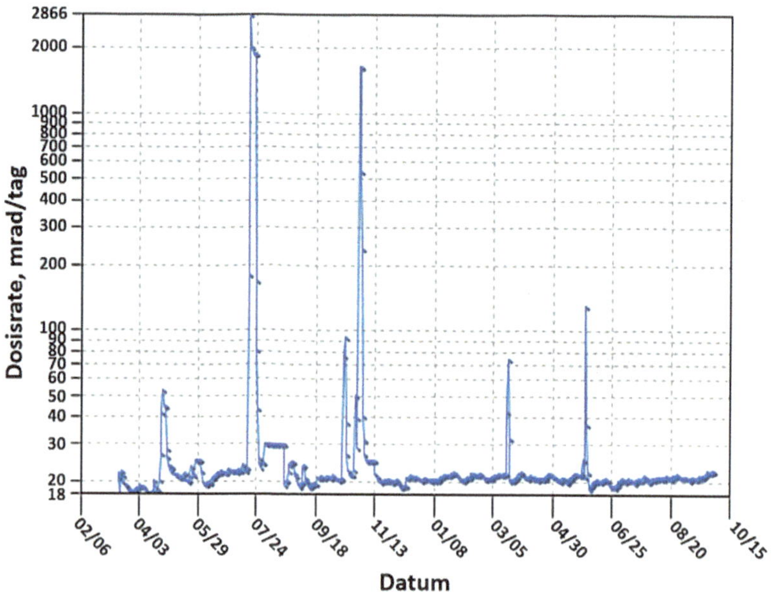


*Abb. 6-27: Das Diagramm zeigt für die Marsoberfläche eine von MARIE vermessene durchschnittliche Strahlungsbelastung pro Tag von 20 mrad/d, beziehungsweise 0,2 mGy/d. Das entspricht einer jährlichen Rate von 80 mGy/a. Die Daten wurden von März 2002 bis September 2003 aufgenommen. Die von MARIE gemessenen Strahlungswerte sind zwei- bis dreimal höher als die auf der Internationalen Raumstation (100-200 mGy/a). Gelegentliche Sonnenprotuberanzen erzeugen hundertfach höhere Dosen mit Spitzenwerten um die 0,02-0,03 Gy/d.*

Die sich daraus ergebene jährliche Belastung der Marsoberfläche durch kosmische Strahlung (Abbildung 6-28) variiert von 10 bis 20 rem/a, in internationalen Einheiten entsprechend einer jährlichen Dosis von mindestens 0,1 bis 0,2 Sv. Dies ist um zwei bis drei Größenordnungen höher als die jährliche Dosis der europäischen Bevölkerung durch kosmische Bestrahlung, die je nach Höhenlage bei 0,3-0,4 mSv liegt.[194] In extrem hohen Alpenlagen erhöht sich die Dosis auf mehr als 1 mSv. Während Studien gezeigt haben, dass der menschliche Körper einer Dosis von bis zu 0,2 Sv ohne bleibende Schäden standhalten kann, könnte eine längere Exposition der auf Mars festgestellten Strahlungsbelastung zu allen möglichen Gesundheitsproblemen führen – zum Beispiel akute Strahlenkrankheit, erhöhtes Krebsrisiko, genetische Schäden und sogar Tod. Selbst mikroelektronische Elemente sind gefährdet; MARIE musste schon nach anderthalb Jahren wegen Strahlungsschäden an den elektronischen Bauelementen den Betrieb einstellen (siehe Kapitel 15.4.).

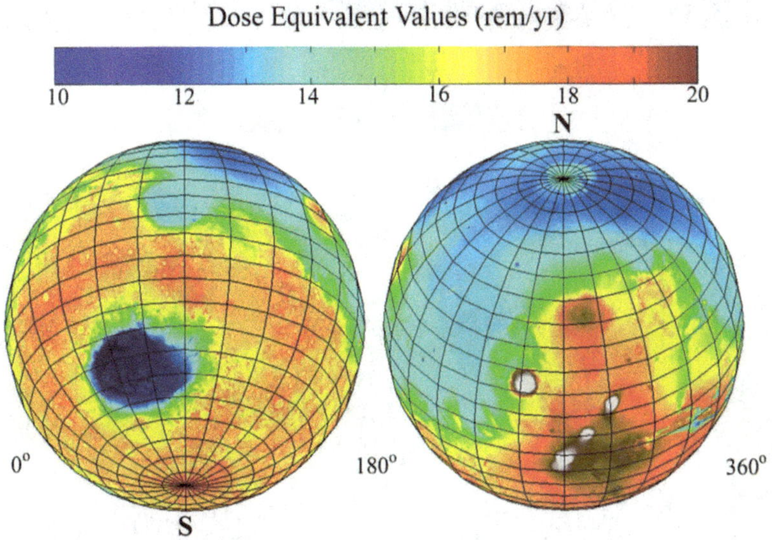


*Abb. 6-28: Intensität und Verteilung der kosmischen Strahlung, der die Marsoberfläche ausgesetzt ist. Die Einheiten für die Dosisbelastung sind in rem/a gegeben, was internationalen Einheiten von 0,01 Sv/a entspricht (Credit: NASA), https://www.universetoday.com/14979/mars-radiation1/*

194 Giorgia Cinelli, Valeria Gruber, Luca De Felice et al.: European annual cosmic-ray dose: estimation of population exposure. Journal of Maps, 13:2 (2017), S. 812–821.

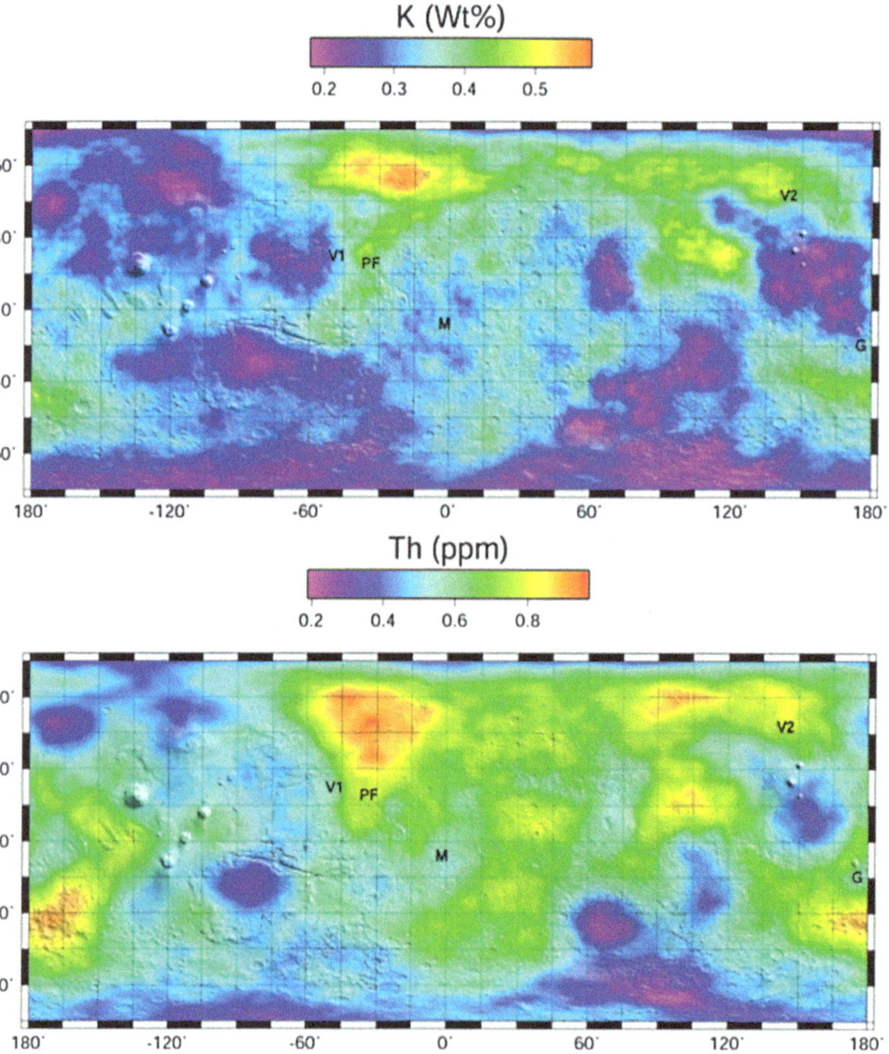


*Abb. 6-29: Die obere Karte der Kalium-Verteilung in der mittleren Breitenregion des Mars basiert auf 1,46 MeV Gamma-Strahlung des langlebigen radioaktiven Isotopes $^{40}K$, das in kleinen Mengen in Gesteinen und Böden vorkommt. Regionen mit hohem Kaliumgehalt erscheinen rot und gelb, Regionen mit niedrigem Kaliumgehalt violett und dunkelblau. Die untere Karte zeigt die Verteilung des radioaktiven Isotops $^{232}Th$. Die Standorte der fünf erfolgreichen Landermissionen sind auf den Karten markiert: Viking 1 (VL1), Viking 2 (VL2), Pathfinder (PF), Spirit bei Gusev (G) und Opportunity bei Meridiani (M). http://grs.lpl.arizona.edu/specials/*

Die Oberflächenradioaktivität wurde mit dem *Mars Odyssey Gamma Ray Spectrometer* (GRS) vermessen, der mit großer Auflösung die räumliche Verteilung der Emissionspunkte charakteristischer γ-Strahlung erfasst. Die Messung der Intensität dieser γ-Strahlen ermöglicht es zu berechnen, wie reichlich verschiedene Elemente vorhanden und wie sie auf der Planetenoberfläche verteilt sind. Gammastrahlen, die die radioaktiven Kerne emittieren, zeigen sich als scharfe Emissionslinien im Spektrum des Instruments. Aus der Energie dieser γ-Linien kann man ermitteln, welche radioaktiven Isotope vorliegen. Aus der Linienintensität ergeben sich die örtlichen Konzentrationen dieser Isotope an der Oberfläche. Dadurch wurden die Häufigkeiten und die Verteilung von Uran und Thorium und von $^{40}$K im marsianischen Material ermittelt (Abbildung 6-29).

Die Existenz der Radio-Isotope unterstreicht, dass Mars wie Erde ursprünglich aus dem gleichen proto-planetarischen Material geformt wurden, das langlebige Radio-Isotope enthält, die vermutlich ursprünglich auch den Kern des Mars durch die entstehende Zerfallswärme erhitzt haben und ähnlich wie bei der Erde einen Dynamo-Effekt erzeugten, der die Entstehung des magnetischen Feldes auch bei Mars bewirkte. Jedoch kann man aus den Verteilungen der Radio-Isotope an der Oberfläche nur bedingt auf die Verhältnisse im Inneren schließen. Die Verteilung gibt vorwiegend Aufschluss über Prozesse, die die auf der Marsoberfläche befindlichen Gesteine geformt und verändert haben. Die niedrigeren Kaliumwerte in den Polarregionen der Karte sind möglicherweise auf die Verdünnung des Bodenmaterials durch große Mengen an Wassereis zurückzuführen. Kalium und Thorium zeigen ein vergleichbares Muster mit niedrigen Aktivitäten, die mit Lokalitäten jüngerer vulkanischer Aktivität korrelieren. Die Verteilung deutet auf eine frühe Krustenbildung bei Mars hin, die mit diesen radioaktiven Elementen angereichert war, wobei Magmen aus späterer vulkanischer Aktivität einen geringeren $^{232}$Th- und $^{40}$K-Anteil von einem angereicherten und sich abkühlenden Mantelbereich aufweisen.[195]

Nach diesem Ausflug zu den Bedingungen auf Mars kehren wir wieder zur Erde zurück, um einen weiteren Blick auf die Auswirkungen der kosmischen Strahlung auf atmosphärische Prozesse zu werfen.

## 6.10 Die kosmische Strahlung und das Klima

In den letzten zwei Jahrzehnten ist der Einfluss kosmischer Strahlung auf das Klima intensiv diskutiert worden – basierend auf einem weiteren Effekt der kosmischen Stahlung in ihrer

---

[195] W. V. Boynton, G. J. Taylor, L. G. Evans, et al.: Concentration of H, Si, Cl, K, Fe, and Th in the low- and mid-latitude regions of Mars. Journal of Geophysical Research, Volume 112, Issue E12, (2007) ID E12S99.

Wechselwirkung mit der Erdatmosphäre. Hochenergetische kosmische Strahlung bewirkt nicht nur sekundäre Kernreaktionen, sondern bricht existierende Molekülstrukturen in der Atmosphäre auf und produziert entlang ihres Pfades ionisierte Atome oder auch Molekülfragmente, die chemisch miteinander reagieren können. Dadurch werden Kohlenstoff-Stickstoff-Kombinationen produziert, die die Grundlage für die Aerosolbildung in der Atmosphäre stellen. Diese Aerosole gelten als Basisstoffe für Kondensation von Wassermolekülen – ein Prozess, der zur Wolkenbildung führt.

Dieser Kondensationsprozess ist gut bekannt. Aerosole produzieren Kondensstreifen aus den Triebwerken von Flugzeugen, die größere Wolken bilden und zu sogenanntem Aviation Smog führen können (Abbildung 6-30).

*Abb. 6-30: Kondensstreifen Bildung und Entwicklung im Luftverkehr mit Auswirkung auf Wolkenbildung (Aviation Smog ) über dem Frankfurter Flughafen. http://deoxy.org/meme/AviationSmog*

Kann die kosmische Strahlung direkt und effizient zur Kondensationskeimbildung beitragen und damit Einfluss auf Wetter und Klima bewirken? Diese Frage ist noch ungeklärt. Derzeit wird die Effizienz der Aerosolbildung durch hochenergetische Strahlung von europäischen Forschern am CERN im sogenannten Cloud-Experiment untersucht. Bei solchen Experimenten werden Nebelkammern (vgl. Kapitel 4.3) mit verschiedenen atmosphärenähnlichen Gasen benutzt, um die Ionisation und die sich daraus entwickelnden Kondensationskeime zu untersuchen. Zur erfolgreichen Wolkenbildung müssen die Kondensationskeime eine gewisse Größe von 50 bis 100 nm haben, um zum Wachstum der wolkenbildenden Aerosole beitragen zu können. Die

Atmosphären-Chemie und die Chemie der Aerosolbildung sind außerordentlich kompliziert. Erste Cloud-Experimente am CERN zeigten, dass die Zugabe bestimmter Gaskomponenten das notwendige Wachstum von Aerosolkeimen bewirkt.[196] Kosmische Strahlung könnte also einen Einfluss auf die Wolkenbildung und damit auf das Klima haben. Ein hoher Strahlungsfluss würde insbesondere in den tieferen Schichten der Atmosphäre freie Ionen und Molekülfragmente erzeugen, die sich durch chemische Prozesse und Anlagerung zu Kondensationskeimen für Wolken vergrößern.

Eine dadurch erzeugte ausgedehnte helle Wolkendecke erhöht die Albedo. Das heißt, dass die Rückstreuwahrscheinlichkeit der einfallenden Sonneneinstrahlung aus dem All zu einer direkten Reduzierung der Oberflächentemperaturen führt. Bei geringer Wolkenbedeckung erscheint die darunter liegende Erdoberfläche – ob Land oder Meer – dunkel, was die Absorption der einfallenden Strahlung und damit die Oberflächentemperatur erhöht. Ob dies wirklich mit merkbaren Konsequenzen eintrifft, ist noch Gegenstand der Debatte.

Die ersten Beobachtungen beziehen sich auf den sogenannten Forbush-Effekt, bei dem hohe Sonnenaktivität Plasmamaterial aus der Corona der Sonne wirft. Die damit verbundenen elektromagnetischen Felder lenken die kosmische Strahlung im Sonnenbereich ab und verringern dadurch deren Intensität in der Erdatmosphäre. Dieser Effekt ist gut beobachtet und oft bestätigt worden, aber in der sogenannten Kosmoklimatologie wird eine direkte Auswirkung auf die Wolkenproduktion und damit das Klima vermutet.

Mehrere Beobachtungen demonstrieren, dass der Wolkenbedeckung mit dem Forbush-Effekt ein plötzlicher Abfall in der kosmischen Strahlung korreliert.[197] Andere Gruppen haben dieses Phänomen nicht bestätigen können.[198] Neue Arbeiten zeigen allerdings wieder die Evidenz einer solchen Auswirkung.[199] Es entspricht also durchaus dem Stand unseres gegenwärtigen Wissens, dass eine derartige Klimaabhängigkeit besteht. Klimadiskussionen sind ähnlich wie die um die Kernkraft sehr politisch und oft emotional geprägt. Fluktuationen in der kosmischen Strahlung werden als dominierendes Element für die Entwicklung des Erdklimas postuliert – im Gegensatz zum Treibhaus-Effekt, der durch die Häufigkeit des Kohlendioxids in der Atmosphäre entsteht. Solche Diskussionen tragen wenig zur Wahrheitsfindung bei, da ein wissenschaftlich abgesichertes Phänomen ein anderes nicht ausschließt. Natürliche Entwicklungen sind oft durch

---

196 Jasper Kirkby, et al.: Role of sulphuric acid, ammonia and galactic cosmic rays in atmospheric aerosol nucleation, Nature Letter 476, 2011, S. 429–435.

197 H. Svensmark, T. Bondo, and J. Svensmark: Cosmic ray decreases affect atmospheric aerosols and clouds, Geophys. Res. Lett. 36, 2009, L15101.

198 M. Kulmala et.: Atmospheric data over a solar cycle: no connection between galactic cosmic rays and new particle formation, Atmos. Chem. Phys., 10, 2010, 1885–1898.

199 J. Swensmark, M. B. Enghoff, N. J. Shaviv, and H. Svensmark: The response of clouds and aerosols to cosmic ray decreases, Journal of Geophysical Research: Space Physics 121, 2016, S. 8152–8181.

verschiedene Parameter und Einflüsse bestimmt. Sollte sich die These der Kosmoklimatologen bestätigen, würde das einen Anstieg der Temperaturen durch den Treibhauseffekt moderieren und die Aussagen in der Klimavorhersage modifizieren.

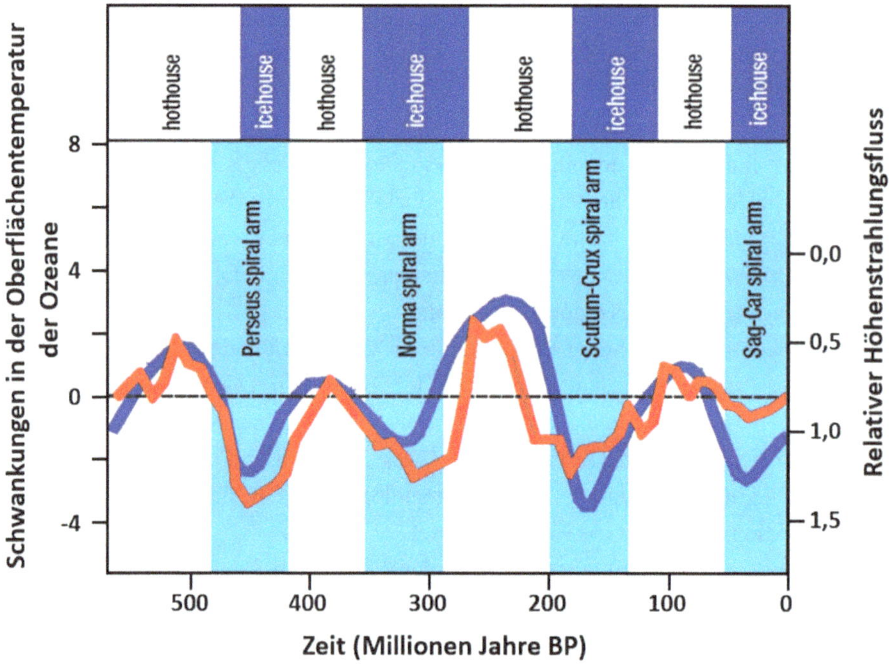


*Abb. 6-31: Vier Übergänge von warmen zu kalten Klimabedingungen während des Phanerozoikums, die mit Durchgängen des Sonnensystems durch verschiedene galaktische Spiralarme erklärt werden. Nach dieser Theorie würde ein Durchgang mit einer Phase erhöhter kosmischer Strahlung assoziiert sein, die zur erhöhten Wolkenbildung und damit zur kühleren Meeresoberfläche führen würde. Die rote Kurve zeigt die Temperatur des Seewassers, die blaue Kurve den Fluss der kosmischen Strahlung. (Nach Shaviv and Veizer 2003)*

Gegenwärtig wird über eine Ausweitung dieser These zur Abhängigkeit des Klimas von der Intensität der Erdbestrahlung diskutiert, indem neben der Komponente der kosmischen Strahlung von der Sonne auch über den höherenergetischen Beitrag der Strahlung von fernen oder auch nahen Supernovae diskutiert wird. Das Sonnensystem durchquert auf seiner Bahn um das galaktische Zentrum die Arme der Milchstraße und ist dabei einem höheren Strahlungsfluss ausgesetzt. Diese Ansicht basiert auf einem Vergleich der Seewassertemperaturen, die aus der Analyse von fossilen Schalen von Meerestieren extrahiert wurden, und der Zeitabhängigkeit der kosmischen Strahlung über den Zeitraum der letzten 545 Millionen Jahre, dem Phanerozoikum[200] (Abbildung 6-31).

Vergleiche und einfache Korrelationen können oft zu Fehlschlüssen führen. Ähnliche Korrelationen kann man ebenfalls zwischen der Temperatur an der Erdoberfläche und dem $CO_2$-Gehalt in der Atmosphäre beobachten (Abbildung 6-32). Hier korrespondieren hohe $CO_2$-Werte als Verursacher des Treibhauseffekts mit hohen Temperaturen. Genaue Zusammenhänge in der Paläoklimatologie, also der Erdgeschichte des Klimas, sind komplex und noch nicht in all ihren Aspekten verstanden.

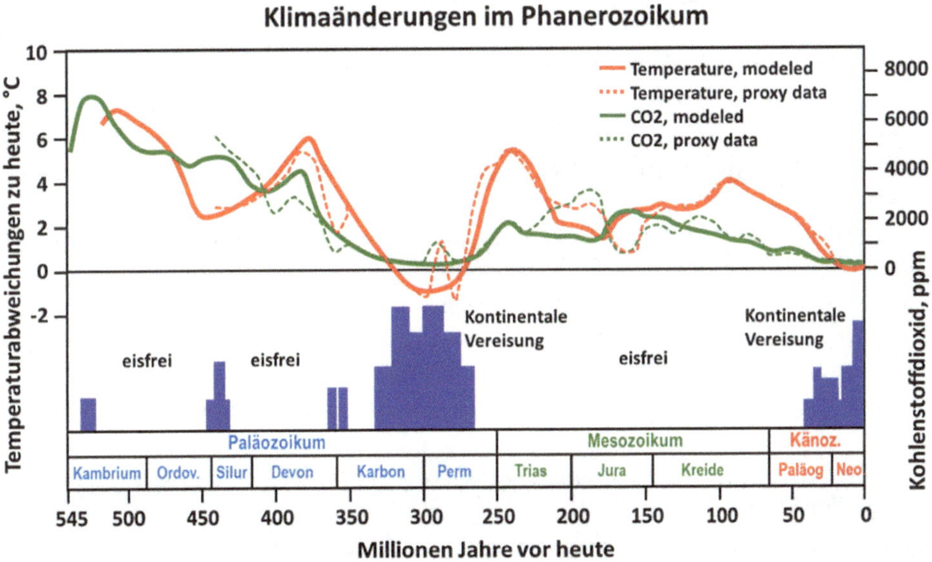


*Abb.6-32: Die Entwicklung des Klimas im Zusammenhang mit dem Kohlendioxidgehalt im Phanerozoikum. (http://wiki.bildungsserver.de/klimawandel/index.php/Phanerozoikum)*

Die Auswirkungen intensiver kosmischer Strahlung auf das Klimawesen der Erde ist eine interessante These, aber ob sie von der engen Korrelation zwischen den beiden Beobachtungsparametern aufrecht erhalten werden kann, lässt sich nur durch nachfolgende genauere Analyse von Beobachtungsdaten und den sie ergänzenden Labormessungen ermitteln – ein interessantes Beispiel für den möglichen Einfluss radioaktiver Strahlung auf menschliches Leben. Ob es jedoch Bestand haben wird, bedarf noch des Beweises.

---

200 N. Shaviv, J. Veizer: Celestial driver of Phanerozoic climate? GSA Today 13, 2003, 4–10.

# Weiterführende Literatur


Claude J. Allegre: Isotope Geology. Cambridge University Press, Cambridge, New York 2008

David A. Atwood (Hrsg): Radionuclides in the Environment. Enzyclopedia of Inorganic Chemistry, Chichester 2010 (Wiley & Sons).

Donald E. Canfield: Oxygen: A Four Billion Year History. Princeton University Press, Princeton, Cambridge 2014

Christoph Clauser: Einführung in die Geophysik: Globale physikalische Felder und Prozesse in der Erde, Berlin, Heidelberg 2013 (Springer)

Thomas J. Crowley, Gerals R. North: Paleoclimatology. Oxford Monographs, New York 1991

Geoffrey F. Davies: Mantle Convection for Geologists. Cambridge, New York 2011 (Cambridge University Press)

Alan P. Dickin: Radiogenic Isotope Geology. Cambridge, New York, 2nd Edition 2008 (Cambridge University Press)

Muriel Gargaud, Herve Martin, Purificiaon Lopez-Garcia, Thierry Montmerle, Robert Pascal: Young Sun, Early Earth and the Origins of Life. Berlin, Heidelberg 2012 (Springer).

Thomas E. Graedel, Paul J. Crutzen: Chemie der Atmosphäre. Heidelberg, Berlin 1994 (Spektrum)

Edmund A. Mathez and James D. Webster: The Earth Machine. New York 2004 (Columbia University Press)

National Research Council: Origin and Evolution of Earth. Washington DC 2008 (National Academic Press).

John H. Seinfeld, Spyros N. Pandis: Atmospheric Chemistry and Physics – from Air Pollution to Climate Change. 2006 (Wiley).

Henrik Svensmark, Nigel Calder: Sterne steuern unser Klima: Eine neue Theorie zur Erderwärmung. 2008 (Patmos).

# 7 Der radioaktive Mensch

Lebewesen sind Teil der Natur – und mit ihnen der Mensch. Wir leben im chemischen Austausch mit ihr: Wir atmen, essen und trinken. Unsere Nährstoffe beeinflussen den chemischen Aufbau unseres Körpers. Biologische Systeme absorbieren seit frühester Zeit nicht nur die stabilen chemischen Elemente ihrer Nahrung, die für die einzelnen Körperfunktionen wichtig sind, sondern damit auch deren langlebige radioaktive Isotope. Zudem absorbieren sie durch Nahrungsaufnahme oder Atmung andere radioaktive Stoffe, die sich chemisch ähnlich verhalten wie die für den Körper wichtigen Element oder Molekülkomponenten. Dieser Prozess beginnt schon im Mutterleib mit Ernährung und Wachstum des Embryos. Radioaktivität ist allen biologischen Systemen zu eigen – von den ersten Amöben bis zum Menschen.

Radioaktive Strahlung oder radioaktive Isotope haben zudem vermutlich eine zentrale Rolle bei der Entstehung des Lebens gespielt, ebenso in den einzelnen Phasen der Evolution bis heute. Radioaktive Strahlung in biologischen Zellen verursacht Mutationen und damit zum Teil Änderungen im genetischen Code, der die Entwicklung des Lebens steuert. Radioaktive Stoffe bestrahlen unseren Körper von innen. Das trägt, wie manche spekulieren, zur Zellreparatur durch Hormesis bei, oder, so vermuten andere, beschränkt die Lebensdauer des Menschen durch den „unausweichlichen" Strahlentod. Natürliche Radioaktivität ist Teil unserer biologischen Entwicklung – und könnte möglicherweise das Ende der Menschheit, wenn nicht allen biologischen Lebens auf der Erde sein.

## 7.1 Der radioaktive Körper

Der menschliche Körper ist ein komplexes biologisch-chemisches System. Es besteht aus einer Reihe chemischer Grundsubstanzen, die die verschiedenen Funktionen aufrechterhalten. Der Körper besteht zu zirka 60 bis 70 Prozent aus Wasser, zu 16 Prozent aus Proteinen. 10 Prozent sind Lipide, davon jeweils 1 Prozent Kohlenhydrate und Nukleinsäuren, und schließlich 5 Prozent Mineralstoffe. Proteine sind biologische Makromoleküle, die sich aus Aminosäurenketten zusammensetzen. Als Schlüsselträger in jedem lebendem Organismus sind sie für den gesamten Stoffwechsel (Metabolismus) des Körpers verantwortlich, kontrollieren die Zellfunktionen, steuern die DNA-Teilungen und sorgen für den Informationsaustausch zwischen den verschiedenen Zellen. Lipide oder Fettsäuren sind ebenfalls Makromoleküle, die zum

Beispiel die Membranstrukturen von Zellen bilden, als Energiespeicher oder als Signalträger zwischen Zellkomponenten dienen. Kohlenhydrate oder Zucker- und Stärkestoffe versorgen Gehirn und Muskeln. Nukleinsäuren bilden die schon erwähnten Einzelbausteine für Aufbau und Funktionsweise der DNA- und RNA-Makromoleküle. Sie liefern die grundsätzlichen Steuerinformationen der Organe und beinhalten die Erbinformationen für die Fortpflanzung.

Von diesen Molekülen enthalten Proteine und Aminosäuren Kohlenstoff, Wasserstoff, Stickstoff, Sauerstoff und Schwefel. Lipide sowie Nukleinsäuren bestehen aus Kohlenstoff, Wasserstoff, Stickstoff, Sauerstoff und Phosphor. Kohlenhydrate hingegen sind hauptsächlich aus Kohlenstoff, Wasserstoff und Sauerstoff aufgebaut.

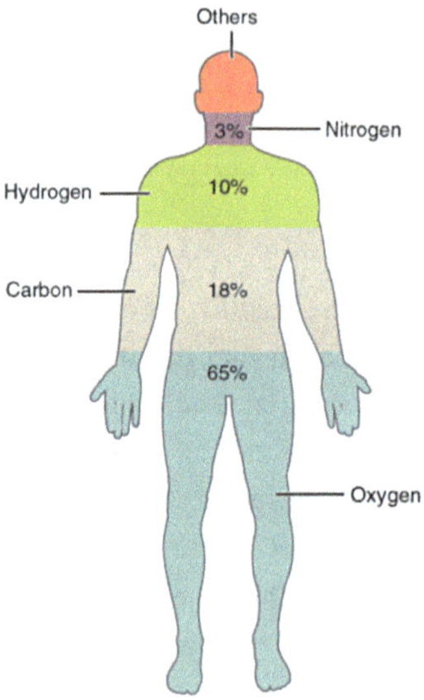


| Element | Symbol | Percentage in Body |
|---|---|---|
| Oxygen | O | 65.0 |
| Carbon | C | 18.5 |
| Hydrogen | H | 9.5 |
| Nitrogen | N | 3.2 |
| Calcium | Ca | 1.5 |
| Phosphorus | P | 1.0 |
| Potassium | K | 0.4 |
| Sulfur | S | 0.3 |
| Sodium | Na | 0.2 |
| Chlorine | Cl | 0.2 |
| Magnesium | Mg | 0.1 |
| Trace elements include boron (B), chromium (Cr), cobalt (Co), copper (Cu), fluorine (F), iodine (I), iron (Fe), manganese (Mn), molybdenum (Mo), selenium (Se), silicon (Si), tin (Sn), vanadium (V), and zinc (Zn). | | less than 1.0 |

*Abb. 7-1: Prozentuale Verteilung der wichtigsten Elemente im menschlichen Körper: Von diesen Elementen besitzen Kohlenstoff (C), Wasserstoff (H), Kalium (K) und Chlor (Cl) langlebige radioaktive Isotope, die zur internen Radioaktivität des menschlichen Körpers beitragen können. Diese Elemente sind Bestandteile komplexer organischer Molekülverbindungen, die Körperfunktionen und -abläufe steuern. Neben diesen Elementen liegen auch Spuren langlebiger Aktinide vor, die jedoch keine eigene Körperfunktion erfüllen. (https://opentextbc.ca/anatomyandphysiology/chapter/2-1-elements-and-atoms-the-building-blocks-of-matter/)*

Mineralstoffe nehmen im Körper verschiedene physiologische Aufgaben wahr. Natrium und Kalium spielen eine große Rolle in der Vermittlung von Signalen im Nervensystem. Daneben regulieren sie den Wasserhaushalt. Andere Elemente wie Jod sind Bestandteil von Hormonen, die die Funktion der Schilddrüse sichern. Kalzium, Magnesium und Phosphor tragen zu Aufbau und Wachstum unserer Knochen und Zähne bei. Phosphor wird von Nukleinsäuren gebraucht. Eisen schließlich ist ein zentrales Element zur Blutbildung. Spurenelemente mit Anteilen von weniger als 1 Prozent wie Chrom, Kobald, Kupfer, Mangan, Molybdän und Zink haben große Bedeutung für die Funktionsweise mancher Enzyme.

Insgesamt besteht der menschliche Organismus aus 21 Elementen in verschiedenen Molekülstrukturen. Nach der Anzahl von Atomen ist Wasserstoff mit 63 Prozent die häufigste Komponente, gefolgt von Sauerstoff mit 25,5 Prozent. Diese Elemente sind zumeist als Wassermoleküle gebunden. Kohlenstoff hat einen prozentualen Anteil von 9,5 Prozent und bildet mit Wasserstoff und 1,4 Prozent Stickstoff den Grundstock für die organischen Makromoleküle, die die Körperfunktionen steuern. Kalzium hat einen Anteil von 0,3 Prozent, Phosphor von 0,2 Prozent. Kalium liegt bei einem Anteil von 0,06 Prozent.

**Natürliche Radioaktivität in Lebensmitteln**

| Lebensmittel | $^{40}$K Bq/kg | $^{226}$Ra Bq/kg | Lebensmittel | $^{40}$K Bq/kg | $^{226}$Ra Bq/kg |
|---|---|---|---|---|---|
| Bananen | 130 | 0,037 | Bier | 15 | --- |
| Nüsse | 207 | 37–260 | Rindfleisch | 110 | 0,02 |
| Möhren | 126 | 0,02–0.08 | Bohnen | 172 | 0,07–0,19 |
| Kartoffeln | 126 | 0,04–0,1 | Trinkwasser | --- | 0–0,63 |

*Tab. 7-1: Typischer Bereich für natürliche Radioaktivität von $^{40}$Ka und $^{226}$Ra in gängigen Lebensmitteln.*

Da der Körper die meisten Stoffe über die Nahrung aufnimmt, enthält er, neben den stabilen Atomen der verschiedenen Elemente, auch deren langlebigen radioaktiven Komponenten. Sie liegen im selben Verhältnis vor wie in den pflanzlichen und tierischen Nährstoffen (Tabelle 7-1). Pflanzen entnehmen diese Stoffe mit ihrer Nahrung dem Boden. Er enthält zum Beispiel Mineralien aus verwittertem Gesteinsmaterial, sowie Staubablagerungen und Regenauswaschungen aus der Atmosphäre. Aber auch organische Stoffe aus zersetzten biologischen Materialien wie Blätter, Pflanzenreste, Vegetations- und Ernterückstände sowie Dünger sind Teil der Pflanzennahrung. Die Aufnahme radioaktiver Materialien aus dem Boden durch Pflanzen ist recht unterschiedlich und hängt hauptsächlich von den chemischen Eigenschaften des lokalen Bodenmaterials sowie vom pflanzenspezifischen Nährbedarf ab. Die sogenannten Transferfaktoren geben dabei die Aufnahmewahrscheinlichkeit für Radio-Isotope in verschiedenen Pflanzen und Früchten wieder und variieren zwischen Promille-Bruchteilen und erheblichen Prozentwerten[201]. Bei manchen Früchten, insbesondere bei Nüssen und Bananen, kann es zu großen Anreicherungen kommen.

Radioaktive Isotope nehmen wir im selben Verhältnis auf, wie sie in unserer Umgebung und in den Nahrungsstoffen vorliegen. Der Körper kann sie nicht fraktionieren, also stabile von radioaktiven Isotopen im Verdauungskreislauf trennen. Atmungs- und Verdauungsprozess sowie Blutkreislauf verteilen die radioaktiven Stoffe im Körper. Es gilt jedoch zu berücksichtigen, dass manche radioaktiven Elemente, die in den Verdauungstrakt gelangen, vollständig, andere nur teilweise absorbiert werden. Das hängt von der chemischen Charakteristik der Elemente und vom Bedarf des Körpers zur Aufrechterhaltung seiner Funktionen ab. Die Absorption von radioaktiven Stoffen im Verdauungstrakt kann bei manchen Stoffen bis zu 100 Prozent erreichen. Dies ist insbesondere bei Cäsium, Jod, Kalium, Phosphor und Selen der Fall – Elemente, die der Körper für verschiedene Funktionen benötigt. Ist kein Bedarf für ein bestimmtes Element vorhanden, wird das Element mit seinen radioaktiven Komponenten wieder ausgeschieden. Bei radioaktiven Elementen wie Uran liegt damit die Wahrscheinlichkeit, im Verdauungsprozess permanent aufgenommen zu werden, bei weniger als 10 Prozent. Der Bedarf regelt auch die durchschnittliche Aufenthaltsdauer nichtabsorbierter Radionuklide im Körper. Im Durchschnitt nimmt man für Radionuklide eine Aufenthaltsdauer von einer Stunde im Magen und von 40 Stunden im Darmtrakt an. Material, das der Körper innerhalb dieses Zeitraums nicht aufnimmt, wird mit Urin und Stuhlgang wieder ausgeschieden.

Die interne Radioaktivität des Menschen lässt sich berechnen, wenn man ein Gleichgewicht zwischen Aufnahme- und Ausscheideprozessen annimmt und so die Häufigkeit der langlebigen radioaktiven Isotope im Körper bestimmt. Nimmt man Sauerstoff – mit 56 Prozent Gewichtsanteil das häufigste Element –, besteht keine Gefahr, denn die radioaktiven Sauerstoff-Isotope wie $^{15}O$ auf der neutronenarmen Seite und $^{19}O$ auf der neutronenreichen Seite sind extrem kurzlebig und kommen deswegen weder in der Natur noch im Körper in größeren Mengen vor. Anders beim Kohlenstoff, dem mit 28 Prozent Gewichtsanteil zweithäufigsten Element: Kohlenstoff ist ein Kernelement aller organischen Moleküle und damit aller Funktionen des menschlichen Körpers. Neben den beiden stabilen Kohlenstoff-Isotopen $^{12}C$ und $^{13}C$ gibt es das $^{14}C$-Isotop, das mit 5730 Jahren Halbwertszeit für den menschlichen Lebensbereich als langlebig zu werten ist. Es wird in großen Mengen in der Atmosphäre durch kosmische Strahlung produziert und als $CO_2$ mittels Fotosynthese von Pflanzen absorbiert, wodurch es in den Ernährungskreislauf gelangt. Die Häufigkeit unterliegt zeitlichen Schwankungen, die von der Sonnenaktivität, aber auch anthropogenen Prozessen wie Atombomben Testversuche oder intensive Nutzung fossiler

[201] Transferfaktoren für verschiedene Radio-Isotope in Pflanzen sind von der International Atomic Energy Agency aufgelistet. IAEA: Handbook of Parameter Values for the Prediction of Radionuclide Transfer in temperate Environments; Technical Report Series No. 364, Wien 1994.

Brennstoffe bestimmt sind (vgl. Kapitel 6.8.). Gegenwärtig gilt, dass auf jedes $^{14}C$-Atom ungefähr eine Billion $^{12}C$-Atome kommen[202]. In einem menschlichen Körper von 80 kg Gewicht existieren ungefähr $N(^{12}C) \approx 1{,}12 \cdot 10^{27}$ stabiler $^{12}C$-Atome. Daneben gibt es also noch $N(^{14}C) \approx 1{,}46 \cdot 10^{15}$ Atome des radioaktiven $^{14}C$-Isotops. Daraus lässt sich leicht die Aktivität errechnen, wenn man die Anzahl mit der Zerfallskonstante $\lambda$ multipliziert (vgl. Kapitel 3). Das ergibt eine durchschnittliche Aktivität von 4330 Bq.

Wenn man dies auf das DNA-Molekül mit 85,7 Millionen Kohlenstoffatomen umrechnet, so ergeben sich 0,00007 $^{14}C$ Atome pro DNA-Molekül. Das erscheint wenig. Der menschliche Körper hat aber zwischen 50 und 100 Billionen Zellen mit jeweils zwei Sätzen von 23 Chromosomen aus eng gewickelten DNA-Molekülen. Das bedeutet, dass etwa 320 Milliarden radioaktive $^{14}C$-Isotope fest in unserem DNA-Material eingebettet sind!

Nach dem gleichen Verfahren lassen sich die Aktivitäten der anderen im Körper vorliegenden radioaktiven Isotope bestimmen. Nimmt man zum Beispiel Wasserstoff mit 9,3 Prozent Gewichtsanteil, liegen davon $N(^{1}H)=4{,}5 \cdot 10^{27}$ Atome bei 80 kg Körpergewicht vor. Das radioaktive Wasserstoff-Isotop Tritium wird ebenfalls stetig durch kosmische Strahlung erzeugt und gelangt mit einem kleinen natürlichen Teil an schwerem Wasser über Nahrung, Getränke und Wasserdampf (durch Atmen) in den Körper. In der Hydrosphäre kommen auf jedes Tritium-Atom ungefähr $10^{18}$ stabile Wasserstoffatome. Dieses Verhältnis kann jedoch starken örtlichen Schwankungen unterliegen. Damit existieren im menschlichen Körper durchschnittlich $4{,}5 \cdot 10^{9}$, also 4,5 Milliarden Tritiumatome mit einer Halbwertszeit von 12,3 Jahren. Das entspricht einer zusätzlichen internen Aktivität von 8,0 Bq.

Diese beiden Komponenten haben als Emitter niederenergetischer $\beta^-$-Strahlung jedoch nur geringen Einfluss auf die innere Dosisbelastung. Beim $^{14}C$ mit 152 keV $\beta^-$-Energie ergibt sich eine Belastung von ungefähr 40 μSv im Jahr, bei Tritium mit wesentlich geringerer $\beta^-$-Energie von 5,7 keV und geringerer Aktivität von 8 Bq eine Belastung von nur 3 nSv pro Jahr.

Andere radioaktive Komponenten im Körper können wegen der höheren Strahlungsenergie eine weitaus höhere Dosisleistung bewirken. Das gilt vor allem für das radioaktive, langlebige Kalium-Isotop $^{40}K$, das mit 0,012 Prozent doch einen erheblichen Teil am natürlichen Vorkommen des Elements darstellt. Kalium ist einer der wichtigsten Mineralstoffe des menschlichen Körpers und an den meisten physiologischen Prozessen in jeder Zelle beteiligt. Kalium ist ein positiv geladenes Ion (Kation), das elektrisch Informationen an die Nerven- und Muskelzellen überträgt. Damit steuert es das Muskelsystem, reguliert Zellwachstum, setzt Hormone frei und ist unentbehrlich beim Herstellen von Eiweißen und Abbau von Kohlenhydraten.

---

202 Um genau zu sein, gegenwärtig gilt $N(^{12}C) = 1.3 \cdot 10^{12}\, N(^{14}C)$, eine Beziehung die von der Intensität der kosmischen Strahlung abhängt wie im letzten Kapitel diskutiert wurde.

Kalium kommt zu 98 Prozent im Inneren der Zellen und nur zu 2 Prozent außerhalb vor. Es ist auch fester Bestandteil der DNA, da jedes DNA-Molekül 177 000 Kalium-Atome enthält und damit 21 radioaktive $^{40}$K-Isotope. Daraus ergeben sich für die Gesamtmenge der DNA im Körper bis zu $10^{17}$ radioaktive $^{40}$K-Isotope. Damit ist die Anzahl der im Körper vorliegenden $^{40}$K Menge bei Weitem nicht abgedeckt. Frauen haben insgesamt etwa 100 Gramm Kalium im Körper, Männer zirka 150 Gramm. Kalium hat damit im Durchschnitt nur einen geringen Gewichtsanteil von 0,25 Prozent des Körpermaterials. Das entspricht einer Gesamthäufigkeit von $N(K) \approx 2 \cdot 10^{24}$ Kalium-Atomen, von denen $N(^{40}K) \approx 2{,}4 \cdot 10^{20}$ Atome radioaktiv sind. Die Aktivität errechnet sich über die Halbwertszeit von $1{,}25 \cdot 10^{9}$ Jahren zu 4150 Bq. Der Zerfall von $^{40}$K verläuft zu 90 Prozent über einen $\beta^-$-Zerfall zu $^{40}$Ca, wobei die freigesetzten $\beta^-$-Teilchen und Antineutrinos eine Gesamtenergie von 1,33 MeV besitzen. Zu 11 Prozent verläuft der Zerfall über Elektroneneinfang zum ersten angeregten Zustand in $^{40}$Ar und dann über nachfolgenden $\gamma$-Zerfall zum Grundzustand. Dabei wird $\gamma$-Strahlung von 1,46 MeV emittiert. Die Gesamtdosisleistung beträgt 30 mSv pro Jahr, ist also tausendmal höher als die Dosisbelastung durch den radioaktiven $\beta$-Zerfall von $^{14}$C. Vom 10-prozentigen Anteil der $\gamma$-Strahlung am Zerfall werden ungefähr 90 Prozent absorbiert. Der Rest der $\gamma$-Strahlung verlässt den Körper. Jeder Mensch stellt deswegen eine schwache externe Strahlungsquelle von 40 Bq dar. Sie ist allerdings entschieden schwächer als die entsprechende 1,46 MeV $\gamma$-Strahlung, der wir vom Zerfall des $^{40}$K in den umliegenden Bau- und Gesteinsmaterialien ausgesetzt sind.

Über die letzten Jahrzehnte ist der Kaliumgehalt in unserer pflanzlichen Ernährung wegen der verstärkten Nutzung von Kunstdünger in der Agrarindustrie stark angestiegen. Kunstdünger enthält neben Stickstoffverbindungen auch Phosphate und Kalisalze. In kleinen Anteilen kommen Schwermetalle wie Uran hinzu, die als Spurenelemente über den Abbau von Phosphatsalzen in den Dünger gelangen. Kunstdünger belastet Menschen durch $\gamma$-Bestrahlung sogar beim Spaziergang in Wald und Feld (vgl. Kapitel 11.1.). Für die innere Strahlungsbelastung ist es weniger von Bedeutung. Obwohl der Kalium- und damit der $^{40}$K-Gehalt in pflanzlichen Materialien erheblich angestiegen ist, bleibt der Kalium-Gehalt im Menschen durch den Ernährungskreislauf sorgfältig ausbalanciert, da zu hohe oder auch zu niedrige Kaliumwerte zu Herz- und Kreislaufproblemen führen. Da physiologisch-chemische Prozesse keinen Unterschied zwischen den einzelnen Isotopen machen, wird damit auch der Anteil am $^{40}$K einigermaßen konstant bleiben.

Rubidium mit dem stabilen Isotop $^{85}$Rb ist als Element im Zusammenhang mit menschlichen Körperfunktionen wenig bekannt. Es hat keinerlei biologische Bedeutung. Seine langlebige radioaktive Komponente $^{87}$Rb gelangt aber aufgrund der großen Häufigkeit und chemischen Struktur von Rubidium über die Nahrungskette leicht in den Körper und gilt dort als das am häufigsten vorliegende Radio-Isotop. $^{87}$Rb hat eine Halbwertszeit von 49 Milliarden Jahren – eine Zeit, die erheblich länger ist als das Alter des Universums. Deswegen kann es als fast stabiles

Isotop angesehen werden. $^{87}$Rb ist ein Produkt des s-Prozesses in AGB-Sternen und Bestandteil des interstellaren Staubs, aus dem sich unser Sonnensystem gebildet hat. $^{87}$Rb kommt deswegen auch sehr häufig in der Erdkruste vor. Als Alkali-Metall verhält sich Rubidium chemisch ähnlich wie Kalium und ersetzt Letzteres in vielen bekannten Mineralen und Gesteinen. $^{87}$Rb zerfällt über $\beta^-$-Zerfall zur Strontium-Tochter $^{87}$Sr. Aus dem Häufigkeitsverhältnis beider Isotope bestimmen Geologen das Alter verschiedener Erdschichten und Materialien. Wegen seiner chemischen Affinität zu Kalium ist Rubidium ebenfalls Teil pflanzlicher Nährstoffe. Der menschliche Körper enthält insgesamt 0,7 g Rubidium, davon fast ein Drittel – 0,19 g – als $^{87}$Rb. Die durchschnittliche Aktivität im Körper liegt bei 600 Bq. Anders als bei Kalium ist die Häufigkeit im Körper nicht selbstregulierend, was unter Umständen zur erheblichen Anreicherung von Rubidium im Körper führen kann. Dies wird bei der forensischen Analyse von Knochenmaterial, in der Anthropologie und Archäologie genutzt, bei der über die $^{97}$Rb-$^{87}$Sr Häufigkeit Herkunft und Alter von bestimmt werden können.

Neben $^{40}$K und $^{87}$Rb liefern auch die radiogenen Zerfallsprodukte der Uran- und Thorium-Reihe einen umfangreichen Beitrag zur menschlichen Radioaktivität. Sie liegen in großen Mengen im Erdmaterial vor (vgl. Kapitel 6 und Kapitel 11) und gelangen als pflanzliche Nährstoffe in den tierischen und damit menschlichen Ernährungskreislauf. Die Höhe der Radionuklid-Konzentrationen in Pflanzen hängt vom Radioaktivitätsgehalt des Bodens, des Grundwassers, der chemischen Komposition, der Verfügbarkeit der Nährstoffe und von anderen lokalen Bedingungen am Standort der Pflanzen- oder Tierproduktion ab. Je nach Pflanzenart und jeweiligem Entwicklungs- und Ernährungszustand der Pflanzen bei der Ernte sind die Mineralstoffe unterschiedlich verteilt. Diese Verteilungen beeinflussen die spezifischen Aktivitäten in pflanzlichen Nahrungsmitteln. So ist die Radioaktivität durch die Radium-Isotope $^{226}$Ra und $^{228}$Ra in Getreidekörnern höher als in Gemüse oder Obst. Außer in Pflanzen kommen die schweren Radionuklide hauptsächlich als gelöste Minerale im Trinkwasser vor – natürliche Beigaben aus dem Kreislauf des Wassers in der Hydrosphäre. Das schließt auch kommerziell erhältliches Mineralwasser ein, das über die gelösten Mineralstoffe oft im Vergleich zu Leitungswasser eine höhere interne Radioaktivität besitzt.

Von den schweren Radio-Isotopen im Körper tragen besonders $^{238}$U, $^{226}$Ra, $^{210}$Pb und $^{210}$Rn aus der Uran-Reihe zur internen Aktivität bei. Die Thorium-Reihe liefert mit $^{232}$Th, $^{228}$Th und $^{228}$Ra nur geringe Beiträge. Dies liegt an der chemischen Komposition der Nahrungsmittel, die mehr Uran als Thorium in ihren Spurenelementen enthalten. Betrachtet man die Häufigkeit von Uran im menschlichen Körper, sind das im Durchschnitt nur 25 µg, die, über Ernährung und Atmung eingenommen und anfänglich im Verdauungssystem und der Lunge deponiert werden. Durch den Blutaustausch verteilt sich das Material dann schnell über das ganze Körpersystem, sammelt sich aber vorwiegend in Nieren und Knochen. Die 25 µg an $^{238}$U entsprechen einer Aktivität von ungefähr 0,45 Bq im Körper.

| Radionuklide | Aktivität (Bq) |
|---|---|
| **Tritium** | **20** |
| **Kohlenstoff-14** | **3500** |
| **Kalium-40** | **4000** |
| **Rubidium-87** | **600** |
| **Uran-238** | **0,5** |
| **Radium-226** | **1,2** |
| **Blei-210** | **18** |
| **Polonium-210** | **15** |
| **Thorium-232** | **0,2** |
| **Thorium-228** | **0,4** |
| **Radium-228** | **0,4** |

*Tab. 7-2: Durchschnittliche Aktivität der am häufigsten vorkommenden langlebigen radioaktiven Isotope im menschlichen Körper. Die Daten entstammen dem Bericht des United Nations Scientific Committee on the Effects of Atomic Radiation (UNSCEAR) mit dem Titel Ionizing Radiation: Sources and Biological Effects von 1982.*

Das Tochterelement $^{226}$Ra hat eine Halbwertszeit von 1600 Jahren. Es verhält sich chemisch wie Kalzium und kommt ebenfalls über die Nahrungskette aus dem Erdreich in den menschlichen Körper. Dort sammelt es sich wie das radioaktive $^{228}$Ra aus der Thorium-Kette im Knochensystem an. Die Aktivität der Ablagerung variiert stark je nach geographischer Lage und Bodenbeschaffenheit von 0,3 bis 3,7 Bq im Skelett eines erwachsenen Menschen. Nimmt man einen Durchschnittswert von 0,85 Bq an, bedeutet das eine jährliche Dosis von 160 μSv, wobei Zellen, kleinere Anteile des Knochenmarks und das sie umgebende Muskelmaterial die meiste $\alpha$-Strahlung absorbieren.

Die beiden radioaktiven Blei- und Polonium-Isotope $^{210}$Pb und $^{210}$Po gehören zur Uran-Zerfallskette. Mit 22 Jahren beziehungsweise 128 Tagen Halbwertszeit sind sie die am längsten lebenden Isotope in der Kette nach dem Zerfall des Radiums $^{236}$Ra. $^{210}$Pb ist ein $\beta^-$-Emitter, $^{210}$Po zerfällt über $\alpha$-Emission zum stabilen Blei-Isotop $^{206}$Pb. Mit 80 Prozent ist der Hauptanteil von $^{210}$Pb im Knochengerüst angelagert[203]. Die daraus resultierende Aktivität des Skeletts einer über 80 kg schweren Person beträgt ungefähr 14 Bq. Die verbleibenden 20 Prozent sind gleichmäßig über Muskeln und Körperorgane verteilt, so dass die Gesamtaktivität etwa 18 Bq entspricht.

[203] UNSCERA 1982 Report: Ionizing Radiation: Sources and Biological Effects. United Nations Scientific Committee on the Effects of Atomic Radiation, 1982

Da das $^{210}Pb$ im Körper zerfällt, sammelt sich das Zerfallsprodukt $^{210}Po$ in den Organen an. Im Zerfallsgleichgewicht haben $^{210}Pb$ und $^{210}Po$ die gleiche Aktivität. Aufgrund der wesentlich kürzeren Halbwertszeit von $^{210}Po$ beträgt die Häufigkeit des Tochterelements allerdings nur 2 Prozent der Häufigkeit der langlebigen Mutter $^{210}Pb$. Ebenso wie bei $^{210}Pb$ befinden sich ungefähr 80 Prozent der $^{210}Po$-Aktivität von zirka 12 Bq im Knochengerüst. Der Rest der Aktivität von 3 Bq ist über die anderen Organe verteilt.

Die Gesamtaktivität des menschlichen Körpers liegt also bei 8000 Bq, das heißt, 8000 radioaktive Zerfälle pro Sekunde. Die meisten davon sind niederenergetische $\beta^-$-Zerfälle wie bei $^{14}C$ und Tritium, mit denen wenig Energie in den Körper gelangt und die Dosis relativ gering ist. Beim Zerfall von $^{40}K$ wird schon erheblich mehr Strahlungsenergie von etwa 1,46 MeV per Zerfall im Körper deponiert. Der Zerfallsprozess von $^{40}K$ stellt daher die größte interne Dosisbelastung des Körpers.

## 7.2 Radioaktivität im menschlichen Ernährungskreislauf

Die Radioaktivität in unserem Körper baut sich über den Ernährungskreislauf auf. Dabei stellt sich bei regelmäßiger Ernährung ein Gleichgewicht zwischen der durch Lebensmittel, Getränke und Atmung aufgenommenen Radioaktivität und der mit Stuhlgang, Urin und Schweiß ausgeschiedenen Radioaktivität ein. Die radioaktiven Elemente werden je nach ihren chemischen Eigenschaften in den verschiedenen Organen, in Muskeln oder im Knochenbau angelagert. Dies hängt natürlich auch mit der biochemischen Kapazität der Organe und der physiologischen Bedeutung der entsprechenden Elemente für die Funktionsweise des Organismus zusammen.

Alle im menschlichen Körper vorliegenden radioaktiven Stoffe kommen in Nahrungsmitteln vor. Dazu gehört auch das Kohlenstoff-Isotop $^{14}C$, das ständig durch kosmische Strahlung erzeugt wird und einen Gleichgewichtswert von ungefähr $10^{-12}$ des stabilen $^{12}C$-Isotops hat. Es findet sich in allen organischen Nahrungsstoffen, die sich vor allem aus organischen Makromolekülen des Kohlenstoffs aufbauen. Fleisch zum Beispiel enthält je nach Fettgehalt zwischen 25 und 50 Prozent Gewichtsanteil an Kohlenstoff, bei 30 bis 60 Prozent Wasseranteil. Diese Werte sind denen von Eiweißstoffen vergleichbar. Brot enthält um die 50 Prozent Kohlenstoff bei leichten, von der Art des Getreides abhängenden Variationen, ebenso andere kohlenhydrathaltige Lebensmittel wie Nudeln und Kartoffeln. Angenommen, der Kohlenstoffgehalt in Lebensmitteln betrage 40 Prozent, lässt sich grob abschätzen, dass der Mensch mit 1 kg Lebensmitteln bis zu 300 g Kohlenstoff verspeist. Dies entspricht ungefähr 0,3 ng an reinem $^{14}C$. Das sind $4{,}3 \cdot 10^{19}$ $^{14}C$-Atome. Diese Menge weist insgesamt eine Aktivität von etwa 50 Bq auf – zirka 1 Prozent der $^{14}C$-Aktivität eines durchschnittlichen Erwachsenen.

Ähnliche Abschätzungen kann man beim Tritium machen, das in Spuren im natürlichen Wasser vorkommt: Auf ein Tritium-Isotop kommen $10^{18}$ leichte Wasserstoff-Atome. In den meisten Lebensmitteln liegt der Wasseranteil bei 50 bis 70 Prozent. Bei einem täglichen Verbrauch von 1 kg Lebensmittel entspricht das ungefähr 600 g Wasser. Mit zusätzlichem Bedarf von 2 Litern nimmt der sich normal ernährende Mensch $5 \cdot 10^{25}$ Wassermoleküle auf. Das entspricht pro Tag ungefähr 100 Millionen Tritium-Atomen mit einer Aktivitätseinnahme von 0,2 Bq, ein relativ geringer Wert im Vergleich zur Aufnahme von $^{14}C$.

| Nahrungsmittel | Kalium-40 | Uran-238 | Radium-226 | Blei-210 | Polonium-210 |
|---|---|---|---|---|---|
| | spezifische Aktivität (Bq/kg FM) | | | | |
| Getreide | 150<br>87 - 246 | 0,1<br>0,02 - 0,4 | 0,3<br>0,04 - 1,54 | 1,4<br>0,04 - 10,2 | 0,3<br>0,2 - 1,94 |
| Mehl | | | 0,1<br>0,05 - 0,13 | 0,4<br>0,22 - 0,67 | 0,4<br>0,20 - 0,48 |
| Kartoffeln | 150<br>122 - 194 | 0,6<br>0,02 - 3,09 | 0,2<br>0,02 - 1,30 | 0,1<br>0,02 - 0,63 | 0,1<br>0,20 - 0,33 |
| Kohl | 130<br>59 - 196 | 0,3<br>0,02 - 0,75 | 0,2<br>0,01 - 0,68 | 0,3<br>0,004 - 1,28 | 0,2<br>0,004 - 1,13 |
| Übriges Gemüse | | 0,4<br>0,1 - 1,26 | 0,1<br>0,006 - 0,71 | 0,1<br>0,007 - 0,34 | 0,1<br>0,004 - 1,19 |
| Möhren | 100<br>72 - 134 | 0,7<br>0,07 - 2,31 | 0,2<br>0,06 - 0,49 | 0,6<br>0,02 - 4,9 | 0,6<br>0,02 - 5,2 |
| Obst | 50<br>23 - 164 | 0,6<br>0,02 - 2,89 | 0,2<br>0,005 - 2,12 | 0,2<br>0,02 - 2,29 | 0,1<br>0,02 - 1,1 |
| Beerenobst | 140<br>107 - 190 | 0,4<br>0,06 - 1,8 | 2,2<br>0,03 - 5,38 | 8,4<br>1,2 - 14,8 | 1,6<br>0,52 - 2,24 |
| Pilze | 120<br>8 - 233 | 1,3<br>0,18 - 5,1 | 1,2<br>0,01 - 16 | 1,2<br>0,09 - 4,1 | 1,3<br>0,1 - 5,2 |
| Fleisch | 90<br>60 - 120 | 0,01<br>0,001 - 0,02 | 0,1<br>0,03 - 0,18 | 0,5<br>0,1 - 1 | 2<br>0,2 - 4 |
| Fischfleisch | 100<br>80 - 120 | 4,1<br>0,5 - 7,4 | 1,5<br>0,05 - 7,8 | 0,8<br>0,02 - 4,42 | 1,1<br>0,05 - 5,2 |
| Milch | 50<br>35 - 65 | | 0,025<br>0,001 - 0,13 | 0,04<br>0,004 - 0,26 | 0,024<br>0,003 - 0,07 |

*Tab. 7-3: Der natürliche Anteil an Radioaktivität von den am häufigsten vorkommenden radiogenen Isotopen in verschiedenen Lebensmitteln in Feuchtmasse (FM).*

Einen nennenswerten Beitrag zur natürlichen Radioaktivität in Lebensmitteln liefern wieder die langlebigen radiogenen Kalium- und Aktiniden-Isotope. Kalium wird vor allem durch pflanzliche und Fleischprodukte aufgenommen. Die Menge hängt hauptsächlich von Austauschprozessen zwischen Erdboden und Pflanzen ab. Die Effizienz des Austauschs misst sich durch Vergleich der Aktivitäten in Pflanzen und Boden. Die Aktivität im Bodenmaterial von der Oberfläche bis zur Wurzeltiefe ist überwiegend konstant; das Verhältnis beider jeweils auf ein Kilogramm normierten Aktivitätswerte wird als Transferfaktor bezeichnet. Er variiert erheblich je nach Pflanze für die verschiedenen Radio-Isotope, abhängig vom jeweiligen Nahrungsbedarf der Pflanzen. Gras hat einen Transferfaktor von 30 Prozent. Die von Weidevieh aufgenommene Menge an $^{40}K$ verteilt sich durch den Verdauungsprozess im Tierkörper. Der Transferfaktor für Kalium in Gemüse ist höher und beträgt 100 Prozent.

Abbildung 7-2 zeigt die Transferfaktoren für die Elemente verschiedener Gemüse, die sich aus den Gewichtsverhältnissen der jeweiligen Elemente in getrocknetem Pflanzenmaterial und getrocknetem Bodenmaterial ergeben. Dem entsprechen die Transferfaktoren langlebiger Radio-Isotope, da deren Gewicht direkt mit der Aktivität korreliert. Dies gilt natürlich nur, wenn bei Aufnahme der Nährstoffe keine chemische Fraktionierung[204] zwischen Isotopen eintritt. Das würde das Verhältnis von radioaktiven und stabilen Isotopen verändern. Diese Werte stimmen gut mit Messungen überein, die auf der Aktivität langlebiger Isotope im Pflanzen- und Erdmaterial basieren.

Um die verschiedenen physiologischen Prozesse im Körper aufrecht zu halten, muss der Mensch täglich zwischen 2 und 5 g Kalium mit Nahrungsmitteln zu sich nehmen. Kalium-Mangel oder -Überschuss kann zu verschiedenen Erkrankungen wie erhöhten Blutdruck und Schlaganfällen führen. In Deutschland liegt der tägliche Kaliumverbrauch für Frauen im Mittel bei 3,1 g, für Männer dagegen bei 3,6 g[205]. Im Durchschnitt hat der Kaliumgehalt in Nahrungsmitteln 0,5 bis 2 Prozent Gewichtsanteil[206], bei einem natürlichen Anteil des radiogenen $^{40}K$-Isotops von 0,012 Prozent. Daraus ergibt sich die spezifische Aktivität verschiedener Gemüsearten pro Kilogramm (Tabelle 7-3). Geht man von einem Kaliumverbrauch von 3,5 g aus, nimmt der Mensch täglich 0,4 mg radioaktives $^{40}K$ zu sich – mit einer Aktivität von ungefähr 110 Bq.

Außer über feste Ernährung gelangen kleinere Mengen durch Trinkwasser und andere Getränke in den Körper – vor allem über im Wasser gelöste Mineralstoffe und Salze. Die in Deutschland gesetzlich zugelassene Menge beträgt 0,4 Bq $^{40}K$-Aktivität pro Liter. Normales Grundwasser und Trinkwasser enthält typischerweise erheblich geringere Mengen an $^{40}K$-Aktivität. Normales Wasser hat zwischen 0,5 und 18 mg Kalium, mithin weniger als 2 µg radioaktives $^{40}K$ pro Liter

---

204 Als chemische Fraktionierung bezeichnet man – oft physikalische – Prozesse bei denen Isotope des gleichen Elements aufgrund ihrer Größe und Masse voneinander getrennt werden. Zum Beispiel fällt beim Regen das etwas massereichere Wassermolekül $H_2{}^{18}O$ schneller als das leichtere, aber viel häufigere Molekül $H_2{}^{16}O$ zur Erde – ein Umstand, der in der Klimaforschung und auch in der Anthropologie genutzt wird. $^{235}U$-Atome diffundieren leichter durch feine Membranen als das größere $^{238}U$-Atom und werden zur $^{235}U$-Anreicherung für die Kernkraftindustrie genutzt.

205 Max-Rubner-Institut, Bundesforschungsinstitut für Ernährung und Lebensmittel (2008), Nationale Verzehrstudie II. Ergebnisbericht Teil 2. Die bundesweite Befragung zur Ernährung von Jugendlichen und Erwachsenen.

206 http://www.die-gruene-speisekammer.de/home.php?f=1&lang=de&site=top-ten-listen/mineralstoffe-und-spurenelemente/kalium.

und erheblich weniger, als wir täglich mit fester Nahrung zu uns nehmen. Bei Mineralwasser können bis zu 40 mg/l im Wasser vorliegen; 100 mg/l ist die vorgeschriebene Obergrenze. Letzteres entspricht 1 µg $^{40}$K pro Liter, entsprechend zirka 3 Bq.

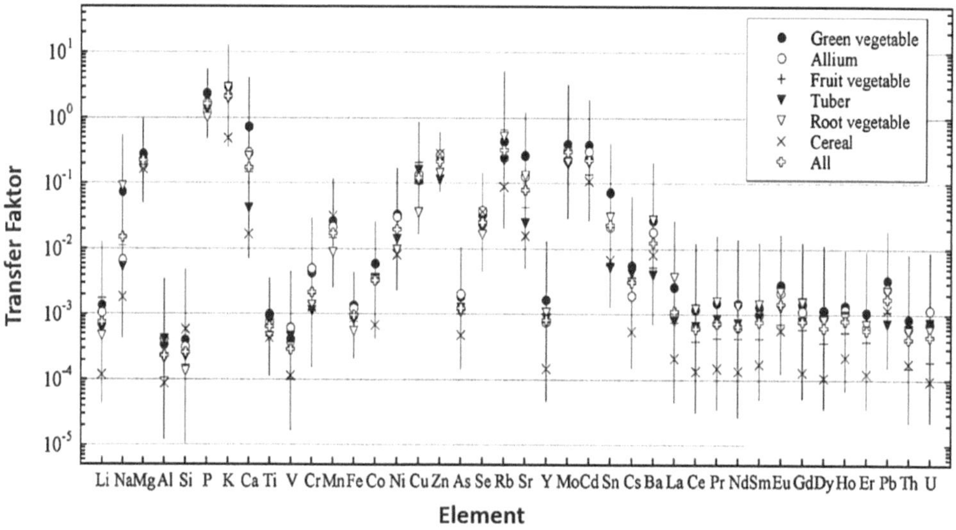


*Abb. 7-2: Transferfaktoren für verschiedene Elemente, gemessen am Gewicht der verschiedenen Elemente im getrockneten Pflanzenmaterial, geteilt durch das Gewicht dieser Elemente im Erdmaterial, jeweils auf ein Kilogramm Material normiert.*[207] *Da die Isotopenverhältnisse konstant sind und bei der Pflanzenaufnahme keine Fraktionierung eintritt, gelten diese Transferfaktoren auch für die entsprechenden Radio-Isotope. (Siehe Ref. 203)*

Ähnlich liegt die Situation bei den Aktiniden. Der größte Beitrag kommt vom $^{238}$U. Ebenso wie Kalium gelangt es über die natürliche Ernährung mit Fleisch oder Pflanzen in den Körper. Der Transferfaktor ist mit 0,01 zu 0,1 Prozent sowohl für Uran wie auch für Thorium deutlich geringer als beim Kalium. Das liegt daran, dass diese Elemente physikalisch weitaus größer sind als Kalium, und die Pflanze sie nicht als Nahrungsmittel betrachtet. Das begrenzt die möglichen biochemischen Reaktionskanäle für die Aufnahme. Trotzdem gelangen im Durchschnitt auf diesem Weg täglich 1 µg bis 5 µg in den Körper, entsprechend 20 bis 100 mBq.

---

[207] Shigeo Uchida, Keiko Tanagi, und Ikuko Hirai: Soil-to-Plant Transfer Factors of Stable Elements and Naturally Occurring Radionuclides (1) Upland Field Crops Collected in Japan, Journal of Nuclear Science and Technology, 44/4, (2007) 628–640.

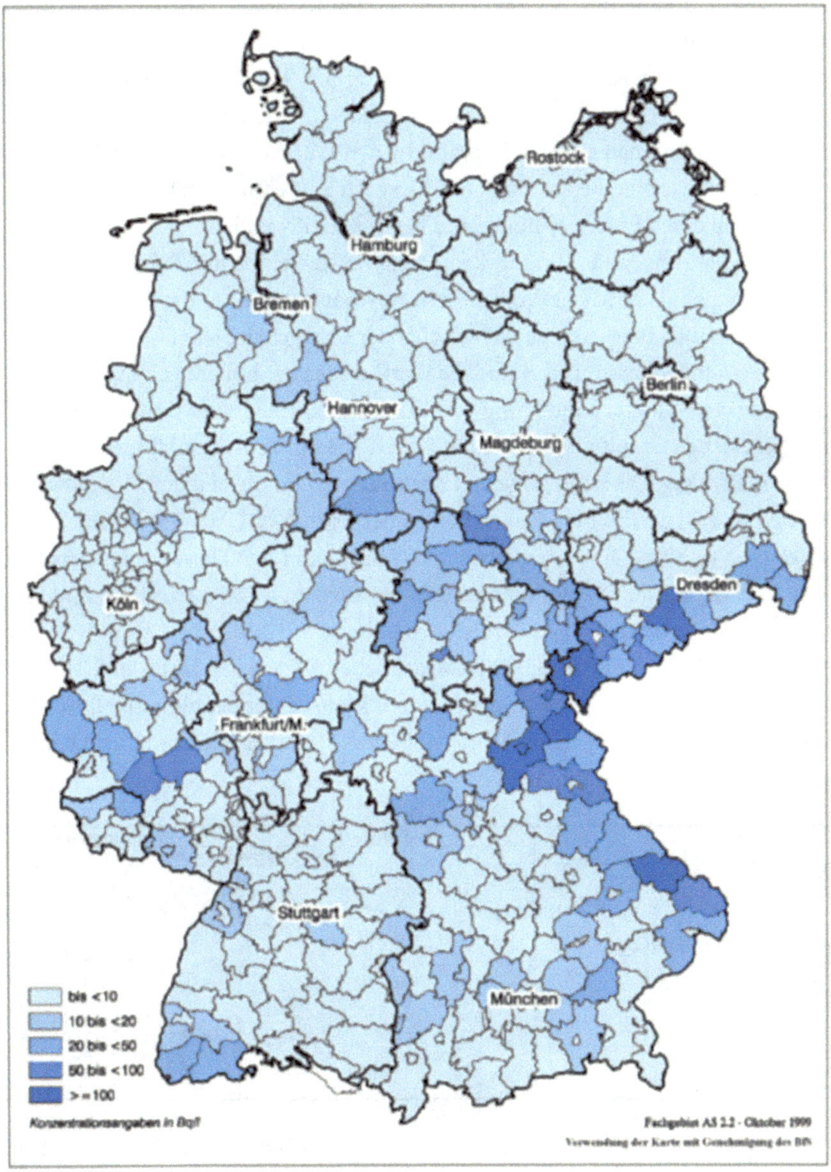


*Abb. 7-3: Urangehalt in Gestein und Oberflächengewässern (Bachwasser) in Deutschland. Im süddeutschen Raum treten größere Anreicherungen auf, die sich auf das erhöhte Vorkommen von uranhaltigem Granitgestein in den deutschen Mittelgebirgen zurückführen lassen (http://www.radon-info.de/shtml/karten.shtml).*

Zudem atmen wir uranhaltige Aerosole oder Staubteilchen ein. Das trifft hauptsächlich auf Beschäftigte im Uranbergbau mit direktem Kontakt zu uranhaltigem Material zu. In Gegenden mit Uranbergbau kann diese Menge mit 13 bis 18 µg pro Tag auf das Drei- bis Vierfache ansteigen. Unter solchen Umständen würde die tägliche Aktivitätsaufnahme zwischen 250 und 350 mBq liegen. Nimmt man einen durchschnittlichen Wert von 100 mBq pro Tag in der festen Nahrung an, ergibt das eine Belastung von 2,5 µSv. Da es sich um α-Strahlung handelt, ist die effektive Dosis um einen Faktor 20 höher und beträgt 50 µSv im Jahr.

Neben fester Nahrung und Atmung kann Uran auch in gelöster Form mit Getränken in den Körper gelangen. Gesetzliche Vorschriften in Deutschland limitieren den Urangehalt im Trinkwasser auf 10 µg/l. im Allgemeinen liegt aber der Urangehalt bis auf wenige Ausnahmen bei weniger als 5 µg/l. In Süddeutschland sind die Werte wegen des höheren Urangehalts in Fels und Boden allerdings etwas höher (Abbildung 7-3). Demnach korreliert der Urangehalt in Gewässern meist mit uranreichen Granitvorkommen im Boden, die durch gelöste Mineralstoffe im Wasser Uran abgeben. Im Vergleich dazu schwankt der Urangehalt in gekauftem Mineralwässern zwischen 0,1 µg/l und 20 µg/l[208]. Bei 10 µg/l sind immer noch $N(^{238}U)=2{,}5\cdot10^{16}$ Uran-Teilchen, ein Milliardstel der $N(H_2O)=3{,}4\cdot10^{25}$ Wassermoleküle in einem Liter. Diese Menge entspricht einer α-Aktivität von 120 mBq mit einer potenziellen Dosisleistung von 3 µGr im Jahr. Die entsprechende effektive Dosis beträgt 60 µSv im Jahr.

Tabelle 7-4 zeigt die verschiedenen langlebigen, neben $^{40}K$ aus den Uran- und Thoriumketten stammenden Isotope und ihr Vorkommen im Trinkwasser der Bundesrepublik Deutschland. Die Mittelwerte für die verschiedenen Isotope können allerdings lokal innerhalb der angegebenen Grenzwerte erheblich schwanken.

| Radionuklid | Medianwert | Wertebereich**) |
|---|---|---|
| | spez. Aktivität (mBq/l) | |
| Uran-238 | 16 (5)*) | < 0,5 - 310 |
| Uran-234 | 18 (6)*) | < 0,5 - 350 |
| Uran-235 | 1 (0,3)*) | < 0,2 - 16 |
| Radium-226 | 5 | < 0,5 - 32 |
| Radium-226 (Mineralwasser) | 23 | < 0,5 - 310 |
| Thorium-232 | 0,5 (0,1)*) | < 0,1 - 4 |
| Thorium-228 | 1 (0,2)*) | < 0,2 - 6 |
| Radium-228 | 12 (3)*) | < 0,5 - 23 |
| Radon-222 | 5900 | <1 000 - 160 000 |
| Blei-210 | 7 (1,5)*) | < 0,2 - 170 |
| Polonium-210 | 2 (0,5)*) | < 0,1 - 40 |
| Kalium-40 | 70 | 3 - 800 |
| Kalium-40 (Mineralwasser) | 1500 | 30 - 16 000 |

*Tab. 7-4: Durchschnittswerte und Wertebereich für Radioaktivität natürlichen Ursprungs im Trinkwasser in Deutschland. Bei den in Klammern angegebenen Werten handelt es sich um Schätzwerte, die sich aus dem Verhältnis der Werte in Gebieten erhöhter Radioaktivität zum Gesamtgebiet ergeben.*

208 https://www.zentrum-der-gesundheit.de/pdf/uran.pdf.

Weil in vielen Fällen ein Gleichgewicht zwischen der Aufnahme von chemischen Elementen durch Nahrung und deren Ausscheidung durch das Verdauungssystem besteht, enthalten die Ausscheidungen biologischer Systeme ebenfalls eine radioaktive Komponente. Dabei ist beim Menschen zwischen dem festen Stuhlgang und der Urinabgabe zu unterscheiden, weil die Elementhäufigkeitsverhältnisse etwas unterschiedlich sind. Die durchschnittliche Tagesmenge beim festen Stuhlgang liegt zwischen 150 g und 270g Feuchtgewicht, der Wasseranteil zwischen 70 und 80 Prozent. Organische und Eiweißsubstanzen sowie Fette und Kohlenhydrate umfassen 21,6 Prozent. Der Festkörperanteil im Stuhlgang besteht zu 50 Prozent aus Kohlenstoff, 5 Prozent entfallen auf Kalzium, 4 Prozent auf Phosphor und 2 Prozent auf Kalium. Urin hat einen wesentlich höheren Wassergehalt von ungefähr 95 Prozent. An Festkörperanteilen werden pro Tag ungefähr 60 bis 90 g ausgeschieden. Davon sind im Durchschnitt 15 Prozent Kohlenstoff, 18 Prozent Stickstoff, 4 Prozent Phosphor, 5,5 Prozent Kalzium und 4 Prozent Kalium. Bei Kohlenstoff und Kalium werden auch die langlebigen Radio-Isotope $^{14}C$ und $^{40}K$ ausgeschieden, die mit einem Verhältnis von $1{,}2 \cdot 10^{-12}$ und $1{,}2 \cdot 10^{-4}$ vorliegen.

Je nach Element absorbiert der Körper nur einen geringen Anteil der Radio-Isotope im Verdauungstrakt. Wenn man von körperwichtigen Substanzen absieht, wird ein Großteil der Radioaktivität wieder ausgeschieden. Uran hat zum Beispiel chemisch keinerlei Bedeutung für die Körperfunktionen. Der Mensch nimmt jeden Tag durch Lebensmittel, Getränke, Staub oder Berührung durchschnittlich 2 µg Uran auf und scheidet 98 bis 99 Prozent über den Stuhlgang wieder aus. Nur 1 bis 2 Prozent lagern sich im Körper für längere Zeit ab, zumeist im Haar, und wachsen mit demselben langsam wieder aus. Da der Darmtrakt stabile und radioaktive Isotope nicht unterscheiden kann, entspricht das durchschnittliche Isotopenverhältnis in den Elementausscheidungen dem durchschnittlichen natürlichen Verhältnis in den aufgenommenen Nahrungsmitteln.

Der gesunde Mensch scheidet täglich etwa 1 bis 1,5 Liter Urin aus. Darin befinden sich neben Wasser 30 bis 40 g Harnstoff und organische Säuren, 10 bis 15 g Mineralsalze, 1 g Ammoniak und 10 bis 18 g Oxide. Insbesondere die 3 bis 4 g Kaliumoxid sind für die Radioaktivitätsbetrachtungen von Bedeutung. Dieser Wert variiert, da über die Kaliumausscheidung und aufnahme der Kaliumhaushalt des Körpers kontrolliert und konstant gehalten wird. Nimmt man den natürlichen Anteil von 0,012 Prozent für die radioaktive $^{40}K$-Komponente, befinden sich in 3 g Kaliumoxid zirka $3{,}9 \cdot 10^{18}$ radioaktiver $^{40}K$-Atome, was einer Aktivität von 66 Bq entspricht. Das ist ein erheblich höherer Wert als zum Beispiel im normalen Mineralwasser (Tabelle 7-4)[209]. Zum Vergleich: Typische Uranmengen im Urin liegen bei weniger als 0,1 µg pro Liter, was nur einen im Vergleich geringen Beitrag von 1,2 mBq ausmacht. Dieser Wert ist geringer als der durchschnittliche Wert von 0,5 mg/l in Getränken.

---

209 Vgl. Ebenfalls http://www.gesumag.de/mineralwasser-tafelwasser-leitungswasser-67/

Wenn man jedoch größere Menschenmengen betrachtet, können sich diese durchschnittlichen Strahlungswerte in nicht unerhebliche Belastungswerte umsetzen. Betrachtet man als Beispiel die Tatsache, dass täglich etwa 450 000 Reisende den Frankfurter Hauptbahnhof benutzen[210] und nimmt man einmal an, dass jeder Zehnte seine mit durchschnittlich 0,3 l gefüllte Harnblase in den öffentlichen Toiletten entleert, ergießt sich täglich eine Gesamtaktivität von zirka einer Million Becquerel in die städtischen Kläranlagen. Nutzt nur jeder hundertste Reisende die Bahnhofs-Toiletten, sind es immer noch 100 000 Bq an täglicher $^{40}$K-Neubelastung. Von der Gesamtaktivität des $^{40}$K entstehen zirka 10 Prozent als 1,46 MeV $\gamma$-Strahlung. Der Rest ist mehr oder weniger $\beta$-Strahlung ohne große Reichweite. Sie wird im Toilettenwasser absorbiert.

Hinzu kommt die Belastung durch radioaktive Feststoff-Fäkalien, die zusätzlich bewertet werden müssen. Der Mensch scheidet im Tages-Durchschnitt 1 g Kalium aus. Das entspricht 120 mg beziehungsweise $1{,}8 \cdot 10^{18}$ radioaktiven $^{40}$K-Atomen – pro Tag eine im Schnitt ausgesonderte Stuhlgangsaktivität von 32 Bq, die Hälfte der Harnwerte. Nimmt man an, dass nur 10 Prozent der Frankfurter Bahnhofstoilettenbesucher, also 450 bis 4500 Leute, die Toiletten zur Defäkation benutzen, belastet das die Toilettenanlagen mit zirka 14 000 bis 140 000 Bq.

Diese Abschätzungen beschränken sich der Einfachheit halber auf $^{40}$K. Andere natürliche radioaktive Stoffe mit zumeist, wie beim Uran, geringeren Aktivitätswerten können jedoch kurzlebige Anteile liefern, die etwa aus Strahlungsunfällen in den Körper gelangt sind. Dadurch kann sich auch die Radioaktivität der menschlichen Ausscheidungen stark erhöhen.

Urin und Fäkalienabfälle bilden mit normalem Haushaltsabwasser sowie Industrieabwässern ein Vielstoffgemisch, das als Schmutzwasser zur Reinigung in die kommunalen Kläranlagen fließt. Dieses Schmutzwasser enthält eine erhebliche Menge verschiedener organischer und anorganischer Verbindungen sowie Elemente aus Herkunft und Nutzung des Wassers. Bei Kommunen liegt der Hauswasseranteil bei zirka 70 bis 80 Prozent, verringert sich aber an Industriestandorten. Chemische Analysen von Schmutzwasser ergeben einen typischen Kaliumanteil von 20 mg/l, das heißt, es enthält $3{,}6 \cdot 10^{16}$ radioaktive $^{40}$K-Atome pro Liter, mithin eine Radioaktivität von 0,64 Bq/l. Durch den Mischprozess ist der im Körper angereicherte Radioaktivitätsanteil wieder reduziert worden. Die Menge des Wassers in Klärbecken weist jedoch eine erhebliche Gesamtaktivität auf. Bei einem Klärbecken von 90 000 m$^3$ Volumen würde die Gesamtaktivität bei 58 MBq liegen.

Verschiedene mechanische und chemische Verfahren reinigen das Brauchwasser von anorganischem und organischem Schmutz, zum Beispiel mit Sieben, Absetzbecken, Fällungsbecken und Tropfkörpern. Chemische Zusätze fällen als Flockungsmittel Schadstoffe graduell aus. Auch Bakterien werden gezielt zum Abbau organischer Stoffe eingesetzt. Wie viel Schadstoff im Klärschlamm bleibt, wie viel gereinigtes Wasser in Flüsse und Grundwasser gelangt, hängt von

[210] Wikipedia: Frankfurt (Main) Hauptbahnhof

der Effektivität der mechanischen und chemisch-biologischen Reinigungsprozeduren ab. Diese Verfahren können vielleicht chemische Gifte und Schwermetalle wie Uran und seine Komponenten herausfiltern, aber nicht den radioaktive Isotopen-Anteil von lebenswichtigen Elementen wie Kalium trennen. Sie verbleiben im aufgearbeiteten Klärschlamm. Die Landwirtschaft verwendet ihn oft und schließt damit den Kreislauf der Radioaktivität in der Nahrungskette.

Der Mensch ist aber nicht nur seiner eigenen inneren Strahlung, der seiner Nahrungsmittel und seiner Ausscheidungen ausgesetzt, sondern auch der seiner näheren Umgebung. Baumaterialien, die sich aus verschiedenen Gesteinsarten und Holz zusammensetzen, zeigen ebenfalls eine nicht unerhebliche Eigenaktivität. Bleibt man bei dem hier diskutierten Beispiel des $^{40}$K, weisen Baumaterialien im Durchschnitt eine $^{40}$K-bedingte Radioaktivität von 0,6 Bq/g beziehungsweise 650 Bq/kg auf. Daneben liegen noch andere langlebige radioaktive Komponenten wie Uran und Thorium im Gesteinsmaterial vor. Ist man von einer Tonne Baumaterial in Boden, Decken und Wänden umgeben, entspricht das einer $^{40}$K-Radioaktivität von 650 000 Bq, also zahlenmäßig der täglichen Belastung des Toilettensystems am Frankfurter Hauptbahnhof. Dessen Baumaterial aus Beton und Granit wiegt viele tausend Tonnen und strahlt damit weitaus mehr als die Bahnhofstoiletten.

*Abb. 7-4: Der Frankfurter Hauptbahnhof am 18. August 1888, dem Eröffnungstag. (Wikipedia)*

Der Umstand, dass die Bauweise in Deutschland wesentlich kompakter ist als in den Vereinigten Staaten, wirkt sich interessanterweise direkt auf die Strahlenbelastung der Bevölkerung aus. Auf der einen Seite hilft die Verwendung fester, dichterer Materialien im deutschen Hausbau bei der Abschirmung kosmischer Strahlung, auf der anderen Seite vermehrt sie die radiogene Strahlung des Baumaterials. Studien haben gezeigt, dass der deutsche Durchschnittsbürger aufgrund dieser Umstände 30 Prozent mehr strahlenbelastet ist als sein US-Pendant[211]. Das betrifft natürlich nur die Gesamtdosis. Von der Strahlung des Baumaterials sind allenfalls nur die 10 Prozent der 1,46 MeV $\gamma$-Strahlung aus dem Zerfall des $^{40}K$ bedenklich. Einen weiteren Anteil liefert das radioaktive Radon, das als Teil der Aktiniden-Zerfallsketten entsteht. Die Höhenstrahlung ist dagegen über das gesamte Spektrum wirksam. Alles in allem dürfte die Strahlenbelastung des Bundesbürgers vergleichbar mit der der US-Amerikaner sein.

Diese Betrachtungen sollen zeigen, dass die radioaktive Strahlung fester Bestandteil unseres Daseins ist: *Strahlung ist in uns, um uns und um uns herum*. Strahlung existiert seit Entstehung der Erde, seit Beginn des biologischen Lebens auf unserem Planeten. Es gibt Argumente, dass Strahlung einen erheblichen Einfluss auf das Leben, seine Entstehung und seine Entwicklung hatte und hat. Ebenso ist die Möglichkeit nicht auszuschließen, dass Strahlung zum schnellen Ende des biologischen Lebens auf unserer Erde führen kann. Diese Fragen sind noch weit offen und aufgrund der Komplexität der zugrunde liegenden Prozesse nicht einfach zu beantworten. Doch sind es faszinierende Möglichkeiten, die in den folgenden drei Kapiteln diskutiert werden sollen.

## 7.3 Der Ursprung des Lebens

Der Ursprung biologischen Lebens ist eine der großen wissenschaftlichen Fragen unserer Zeit. Wie wurden die ersten organischen Moleküle im Chaos des frühen Sonnensystems geformt? Welcher Natur ist die dazu notwendige Energiequelle? Nach dem zweiten Hauptsatz der Thermodynamik zerfällt ein komplexes geschlossenes System ohne Energiequelle in den Zustand der Unordnung – ein physikalisches Ideal, das tatsächlich nicht vorkommt. Alle Systeme, ob belebt oder unbelebt, verbrauchen sich, verderben, verrotten und zerfallen zu Staub. Schon Goethe lässt das seinen Mephistopheles im *Faust* rechtfertigen: *Und das mit Recht; denn alles, was entsteht, ist wert, dass es zu Grunde geht.* Dieser Satz gilt insbesondere für biologische Systeme, die auf der Grundlage eines geordneten Molekülaufbaus bestehen. Ohne eine Energiequelle können sie nicht entstehen, und ohne sie nicht existieren. Pflanzen beziehen ihre Energie durch Fotosynthese aus dem Sonnenlicht; Tier und Mensch leben von der chemischen Energieumsetzung der Nahrungsmittel als Folge einer langen biologischen Entwicklung. Sie hat mit dem Entstehen komplexer organischer Moleküle in der frühen Phase unseres Planeten begonnen, also mit dem Aufbau von

---

[211] W. Kolb, H. Schnier: Building material induced radiation exposure of the population; In: *Radioactivity in Consumer Products* (Hrsg. A. A. Moghissi, M. W. Carter), Report NUREGG/CP-0001, S. 344–349, US Nuclear Regulatory Commission, Washington DC, 1978

Molekülen auf der Basis chemischer Verbindungen aus Kohlenstoff, Wasserstoff, Stickstoff, Sauerstoff sowie einiger weniger, aber wichtiger schwererer Elemente.

Wie und wo entstanden die ersten Moleküle? Woher kam die Energie, die im freien, ungebundenen Material chemische Reaktionen hervorrief, die zu den grundlegenden Bausteinen des Lebens führten, zum Beispiel Aminosäuren und Nukleinsäuren? Alles Leben auf unserer Erde, von kleinsten Mikro-Organismen bis zu komplexen Lebewesen wie Tier und Mensch, muss einen gemeinsamen Ursprung haben, denn alles biologische Leben basiert auf demselben Aufbau und der chemischen Wechselwirkung dieser zwei komplexen Molekülsubstanzen. Ungefähr 20 Aminosäuren[212] bilden die Enzyme und Proteine und bestimmen ihre Wirkungsweise. Das Zuckermolekül, ein Phosphatmolekül sowie die vier Basenmoleküle Adenin, Cytosin, Guanin und Thymin formen die Nukleinsäuren als Grundbaustein der DNA- und RNA-Kettenmoleküle. Biologisches Leben basiert auf diesen 26 chemischen Grundmolekülen und ihren Myriaden möglicher chemischer Kombinationen. Aber liegt der Ursprung auf der Erde und ihrem frühen Entstehungsprozess oder woanders, jenseits der Erde? Vor fast 150 Jahren, 1874 hatte der Physiker Hermann von Helmholtz (1821–1894) in seinem Vorwort zum Handbuch der Theoretischen Physik gefragt, *ob überhaupt das Leben je entstanden, ob es nicht ebenso alt wie die Materie sei, und ob nicht seine Keime, von einem Weltkörper zum andern herübergetragen, sich überall entwickelt hätten, wo sie günstigen Boden gefunden?*

Diese These vom außerirdischen Ursprung des Lebens geht auf den Gedanken von Aristoteles zurück, das Leben sei eine alldurchdringende kosmische Kraft. Diese Idee unterstützte nicht nur Hermann von Helmholtz, sondern auch viele andere bedeutene Naturwissenschaftler des späten 19. und frühen 20. Jahrhunderts wie der englische Physiker William Thomson, 1. Lord Kelvin (1824–1907), und der schwedische Chemiker und Nobelpreisträger Svante Arrhenius (1859–1927) mit modernen Formulierungen. Charles Darwin (1809–1882) dagegen folgte anderen Ideen. 1871, fünf Jahre nach Veröffentlichung seines Buches *The Origin of Species*, schrieb er dem Botaniker Joseph Hooker: *We could conceive in some warm little pond with some sorts of ammonia and phosphoric salts, light, heat, electricity, etc., present, that a protein compound was chemically formed, ready to undergo more complex changes, at the present day such matter would be instantly devoured, or absorbed, which would not have been the case before living creatures were formed.*[213]

---

[212] Dies ist bemerkenswert an sich, denn es gibt hunderte verschiedene Aminosäuren. Dass biologische Systeme nur auf 20 Arten basieren, wird mit dem Aufbau der ersten Zellen aus eben diesen Aminosäuren interpretiert, die durch Evolution das Fundament des Lebens bildeten. Andere Aminosäuren blieben dabei ausgeschlossen.

[213] Übersetzung: *Wir könnten uns einen warmen, kleinen Teich vorstellen, in dem alle möglichen Ammoniak- und Phosphorsalze, Licht, Wärme, Elektrizität usw. vorkommen, so dass sich eine Protein-Verbindung chemisch gebildet hat und bereit ist, sich weiteren komplexen Prozessen zu unterziehen, heutzutage würde*

Dies war der Gedanke der heißen Ursuppe, den im frühen 20. Jahrhundert der russische Forscher Alexander I. Oparin (1894–1980) und der britische Biologe John B. S. Haldane (1892–1964) weiter ausarbeiteten. Demnach begünstigten die heißen, extrem sauerstoffarmen Bedingungen an der Erdoberfläche nach dem Hadaikum chemische Reaktionen zwischen den reduzierenden Gas-Komponenten der frühen Atmosphäre. Der Mangel an Sauerstoff ist eine wichtige Voraussetzung, denn dessen Vorhandensein würde neu entstehende komplexe chemische Verbindungen sofort durch Oxidationsprozesse wieder aufbrechen. Aus den reduzierenden Komponenten wurden dagegen organische Verbindungen synthetisiert, wobei elektrische Entladungen (Blitze) aus der dichten Wolkenschicht der Erde die nötige Energie lieferten. Diese Thesen testeten 1953 Harold Urey und sein Student Stanley Miller (1930–2007) mit einem berühmt gewordenen Experiment: Sie setzten eine Gasmischung aus Ammonium, Methan und Wasserstoff Bedingungen aus, die der Oparin-Haldane-Hypothese für die frühe Planetenatmosphäre entsprachen. Nach dem Experiment fanden sich Spuren von mehr als 20 Aminosäuren in diesem Gasgemisch, von denen viele Bestandteil biologischer Enzyme und Proteine waren. Damit galt die Ursuppe-Theorie als bestätigt. Nachfolgeexperimente mit unterschiedlichen Gaskombinationen und Zyanid-Beisätzen erhöhten die Reaktivität des Gemischs und demonstrierten, dass auch die Grundstoffe der DNA, Guanin und Adenin, sowie andere wichtige biologische Moleküle produziert wurden. Carl Sagan (1934–1996) und seine Mitarbeiter zeigten 1963, dass der Zusatz von Phosphor zum Gasgemisch sogar Adenosin-Tri-Phosphat (ATP) produziert – ein Molekül, das als chemischer Motor für die Protein-, RNA- und DNA-Synthese gilt[214]. Neben den Blitzen einer elektrisch hoch geladenen frühen Erdatmosphäre galt intensive UV-Strahlung an der Erdoberfläche als weitere mögliche Energiequelle, die durch den Mangel an $O_2$- und $O_3$-Sauerstoffmolekülen in der Atmosphäre unzureichend abgeschirmt wurde. Ebenso wurde die radioaktive Strahlung als Energiequelle erwogen, die in der frühen Phase der Erdentwicklung erheblich höher gewesen sein muss als heute (vgl. Kapitel 6).

Zweifel an dieser Theorie kamen mit neueren Ergebnissen zur Gaskomposition der frühen Erdatmosphäre auf. Sie bestand demnach aus weniger reduzierenden Gasen als den im Miller'schen und nachfolgenden Experimenten verwendeten. Die frühe Atmosphäre setzte sich hauptsächlich aus Kohlendioxid $CO_2$ und Stickstoff $N_2$ mit nur geringen Beimischungen von Methan und Ammonium zusammen (vgl. Abbildung 6-18). Insbesondere fehlte Wasserstoffgas, das im Experiment wichtige Beiträge zur chemischen Reaktivität geliefert hatte. Dagegen

*ein solches Element sofort verschwinden oder absorbiert werden, dies jedoch würde vor der Entstehung des Lebens nicht der Fall gewesen sein.*

214 C. Ponnamperuma, C. Sagan, R. Mariner: Synthesis of Adenosine Triphosphate under Possible Primitive Earth Conditions; Nature 199, 1963, 222–226.

müssen $CO_2$ und $N_2$ wesentlich weniger zur Bildung komplexer Moleküle beigetragen haben. Ein weiterer Einwand ist, dass dieselbe Energiequelle, die zur Bildung der Aminosäuren führte, die Bildung komplexerer Makromoleküle verhinderte, weil energiereiche Entladungen und Strahlung sie hätten aufbrechen und damit den Fortgang biochemischer Prozesse blockieren können. Trotzdem ist es denkbar, dass diese frühe Periode des Hadaikums die Grundlage zur Bildung organischer Moleküle legte, die sich erst in späteren, weniger turbulenten Erdzeitaltern weiterentwickelten. Hierfür könnten spätere Experimente von Stanley Miller sprechen, in denen er demonstrierte, dass die 20 Jahre lange Lagerung von Gasmischungen in gefrorenem Zustand zu erhöhter Ausbeute komplexer biochemischer Moleküle führte. Wie aufschlussreich dieses Experiment ist, weiß man nicht. Aber die auf geologischen Daten basierende Hypothese von der Schneeball-Erde (Perioden absoluter Vereisung des Planeten vor Millionen und Milliarden Jahren) scheint mit biologischen Entwicklungsschüben zu korrelieren und im Ergebnis das Miller'sche Experiment zu reflektieren. Die mit dieser sogenannten Icehouse-Greenhouse-Hypothese verbundenen Einflüsse auf die Evolution des Lebens bleibt Thema intensiver wissenschaftlicher Debatte.

Mit dem mutmaßlichen Scheitern der ursprünglichen These von Oparin und Haldane von der Ursuppe entwickelten sich neue Ideen zum Ursprung des Lebens. Heute dominieren zwei Theorien, die als *Himmel und Hölle* bezeichnet werden können. *Himmel* meint die postulierte astrobiologische Entstehung des Lebens auf eisbedeckten Kometen und Asteroiden, *Hölle* die mögliche hydrothermale Entstehung in brodelnden Lavaquellen entlang der vulkanischen Rifts, die die neue Lithosphäre in den Tiefen der Ozeane produzieren. Die Idee vom Ursprung des Lebens im Weltall setzte die Ideen von Helmholtz und Arrhenius in ein neues Konzept und wurde insbesondere von Carl Sagan und Fred Hoyle (1915–2001) propagiert, die auf die zahlreichen Beobachtungsergebnisse von organischen Molekülen im kosmischen Eis auf Planeten und Kometen hinwiesen. Die These von der Entstehung und Vervielfachung des Lebens in hydrothermalen Umgebungen wurde dagegen vom Ozeanographen Jack Corliss propagiert, der 1977 mit seinen Kollegen die Vielfalt der Marinefauna entlang des pazifischen Rifts entdeckte und untersuchte.[215] Diese These wird heute von vielen Mikrobiologen vertreten, die in den reichen chemischen Möglichkeiten und der Vielfalt an Mineralien, die geeignetesten Bedingungen für die Bildung der Urzelle LUCA (Last Universal Common Ancestor)[216], den Vorfahren allen biologischen Lebens sehen.

---

215 J. B. Corliss, J. A. Baross. S. E. Hoffman, An hypothesis concerning the relationship between submarine hot springs and the origin of life on Earth, Proccedings 26th International Geological Congress, Geology of oceans symposium. Paris, July 7–17, 1980: 59–69.

216 M. Weiss et al., The physiology and habitat of the last universal common ancestor, Nature Microbiology 1 (2016), 16116 und N. Arndt, and E. Nisbet, Processes on the young Earth and the habitats of early life. Annu. Rev. Earth Planet Sci. 40, (2012) 521–549.

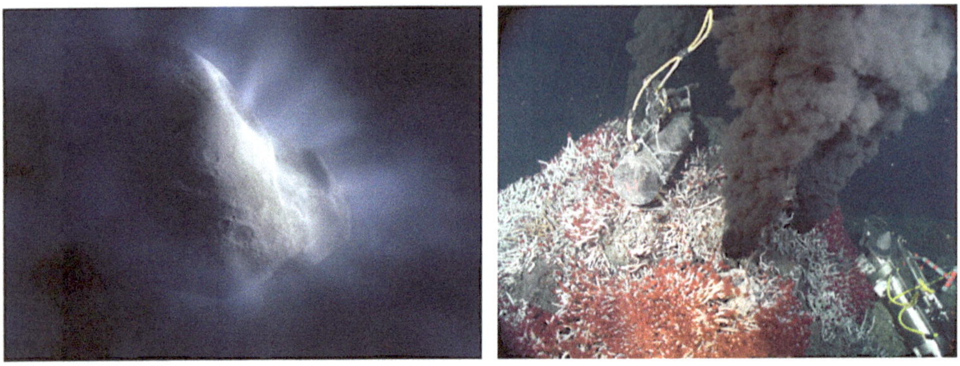

*Abb. 7-5: Die linke Abbildung zeigt den 3,7 Meilen breiten eisigen Kern des Kometen Tempel 1. Die dunstige Atmosphäre um den Kometen besteht aus Materialien, die durch Sonnenlicht von seiner Oberfläche verdampfen und aus Rissen, die zu frischem Eis unter der Kruste führen. (Credit: NASA/ ESA) Die rechte Abbildung zeigt eine hydrothermische Quelle, die schwarze Dämpfe ausstößt. http://www.pmel.noaa.gov/eoi/*

Die These vom hydrothermischen Ursprung des Lebens basiert auf dem Gedanken, dass im Hadaikum tiefe Ozeanbereiche eine geschütztere Umgebung boten als die permanent von Meteoriten bombardierte Oberfläche des Planeten. Die chemischen Bedingungen erschienen auch vielversprechender als die in der Atmosphäre, da in der Umgebung heißer Quellen mehr metallische Spurenelemente vorkommen, die die chemischen Prozesse zu Makromolekülen katalytisch hätten beschleunigen können. Hydrothermische Quellen sind Spalten in der Erdkruste, aus denen das durch radioaktive Zerfallswärme bis zu 400° C erhitzte Wasser unter hohem Druck von maximal 300 bar in die kalte Meerwasserumgebung austritt. Das mineralreiche heiße Wasser enthält viele chemische Komponenten, insbesondere Sulfide und Metalle wie Eisen und Mangan, die als Minerale im Wasser gelöst sind. Beobachtungen zeigen, dass hydrothermische Quellen ein ideales Biotop mit enormem Artenreichtum bilden (Abbildung 7-5). Die Wechselwirkung des heißen Wassers mit Basalt und Mineralgestein setzt chemische Prozesse in Gang, die zur Umformung der Mineralstruktur und Freisetzen von Wasserstoffgasen führen. Eisensilikat wird zum Beispiel in Siliziumdioxid $SiO_2$ (Quarz), Eisenoxid $Fe_3O_4$ (Magnetit) und Wasserstoff $H_2$ umgesetzt. Letzteres reagiert mit Kohlenmonoxid CO und Kohlendioxid $CO_2$, das im Ozeanwasser gelöst ist und bei Temperaturen über 300° C organische Kohlenwasserstoff-Moleküle bis hin zu Fett- und Aminosäuren produzieren kann. Die im heißen Wasser gelösten Mineralstoffe und Metalle wie Fe-Ionen, FeS, $H_2$ und $H_2S$ sind stark reduzierend und dienen als schnelle Katalysatoren für Fischer-Tropsch-Reaktionen – heute aus der industriellen Herstellung von Treibstoffen aus Kohle und Biomaterialien bekannt.

Diese chemischen Abläufe sind vielversprechend, denn während ihrer ersten zwei Milliarden Jahre war die Erde durch Meteoriten-Bombardierung und Freisetzung großer Mengen Wärmeenergie aus radioaktivem Zerfall wesentlich heißer. Es gab enorm viele hydrothermische Quellen, die durch Kombination von radiogener Hitze, mineralreichem, heißem Wasser und kaltem Ozeanwasser günstige Bedingungen zur ersten Stufe der Bildung komplexerer organischer Moleküle boten. Phosphor und Aminosäuren begünstigten den Aufbau von Amino-Triphosphat (ATP), das als Energieträger eine Schlüsselstellung im Metabolismus biologischer Zellen einnimmt. Radioaktive Zerfallsprozesse mögen die Energiequelle für erste chemische Reaktionen gewesen sein. Sie führten zu komplexen Molekülen, mit deren Hilfe chemische Prozesse den Metabolismus aufrechterhalten konnten. Jedoch war es noch ein weiter Weg von den ersten Aminosäuren bis zur Bildung von Makromolekülen wie RNA und DNA oder gar zur Entwicklung der Artenvielfalt, die heute hydrothermischen Quellen umgibt.

Die zweite These ist die vom kosmischen Ursprung des Lebens. Sie hat sich in den letzten Jahren zum intensiven Forschungsgebiet der Astrobiologie entwickelt. Dabei geht es nicht nur um den Ursprung des Lebens, sondern auch um die Möglichkeiten biologischer Entwicklung und der Identifizierung bewohnbarer Zonen für Planeten (habitable zones), die diese Entwicklung begünstigen. Dieses Fachgebiet hat insbesondere mit der Entdeckung zahlreicher Exoplaneten einen enormen Aufschwung genommen. Exoplaneten umkreisen andere Sterne in unserer Galaxie. Sie wurden durch verfeinerte indirekte und direkte Beobachtungstechniken zur Helligkeitsvariation der Muttersterne entdeckt. Während Exoplaneten spektroskopisch auf ihre chemische Struktur untersucht werden, um zu sehen, ob die chemischen Lebensgrundstoffe wie Wasser, Kohlenstoff und Sauerstoff vorhanden sind, konzentriert sich die Frage nach dem Ursprung des Lebens auf unserer Erde auch auf die nahegelegenen Asteroiden, Kometen und Kleinplaneten in unserem Sonnensystem. Diese Himmelskörper bestehen zumeist aus einem mineral- oder metallreichen Gesteinskern, der dick mit Staub und Eis bedeckt ist (Abbildung 7-5). Die spektroskopische Analyse der Kometenoberfläche zeigt mehr als 150 organische Moleküle bis hin zu komplexen Aminosäuren. Diese Ergebnisse haben die Landung unbemannter Raumsonden wie *Philae* der Europäischen Raumagentur ESA bestätigt, die im November 2014 auf dem Kometen Tschurjumow-Gerasimenko landete. Organische Moleküle wurden auch durch die direkte chemische Untersuchung an Meteoritenmaterial gefunden. Im Inneren des Murchison-Meteoriten, der 1969 in Australien niederkam, wurden Aminosäuren und andere organische Moleküle entdeckt. Sie überleben offenbar unbeschadet die extremen Temperaturen, denen das Meteoritenmaterial beim Sturz auf die Erde ausgesetzt ist. Dadurch mögen sie als Saatkerne der biologischen Entwicklung gedient haben.

Der Ursprung dieser organischen Moleküle liegt in der intensiven radioaktiven Strahlung der Sonne, der das interplanetare Material seit der Frühzeit unseres Sonnensystems ausgesetzt war. Auch der Staub des frühen Sonnensystems enthielt erheblich mehr radioaktive Elemente, die durch ihren Zerfall Strahlungsenergie in das Staub-Eis-Gemisch pumpten. Die Kombination aus äußerer und innerer Bestrahlung lieferte die Energie, um komplexe chemische Moleküle zu bilden. Sie brach einfache Kohlenwasserstoffverbindungen sowie Wassermoleküle auf und bildete dadurch chemisch sehr aktive Ionen und Radikale, die sich durch ein Netz chemischer Reaktionen zu komplexeren organischen Molekülen verbanden.

Solche Prozesse sind durch Beschleunigerexperimente simuliert worden. Hochenergetische Strahlung soll dabei kosmischer Strahlung entsprechen und mit einem Eis-Staub-Gemisch reagieren. Die chemischen Reaktionsprodukte werden entweder durch direkte chemische Analyse oder durch Infrarotspektroskopie vermessen. Die Ergebnisse dieser experimentellen Messungen scheinen die These von der komplexen Reaktionschemie im kosmischen Eis zu bestätigen und sind durch theoretische Analyse der möglichen chemischen Reaktionen erweitert worden. Mittels solch eines chemischen Reaktionsnetzwerks lassen sich weitgehende Vorhersagen darüber machen, welche Reaktionen innerhalb der frühen Phase der Planetengeschichte abgelaufen sein und welche Moleküle sich unter dem Einfluss radioaktiver Strahlung gebildet haben könnten. Diese in Meteoritengestein eisgebetteten Moleküle können, insbesondere während des Meteoriten- und Asteroiden-Bombardements im Hadaikum, das organische Saatmaterial für die weitere biologische Entwicklung auf der Erde geliefert haben.

Zwischen der Bildung organischer Moleküle und der Entstehung organischen Lebens liegt allerdings ein weiter und unbekannter Schritt, der nach allgemeinen Vorstellungen in den ersten 2 Milliarden Jahren der Erdgeschichte stattgefunden hat. Erste Spuren existierender primitiver Lebensformen sind in zirka 2,7 Milliarden Jahre alten Gesteinen entdeckt worden. Dieser Schritt von Chemie zu Biologie erforderte eine Selbstorganisation der Moleküle zur Bildung von Kettenmolekülen wie RNA und DNA, zudem die Entwicklung eines enzymatischen Regelungsmechanismus zur Stabilisierung und Selbstreproduktion. Diesen Mechanismus organisiert selbst bei primitiven Lebenswesen die Zelle. Sie kann daher als die grundlegende Einheit allen biologischen Lebens gelten. Zu ihrem Bestand oder dem von Zellverbänden setzt sie chemische Energie um. Sie ist Träger des Metabolismus, der die Reproduktion durch Wiederverwendung existierender Baustoffe ermöglicht und damit die Grundlage für eine weitere Entwicklung komplexerer Lebensformen legt. Als älteste bekannte Zellen gelten die Prokaryoten. Sie haben keinen durch eine Membran eingeschlossenen Zellkern. Die DNA ist frei innerhalb der Zelle gelagert. Weitaus später entstand die zweite Klasse der Zellen, die Eukaryoten. Ihr Zellkern ist von einer Membran eingeschlossen, in dem sich die DNA mit der Zellinformation befindet.

Dieser Übergang von präbiotischen, organischen Molekülen zu den ersten eines Metabolismus fähigen biologischen Strukturen wie der Zelle ist noch nicht geklärt. Die wichtigsten Fragen gelten der Energiequelle für eine solche Synthese und der Wahrscheinlichkeit, mit der sie eintreten kann. Als Energiequelle zur Entwicklung primitiver Metabolismen werden wieder häufig heiße Thermalquellen diskutiert. Sie liefern nicht nur Energie, sondern auch dank ihres hohen Mineralgehalts mögliche Katalysatoren wie Eisen, Phosphate und Sulfate, die für den Aufbau komplexerer Strukturen mittels reduzierend-oxidierender Reaktionssequenzen notwendig sind. Andere Argumente schlagen die Entwicklung eines primitiven Metabolismus vor, der sich vorwiegend an mineralhaltigen Oberflächen von Materialien bilden kann und den Prototyp für einen späteren komplexeren RNA- und DNA-gesteuerten Metabolismus liefert. Ein Beispiel für die komplexen möglichen Abläufe und Zusammenhänge ist die Bildung von ATP, das chemische Energie für die Zellfunktion und den Aufbau von Ribosomen, Proteinen sowie RNA und DNA liefert. Eine Kombination von Beobachtung und Laborexperimenten zeigte, dass dieses Molekül durch chemische Reaktionen zwischen meteoritischem Phosphor und heißen Quellen im Hadaikum entstanden sein könnte[217] – vermutlich nicht die einzige Möglichkeit. Offenbar gibt es verschiedene Pfade, über die sich mittels chemischer Prozesse die komplexen Moleküle aufbauen können, die unseren Metabolismus betreiben. Was immer der genaue physikalisch-chemische Mechanismus für die Bildung der ersten Zellen als Vorgänger all unserer biologischen Systeme war und welche Energiequellen dieser Entwicklung zugrunde lagen, befindet noch weitgehend im Dunkeln. Es bleibt Gegenstand intensiver wissenschaftlicher Debatten und Forschungsanstrengungen.

Die Wahrscheinlichkeit der Bildung komplexer, selbstregulierender Zellsysteme ist extrem klein. Sie beruht auf Myriaden chemischer Prozesse, die nur unter bestimmten Bedingungen innerhalb der begrenzten Zeitskala der frühen Erdentwicklung mit einer gewissen Eigenwahrscheinlichkeit ablaufen müssen. Das weist unserem Planeten wiederum eine gewisse Priorität zu, denn es beinhaltet die Möglichkeit, dass Leben nur auf der Erde durch eine Reihe von Zufallsprozessen entstanden ist, die auf anderen Planeten trotz möglicher lebensgünstiger Bedingungen unterschiedlich oder gar nicht zustande gekommen sind.

Aufgrund solcher Überlegungen hatte Fred Hoyle eine alternative Hypothese des Panspermiums vorgeschlagen, die den Zeitraum für die biologische Entwicklung erheblich erweitert. Die Panspermium-Hypothese[218] geht vom kosmischen Ursprung komplexer organischer Moleküle aus, verlegt ihn jedoch aus der Urzeit unseres Planetensystem in die Urzeit unseres Universums, als sich die ersten Sternsysteme formten und Kohlenstoff und Sauerstoff als lebensbildende Elemente produzierten (Abbildung 7-6). Das Spektrum des mit 13,6 Milliarden Jahren bislang ältesten entdeckten Sterns mit dem schönen Namen SMSS J031300.36-670839.3

---

[217] David E. Bryant et al: Hydrothermal modification of the Sikhote-Alin iron meteorite under low pH geothermal environments. A plausibly prebiotic route to activated phosphorus on the early Earth; Geochimica et Cosmochimica Acta 109 (2013) 90-112.

[218] Eine sehr lesbare Zusammenfassung von Beobachtungsdaten und Argumenten für die Panspermium-Hypothese findet man in einem Buch des früheren Hoyle-Mitarbeiters, Chandra Wickramasinghe (geb. 1939): The Search for our Cosmic Ancestry. World Scientific Publishing Inc., Singapur 2015.

offenbart einen sehr hohen Anteil von Kohlenstoff und Sauerstoff, liefert dagegen keinen Hinweis auf Elemente schwerer als Kalzium.

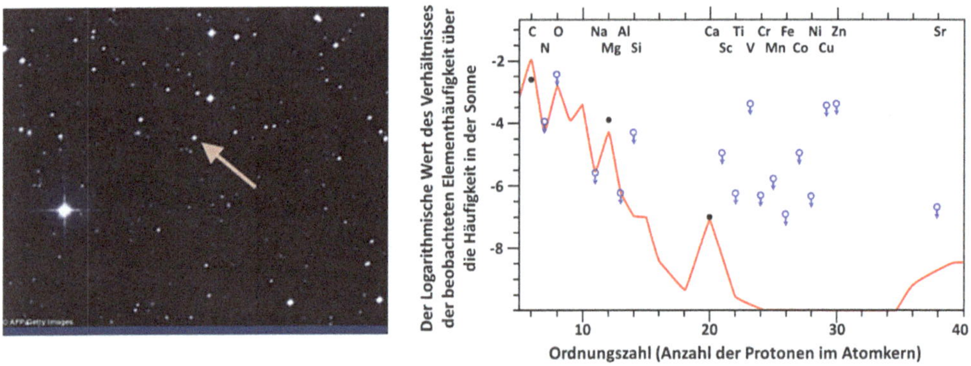


*Abb. 7-6: Der mit 13,6 Milliarden Jahren älteste bekannte Stern SMSS J031300.36-670839.3 ist 6000 Lichtjahre von der Sonne entfernt. Die gemessene Häufigkeit der in der Sternatmosphäre vorliegenden Elemente zeigt insbesondere hohe Anteile an Kohlenstoff und Sauerstoff, die Basis biologischen Lebens. Anteile an Elementen schwerer als Kalzium (Z=20) konnten nicht beobachtet werden.*

Aus dem in der ersten Sterngeneration erzeugten Kohlenstoff, Sauerstoff und dem vom Urknall stammenden Wasserstoff bildeten sich, gemäß der Panspermium-Hypothese, unter Einfluss intensiver kosmischer Strahlung organische Moleküle als Grundstoff der biologischen Entwicklung unseres Kosmos. Der Entwicklungszeitraum für einfache biologische Systeme ist um ein Zehnfaches länger als die ein bis zwei Milliarden Jahre, die der biologischen Entwicklung auf der Erde zur Verfügung gestanden haben[219]. Gemäß dieser Theorie werden die frühen organischen Komponenten mit dem interstellaren Staub als Asche vergangener Stern- und Planetensysteme über unsere Milchstraße und andere galaktische Systeme verteilt und repräsentieren die ersten Sporen für das sich lokal entwickelnde Leben auf jenen vereinzelten Planeten, die dazu günstige Umweltbedingungen liefern. Einfache Lebensformen, zum Beispiel Bakterien, sind in meteoritischem Gestein gefunden worden. Darüber hinaus gibt es bisher keine direkten Hinweise

---

[219] Fred Hoyle (1915–2001) war der führende Vertreter der Steady-State-Theorie, der Kosmologie eines konstant bleibenden Universums, dessen beobachtete Ausdehnung er durch ständige Produktion neuer Materie im Zentrum zu erklären suchte. Hoyle war bekannt für seine unkonventionellen, aber oft erfolgreichen Gedanken. Er blieb allerdings bis zu seinem Tod ein erklärter Gegner der Theorie des Urknalls. Im Rahmen der Steady-State-Theorie konnte also Leben eine weitaus längere Entwicklungszeit gehabt haben.

auf einen interstellaren Mikrobenverkehr. Die allgemeine Haltung der Astrobiologen gegenüber der Panspermium-Hypothese ist deswegen außerordentlich skeptisch und ablehnend. Das heißt aber nicht, dass die Hypothese falsch ist, sondern nur, dass die zur Akzeptanz notwendigen Beobachtungs- oder Messdaten bislang nicht erbracht werden konnten. Auf der anderen Seite kennt man Bakterien-Arten wie das sogenannte *Conan the Bacterium* (Deinococcus radiodurans), die unbeschadet sowohl extrem niedrige Temperaturen und auch extrem hohe Strahlungsintensität von bis zu 5000 Gray verkraften können, ohne an Vitalität zu verlieren. Damit scheinen sie gut für den Jahrtausende bis Jahrmillionen dauernden interstellaren Verkehr gerüstet zu sein.[220]

In Bezug auf die Identifikation bewohnbarer Planeten (habitable worlds) ist jedoch gerade innerhalb der letzten Jahre enormer Fortschritt beim Sammeln von Beobachtungsdaten gemacht worden[221]. Das ist vor allem dem Beobachtungssatelliten KEPLER der NASA zu verdanken. Der Satellit, der mit einem System hochauflösender CCD-Kameras ausgerüstet ist, beobachtet seit seiner Stationierung 2009 unaufhörlich ein Feld von 156 000 Sternen in der nördlichen Hemisphäre, das ungefähr im Bereich der Sternbilder Schwan (Cygnus) und Leier (Lyra) liegt. KEPLER kann kleinste Helligkeitsschwankungen der beobachteten Sterne messen, die auf vorbeiziehende Planeten hinweisen. Aus der Frequenz der Schwankungen lassen sich Umlaufzeit und Umlaufbahn zurückrechnen. In den ersten fünf Jahren hat KEPLER schon mehr als 4000 Planeten identifiziert, von denen einige Leben möglich machen könnten. Dies soll in künftigen NASA- und ESA-Missionen durch detaillierte spektroskopische Vermessungen der Planeten auf Wasser als Grundlage des Lebens untersucht werden. Ungefähr 100 Exoplaneten sind identifiziert worden, deren Größe unserer Erde ähnelt. Für Leben gemäß unserem Biologie-Verständnis sind sie aber meistens zu heiß. Vergleicht man jedoch die Größe des Beobachtungsfeldes mit der gesamten Milchstraße, rechnen Astronomen mit insgesamt 40 Millionen erdnaher Planeten in unserer Galaxie. Die KEPLER-Ergebnisse sind zweifelsohne bahnbrechend für die Suche nach Exoplaneten in fernen Sternsystemen. Sie haben gezeigt, dass eine Planetenformation wie unser Sonnensystem keine Ausnahme, sondern die Regel ist. Das bedeutet, dass die Chancen für die Existenz bewohnbarer oder gar belebter Welten erheblich größer als jemals zuvor angenommen sind – eine Herausforderung für Astrobiologen, solche Welten zu finden und biologisches Leben – also Leben, das auf der organischen Chemie des Kohlenstoffs aufgebaut ist – durch bessere Beobachtungsdaten nachzuweisen.

Die Frage zur Entstehung des Lebens ist noch nicht beantwortet – eine Kombination verschiedener Bedingungen, unter denen es sich sequentiell entwickeln konnte, nicht ausgeschlossen. Die Energie radioaktiver Strahlung kann die ersten Prozesse zur Bildung komplexer

[220] https://en.wikipedia.org/wiki/Deinococcus_radiodurans.

[221] Neil Fine (Hrsg): The Search for Life in the Universe. Time Books, New York 2015.

Moleküle durch Erhitzen von Quellen eingeleitet haben, in denen sich Kettenmoleküle weiter aufbauten. Keins dieser Probleme ist gelöst, aber die Beobachtungen deuten in diese Richtung.

Die ersten Einzeller, die Prokaryoten, zeigen sich als 2,6 Milliarden Jahre alte Fossile im präkambrischen Gestein. Gegen Ende des Präkambriums[222] setzten frühe Makro-Algen im prähistorischen Ozean durch Fotosynthese Sauerstoff frei. In fossilem Gestein finden sich 600 Millionen Jahre alte, erste Vielzeller oder Zellkolonien. Nur 160 Millionen Jahre später kam es zur kambrischen Explosion der Artenvielfalt – eine allmähliche Entwicklung neuer Arten mit komplexerem Metabolismus, über die nicht viel bekannt ist.

Diese Entwicklung lebender Strukturen wird als Folge von Selbstorganisation komplexer biochemischer Systeme, wie Zellen, gesehen. Es entwickelten sich Strukturen, die die Funktionalität der Zellen in ihrer Umwelt erhalten. Dabei hat auf der einen Seite die radioaktive Strahlung als Energiequelle eine wichtige Rolle gespielt. Andererseits fanden innerhalb der Zelle Prozesse statt, die die Zelle gegen die zerstörerischen Folgen radioaktiver Strahlung schützten.

## 7.4 Zellen als selbstorganisierende Systeme

Seit seinem Ursprung muss sich das Leben mit der Existenz von Strahlung und ihren Wirkungen auseinandersetzen. Manche Forscher argumentieren, dass Strahlung selbst zum Ursprung und zur Entwicklung des Lebens beigetragen hat. Sie erzeugt die Energie durch direkte Bestrahlung eisbedeckter planetarer Komponenten oder indirekt in heißen vulkanischen Quellen. Dazu liefert Strahlung die Energie zur Mutation molekularer Strukturen und damit die Möglichkeit zur Weiterentwicklung des biologischen Systems. Diese Entwicklung ist nicht linear zielgerichtet, sondern unterliegt Zufallsfluktuationen, die ein reiches Spektrum an biologisch möglichen Systemen bieten. Deren Überlebens- oder Wachstumschancen hängen von den sich wandelnden Umweltbedingungen der Erde ab[223]. Dieser dynamische Prozess der Evolution basiert vor allem auf der Möglichkeit von Selbstorganisation komplexer Systeme. Die Entwicklung der Zelle zum selbstorganisierenden und selbstreproduzierenden System gilt als wichtigster Schritt in der Entwicklung biologischen Lebens.

Selbstorganisation ist das spontane Auftreten neuer Strukturen und Verhaltensweisen in thermodynamisch offenen Systemen. Im Gegensatz zu geschlossenen Systemen tauschen sie

---

222 Das Präkambrium umfasst den Zeitraum von 4,5 Milliarden Jahren bis ungefähr 550 Millionen Jahren, also vom Ursprung der Erde bis zum Anstieg des Sauerstoffanteils in der Atmosphäre.

223 John Tyler Bonner: Randomness in Evolution; Princeton University Press, Princeton – Oxford, 2013

Energie, Stoffe oder Informationen mit der Außenwelt aus[224]. Bei geschlossenen Systemen wächst nach dem Zweiten Hauptsatz der Thermodynamik die Entropie, also die innere Unordnung, stetig zum Chaos an. Dagegen können sich in offenen Systemen durch Selbstorganisation neue stabile Ordnungen ergeben. Diese Art von Selbstorganisation ist bei zahlreichen Prozessen und Systemen im thermischen Gleichgewicht vorhanden, in der Welt der Elementarteilchen, der Physik und der Chemie, im Weltall bei der Entstehung der Sterne und Planeten, in der Evolution, der Biologie bis hin zu gesellschaftlichen Systemen. Sie alle entstehen von selbst durch die Wechselwirkungen zwischen ihren Komponenten. Die Systeme besitzen außer ihren komplexen Strukturen auch neue Eigenschaften und Fähigkeiten, die die einzelnen Komponenten nicht haben. Ein selbstorganisiertes System verändert seine grundlegende Struktur, abhängig von seinem Entwicklungsprozess und seiner Umwelt. Die wechselwirkenden Komponenten (Elemente, Moleküle, Agenten) handeln nach einfachen Regeln und erschaffen aus Chaos Ordnung, ohne eine Vision oder ein Ziel der gesamten Entwicklung haben zu müssen. Diesem internen Regelungssystem folgt auch die Entwicklung des Lebens auf unserem Planeten.

Ein klassisches Beispiel sind die Ribosomen – komplexe Moleküle innerhalb der Zellen –, die sich aus einer Kombination von Proteinen und RNA bilden. Sie waren die ersten biologischen Maschinen, die der Selbstentwicklung dienten und, gesteuert durch RNA-Kodierung, aus den Aminosäuren weitere Proteine zu Weiterentwicklung und Verbesserung der Zellfunktionen generierten. Ribosomen brauchten für ihre Funktion Energie und gewannen sie aus chemischen Prozessen, für die die schon erwähnten Amino-Triphosphate (ATP) eine kritische Rolle als Energieträger spielten. Ohne Ribosomen könnten Aufbau und Reproduktion von Proteinen und anderen Zellstoffen nicht ablaufen. Die Entstehung von Ribosomen war in der frühen Phase der Evolution des Lebens vielleicht der wichtigste Schritt zum Beginn der Selbstreproduktion. Bis auf kleine Detailunterschiede ist die Ribosomenstruktur aller Lebewesen gleich. Das bedeutet, dass alle irdischen Lebewesen Nachkommen eines einzigen, längst vergangenen molekularen Vorfahren LUCA sind, in dem die Ribosomensynthese gelang.

Die Zelle ist die zentrale Grundeinheit aller frühen einzelligen Mikrostrukturen, den Archaeen, Prokaryoten und später Eukaryoten, bis zu den komplexen Lebensformen, deren Vielfalt heute die Erde bevölkert. Alle Lebewesen sind offene Systeme, die durch die

---

224 Zum Beispiel ist die Erde selbst ein offenes System, da es externe Energie durch Sonneneinstrahlung erhält und durch Akkretion von interstellarem Staub im Austausch mit anderen Systemen steht. Der britische Naturwissenschaftler James Lovelock (geb. 1919) geht mit seiner sogenannten Gaia-Hypothese sogar einen Schritt weiter, indem er die Erde als selbstorganisierendes und selbstregulierendes System betrachtet.

Zufuhr externer Energie ihre innere Struktur und ihre Funktionalität zu erhalten versuchen. Bei Menschen und Tieren spielt sich die Energiezufuhr auf chemischer Basis durch Nahrungsaufnahme ab. Bei Pflanzen ist das Sonnenlicht die entscheidende Komponente der Energiezufuhr. Durch Fotosynthese werden Kohlenstoffdioxid und Wasser in den Nährstoff Zucker und Sauerstoff umgesetzt. Mit zunehmender Komplexität der Systeme und sich verändernder Umweltbedingungen erweitern sich die chemischen Möglichkeiten. Zum Beispiel kann der Anstieg von Sauerstoff in der Atmosphäre direkt mit dem Anstieg der physischen Größe lebender Organismen korreliert werden (Abbildung 7-7). Der Sauerstoffgehalt in der Atmosphäre war in den ersten 2 bis 2,5 Milliarden Jahren Erdgeschichte außerordentlich gering. Erste Organismen wie die einzelligen Prokaryoten[225] sind vermutlich vor 3,5 Milliarden Jahren entstanden und haben für 2 Milliarden Jahre im Archaikum das Leben auf der Erde dominiert. Ein weiterer wichtiger Schritt ist die pflanzliche Fotosynthese, die $CO_2$ aus der Atmosphäre zunehmend in Sauerstoff umwandelte. Das eröffnete eine weitere chemische Möglichkeit der Energiegewinnung in den Zellen. Durch Fotosynthese wuchs der Sauerstoffgehalt auf 1 Prozent des heutigen Werts und bestimmte das Zeitalter des Proterozoikums. Als Folge des gestiegenen Sauerstoffgehalts entwickelten sich die Eukaryoten; ihr Volumen betrug etwa das 100- bis 10 000-Fache der Prokaryoten. Vor 1 Milliarde Jahre, gegen Ende des Proterozoikums, stieg der Sauerstoff weiter auf 30 Prozent der heutigen Werte. Sie wurden in den letzten 500 Millionen Jahren erreicht: Die Artenvielfalt entwickelte sich exponentiell im Rahmen der kambrischen Explosion.

Das erhöhte Sauerstoff-Angebot in der Atmosphäre bot den Zellstrukturen die Möglichkeit chemischer und organisatorischer Erweiterung. Die Vielfalt der Arten nahm zu; Organismen vergrößerten sich, Leben entwickelte sich in seiner ungeheuren Vielfalt.[226] Die Entwicklung sauerstoffreicher Zellen barg jedoch neue Gefahren, da der Sauerstoffeffekt[227] die Strahlungssensitivität der Zellen auf das Zwei- bis Dreifache erhöhte.

---

[225] Prokaryoten unterscheiden sich von den später auftretenden Eukaryoten dadurch, dass sie weder Zellkern noch Mitochondrien besitzen. Die DNA befindet sich deswegen frei im Zytoplasma. Die DNA der Prokaryoten besteht aus einem einzelnen doppelsträngigen, dicht strukturierten in sich geschlossenen Molekül. Eukaryoten sind wesentlich größer und zeichnen sich durch einen festen Zellkern aus, der in eine Membran eingeschlossen ist. Die meisten bekannten Mehrzeller basieren auf Eukaryoten, darunter Pflanzen, Tiere und Menschen.

[226] Eine leicht verständliche Beschreibung der Entwicklung, Rolle, und Bedeutung der sauerstoffhaltigen Atmosphäre für die Entwicklung biologischen Lebens findet man bei Donald E. Canfield; Oxygen – A four Billion Year History (Princeton, 2014)

[227] Siehe Kapitel 4, strahlungsinduzierte Primärreaktionen setzen aggressive Sauerstoffradikale frei, die sekundäre Strahlungseffekte bewirken.

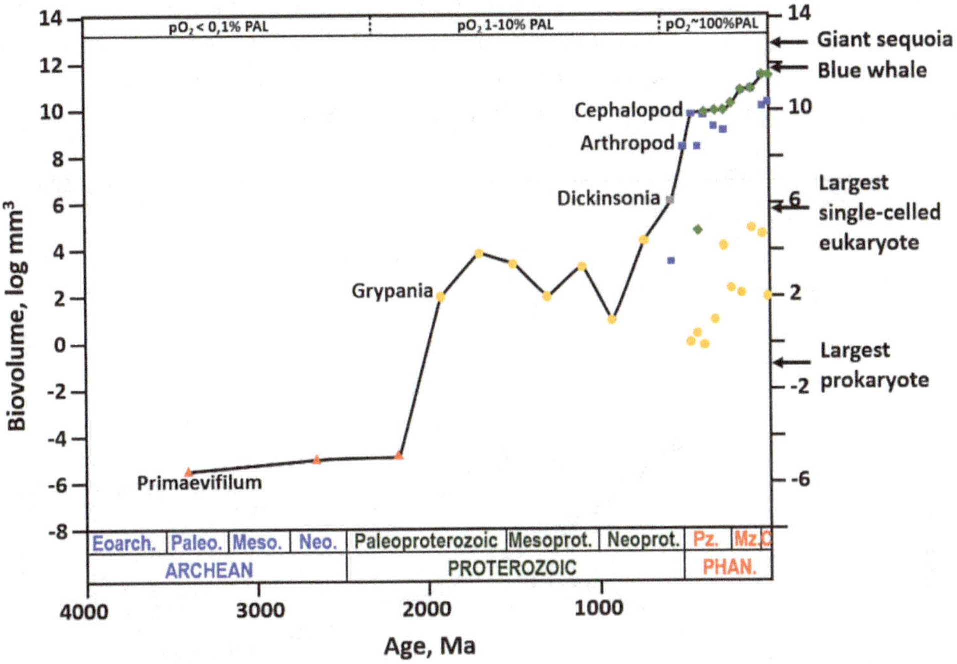


*Abb. 7-7: Korrelation zwischen Volumen und Größe biologischer Systeme und dem sich wandelnden Sauerstoffgehalt in der Erdatmosphäre. (Aus Payne et al., The evolutionary consequences of oxygenic photosynthesis: a bodysize perspective, PNAS 107 (2011)37-57). Zur abgekürzten Bezeichnung der verschiedenen Erdzeitalter; Phan steht für das 541 Milionen Jahre dauernde Phanerozoikum, das sich in das Paläozoikum (PZ), dem Erdaltertum, das Mesozoikum (MZ), dem Erdmittelalter, und das Känozoikum (C), der Erdneuzeit unterteilt. Das Kürzel PAL steht für den gegenwärtigen Sauerstoffgehalt in der Atmosphäre: Present Atmospheric Level.*

Ähnliche Zusammenhänge kann man an der Intensität radioaktiver Strahlung im Bereich der Erdoberfläche beobachten. Die durchschnittliche Strahlungsdosis, der die Organismen in der Erdgeschichte ausgesetzt waren[228], ist zeitabhängig (vgl. Kapitel 6 und Abbildung 7-8). Hier sind die Strahlungsbedingungen auf zwei Komponenten reduziert. Die erste ist die interne Strahlung, die

[228] P. A. Karam, S. A. Leslie: The evolution of the earth's background radiation level over geological time. International Congress on Radiation Protection 9, v. 2, 238–240, Wien, Österreich, 1996 und P. A. Karam, S. A. Leslie: Calculations of background beta and gamma radiation levels over geologic time; Health Phys. 77 (1999) 662–667.

insbesondere von der radioaktiven Komponente $^{40}K$ des Kaliums im Zellmaterial herrührt. Da die Gesamtmenge des $^{40}K$ durch den radioaktiven Zerfall sinkt, fällt diese Komponente exponentiell mit dem Erdalter ab und liegt heute nur noch bei 9 Prozent des ursprünglichen Werts. In der Frühzeit war also die interne Strahlungsbelastung der Organismen um ein Vielfaches höher als heute.

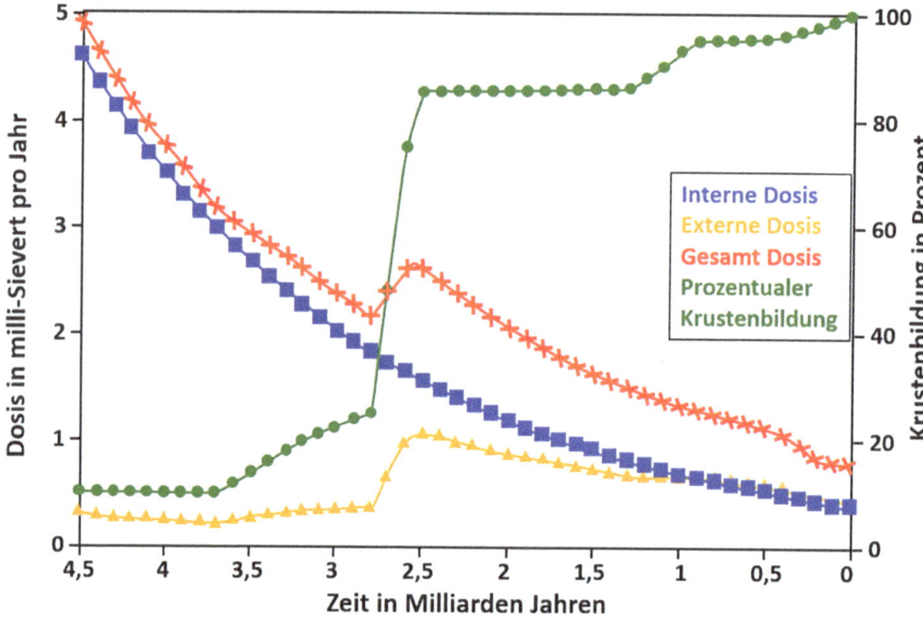


*Abb. 7-8: Interne Dosis von $^{40}K$ in lebenden Systemen und externe Strahlungsdosis von Aktiniden in der Erdkruste in den Einheiten mSv/a. Die Gesamtbelastung lebender Organismen ist in den letzten 2,5 Milliarden Jahren auf ein Drittel abgefallen. Die externe Dosis steigt mit Verfestigen und Anwachsen der Kruste nach dem Hadaikum. Der Anteil der festen Kruste an der Erdoberfläche ist in Prozent angegeben. (Aus P. A. Karam, S. A. Leslie: The evolution of the earth's background radiation level over geological time. 1996)*

Außer interner Strahlungsbelastung waren die Organismen auch externer Belastung durch den Aktiniden- und Kalium-Zerfall in der sich allmählich ausbildenden festen Erdkruste ausgesetzt. Die Verfestigung der Kruste trat nach dem Ende des Hadaikums ein, anfänglich langsam fortschreitend, stieg die Kruste vor 2,7 Milliarden Jahren von zirka 20 Prozent rasch auf 80 Prozent an. Dies führte zu einem Anstieg der externen Dosis, der die frühen Lebewesen ausgesetzt waren. Der Anteil der Höhenstrahlung, der heute eine so wichtige Rolle spielt, war trotz des Mangels an Sauerstoff im Präkambrium vernachlässigbar, da die Atmosphäre eine weitaus höhere Dichte als heute hatte und einen Großteil dieser Strahlung schon in den oberen Schichten absorbierte. Die Sonne war in ihrer frühen Entwicklungsphase auch wesentlich schwächer, was ebenfalls zur Reduktion hochenergetischer Strahlung führte[229].

Änderungen in Strahlungsdosis und Sauerstoffkonzentration beeinflussten direkt die strahlungsbedingte Schadensrate der DNA und der dadurch bedingten Mutationsrate früher Lebewesen[230]. Die Prozesse korrelieren miteinander und müssen deswegen in Bezug auf ihre Auswirkung gemeinsam betrachtet werden. Der Abfall der Strahlungsdosis wird durch den Anstieg der Sauerstoffkonzentration kompensiert. Die Schadensrate hat sich in den letzten 2 Milliarden Jahren schätzungsweise durchschnittlich um einen Faktor 2 verringert.

Wie setzt sich die Schadensrate in eine Mutationsrate um? Das hängt vor allem von der Effizienz der Reparaturmechanismen in frühen Organismen ab. Bei der frühen Evolution der Zellstruktur entstanden parallel als Teil der zellulären Selbstorganisation die sehr komplexen, aber hochwirksamen molekularen Reparaturmechanismen (vgl. Kapitel 4.4). Diese Mechanismen zur Zellreparatur beruhen auf Enzymen als wichtigen Zellkomponenten. Enzyme sind Proteine, deren spezielle Struktur oder Form es ihnen möglich macht, als Zwischenträger für besondere chemische Reaktionen oder Transporte im Zellbereich zu fungieren. Diese Mechanismen müssen schon früh entstanden sein, weil sie trotz unterschiedlicher Organismen große Ähnlichkeit in ihrer Wirkungsweise aufweisen. Aufgrund ihrer Komplexität bleibt die Wirkungsweise dieser Reparaturmechanismen trotz intensiver Forschungsarbeit auf dem Gebiet der Strahlenbiologie noch vielfach unverstanden. Diese Mechanismen halten zufallsbedingte oder durch Strahlung und andere mutagene Prozesse entstandene Schäden unter Kontrolle, die zu Fehlkopien in der DNA bei der Zellteilung führen. Es wird abgeschätzt, dass jede Zelle im menschlichen Körper durchschnittlich 10 000 Fehlkopien pro Tag aufweist, die aber zumeist erfolgreich von Enzymen repariert werden können. Bleibende Mutationen sind gering und treten oft nur als Folge von Fehlreparaturen auf. Für die Reparatur benutzen die Enzyme Vorlagen aus dem zweiten Strang des beschädigten DNA-Moleküls oder aus der beistehenden RNA. In manchen Fällen, wenn zum Beispiel beide DNA-Stränge geschädigt sind, kommt es auch zu Fehlreparaturen. Sie verbleiben im Zellgut und können langzeitige Auswirkungen haben. Ist der Schaden zu groß, leitet die Zelle ihr Absterben ein (Apoptose).

Die molekulargenetische Forschung hat in den letzten Jahren durch eine Reihe von Studien an verschiedenen biologischen Systemen unterschiedlicher Komplexität erhellt, wie wenig verstanden die Reaktionen der Zelle auf Strahlung niedriger Dosis sind. Es zeigt sich jedoch,

---

229 P.A. Karam: Inconstant Sun – How solar evolution has affected cosmic and ultraviolet radiation exposure over the history of life on earth; Health Physics 84 (2003), 322–333.

230 P. A. Karam, S. A. Leslie, A. Anbar: The effects of changing atmospheric oxygen concentrations and background radiation levels on radiogenic DNA damage rates; Health Physics 81 (2001), 545–553.

dass die Anfälligkeit für Strahlen mit der Effizienz der enzymatischen Reparaturmechanismen zusammenhängt. Zur Frage nach dem Anteil strahlungsbedingter Mutationen an der gesamten Mutationsrate gibt es viele Aussagen. Die meisten Forscher sehen Mutationen als zufallsbedingt und nur bis zu 6 Prozent durch Radioaktivität beeinflusst. Demnach wäre dieser Anteil zu Beginn der Evolution biologischen Lebens auf der Erde erheblich größer gewesen.

## 7.5 Von der Mutation zur Evolution

Biologische Systeme basieren auf Zellen als Grundbausteinen zur Funktion des Organismus. Sie vermehren sich durch Zellteilung und geben die Information zur Zellfunktion durch Teilen und Verdoppeln der DNA- und RNA-Moleküle unverändert an die Tochterzellen weiter.

Eine verlässliche Reproduktion der DNA-Doppelhelix-Struktur ist unabdingbar zur Weitergabe der originalen genetischen Information. Jedoch treten Fehler auf, die die Informationsstruktur verändern (vgl. Kapitel 4). Diese Fehler werden Mutation genannt. Als Mutationsrate gilt die Anzahl der Mutationen pro Zellteilung innerhalb einer genetischen Einheit.

Das Auftreten von Mutationen in Keimzellen durch Veränderung der genetischen Grundstruktur der DNA gilt heute als die mikrobiologische Erklärung von Charles Darwins Evolutionstheorie, mithin der natürlichen Selektion und Entwicklung der Arten. Mutationen, die positiv Adaptionsfähigkeiten und Entwicklungsmöglichkeiten von Lebewesen beeinflussen, geben ihrer Art eine größere Wahrscheinlichkeit im Fortkommen und Überleben. Mutationen, die die Zell- oder Informationsstruktur schwächen, reduzieren die Chancen auf Weiterentwicklung.

Woher kommen diese Mutationen? Sie können als schlichte Zufallsfehler bei jedem Kopierprozess auftreten oder durch Fremdwirkung induziert werden. Dazu gehört die Einwirkung von Chemikalien oder Strahlung, die die DNA-Struktur extern beschädigen oder verändern (vgl. Kapitel 4). Versuche an einzelligen Bakterien, Viren, selbstbefruchtenden Würmern, Fruchtfliegen (Drosophilae) sowie größeren Versuchstieren wie Mäusen und Ratten zeigen eindeutig, dass bei höherer Strahlungsdosis die Anzahl der Mutationen steigt (Abbildung 7-9)[231].

Die Versuche zeigen aber auch, dass die Mutationsrate nicht auf null abfällt, wenn keine externe Strahlungsquelle vorliegt. Diese Restmutation wird als Spontanrate bezeichnet und variiert erheblich zwischen den verschiedenen biologischen Arten. Dies hängt auch von der Anzahl und Struktur der Enzyme ab, die bei der Replikation und Reparatur von DNA-Molekülen

---

231 Diese Beobachtungen treffen nicht nur auf strahlungsbedingte Mutationen zu, sondern auch auf mutagene chemische Stoffe, die zu DNA-Schäden führen können.

beteiligt sind. Zellen mit höherer Mutationsrate passen sich neuen oder schnell ändernden Umweltbedingungen eher an. Diese Beobachtung unterstreicht den Zusammenhang zwischen Mutation und Evolution.

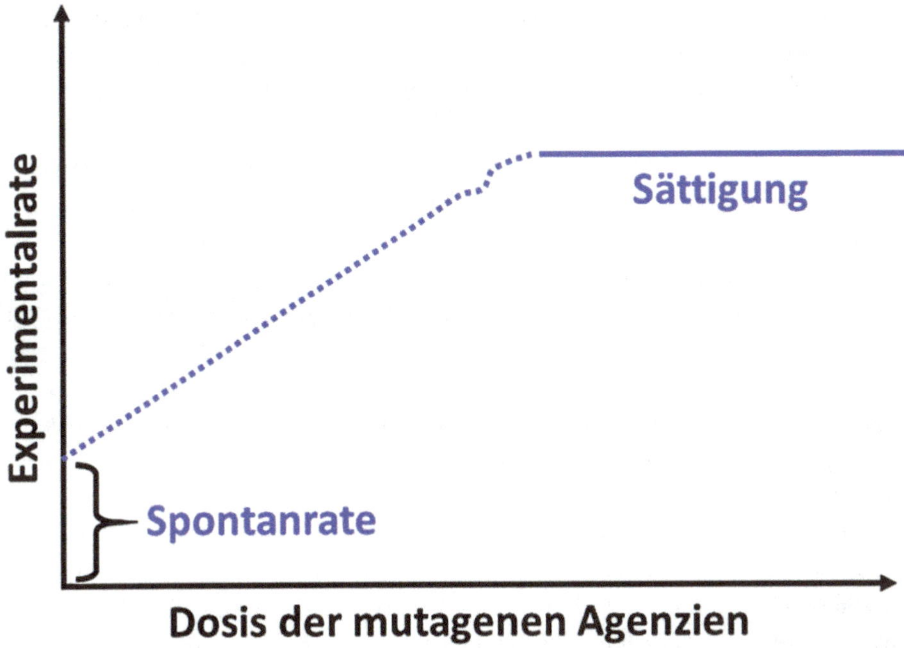


*Abb. 7-9: Anstieg der Mutationsrate mit der Strahlungsdosis. Trotz externer Null-Dosis bleibt eine feste Mutationsrate: die Spontanrate. Der Grund für spontane Mutation ist noch Gegenstand der wissenschaftlichen Debatte.*

Der Zellteilungs- oder Replikationsprozess wird als Generationswechsel gesehen. Er kann je nach Replikationsart mit unterschiedlicher Geschwindigkeit ablaufen. Deshalb wird die Mutationsrate als Anzahl der Mutation pro Genom und Generation angegeben oder auch als Anzahl der Mutationen pro Basenpaar und Generation. Die verschiedenen Genome haben stark unterschiedliche Anzahl an Basen beziehungsweise Basenpaaren, was die Mutationsrate pro Genom beeinflusst. Die Mutationsrate in Viren mit RNA-Struktur, die auf $10^4$ Basenpaaren pro Genom beruht, variiert zwischen 1,0 und 0,1 Mutationen pro Genom und Generation. Bei Mikroben mit DNA-Struktur liegt die Rate bei 0,003 pro Genom und Generation, aber die Anzahl der Basenpaare pro Genom kann zwischen $6 \cdot 10^3$ und $4 \cdot 10^7$ variieren. Bei Würmern liegt die Mutationsrate bei $2{,}1 \cdot 10^{-8}$ Mutationen pro Basenpaar und Generation. Das entspricht einer

Mutationsrate von 2,1 Mutationen pro Genom und Generation, da das Genom ungefähr $10^8$ Basenpaare aufweist. Die spontane Mutationsrate beim Menschen liegt bei ungefähr $1{,}1 \cdot 10^{-8}$ pro Basenpaar und Generation. Bei ungefähr $7 \cdot 10^9$ Basenpaar im menschlichen Genom macht das 77 Mutationen pro Genom und Generation aus – eine Zeitspanne von 20 Jahren pro Generation angenommen[232]. Bei Säugetieren liegt die durchschnittliche spontane Mutationsrate in der gleichen Größenordnung von ungefähr $2{,}2 \cdot 10^{-9}$ pro Basenpaar und Jahr. Die spontane Mutationsrate steigt also mit Komplexität der Genstruktur und Periodizität des Generationenwechsels, also der Geschwindigkeit der DNA-Replikation.

Genetische Untersuchungen zeigen, dass eine höhere Mutationsrate wahrscheinlich mehr Zellen sterben lässt, aber das Entwickeln neuer Fähigkeiten oder Anpassen an neue Umweltbedingungen flexibler macht. Auch die Anzahl der Enzyme in den jeweiligen Zellen bestimmt die Mutationsrate. Sie beschränkt die Fähigkeit und Effizienz des Reparaturmechanismus. Viele Enzyme verringern die Mutationsgeschwindigkeit, weil sie mehr Zeit auf Nachreparaturen von Kopierfehlern verwenden. Die optimale Mutationsrate bestimmt ein Gleichgewicht zwischen diesen Faktoren.

Beruht die spontane Mutationsrate auf zufallsbedingten (stochastischen) Kopierfehlern, wie sie im täglichen Leben vorkommen (Abbildung 7-10), oder wird sie von körperspezifischen Bedingungen induziert? Oder ist sie eine Mischung beider Komponenten? Und wie verhält es sich dann mit der relativen Häufigkeit beider Mutationskomponente? Diese Fragen stellten sich schon in den 1920er Jahren der US-amerikanische Biologe, Genetiker und Nobelpreisträger Hermann Muller (vgl. Kapitel 1.5) sowie die Chemiker Axel Olson (1889–1954) und Gilbert Lewis (1875–1946). Muller rief mit einer erhöhten Dosis Röntgenstrahlung bei der Fruchtfliege Drosophila Mutationen hervor. Diese Entdeckung – und parallel dazu Untersuchungen der Wirkung von Gammastrahlung auf Tabakpflanzen – bewog 1928 Olson und Lewis zur These, dass die 1912 entdeckte Höhenstrahlung die treibende Kraft für strahlungsinduzierte Evolution sein könnte[233]. Dieser deterministischen Interpretation widersprach Hermann Muller schon 1930 anhand ausführlicher Messungen der strahlungsbedingten Drosophila-Mutationsrate[234]. Diese und andere Messungen wurden so interpretiert, dass eine bis zu zweitausendfach höhere Strahlungsdosis notwendig zu sein scheint, um eine höhere Mutationsrate als die natürlich

---

[232] Jared C. Roach et al. Science 328, 636–639 (2010). Vor dieser Studie galt eine etwas höhere Mutationsrate von $2{,}5 \cdot 10^{-8}$ pro Nukleotid und Generation als Standard, vgl. Michael W. Nachman, Susan L. Crowell: Estimate of the Mutation Rate per Nucleotide in Humans; Genetics 156, 297–394 (2000).

[233] A.R. Olson, G.N. Lewis: Natural Reactivity and the Origin of Species. Nature 121 (1928) 673–674.

[234] H. J. Muller, L. M. Mott-Smith: Evidence that Natural Radioactivity is Inadequate to explain the Frequency of „Natural" Mutations. Proc. Nat. Acad. Sci. 16 (1930) 277–285

beobachtete zu produzieren[235]. Deshalb wurde in den folgenden Jahrzehnten die Annahme stochastischer Mutationen als treibender Ursprung für die Evolution favorisiert.

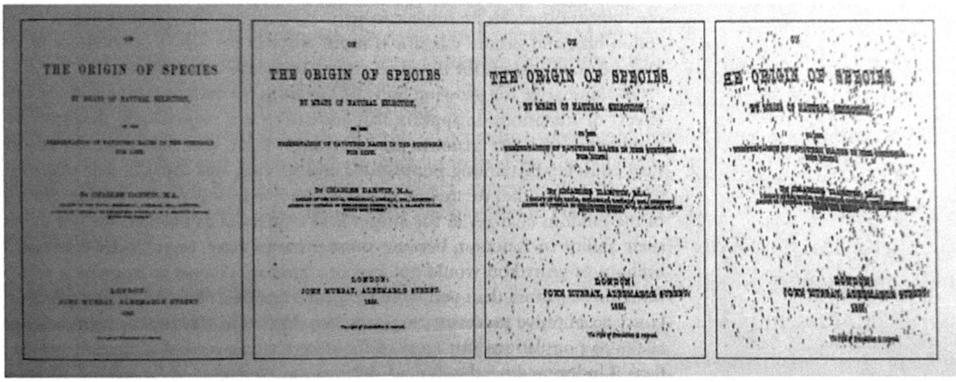


*Abb. 7-10: Zunahme von Kopierfehlern nach 20, 50, und 100-fachem Kopieren des links abgebildeten Originals der Titelseite von Charles Darwins The Origin of Species. (aus: Scott Freemon, Jon C. Herron: Evolutionary Analysis, 4th Edition, Pearson Education Inc. 2007, S. 151).*

Reine Zufallsraten in mikroskopischen Systemen basieren wiederum auf Wahrscheinlichkeiten für quantenmechanische Prozesse. Eine Rolle spielen die Wahrscheinlichkeit für das Auftreten verschiedener tautomerer Molekülzustände[236] der am Kopierprozess beteiligten Moleküle und Unsicherheiten in der thermischen Bewegung von Enzymen während des Replikations- oder Reparaturprozesses. Die Häufigkeit dieser Fehlkopien wird durch die quantenmechanische Wahrscheinlichkeit für das Auftreten der tautomeren Prozesse während des Replikationsvorgangs bestimmt. Tautomerie tritt besonders häufig beim Basismolekül Guanin auf und wenig bei Cytosin, was die Wahrscheinlichkeit bestimmter Kopierfehler erhöht und andere reduziert. Die typischen Energieunterschiede zwischen den tautomeren Zuständen liegen im Bereich von 30 kcal/mol, also im Elektronvoltbereich für ein einzelnes Molekül. Nach Heisenbergs Unschärferelation ergibt sich daraus eine Lebensdauer für den tautomeren

---

[235] Da die jährliche natürliche Strahlenbelastung der Drosophila ungefähr 10 pSv entspricht, würde diese Interpretation einen jährlichen Schwellenwert von zirka 20 nSv festlegen, unterhalb dem keine erhöhten Mutationen beobachtet werden konnten. Auf den Menschen skaliert, wären das mehr als 5 Sv pro Jahr: ein Wert der allen neueren Erfahrungswerten widerspricht.

[236] Als Tautomere bezeichnet man Molekülzustände, die durch den Wechsel einzelner Atome oder Atomgruppen so schnell ineinander übergehen, dass sie miteinander im chemischen Gleichgewicht stehen, also sich oft nicht unterscheiden oder voneinander isolieren lassen.

Zustand von zirka $0{,}5\cdot10^{-15}$ Sekunden, also eine halbe Femtosekunde. Die Zeitskala für eine DNA Replikation hängt von der Größe des Genoms ab, aber die Kopie einzelner Nukleotide zur Bildung neuer Basenpaare dauert Millisekunden[237]. Das heißt, dass in der Zeit der Replikation viele Umwandlungen stattgefunden haben können – stimuliert durch thermische oder andere Energieprozesse, deterministisch gesehen. Geschätzt ist der quantenmechanische Anteil an der spontane Mutationsrate in der Tat der beobachteten Rate vergleichbar.

Ein weiterer spontaner Anteil rührt von der internen Radioaktivität in biologischen Systemen her. Radioaktive Strahlung kann direkt und indirekt zu chemischen Änderungen in der DNA führen (vgl. Kapitel 4). Dazu gehören fehlerhaft reparierte Brüche in den DNA-Strängen, aber auch chemische Reaktionen der Basenmoleküle mit durch Bestrahlung erzeugten Wassermolekül-Radikalen. Dies ist hinreichend an hohen Bestrahlungsdosen ausgesetzten Versuchstieren demonstriert worden. In solchen Fällen reichen die enzymatischen Reparaturprozesse nicht aus, um die vielen Strahlenschäden unter Kontrolle zu halten. Bei niedriger Dosis ist jedoch nicht klar, ob die existierenden Mechanismen das schaffen, und wo die Schwelle liegt[238].

Die interne Aktivität des Menschen liegt gemäß Tabelle 7-2 bei 8000 Bq. Das heißt, dass alle 100 Mikrosekunden ein radioaktives Strahlungsereignis einen primären Schaden an einem DNA-Molekül in einer Keimzelle oder in sekundären Ionisationsprozessen verursacht, deren Produkte – freie Radikale oder Elektronen – genetischen Schaden anrichten können. Ungefähr die Hälfte der natürlichen menschlichen Radioaktivität hat $^{40}K$ als Quelle, wobei 10 Prozent des Zerfalls $\gamma$-Strahlung von 1,46 MeV Energie erzeugt. Das ergibt für eine einzelne Zelle eine durchschnittliche $\gamma$-Rate von $8{,}6\cdot10^{-12}$ pro Sekunde.

Postuliert man als Wirkungsquerschnitt für einen Schaden an einem Basismolekül die Ausdehnung des Moleküls von $\sim10^{-14}$ $cm^2$, kann man eine grobe Abschätzung für strahlungsbedingten Primärschaden erstellen (vgl. Kapitel 3 und 4), wenn man eine Moleküldichte von $9\cdot10^{19}$ Basismolekülen pro $cm^3$ in einer menschlichen Zelle annimmt. Das ergibt eine primäre Schadensrate von ungefähr $10^{-9}$ pro Basenmolekül und Generation, was größenordnungsmäßig 10 Prozent der Mutationsrate entspricht. Das stimmt mit den abgeschätzten Werten überein, insbesondere, wenn man bedenkt, dass in dieser Abschätzung mit der $\gamma$-Aktivität von $^{40}K$ nur 5 Prozent der gesamten inneren Radioaktivität zugrunde gelegt wurde. Bei kleineren Lebewesen ist die interne Strahlung wesentlich geringer und bewirkt deswegen eine weitaus kleinere Schadensrate.

---

237 Im prokaryotischen Einzeller *E. coli*, findet die Zellreplikation mit einer Rate von 1000 Nukleotiden pro Sekunde statt. Zum Vergleich: Die Replikation erfolgt in den eukaryotioschen Zellen der menschlichen DNA mit einer Rate von 50 Nukleotiden pro Sekunde.

238 Das bringt wieder die Frage der Hormesis auf, ob enzymatische Reparaturprozesse unterhalb einer gewissen Strahlungsdosis ausreichend Kapazität haben, um die notwendigen Reparaturen effektiv durchzuführen.

Dies sind natürlich nur recht grobe Abschätzungen, da sie weder die sekundären chemischen Effekte der ionisierten Wassermoleküle noch den enzymatischen Reparaturmechanismus der Zelle berücksichtigen. Jedoch ist der Schaden bei direkter Strahlungswechselwirkung mit den DNA-Strängen meist nicht zu reparieren und dürfte damit die größte Fehlerquelle bei Zellteilungsprozessen darstellen. Die chemischen Sekundärreaktionen laufen innerhalb einer Zeitspanne von ungefähr einer Mikrosekunde ab; die Reparatur durch Enzyme erfordert einen längeren Zeitraum von mehr als einer Sekunde[239]. Bei niedrigen Bestrahlungsraten bleibt der Reparaturmechanismus erfolgreich; die Effizienz der enzymatischen Reparatur bestimmt die strahlungsbedingte Spontanrate. Steigt sie jedoch an, sind die Enzyme ab einer gewissen Rate nicht mehr in der Lage, die Menge der notwendigen Reparaturen zu bewältigen: Die Mutationsrate steigt proportional mit der Dosis.

Enzyme können, wenn auch manchmal unzureichend, DNA-Schäden reparieren, solange die genetische Information erhalten bleibt. Mutationen sind jedoch DNA-Schäden infolge von Wechseln der Basenmoleküle. Diesen Replikationsprozess können Enzyme nicht mehr erkennen, er bleibt als Änderung der genetischen Information in den Keimzellen und nachfolgenden Zellteilungen erhalten. Dabei wird sich die Anzahl der mutierten Zellen erhöhen, wenn sich die Zellfunktion nach der Mutation verbessert, oder verringern, wenn die Überlebensfähigkeit eingeschränkt ist. In den meisten Fällen ist die Mutation schädlich, jedoch in einigen Fällen verbessert oder erweitert sie die Zellmöglichkeiten und leistet damit einen wichtigen Schritt zur Evolution der biologischen Art.

Das zeigt, dass neben zufällig auftretenden Fehlern bei der DNA-Replikation strahlungsbedingte Mutationen eine nicht unerhebliche Rolle spielen und damit insbesondere in der frühen Hadaikum- und Archaikum-Phase unseres Planeten zur Evolution des Lebens und der menschlichen Entwicklung beigetragen haben könnten[240].

Dies eröffnet interessante Blicke auf Entwicklungsperioden, in denen die Erde mit ihren Lebewesen einer erhöhten Strahlungsdosis ausgesetzt war. Sie sollte die allgemeine Mutationsrate erhöht haben. Das trifft auf Mutationen zu, die zu eventuellem Zelltod und dem Aussterben einer Art führen können, aber auch zu positiven Mutationen, die die Evolution des Lebens einen Schritt nach vorn bringen. Das ließ sich durch ausführliche Untersuchung der Mutationsraten vieler Tier- und Pflanzenarten im Bereich von Tschernobyl belegen. Diese Studie[241] verglich durch Meta-Analyse publizierte Datensätze

---

239 H. Nikjoo: Radiation track and DNA damage; International Journal of Radiation Research 1, 3–16 (2003).

240 Neben der natürlichen Strahlung tragen auch andere, chemisch bedingte Änderungen in der Basenstruktur zur Mutationsrate bei, die aber hier nicht berücksichtigt werden sollen. Zur ausführlichen Diskussion dieser Effekte sei auf A.J.F. Griffith, J. H. Miller und D.T. Suzuki verwiesen: Introduction to Genetic Analysis, W.H. Freeman, New York 2000, und andere Fachbücher.

241 A. P. Møller and T. A. Mousseau: Strong effects of ionizing radiation from Chernobyl on mutation rates; Nature, Scientific Reports 5, 8363 (2015)

mehrerer unabhängiger Analysen biologischer Materialien und untersuchte sie auf genetischen Variationen. Demnach stiegen die Mutationsraten allgemein für Pflanzen, Tier und Mensch signifikant an. Mehr als 43 Prozent der beobachteten Variationen lassen sich auf die erhöhte Strahlungsbelastung zurückführen. Das Ausmaß des Anstiegs ist allerdings nicht angegeben und variiert zwischen den einzelnen Arten. Auch muss betont werden, dass es sich dabei nicht um eine Analyse der Art und Folge solcher Mutationen handelt. Aussagen zu Langzeitwirkungen sind nicht möglich.

## 7.6 Radioaktive Katastrophen in der Erdgeschichte

Obwohl es noch zu früh ist, um Aussagen zu den langfristigen Folgen der erhöhten Mutationsrate in der weiteren Umgebung von Tschernobyl zu machen, bekräftigt dieses Ergebnis den schon in den 1950er Jahren diskutierten Einfluss von Radioaktivität auf die biologische Evolution. Dazu gehören erdgeschichtliche Perioden, in denen die Erde hohem Strahlenfluss ausgesetzt war. Es liegen allerdings nur sehr beschränkte Informationen vor. Mittels geologisch-paläontologischer Untersuchungen kann man mehrere Perioden von Artenvernichtung identifizieren, die heute im Allgemeinen Einschlägen größerer Asteroiden zugeschrieben werden[242].

Massenextinktionen irdischen Lebens können alternativ auch mit der alternativen These von möglichen Supernova-Explosionen in der Nähe des Sonnensystems erklärt werden (vgl. Kapitel 5.2): Sie signalisieren das gewaltsame Ende eines massiven Sterns, dessen Kern unter seinem eigenen Gewicht zusammenbricht, damit das ganze System explodieren lässt[243] und die äußere Hülle des Sterns ins All schleudert. Die dabei ablaufenden Kernreaktionen enthalten das Hüllenmaterial erheblicher Mengen langlebiger radioaktiver Elemente, die direkt an ihrer Strahlung identifiziert werden können. Daneben wird eine enorme Menge Strahlungsenergie von Neutrinos bis zur hochenergetischen Röntgen- und $\gamma$-Strahlung freigesetzt.

Nach astronomischen Beobachtungen kommt es im Durchschnitt zu einer Supernova pro Jahrhundert in unserer Milchstraße. Der aktuelle Wert liegt aber vermutlich höher, da weite Bereiche der Milchstraße durch Wolken absorbierender Materie nicht direkt beobachtet werden können. Dazu gehört vor allem das Zentrum unserer Galaxie, das als besonders aktiv und sternenreich gilt. Aber selbst wenn man von der beobachteten Supernova-Rate ausgeht,

242 Das bekannteste Beispiel ist der Chicxulub-Asteroid, der vor 65 Millionen Jahren bei der Halbinsel Yukatan in Mittelamerika ins Meer schlug. In die Atmosphäre geschleuderter Staub und die Asche riesiger Flächenbrände lösten eine jahrelang andauernde Dunkel- und Kälteperiode aus, die zum Aussterben der meisten Dinosaurier-Arten führte.

243 Dieses Ereignis wird als Typ-II-Supernova charakterisiert. Andere Arten von Supernovae haben unterschiedliche Explosionsmechanismen, etwa Typ-Ia-Supernovae, denen ein explodierendes Doppelsternsystem zugrunde liegt.

hat es in unserer Milchstraße seit Entstehung des Sonnensystems mindestens 45 Millionen Supernovae gegeben. Viele Astronomen glauben sogar, dass unser Sonnensystem die direkte Folge einer Supernova-Explosion ist. Es entstammt einer Region mit hoher Sternen-Dichte und kann durch die Schockfront einer Explosion auf die heutige Bahn geschleudert worden sein. Diese These wird durch die Beobachtung von Spuren schwerer Elemente unterstützt, die in ältestem Meteoritenmaterial des Sonnensystems gefunden wurden und durch die explosive Nukleosynthese während der Explosion entstanden sein müssen.

Unser Sonnensystem rotiert seit seiner Entstehung durchschnittlich mit 230 km/s um sein galaktisches Zentrum. Daneben scheint es sich noch mit einer Eigengeschwindigkeit von 15 km/s durch die lokale Umgebung zu bewegen. Das wird oft als Effekt eines Neutrino- oder Masseflusses interpretiert, bedingt durch eine ursprüngliche Supernova-Explosion. Der francokanadische Astrophysiker Hubert Reeves (geboren 1932) hat das als *Bing Bang* (Bezeichnung für den Ursprung unseres Sonnensystems in Anlehnung an die Big Bang (Urknall) Hypothese für den Ursprung des Universums) bezeichnet und findet damit noch heute Unterstützer. Es ist durchaus möglich, dass es auf seiner Bahn mehrmals Wolken aus radioaktivem Material als Überresten von Sternexplosionen durchquert hat. Das würde sich in Perioden erhöhter Radioaktivität widerspiegeln, lässt sich allerdings heute nur schwer bestimmen, da die Restaktivität zumeist abgeklungen ist oder aus dem radioaktiven Untergrund des Erdmaterials nicht mehr herausgefiltert werden kann.

Eine interessante Beobachtung ist die erhöhte Menge an radioaktivem $^{60}Fe$ ($T_{1/2}=2{,}6\cdot10^6$ a), das bei Testbohrungen in mangan- und eisenreichen Ablagerungen auf dem Grund des pazifischen Ozeans zutage trat[244]. Das wird mit einer Supernova erklärt, deren radioaktive Wolke unser Sonnensystem vor ungefähr 2,6 Millionen Jahren durchquert haben soll und somit radioaktiven Staub aufgenommen hat[245]. Der Zeitpunkt ergibt sich aus der Tiefe, in der die $^{60}Fe$-haltige Schicht in den Ablagerungen gefunden wurde – eine konstante Sedimentationsrate vorausgesetzt. Aus der Schichtdicke ergeben sich mehrere 100 000 Jahre als Dauer der $^{60}Fe$-Ablagerung. Das würde der Zeitdauer entsprechen, in der unser Sonnensystem die Supernova-Wolke durchquert hat.

---

244 Knie et al. Phys. Rev. Lett. 93 (2004) 171103; Fitoussie et al. Phys. Rev. Lett. 101 (2008) 121101

245 Genaue Untersuchungen der jährlichen Ablagerungsrate von kosmischem Staub- und Meteoritenmaterial auf der Erdoberfläche haben ungefähr 40 000 Tonnen pro Jahr errechnet. Diese Menge kann sich wesentlich erhöhen, wenn die Erde aus ihrer gegenwärtigen Lage im sogenannten local bubble in Gaswolken mit größerer Staub- und Teilchendichte gelangt (S. G. Love and D. E. Brownlee: A Direct Measurement of the Terrestrial Mass Accretion Rate of Cosmic Dust, Science 262 (1993) 550).

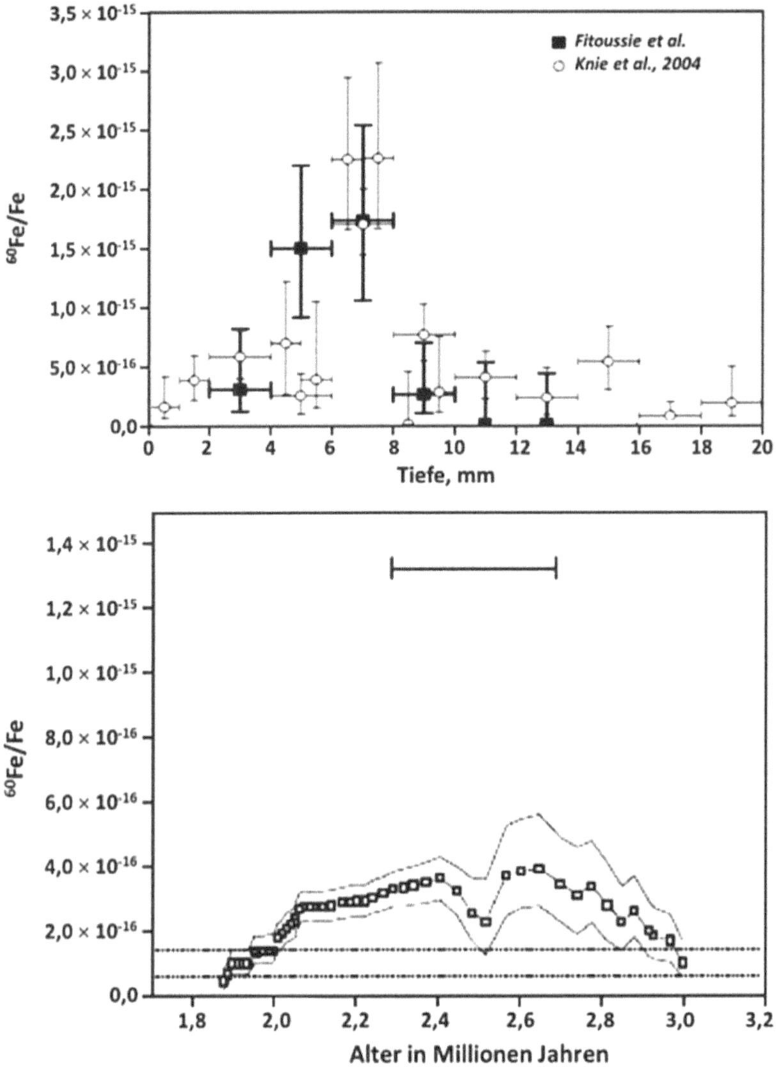


*Abb. 7-11: Oben die mit Beschleunigermassenspektrometrie vermessene $^{60}$Fe-Intensität über die totale Eisenmenge als Funktion der Schichtdicke des Ozeansediments (Knie et al. Phys. Rev. Lett. 93 (2004) 171103; Fitoussie et al. Phys. Rev. Lett. 101 (2008) 121101). Unten die gleichen Daten als statistisch über 400 000 Jahre gemittelte fließende Intervall-Punkte (running means), dargestellt als Funktion der Zeit, um die Gesamtdauer der Bestrahlungsperiode über dem als gestrichelte Linien gekennzeichneten Untergrundbereich zu zeigen.*

Radioaktives $^{60}$Fe wird in Supernova-Explosionen durch Neutronen-Einfangsprozesse produziert. Die Spektroskopie der charakteristischen Strahlung mit dem Gamma-Satelliten INTEGRAL der ESA zeigt ein deutliches Ansteigen der Strahlung für die Lokalitäten von Supernova-Wolken entlang der galaktischen Ebene (Abbildung 7-12)[246].

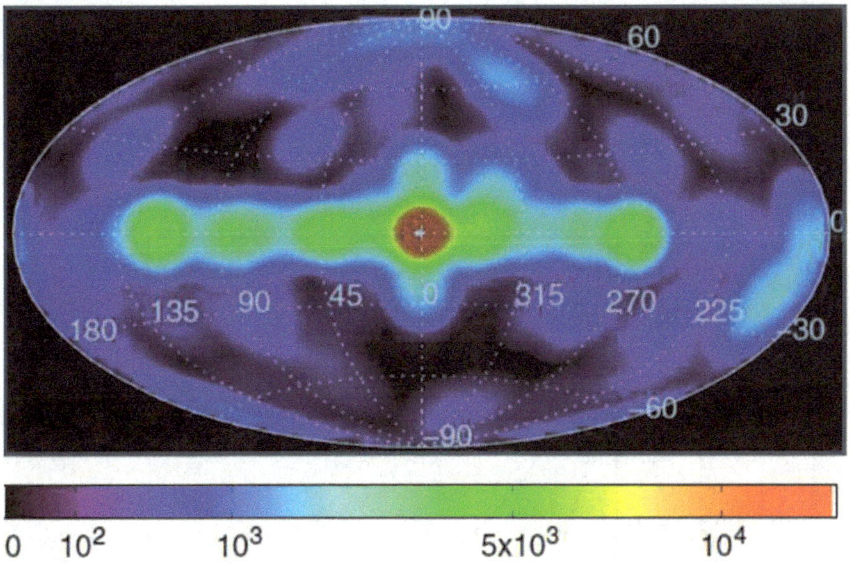


*Abb. 7-12: Die Verteilung der Häufigkeit von radioaktivem $^{60}$Fe entlang der galaktischen Ebene. Neben dem hohen γ-Fluss im galaktischen Zentrum kann man ebenfalls erhöhte Intensität in der Cygnus- und Vela-Region erkennen, die als Orte früherer Supernova-Explosionen gelten. (W. Wang et al.: SPI observations of the diffuse $^{60}$Fe emission in the Galaxy, Astron. & Astrophys. 469 (2007) 1005-1012).*

Sollte das Sonnensystem die radioaktive Wolke einer Supernova-Explosion durchquert haben, wäre die Erde für einen Zeitraum von bis zu 500 000 Jahren einer höheren Strahlenbelastung ausgesetzt gewesen und könnte dabei auch größere Mengen radioaktiver Materialien durch Staubablagerungen aufgenommen haben. Theoretische Arbeiten zur Berechnung der Strahlungsbelastung für die Erde durch ein derartiges Ereignis zeigen, dass die Entfernung zur Supernova selbst zwischen 10 und 100 Parsec[247] gelegen haben muss, um sich auszuwirken. Bei größerer Entfernung wären die

[246] W. Wang et al.: SPI observations of the diffuse $^{60}$Fe emission in the Galaxy, Astron. & Astrophys. 469 (2007) 1005–1012

[247] 1 Parsec = 3,26 Lichtjahre

Strahlungseffekte vernachlässigbar, bei geringerer Entfernung hätten sie sich wegen der enormen Strahlenbelastung tödlich für biologisches Leben ausgewirkt. Dazwischen liegende Entfernungen lassen beobachtbare Auswirkungen auf biologisches Leben erwarten.

Der Strahlungsfluss an der Erdoberfläche hängt natürlich stark von der absorbierenden Wirkung der Atmosphäre ab. Im Allgemeinen nimmt man einen Wert von 99 Prozent an; nur 1 Prozent der Strahlung hätte demnach die Erdoberfläche erreicht. Allerdings kann die Intensität der Strahlung in den oberen Atmosphärenschichten die Ozonschicht durch chemische Reaktionen zerstören, die der Aufbruch von Molekülen durch ionisierende Strahlung bewirkt. Eine zerstörte Ozonschicht würde die Absorption höherenergetischer Strahlung erheblich verringern und die Strahlenbelastung ebenfalls vervielfachen.

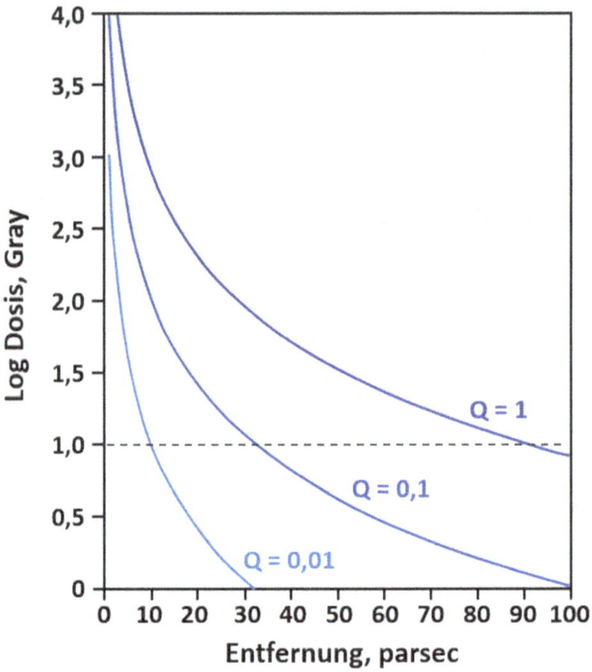


*Abb. 7-13: Die Strahlungsdosis (in logarithmischer Darstellung), der höheres biologisches Leben bei einer typischen Supernova-Explosion mit einer Luminosiotät von $10^{38}$ J/s bis zu 100 Parsec Entfernung ausgesetzt sein würde. Die Dosiskurve ist für drei verschiedene Abschirmungsfaktoren Q (1, 10, 100 Prozent) der Erdatmosphäre errechnet worden. Bei Q=1 trifft die Strahlung ungehindert auf die Erdoberfläche, bei Q=0,01 wird 99 Prozent der Strahlung in der Atmosphäre absorbiert. Als tödliche Dosis werden 10 Gray angenommen. (M. Beech: The past, present, and future supernova threat to Earth's biosphere, Astrophys. Space Sci. 336 (2011) 287)*

Nimmt man eine Absorptionswahrscheinlichkeit von 90 Prozent an, ergibt sich aus Abbildung 7-13, dass eine Entfernung von weniger als 35 Parsec tödlich für biologisches Leben auf der Erdoberfläche wäre. Bei Entfernungen zwischen 35 und 100 Parsec kann man eine Strahlungsdosis zwischen 10 und 1 Gray erwarten, die zu stark erhöhten Mutationsraten in biologischen Systemen führte. Das könnte bei negativen Mutationen zum längerfristigen Artensterben, bei positiven Mutationen zur Verbesserung der genetischen Information und neuen Evolutionsschüben führen. Bei höherer Absorption von 99 Prozent beschränken sich die Auswirkungen auf Supernovae, die innerhalb von 30 Parsec von der Erde explodieren könnten.

Ein Vergleich der Evolutionsgeschichte mit der Bahn der Sonne durch die Milchstraße zeigt, ob unser Planetensystem in den Strahlungsbereich früherer Sternexplosionen gelangt ist und ob die Strahlungsbelastung mit Extinktions- oder Evolutionsschüben korreliert werden kann.

Auf der Basis verschiedener Messungen des $^{60}$Fe-Gehalts und seiner Verteilung in der Tiefenschicht der Bohrprobe (Abbildung 7-14) scheint es, dass die Erde vor ungefähr 3 Millionen Jahren in die Supernova-Wolke eingetreten ist. Dies entspricht dem Ende des Pliozäns, also dem Beginn des Quartärs – des Erdzeitalters, das eine zentrale Rolle in der Entwicklung des Menschen spielt (Homonisation). Ob die erhöhte Strahlungsdosis, die zumindest die ersten 500 000 Jahre des Quartärs (des Pleistozäns) dominiert haben muss, dabei eine Rolle gespielt hat, mag dahingestellt sein. Spekulationen in diese Richtung setzen genauere Nachweise der Existenz und Wirkungsweise der Supernova-Wolke voraus. Eine Schlüsselstellung kommt Arbeiten an Versteinerungen magnetotaktischer Bakterien zu, einer bestimmten Klasse einzelliger Eukaryoten. Ihre Nanometer-kleinen Magnetkristalle (Eisenoxide) helfen ihnen, sich am erdmagnetischen Feld zu orientieren (Abbildung 7-14). Sie leben vorzugsweise in flachen Gewässern unter der Wasseroberfläche. Wegen ihrer speziellen Struktur gehören Eisen und eisenhaltige Staubteilchen zur bevorzugten Nahrung dieser Bakterien. Sie hätten den kosmischen Eisenstaub schnell verdaut. Mögliche Anreicherungen magnetotaktischer Fossilien in Gesteinsschichten oder Bohrungen sollten Aufschluss zur Anreicherungen von $^{60}$Fe-Isotopen aus der Frühzeit des Quartärs ergeben.[248] Die Untersuchungen von Mikrofossilien bestätigten in der Tat die vorhergesagte Anreicherung von radioaktivem $^{60}$Fe in biologischen Systemen während des Pleistozäns[249].

---

[248] S. Bishop, R. Egli: Discovery Prospects for a supernova signature of biogenic origin. Icarus 212 (2011), S. 960.

[249] P. Ludwig, S. Bishop, R. Egli, et al.: Time-resolved 2-million-year-old supernova activity discovered in Earth's microfossil record, Proceedings of the National Academy of Sciences 113 (2016), S. 9232-9237.

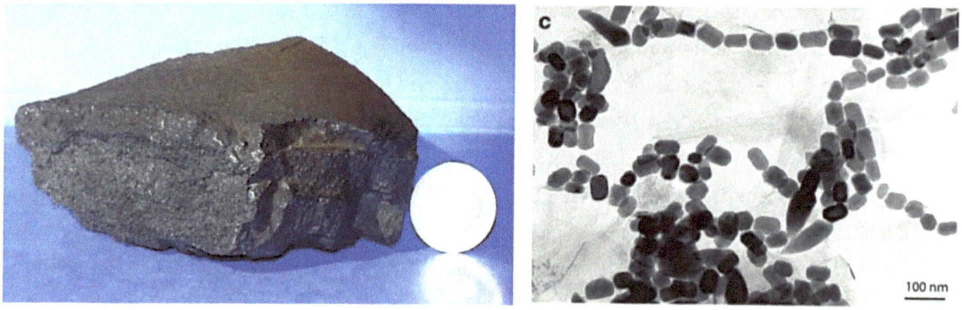


*Abb. 7-14: Links eine Probe des manganreichen Tiefseesediments aus dem Pazifischen Ozean, in dem in einer gewissen Tiefe eine Anreicherung des radioaktiven $^{60}$Fe-Isotops entdeckt und vermessen wurde. Zum Größenvergleich eine Münze (Knie et al. Phys. Rev. Lett. 93 (2004) 171103; Fitoussie et al. Phys. Rev. Lett. 101 (2008) 121101). Rechts ein Beispiel einzelliger magnetotaktischer Bakterien (Bishop et al.)*

Nach groben Abschätzungen kommt unser Sonnensystem auf seiner langen Reise durch die Spiralarme unserer Galaxie alle 20 Millionen Jahre in die 30-Parsec-Zone einer Sternexplosion[250]. Alle 500 Millionen Jahre erwartet man einen geringeren Abstand von 10 Parsec zu einer Sternexplosion. In diesen Fällen kann die Strahlungsbelastung an der Erdoberfläche so stark steigen, dass eine Auslöschung oder extreme Änderungen bei biologischen Lebensarten drohen. Diese Rate dürfte sich weiter erhöhen, wenn das Sonnensystem Spiralarme oder Nebel mit hoher Sterndichte durchquert. Wie schon erwähnt, sind mehrere Extinktionsperioden bekannt, die aber derzeit meist auf Asteroideneinschlag zurückgeführt werden. Aufgrund der Beobachtungen scheint alle 26 bis 30 Millionen Jahre ein schlagartiger Rückgang biologischen Lebens einzutreten (Abbildung 7-15).[251] Ob das eine Zufallsrate ist, wie bei Asteroideneinschlägen, oder eine gewisse Periodizität vorliegt, ist derzeit Thema der wissenschaftlichen Diskussion.

---

250 A. L. Melott and B. C. Thomas: Astrophysical Ionizing Radiation and Earth: A Brief Review and Census of Intermittent Intense Sources. Astrobiology 11 (2011) 343

251 Es soll aber erwähnt werden, dass die Kosmologin und theoretische Physikerin Lisa Randall in ihrem Buch „*Dark Matter and the Dinosaurs*" eine alternative Theorie zur Begründung des periodischen Auftretens von Extinktion präsentiert. Dabei löst der gravitative Einfluss einer das Sonnensystem umgebenden Scheibe schwarzer Materie Felsbrocken oder größere Gesteinsmassen aus dem Oort-Gürtel heraus und stellt eine regelmäßige Asterioiden-Bedrohung dar.

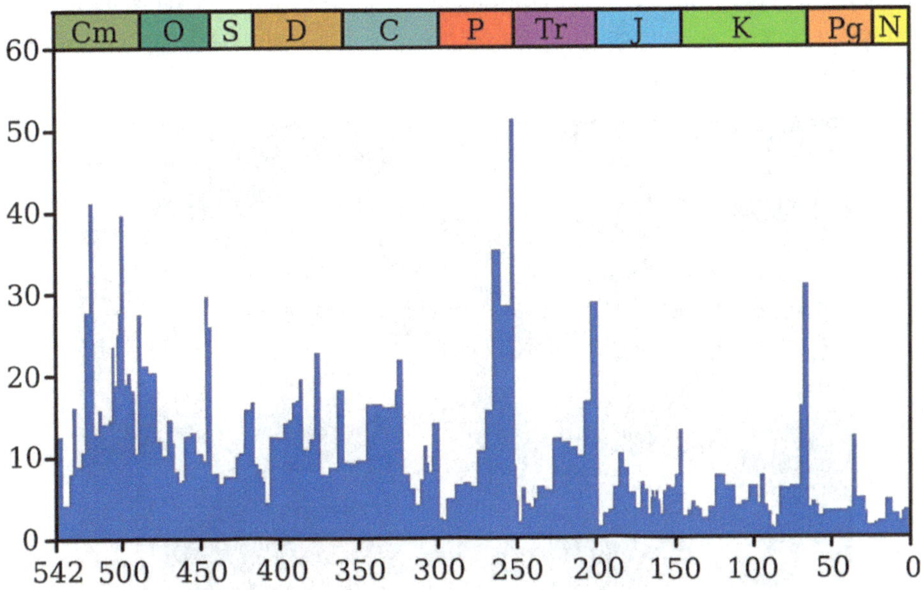


*Abb. 7-15: Perioden des Massensterbens über die letzten 550 Millionen Jahre Erdgeschichte, ein Zeitrahmen, der in Fachkreisen als Phanerozoikum bezeichnet wird. Aufgetragen ist die Auslöschung biologischen Lebens in Prozent gegen die Zeit. Das Phanerozoikum wird als eine Folge von kürzeren Zeitperioden beschrieben, die an der oberen Achse durch Buchstaben gekennzeichnet sind: Cm: Cambrium, O: Ordovizium, S. Silur, D: Devon: C: Carbon, P: Perm, Tr: Trias, J: Jura, K: Kreide, Pg: Paläogen, N: Neogen. Für fünf größere Ereignisse vor 66, 200, 250, 375 und 450 Millionen Jahren ergeben sich die größte Vernichtungsraten. (nach Wikipedia)*

Den Übergang vom Pliozän zum Pleistozän vor etwa 2,6 Millionen Jahren markiert eine Periode von mehr als 2 Millionen Jahren. Sie war durch das Aussterben von Meerestierarten charakterisiert. In dieser Periode scheinen auch die Temperaturen gesunken zu sein, denn die arktische Polarkappe begann zu überfrieren. Bislang wurde angenommen, dass diese Phänomene durch geänderte Meeresströmungen als Folge der Schließung des Panama-Isthmus durch Kontinentaldrift bedingt waren. In diesem Zeitraum befand sich die Erde in einer Entfernung von 50 bis 100 Parsec zu einer Gruppe massiver heißer Sterne, der sogenannten Scorpius-Centaurus-Assoziation, dessen bekanntestes Mitglied der Riesenstern Antares ist. Diese Sterne durchlaufen eine schnelle Entwicklung zur Supernova, und man erwartet typischerweise eine Supernova im Zeitraum von 1 Million Jahren. Das entspricht der Zeitperiode, in der sich unser

Sonnensystem in der Nähe dieser Sternassoziation aufgehalten hat. In der Tat ist bekannt, dass mehrere Supernova-Explosionen in dieser Sterngruppe innerhalb der letzten 15 Millionen Jahren stattgefunden haben (Abbildung 7-16).

*Abb. 7-16: Supernova-Remnant (Überrest), eine sich rasch ausdehnende Gas- und Staubwolke, die unser Sonnensystem vermutlich durchquert hat. (http://hubblesci.com/ocean-bacteria-fossils-reveal-radioactive-signs-of-2-million-year-old-supernova/)*

Eine dieser Supernovae ist möglicherweise für das Auslösen des Radioaktivitätsschauers auf der Erde verantwortlich, der zum schnellen Aufbruch der schützenden Ozonschicht geführt hat[252]. Der damit einhergehende Anstieg der UV-Strahlung zerstörte Plankton. Höhere Meerestiere verloren ihre Nahrungsquelle, was zu einem Massensterben führen konnte. Diese Symptome glichen dem relativ schnell eingetretenen Massensterben am Ende des Pliozäns. Entgegen

---

252 N. Benitez et al.: Evidence for Nearby Supernova Explosions. Phys. Rev. Lett. 8 (2002) 081101

den bisherigen Thesen von der Änderung der Meeresströmungen könnte also auch erhöhte Strahlenbelastung durch eine Supernova den Ursprung geliefert haben. Das radioaktive $^{60}Fe$ spielte dabei eine sekundäre Rolle. Es hat sich vermutlich, eingebettet in Supernova-Staub, als Sediment auf der Erde abgelagert, als das Sonnensystem die Wolke durchquerte. Sollte dies der Fall gewesen sein, ist es durchaus möglich, dass die erhöhte Strahlenbelastung auf der Erdoberfläche zu einer erhöhten Mutationsrate führte, die einige Tierarten aussterben ließ, andere Lebenswesen evolutionär nach vorn brachte.

All das ist Spekulation. Genauere Messungen an magnetotaktischen Bakterien könnten präzisere Informationen über die Auswirkungen auf biologisches Lebens liefern.

Was auf der Reise der Erde durch das Weltall stattgefunden hat, kann sich wiederholen. Unsere Sonne mit ihren Planeten bewegt sich derzeit durch das sogenannte Bubble – eine relativ staubfreie Zone[253] mit wenig benachbarten Sternen. Die Vorhersagen sehen sie jedoch auf dem Weg zu dichteren Gaszonen in Bereichen höherer Sterndichte.[254] Das könnte das Sonnensystem mit den Auswirkungen einer nahen Supernova oder anderen Sternexplosionen konfrontieren. Für solche Vorhersagen muss man die künftige Route des Sonnensystems im Vergleich mit den sich ebenfalls bewegenden anderen Sternsystemen relativ verlässlich berechnen können. Entlang der erwarteten Route gibt es in der Tat einige Kandidaten, deren gewaltsamer Tod als Supernova innerhalb der nächsten Million Jahre zu erwartet ist.

Promintester Kandidat ist Beteigeuze im Sternbild Orion (Abbildung 7-17), ein Roter Riese, der – auf unser Planetensystem übertragen – den Asteroidengürtel umfassen würde.[255] Die Abschätzungen für die Masse des Sterns liegen zwischen 10 und 20 Sonnenmassen – eine Unsicherheit, die sich direkt auf den genauen Eintritt der erwarteten Supernova-Explosion überträgt. Nach theoretischen Aussagen hat Beteigeuze schon die Phase des stellaren Helium-Brennens hinter sich und besitzt als Folge einen Kern, der hauptsächlich aus Kohlenstoff $^{12}C$ und Sauerstoff $^{16}O$ besteht. Diese beiden Komponenten fusionieren miteinander und produzieren die Energie, die den Stern gegenwärtig stabilisiert. Beobachtete Instabilitäten sind wahrscheinlich charakteristisch für eine Helium brennende Schale um den stellaren Kern.

---

253 Der Ursprung dieser leeren Zone wird noch debattiert. Nach allgemeiner Ansicht handelt es sich um Auswirkungen einer gewaltigen Supernova-Explosion vor 10 Millionen Jahren in der Scorpius-Centaurus-Assoziation. Sie hat den Raum leergefegt. Andere Möglichkeiten sind jedoch nicht ausgeschlossen. Neue Satelliten-Beobachtungsstationen der NASA sollen das untersuchen. http://science.nasa.gov/science-news/science-at-nasa/2003/06jan_bubble/

254 Gegenwärtig ist die Dichte der Staubwolke, durch die sich die Erde bewegt, beträgt etwa $10^{-6}$ Staubkörnchen/$m^3$. Dies setzt sich in eine tägliche Ablagerung von zirka 60 Tonnen an kosmischem Staub in der Erdatmospäre nieder, der langsam zur Erdoberfläche gravitiert. Ein Ansteigen der Dichte im interstellaren Medium würde sich in eine erhöhte Ablagerungsrate niederschlagen.

255 M.M. Dolan, G. J. Mathews, D. D. Lam et al., Evolutionary Tracks for Betelgeuse, The Astrophysical Journal 819 (2016) 7, (15).

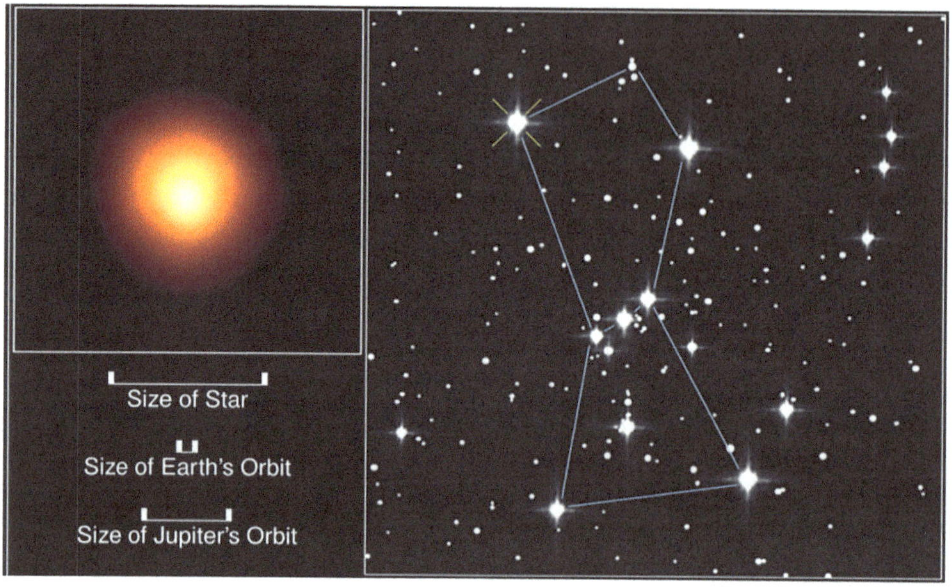


*Abb. 7-17: Darstellung des roten Riesensterns Beteigeuze in einer Aufnahme des Hubble-Teleskops. Beteigeuze ist der achthellste Stern am Winterhimmel der nördlichen Hemisphäre und der hellste Stern im Orion (α Orionis). Er markiert die linke Schulter. (Wikipedia)*

Die gegenwärtige Verbrauchsrate des $^{12}$C- und $^{16}$O-Brennstoffs hängt von internen Dichte- und Temperatur-Bedingungen ab, also der Masse des Sterns, sowie von den Fusionsraten. Keiner dieser Parameter ist zuverlässig genug bekannt, um genaue Vorhersagen in Bezug auf das erwartete Eintreten der Supernova machen zu können. Gegenwärtige Abschätzungen sagen eine verbleibende Lebensdauer für Beteigeuze von 100 000 bis 1 Million Jahre voraus. Während dieser Brennperiode läuft der Stern in schneller Folge durch die Neon, Sauerstoff- und Silizium-Brennphasen, bevor er kollabiert und eine Supernova zündet (vgl. Kapitel 5). Übrig bleiben ein heißer Neutronenstern und die sich schnell radial ausbreitende radioaktive Staubwolke der herausgeschleuderten Materie.

Beteigeuze ist gegenwärtig zirka 200 Parsec (ungefähr 700 Lichtjahre) von unserem Sonnensystem entfernt und entfernt sich mit einer Geschwindigkeit von 33 km/s. Die größte Annäherung auf 110 bis 220 Parsec zwischen den beiden Systemen hat vor zirka 3,7 Millionen Jahren stattgefunden. Damit existiert keine Bedrohung einer Strahlungskatastrophe, da im Zeitraum der erwarteten Explosion die Entfernung von ungefähr 300 Parsec zu groß ist, um eine problematische Strahlenbelastung hervorrufen zu können. Trotzdem wird die Explosion eines so nahe gelegenen Sterns ein spektakuläres Ereignis am Nachthimmel sein.

Beteigeuze ist nicht der einzige Stern, dessen Ende als erdnahe Supernova eine potenzielle Bedrohung darstellt. Astronomen haben eine Reihe weiterer Kandidaten identifiziert[256], die möglicherweise unsere Biosphäre bedrohen könnten. Dazu gehören nicht nur Supernovae, sondern etwa auch thermonukleare Explosionen, ausgelöst durch Akkretionsprozesse in Doppelsternsystemen, oder auch Kilonovae, die durch Zusammenstoß und Verschmelzung von Neutronensternen entstehen. Nach den Berechnungen scheint keines dieser Ereignisse entlang der vorhergesagten Route des Sonnensystems zumindest innerhalb der vorhersehbaren Zukunft einzutreffen. Die mit Sicherheit vorhergesagten Explosionen liegen alle relativ weitab von der Bahn unseres Sonnensystems, so dass der Strahlentod biologischen Lebens durch externe Einflüsse für den vorhersehbaren Zeitraum eher unwahrscheinlich erscheint.

## 7.7 Radioaktivität als Teil unseres Daseins

Radioaktivität ist ein natürlicher Bestandteil unseres menschlichen Daseins. Sie gehört zum interstellaren Material, aus dem sich unser Planetensystem gebildet hat. Physikalischen und chemischen Gesetzen folgend, hat es sich im Inneren der Erde und in der Erdkruste verteilt. Radioaktive Elemente sind Bestandteil der ersten komplexen Moleküle. Die beim radioaktiven Zerfall freigesetzte Energie war der Treibstoff für den Ablauf erster chemischer Prozesse zum Aufbau von Aminosäuren und weiteren biochemischen Molekülen, die wir heute sowohl in der Umgebung brodelnder Tiefseequellen als auch in den eisbedeckten Kometen, Planeten und Gesteinsbrocken des Asteroidengürtels beobachten können. Radioaktiver Zerfall bedingt neben dem Zufallsfehler bei der DNA-Kopie die Mutationsraten in der DNA und trägt damit entscheidend zur Evolution der Zelle bei. Auf der anderen Seite haben Zellen enzymatische Prozesse entwickelt, die strahlungsbedingte Zellschäden zum größten Teil wieder reparieren. Es besteht eine Balance durch den Mechanismus der Selbstorganisation. Dies gilt auch für Radioaktivität als Teil unserer natürlichen Umwelt. Radioaktivität hat eine wichtige Rolle in der Geschichte unseres Planeten und der Entwicklung seines biologischen Lebens gespielt. Man kann ihre Existenz nicht abschaffen, leugnen oder bekämpfen, wie schon James Lovelock früh erkannte: *I have never regarded nuclear radiation or nuclear power as anything other than a normal and inevitable part of the environment. Our prokaryotic forebears evolved on a planet-sized lump of fallout from a*

[256] Vgl. Martin Beech: The past, present and future supernova threat to Earth's biosphere. Astrophys. Space Sci 336 (2011) 287 und Brian J. Fry, Brian D. Fields, und John R. Ellis: Astrophysical Shrapnel: Discriminating among near-Earth stellar explosion sources of live radioactive isotopes. Astrophys. J. 800 (2015) 71 und viele der in diesen Artikeln aufgeführte weitere Arbeiten.

*star-sized nuclear explosion, a supernova that synthesized the elements that go to make our planet and ourselves*[257].

Trotzdem: Dieses Gleichgewicht kann, wie alle Gleichgewichtszustände in der Natur oder der Gesellschaft, gestört werden. Die Folgen sind oft dramatisch und radikal, in deren Verlauf sich aber neue Gleichgewichtszustände entwickeln. Wann wird dieser Gleichgewichtszustand zwischen Mutation und Reparatur gestört, bei welcher Strahlungsbelastung können die Enzyme nicht mehr die notwendigen Reparaturen durchführen? Unterhalb eines Schwellenwerts hat die Strahlung dank zelleigener Enzyme und ihrer Reparatur-Effekte nur geringen Einfluss auf somatische oder genetische Prozesse. Wo dieser Schwellenwert liegt, ist noch nicht mit ausreichender Genauigkeit bekannt; ob es überhaupt einen Schwellenwert gibt, wird vielfach bestritten. Die komplexen strahlungsbedingten Prozesse sind noch zu wenig verstanden, soweit sie sich auf mikrobiologischer Ebene abspielen. Die Radiologie setzt daher keinen Schwellenwert an; es dominiert die Linear-No-Threshold-Hypothese (LNT), nach der die Wahrscheinlichkeit für das Eintreten eines Strahlenschadens linear von der Strahlungsdosis in Sv-Einheiten abhängt: je größer die Dosis, desto größer die Wahrscheinlichkeit für einen strahlungsbedingten Effekt. Da kein Schwellenwert für niedrige Dosiswerte besteht, kann nach dieser Interpretation auch bei extrem kleiner Dosis ein Strahlenschaden eintreten. Die LNT-Hypothese ist eine Modellvorstellung, die unser heutiges Verhalten gegenüber Strahlung diktiert. Zahllose Messungen betätigen zweifelsohne die lineare Abhängigkeit im Bereich größerer Dosiswerte (vgl. Kapitel 4), aber bei niedrigen Dosiswerten prägen große Unsicherheiten oder negieren sogar die Gültigkeit der LNT-Annahme.[258]

Wichtige Informationen dazu stammen aus epidemologischen Untersuchungen, bei denen bestimmte Bevölkerungsgruppen mit fest definierter und möglichst bekannter natürlicher oder berufsbedingter Strahlungsbelastung auf mögliche somatische oder genetische Langzeitfolgen untersucht werden. Die Analyse solcher Untersuchungen erfordert erheblichen statistischen Aufwand, weil nur große Gruppen mit vielen Teilnehmern durch Mittelwertbildung den Einfluss von Einzeleffekten minimieren. Strahlungsbedingungen wie Intensität und Dauer müssen gut bekannt sein, um statistisch relevante Aussagen zu Folgen und Auswirkungen der Strahlung treffen zu können. Das folgende Kapitel widmet sich deshalb der Diskussion einer Reihe dieser epidemologischen Studien, um die Auswirkungen niedriger Bestrahlung zu untersuchen.

---

[257] *Ich habe radioaktive Strahlung oder Kernenergie nie als etwas anderes als einen normalen und unvermeidlichen Bestandteil unserer Umwelt betrachtet. Unsere prokaryotischen Vorfahren haben sich auf einem Planeten-großen Klumpen entwickelt, der aus einer Sternen-großen Kernexplosion hervorgegangen ist, einer Supernova, die unsere Elemente geformt hat, aus der unser Planeten und wir selbst aufgebaut sind.* James E. Lovelock: The Ages of Gaia. Oxford University Press, Oxford, 1989

[258] Charles L. Sanders: Radiation Hormesis and the Linear-No-Threshold Assumption. Berlin, Heidelberg 2010 (Springer).

# Weiterführende Literatur


Edward L. Alpen: Radiation Biophysics. San Diego, London ²1998, (Academic Press).

Herrick Baltscheffsky (Hrsg.): Origin and Evolution of Biological Energy Conversion. New York 1996 (Wiley-VCH)

John Tyler Bonner: Randomness in Evolution. Princeton University Press, Princeton, Oxford 2013.

Donald E. Canfield: Oxygen, A Four Billion Year History. Princeton, Cambridge 2014 (Princeton University Press)

David Deamer: First Life. Berkeley 2011 (University of California Press).

Richard Egel, Dirk-Henner Lankenau, Armen Y. Mulkidjanian (Hrsg.): Origins of Life: The Primal Self-organization. Heidelberg, New York 2011 (Springer).

Merrill Eisenbud, Thomas Gesell: Environmental Radioactivity. San Diego, London 1997 (Academic Press).

Tom Fenchel: Origin & Early Evolution of Life. Oxford, New York 2002 (Oxford University Press).

Muriel Gargaud, Herve Martin, Purificación Lopez-Garcia, Thierry Montmerle, Robert Pascal: Young Sun, Early Earth and the Origins of Life. Berlin, Heidelberg 2012 (Springer).

Scott Freemon, Jon C. Herron: Evolutionary Analysis. New York ⁴2007

Robert M. Hazen: Genesis – The Science Quest for Life's Origin. Washington DC 2005 (Joseph Henry Press).

Wilfried Janning, Elisabeth Knust: Genetik. Stuttgart, New York 2004 (Thieme).

William F. Loomis: Life as it is. Berkeley 2008 (University of California Press).

Mark P. Mattson, Edward J. Calabrese (Hrsg.): Hormesis. Berlin, Heidelberg, New York 2010 (Springer).

Eiichiro Ochiai: Hiroshima to Fukushima. Berlin, Heidelberg, New York 2014 (Springer).

Anatoly Ruvinsky: Genetics and Randomness. Boca Raton, London 2010 (CRC Press, Taylor & Francis).

Charles L. Sanders: Radiation Hormesis and the Linear-No-Threshold Assumption. Berlin, Heidelberg 2010 (Springer).

Paul J. Thomas, Chritopher F. Chyba, Christopher P. McKay (Hrsg.): Comets and the Origin and Evolution of Life. New York 1997 (Springer).

# 8 Radioaktivität in niederer Dosis

Nachdem der Ursprung von Strahlung in uns und unserer Umwelt und ihr Einfluss auf biologische Systeme diskutiert wurde, soll in diesem Kapitel die Frage nach dem Risiko niedriger Dosis für die menschliche Gesundheit wieder aufgegriffen werden. Zweifellos bewirken hohe Strahlungsdosen somatische und genetische Effekte, die das Zellgut erheblich schädigen und bis zum Tode führen können. Aber radioaktive Strahlung ist ein natürlicher Bestandteil des Lebens, dem niemand entkommen kann.

Manche Menschen sind umwelt- oder berufsbedingt höherer Strahlung ausgesetzt, etwa Flugpersonal, Bergarbeiter – insbesondere im Uranbergbau –, Radiologen und Mitarbeiter von Kernkraftwerken, um nur die bekanntesten Berufsgruppen zu nennen. In all diesen Berufen gelten erhöhte Belastungswerte als verträglich. Inwieweit sind diese Werte aber als akzeptierbares Risiko anzusehen? Gibt es eine Schwelle, unterhalb der Strahlung nicht schädlich ist, oder birgt Strahlung in jeder noch so kleinen Dosis das Risiko von Schäden und sogar Tod? Das jedenfalls meint Helen Caldicott (vgl. Kapitel 4.4), eine australische Kinderärztin, Autorin und international bekannte Kernkraftgegnerin. In einem Interview zum Thema Fukushima sagte sie: *Some say the doses are too low but you only need one hit on a regulatory gene in a single cell to get cancer – it's a random game of Russian roulette*[259]. Trotz der etwas dramatisierenden Darstellung, die die enzymatischen Reparaturkapazitäten der Zellen ignoriert oder unterschätzt, bleibt die Frage nach den wirklichen Gefahren.

Beantworten kann sie nur eine lange, sorgfältige Datenaufnahme mit nachfolgender statistischer Analyse, zumal radioaktive Strahlung nicht die einzige potenzielle Ursache von Krebs und anderen genetischen Effekten ist. Vielmehr tragen wohl eine Reihe von Umwelt- und Lebensbedingungen dazu bei, denen weitaus höhere mutagene Eigenschaften zugeschrieben werden. Zu systematischen epidemiologischen Untersuchungen mit statistisch verlässlichen Aussagen müssen größere Personengruppen herangezogen werden, um mögliche individuelle Unterschiede auszugleichen – Kontrollgruppen, bei denen der zu untersuchende Effekt nicht zu erwarten ist. Dies ist besonders schwierig bei Studien, die den Einfluss niedriger Strahlungsdosis bestimmen sollen, da wir neben mutagenen chemischen Stoffen auch ständig externer und interner natürlicher Strahlung ausgesetzt sind. Das alles bedingt große statistische, oft beliebig

[259] *Manche sagen, dass die Dosen zu niedrig sind* (um Einfluss zu haben), *aber nur ein Treffer Strahlung auf ein Regulator-Gen in einer Zelle reicht, um Krebs zu bekommen – es ist das Zufallsspiel von Russischem Roulette.* http://www.emfacts.com/2014/10/interview-with-helen-caldicott-on-fukushima/.

interpretierbare Unsicherheiten in der endgültigen Aussage. Das klassische Zitat von Mark Twain: *There are lies, damned lies, and statistics*[260] reflektiert häufig die Anwendung der statistischen Daten in der emotional angeheizten Diskussion über die Langzeitfolgen von Strahlung. Doch die statistischen Daten sind bislang unzureichend, teilweise widersprüchlich, insbesondere zu den Auswirkungen niedriger berufs- oder umweltbedingter Dosis.

## 8.1 Strahlungsdosis und Strahlungswirkung

Während die Gefahren hoher Strahlendosis bekannt sind und sich in der linearen Abhängigkeit von Dosis und Wirkung widerspiegeln, ist der Einfluss von Strahlung mit niedriger Dosis weitgehend unbekannt. Die Auswirkungen können nur mittels genauer Kenntnis und verlässlicher Simulation der biochemischen Prozesse nachvollzogen oder aus langwierigen epidemiologischen Untersuchungen statistisch extrahiert werden. Obwohl in den vergangenen Jahrzehnten viel über die Strahlenwirkung auf ausgewählte Zellkulturen und andere biologische Träger gelernt wurde, ist unser Wissen noch zu unvollständig, um komplexere biologische Systeme wie die menschlichen Organzellen mit ausreichender Genauigkeit zu simulieren. Dazu müsste die möglichen Wechselwirkungen zwischen Strahlung und den betroffenen Makromolekülen über einen weiten Energiebereich bekannt sein. Ebenso müssten die verschiedenen Reparaturmechanismen und ihre Effizienz berücksichtigt werden, um die Wahrscheinlichkeit für alle möglichen Folgeprozesse im sogenannten Monte-Carlo-Verfahren herauszusimulieren. Die mathematischen Methoden für solche Analysen und Berechnungen sind entwickelt und im Prinzip anwendbar, jedoch gegenwärtig mit noch sehr beschränkter Aussagekraft.

Deshalb basieren die meisten Risikoabschätzungen auf den statistischen Untersuchungen ausgewählter Gruppen, deren Strahlenbelastung man zu kennen meint. Dieses phänomenologische Verfahren versucht, aus beobachteten Wirkungen bei höherer Dosis auf nicht beobachtbare Wirkungen bei niedriger Dosis Schlüsse zu ziehen. Aber wie verlässlich ist eine Extrapolation der gemessenen Korrelation zwischen Dosis und Dosiswirkung? Für eine Antwort müssen erst Daten mit höchstmöglicher Genauigkeit aufgenommen werden. Das dauert Jahre. Um unvermeidliche Fehler in den statistischen Aussagen zu verringern, bedarf es großer Gruppen von Strahlenopfern. Ihr medizinischer Hintergrund mitsamt exakter, zeitlich festgelegter Strahlendosis muss bekannt sein, um Fehlinterpretationen zu vermeiden. Das ist logistisch fast unmöglich. Deswegen basieren die meisten dieser Untersuchungen auf relativ kleinen

[260] *Es gibt Lügen, verdammte Lügen und Statistiken.* Diesen Satz schreibt Mark Twain in seiner 1928 veröffentlichten Autobiografie dem britischen Premierminister Disraeli zu. In dessen schriftlichen Nachlass konnte allerdings kein entsprechender Satz entdeckt werden.

Kontrollgruppen mit verlässlichen Informationen zu Gesundheitsstatus und Lebenswandel, oder auf großen Gruppen, bei denen die Unsicherheit im Mangel an Hintergrundkenntnissen statistisch nivelliert wird. Welche statistische Methode man auch anwendet: Es verbleiben Unsicherheiten in der Aussage. Der Extrapolation solcher Daten in unbekanntem und zumeist nicht direkt messbarem Bereich sollte einer Modellvorstellung unterliegen, die soweit wie möglich Strahlungswirkungen und enzymatische Reparaturprozesse berücksichtigt. Jedoch ist die Datenlage bei niedriger Dosis ungewiss, ihre Interpretation unsicher und theoretisch durch kulturelle Faktoren bestimmt. Dazu muss man jedoch zuerst die experimentellen Daten und den theoretischen Unterbau kennen, die die Basis für die heutige Interpretation von Strahlungseffekten bilden.

Mit Entdeckung der Röntgenstrahlung und wenig später der radioaktiven Strahlung wuchs das Interesse, diese neuen Phänomene anzuwenden. Zahllose Experimente in Deutschland und anderen Ländern testeten den Einfluss von Röntgenstrahlung, in manchen Fällen auch von Gammastrahlung, auf Zellkulturen, Spermien, Pflanzen, Insekten und andere Lebewesen. Vieles davon wurde schon in vorherigen Kapiteln erwähnt. Die Auswirkungen dieser Bestrahlungsexperimente waren nicht einfach zu bestimmen. Sie konzentrierten sich auf die Mortalitätsrate[261]. Dies erforderte eine erhebliche Strahlungsdosis, um innerhalb eines gegebenen Zeitrahmens sichtbare Resultate zu produzieren. Die Messungen zielten zumeist auf die Festlegung der Abhängigkeit eines biologischen Effekts von der Strahlungsmenge[262] oder, mit Verbesserung dosimetrischer Techniken, vom Betrag der absorbierten Strahlenenergie, der Strahlungsdosis. Diese Abhängigkeit wurde als Schädigungskurve bezeichnet. Die Ergebnisse zeigten einen linearen Zusammenhang zwischen der Länge der Bestrahlung bei einer bestimmten Strahlungsintensität und der Sterberate der bestrahlten biologischen Proben, allerdings nur, wenn sie größeren Strahlenmengen ausgesetzt waren. Um weitergehende Aussagen in anderen Bereichen zu treffen, erwies sich eine quantitative Analyse und Entwicklung eines theoretischen Verständnisses des Wirkungsmechanismus als notwendig.

Der erste Ansatz zur Linearität ergab sich anfangs nur aus frühen Beobachtungen und der erforderlichen mathematischer Einfachheit. Diese Annahme sagt aus, dass jede Reaktion von Strahlung mit einem DNA-Molekül zur Ionisation und damit zu dessen Änderung führt, also zur Mutation. Dieser Ansatz betrachtet nicht die biologischen Auswirkungen von enzymatischen

---

[261] Die Mortalität wird als Anzahl der beobachteten Todesfälle pro Anzahl der beobachteten Lebewesen definiert. Sie wird zumeist im Vergleich mit einer Kontrollgruppe festgestellt.

[262] Die Strahlungsmenge wurde zumeist in der Einheit *Röntgen* (R) gemessen, die ursprünglich der Strahlungsdauer bei einer gewissen Intensität und Energie entsprach. Sie ist quantifiziert als die Ionisationswahrscheinlichkeit der Strahlung in Luft. Ein R entspricht einer Dosis von 0,00877 gray (0,87 rad) in trockener Luft oder 0,0096 gray (0,96 rad) in biologischen Materialien. Die Einheit wird heute nicht mehr genutzt.

Reparaturprozessen, die seinerzeit unbekannt waren. Die Beschränkungen der Interpretation waren bekannt; andere Möglichkeiten wurden postuliert, die mehr dem von Paracelsus formulierten Prinzip der Schwellenwirkung bei chemischen Giften entsprachen. Der deutsche Genetiker Richard Glocker (1890–1978) diskutierte die verschiedenen Möglichkeiten für die Abhängigkeit zwischen Dosis und Dosiswirkung[263]. Die von Glocker vorgeschlagene biologische Möglichkeit der Dosiswirkung entspricht der sogenannten Schwellentheorie (Abbildung 8-1). Danach kann unterhalb einer gewissen Schwellendosis keine große Wirkung auf biologische Systeme beobachtet werden. Er zieht jedoch auch eine physikalische Interpretation der sogenannten Treffertheorie in Betracht, nach der die Trefferwahrscheinlichkeit empfindlicher Zellkomponenten die Schädigung einer Zelle bestimmt.

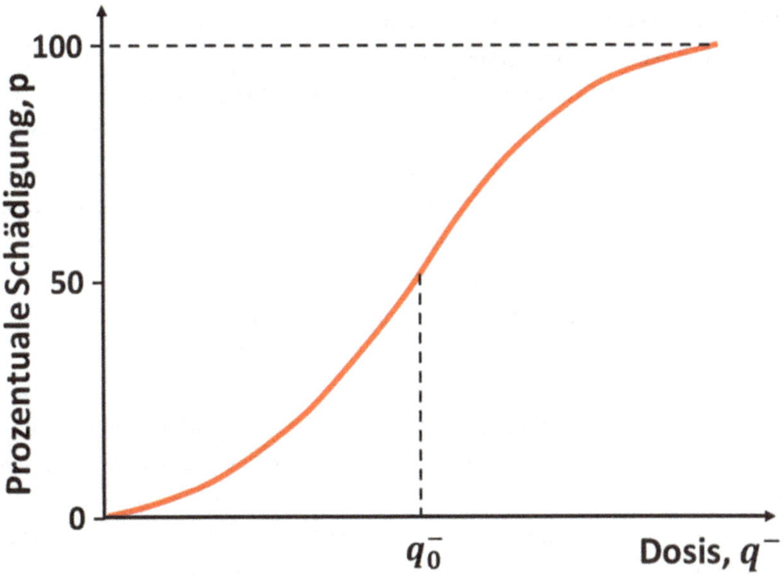


*Fig. 8-1: Prozentualer Strahlungseffekt auf biologische Systeme als Funktion der Dosis in einer Darstellung nach Richard Glocker 1929: Die Wirkung der Röntgenstrahlen auf die Zelle als physikalisches Problem. In: Festschrift der Technischen Hochschule Stuttgart zur Vollendung ihres ersten Jahrhunderts, 1829–1929, hrgg. von T. H. Stuttgart, Berlin.*

---

[263] Richard Glocker: Das Grundgesetz der physikalischen Wirkung von Röntgenstrahlen verschiedener Wellenlänge und seine Beziehung zum biologischen Effekt. Strahlentherapie 26 (1927), S. 147–155, und Richard Glocker: Die Wirkung der Röntgenstrahlen auf die Zelle als physikalisches Problem. In: Festschrift der Technischen Hochschule Stuttgart zur Vollendung ihres ersten Jahrhunderts, 1829–1929, hrgg. von T. H. Stuttgart, Berlin 1929.

Glocker mutmaßte, dass beide Komponenten eine Rolle spielen: *„Überblickt man den derzeitigen Stand des Problems, so ist zu bemerken, dass zweifellos zwei Ursachen die Form der Schädigungskurve bedingen, eine biologische, die fluktuierende Variabilität, und eine physikalische, die Wahrscheinlichkeit des Getroffenwerdens des strahlenempfindlichen Bereiches der Zelle."* Diese Satz demonstriert erhebliche Einsicht, denn aus heutiger Sicht kann man die biologische Komponente als Resultat der enzymatischen Reparaturprozesse interpretieren. Der physikalische Aspekt reflektiert hingegen die chemisch-physikalische Wirkung der Strahlung auf die DNA- und RNA-Komponenten der Zelle. Dies war jedoch eine rein qualitative Interpretation. Die Schwierigkeit lag in der Umsetzung in einen Formalismus, der Verlässliches zur Wirkung bei niedrigen Dosen aussagt, zumal Bestrahlungstechniken zunehmend medizinische Anwendungen fanden. Als wichtigster Durchbruch in diese Richtung galt die Weiterentwicklung der Treffertheorie durch den Genetiker Nikolai Wladimirowitsch Timofejew-Ressowski (1900–1981), den Strahlenphysiker Karl Günther Zimmer (1911–1988) und den theoretischen Physiker und späteren Biologen Max Delbrück (1906–1981). Für die ersten Teile der Arbeit waren jeweils Timofejew (Einige Tatsachen der Mutationsforschung), Zimmer (Die Treffertheorie und ihre Beziehung zur Mutationsauslösung) oder Delbrück (Atomphysikalisches Modell der Mutation) als Autoren verantwortlich, während der abschließende vierte Teil (Theorie der Genmutation und der Genstruktur) von allen gemeinsam verfasst wurde. Die 1935 veröffentlichte Arbeit dominierte die Entwicklung der frühen Molekulargenetik und bestimmte als grünes Pamphlet oder Dreimännerwerk die wissenschaftliche Diskussion zur Wirkung von Strahlung in den folgenden Jahrzehnten. Die wesentliche Aussage: *Wir* [stellen] *uns das Gen als einen Atomverband vor, innerhalb dessen die Mutation, als Atomumlagerung oder Bindungsdissoziation* (ausgelöst durch Zufuhr von Strahlungsenergie) *ablaufen kann, und der in seinen Wirkungen und den Beziehungen zu anderen Genen weitgehend autonom ist.*[264]

Danach wurde in einer rein physikalischen Interpretation das Gen oder heute DNA-Molekül als größtes Molekül betrachtet und angenommen, dass eine Mutation durch einen einzelnen Treffer eines ionisierenden Strahlungsquantums oder Teilchens ausgelöst wird.

Die im Dreimännerwerk dargestellte Theorie basierte auf dem Gedanken, dass bei der Bestrahlung von biologischem Material eines bestimmten Volumens V mit einer bestimmten Dosis D eine Wahrscheinlichkeit festgelegt werden kann, mit der kritische Moleküle getroffen und zur Mutation angeregt werden. Die Theorie wurde in den folgenden Jahren verfeinert[265],

---

[264] N. W. Timofejew-Ressowski, K. G. Zimmer, M. Delbrück: Über die Natur der Genmutation und der Genstruktur. Nachrichten von der Gesellschaft der Wissenschaften zu Göttingen: Mathematische-Physikalische Klasse, Biologie 1(13) (1935), S. 189–245.

[265] K. G. Zimmer: Studien zur quantitativen Strahlenbiologie, Abhandlungen der Akademie der Wissenschaften. Wiesbaden 1960 (Steiner).

da die Vorhersage der linearen Beziehung zwischen Dosis und Dosiswirkung die beobachteten Daten gut zu beschreiben schien (Abbildung 8-2). Dieser Ansatz beherrschte viele Jahre die Betrachtungen zur Mutation, was auf den dominierenden Einfluss der Physiker zurückzuführen ist. Sie sahen das Phänomen der Mutation als rein physikalischen Wechselwirkungsprozess und ignorierten lange die komplexen Zusammenhänge in der Zelle und den Makromolekülen[266]. Trotzdem wurde diese Arbeit als wichtiger Schritt zur intellektuellen Vereinigung von Biologie und mathematischen Naturwissenschaften gesehen, als Durchbruch zur quantenphysikalischen Erklärung biologischer Phänomene.

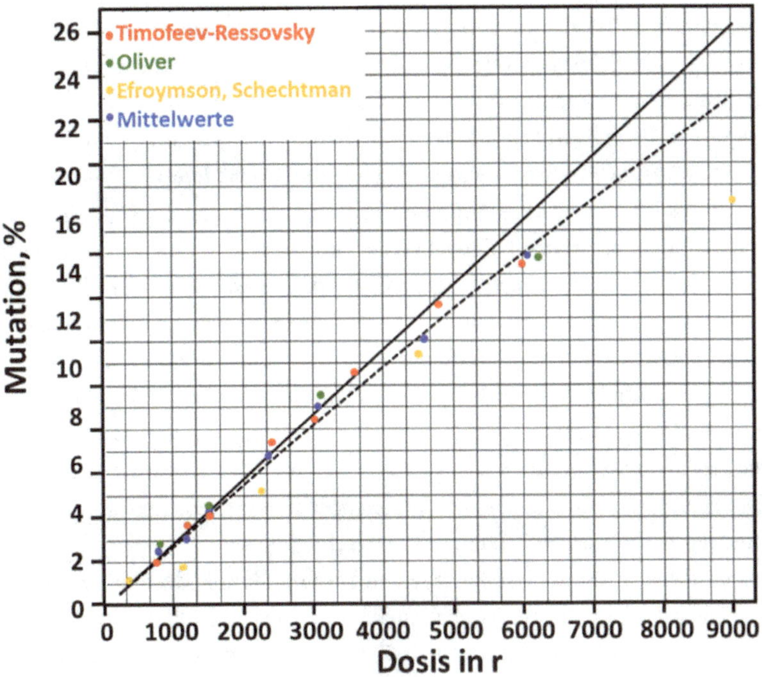


*Fig. 8-2: Diese Abbildung der Schädigungskurve stammt aus der Dreimännerarbeit von 1935 und demonstriert die Übereinstimmung zwischen der Vorhersage von Linearität nach der Treffertheorie und den beobachteten Daten für einen Bereich von 300 bis 9000 R. Dies entspricht ungefähr einer biologischen Dosis von 3 bis 90 Sv. Die Abweichung zu niedrigerer Wirkung bei hoher Dosis entspricht der vermuteten Wirkung von Glocker. (N. W. Timofejew-Ressowski, K. G. Zimmer, M. Delbrück: Über die Natur der Genmutation und der Genstruktur.*

[266] A. v. Schwerin: Medical physicists, biology, and the physiology of the cell (1920–1940). MPI für Wissenschaftsgeschichte, Reprint 393 (2010), S. 231–258.

Die biologischen Betrachtungen waren bis dahin von einem Schwellenwert ausgegangen, unter dem Strahlung vernachlässigt werden konnte. Die neuen theoretischen Vorhersagen der Treffertheorie prognostizierten jedoch, dass selbst kleinste Dosiswerte mit einer gewissen Wahrscheinlichkeit schaden können. Strahlung kann demnach immer gefährlich sein. Experimente zur Auswirkung von Röntgenstrahlen wurden während des Kriegs fortgesetzt, um die Messungen hin zu niedrigerer Dosismenge voranzubringen und die These von der Linearität experimentell zu testen. In den Vereinigten Staaten vertrat vor allem der Genetiker Hermann Muller die These von der Linearität, der wie schon erwähnt für seine Versuche zur Bestrahlung von Fruchtfliegen (Drosophilae) und den Nachweis von Mutation 1946 den Nobelpreis erhalten hatte. Trotzdem kam es bei den Messungen oft zu widersprüchlichen Ergebnissen, die der These von der Linearität ohne Schwellenwert abwichen. Gegen Ende der 1940er Jahre maßen der hochangesehene deutsch-amerikanische Genetiker Curt Stern (1902–1981) sowie seine Mitarbeiter Warren P. Spencer, Ernst Caspari und Delta E. Uphoff Röntgen- und Gamma-Strahlmengen von 25 R. Diese Messungen waren insbesondere für die *Atomic Energy Commission* (AEC) von Bedeutung, weil es um die Entwicklung von Kernwaffen und die Notwendigkeit ging, mit radioaktiven Materialien zu arbeiten. Die letzte der drei Veröffentlichungen summierte 1949 die Ergebnisse so: *Viewing all experiments together, it appears that radiation at low doses, administered at low intensity, induces mutation in Drosophila sperm. There is no threshold below which radiation fails to induce mutations*[267]. Jedoch widerspricht diese Aussage den Ergebnissen Ernst Casparis und Curt Sterns zweiter Arbeit, die 1947 zu dem Ergebnis führte: *From the practical viewpoint, the results open up the possibility that a tolerance dose for radiation may be found, as far as the production of mutation is concerned*[268]. Diese Aussage wurde in einer nachfolgenden Veröffentlichung gestrichen. Weitere Widersprüche halten Zweifel an der Gültigkeit der Aussagen und damit die Diskussion bis heute aufrecht.[269]

Jedoch waren es zweifelsohne diese Aussagen und der Standpunkt des einflussreichen Hermann Muller, die die vordem bevorzugte Ansicht zur Existenz von Schwellenwerten in Frage stellten. Curt Stern war in diesen kritischen Jahren 1950 bis 1953 Mitglied der Beraterkommission der

---

267 *Betrachtet man alle Ergebnisse zusammen, so erscheint klar, dass Strahlung mit niedriger Dosis bei niedriger Intensität Mutationen im Sperma der Drosophila induziert. Es gibt keine Schwelle, unterhalb der Strahlung keine Mutation bewirkt.* D. Uphoff, C. Stern: The genetic effects of low intensity irradiation. Science 109 (1949), S. 609–10

268 *Vom praktischen Gesichtspunkt her gesehen beinhalten die Resultate die Möglichkeit, dass eine Schwellendosis für Strahlung gefunden sein könnte, was Mutationen betrifft.* E. Caspari, C. Stern: The influence of chronic irradiation with gamma rays at low dosages on the mutation rate in Drosophila melanogaster. MDDC-1200, US Atomic Energy Commission, pp 1–8, (athttp:www.hathitrust.org)

269 E. J. Calabrese: Key Studies used to support cancer risk assessment questioned; Environmental Molecular Mutagenesis 52 (2011) 595–606

AEC, einer Institution, die die Strahlenphysik-Forschung unterstützte und förderte[270]. Hermann Muller hatte sich zu einem starken Kritiker der damaligen Politik der AEC entwickelt und galt als eine der ersten warnenden Stimmen vor Gefahren der Radioaktivität[271]. Diese Ansicht setzte sich schließlich in den wissenschaftlichen Kommissionen durch, insbesondere in der einflussreichen *National Academy of Sciences*, die 1956 den ersten offiziellen Bericht zu den *Biological Effects of Atomic Radiation* I (BEIR I) erstellte. Trotz zahlreicher Widersprüche und hitziger interner Debatten traf das Komitee die offizielle Entscheidung, die lineare Abhängigkeit zwischen Dosis und Dosiswirkung als Grundlage für strahlenmedizinische Untersuchungen zu empfehlen.[272]

Diese Empfehlung wurde auch von den nachfolgenden BEIR-Komitees im Grundsatz beibehalten, obwohl die nachfolgenden Ergebnisse bei tieferen Dosiswerten von der ursprünglichen Steigung der Schädigungskurve abwichen und eine Verflachung anzeigten. Sie bestimmt bis heute viele Ansichten zur Radioaktivität. Die Diskussion ist noch nicht abgeschlossen, wie die zunehmende Kritik an dem 2009 veröffentlichten BEIR VII Bericht zeigt, der die Gültigkeit und Verlässlichkeit der experimentellen Aussagen debattiert[273]. Diese Kritik wird nicht nur in den USA, sondern auch in Europa vorgetragen. Insbesondere Mediziner weisen auf den wachsenden Widerspruch zwischen biologischen und experimentellen Daten und den LNT-Vorhersagen hin[274]. Das heißt, dass der eindeutige wissenschaftliche Nachweis der LNT-Hypothese nicht nur noch nicht erbracht ist, sondern zunehmend im Widerspruch zur LNT zu stehen scheint. Die Frage nach den Wirkungen radioaktiver Strahlung bei niedriger Dosis ist also noch offen.

---

270 Einen guten Überblick über die Entwicklung in der Radiobiologie geben die zeitgenössischen Jahresberichte der AEC; vgl. Atomic Energy and the Life Sciences, Report of the United States Atomic Energy Commission 1949. Die Atomic Energy Commission wurde später durch das Department of Energy (DOE) ersetzt.

271 Diese Konfrontation wurde oft bis zu Mullers Tod 1967 auf den Seiten des *Bulletin of the Atomic Scientists* ausgetragen, das sich den politischen und wirtschaftlichen Aspekten der Kernenergie widmete; vgl. H. J. Muller: How Radiation changes the genetic constitution, Bulletin of the Atomic Scientists XI 9 (1955) 329–338 und T. T. Balio: The Public Confrontation of Hermann J. Muller: Bulletin of the Atomic Scientists XXIII (1967) 8–12

272 E. J. Calabrese: The road to linearity: why linearity at low doses became the basis for carcinogen risk assessment. Arch Toxicol 83 (2009), S. 203–225 und Origin of the linearity no threshold (LNT) dose-response concept, Arch Toxicol 87 (2013), S. 1621–1633.

273 E. J. Calabrese, M. K. O'Connor: Estimating risk of low radiation doses – a critical review of the BEIR VII report and its use of the linear-no-threshold (LNT) hypothesis. Radiation Research 182 (2014), S. 463–474, und K. D. Crowley, H. M. Cullings, R. D. Landes, R. E. Shore, und R. L. Ullrich: Comments on Estimating Risks of Low Radiation Doses – A Critical Review of the BEIR VII Report and Its Use of the Linear No-Threshold (LNT) Hypothesis by Edward J. Calabrese and Michael K. O'Connor. Radiation Research, 183(4) (2014), S. 476–481.

274 M. Tubiana, L. F. Feinendegen, C. Yang, J. M. Kaminski: The Linear-No-Threshold Relationship is inconsistent with radiation biologic and experimental data. Radiology 251 (2009), S. 13–22.

Mehr als 60 Jahre nach der offiziellen Einführung der LNT-These als Basis für Vorhersagen von Strahlenschäden prägen immer noch Emotionen die Diskussion stärker als wissenschaftliche Aussagen.

## 8.2 Statistische Untersuchungen zur natürlichen Strahlungsdosis

Das LNT-Modell wird in den BEIR-Reporten als Verfahren empfohlen, um die Auswirkungen niedriger Bestrahlung zu extrapolieren. Jedoch wird in BEIR VII bei dieser Extrapolation auch die Anwendung von Korrekturfaktoren empfohlen, die die Linearität in der Beziehung zwischen Strahlungsdosis und Strahlungswirkung abschwächen und besser den Beobachtungen angleichen können. Mathematisch gesehen wird die lineare Beziehung durch eine mehr linear-quadratische Beziehung ersetzt, die de facto mehr der Form des Schwellenmodells entspricht.

Das LNT-Modell basiert neben den radiologischen Untersuchungen an Zellen und kleineren Lebewesen immer mehr auf epidemiologischen Untersuchungen von Bevölkerungsgruppen, die über lange Zeit niedrigen Strahlendosen ausgesetzt waren, darunter Angehörigen der oben genannten Berufsgruppen. Neue Untersuchungen gelten der Belastung von Teilen der Bevölkerung durch das radioaktive Edelgas Radon. Jedoch ist die Interpretation trotz dieser Datenmenge nicht eindeutig. Zunehmend sind alternative Möglichkeiten zur Extrapolation im Gespräch. Dies würde sich jedoch erheblich auf die Vorhersage von Bestrahlungsfolgen mit niederer Dosis durch den möglichen Zusammenhang zwischen Strahleneffekt und Dosis auswirken, zum Beispiel als Ursache von Krebserkrankungen. Die lineare Beziehung zwischen Dosis und Wirkung bleibt bestehen, modifiziert durch den Einfluss von Vorwarn- und Reparaturmechanismen der Zellen (Zuschauereffekt), die sich insbesondere bei niedriger Dosis durch eine hohe Effizienz entwickeln können.

Wie effizient wirken diese Vorwarn- und Reparatureffekte? Das quadratisch-lineare Modell reduziert die negative Wirkung möglicher Strahlenschäden und negiert jeden Strahleneffekt bei niedriger Dosis. Das Hormesis-Modell geht noch weiter und sagt bei niedriger Strahlung vorbeugende Schutz- und Regenerierungsmaßnahmen[275] durch die Zellenzyme voraus. Die gegenwärtig unzulängliche Datenlage erlaubt solche Darstellungen mehrerer Modelle, unterstreicht aber damit auch die Schwierigkeiten einer verlässlichen Vorhersage. Dennoch ist die Untersuchung von Auswirkungen niedriger Dosis notwendig, um die gegenwärtig großen statistischen Unsicherheiten zu reduzieren.

[275] Vergleichbar der Impfung mit Grippe- oder Polioträgern, um den jeweiligen Krankheiten vorzubeugen.

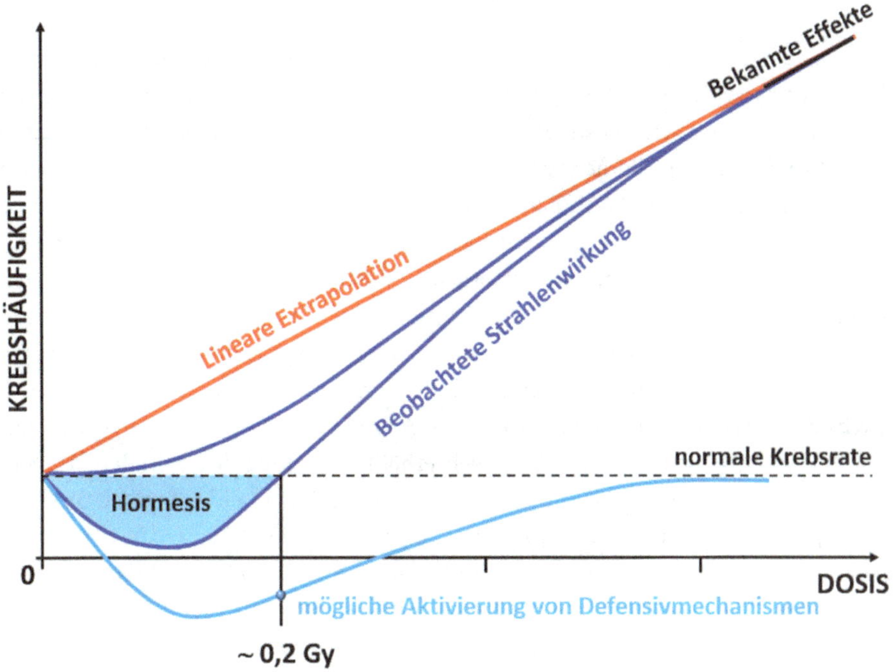


*Abb.8-3: Eine Reihe alternativer mathematischer Modelle für die stochastischen Auswirkungen niedriger Dosen, neben der links gezeigten linearen Dosis-Wirkung-Beziehung, auf der die gesetzlich vorgeschriebenen Grenzwerte beruhen, zeigt die Darstellung auch den quadratisch-linearen Kurvenverlauf, der mit den Beobachtungsdaten besser übereinstimmt. Ebenfalls nicht ausgeschlossen ist auch die sogenannte Strahlungs-Hormesis, die bei niedriger Bestrahlungsdosis <0,2 Gy sogar heilend wirken soll, da sie zusätzliche Defensivmechanismen im Zellenbereich aktivieren kann. Die gestrichelte Linie zeigt die normale Krebsrate, die sich ohne jede externe Strahlungsdosis ergibt.*

Vor den Beispielen epidemiologischer Untersuchungen zu den Gefahren radioaktiver Strahlung müssen einige Standardbegriffe und Parameter aus der Statistik eingeführt werden, weil diese Parameter den quantitativen Vergleich verschiedener Gefahrenzonen und Gefahrenschwellen erlauben.

### 8.2.1 Epidemiologische Begriffe

Großangelegte epidemiologische Untersuchungen müssen die Vielzahl der Ergebnisse und möglichen Interpretationen auf ein vereinfachtes und vergleichbares Resultat reduzieren. Das geschieht mit mathematisch-statistischen Verfahren. Sie sollen aus der Daten-Komplexität allgemeingültige Gesetze und Vorhersagen extrahieren. Da es in der Statistik keine absolut gültigen Aussagen gibt, sondern nur eine Verteilung möglicher Aussagen und Konsequenzen, sind alle Vorhersagen mit gewissen Unsicherheiten beziehungsweise Fehlern behaftet, der sich aus der Datenmenge und der mathematischen Methodik ergeben. Die Resultate reduzieren sich auf Risikofaktoren, mithin auf die Frage, mit welcher Wahrscheinlichkeit bestimmte Umstände unerfreuliche Folgen haben können. Bekannte Beispiele dafür sind das Abschätzen von Unfallrisiken bei Benutzung von Verkehrsmitteln von Auto bis Flugzeug oder das Auftreten von Krebs durch Rauchen oder Einatmen von Asbeststaub. Bei Radioaktivität geht es um die Wahrscheinlichkeit oder das Risiko, inwieweit erhöhte Strahlungsdosen Krebs oder andere Krankheiten oder auch genetische Mutationen verursachen. Dazu werden formale Größen und Einheiten definiert, die das Risiko mathematisch darstellen lassen.

Die erste zu definierende Größe ist das *standardisierte Sterblichkeitsverhältnis*, allgemein als SMR abgekürzt[276]. Es zeigt das Verhältnis zwischen der Anzahl von Todesfällen in einer über lange Zeitperioden beobachteten Versuchsgruppe und der bevölkerungsstatistisch erwarteten Todesfallzahl für eine Vergleichsgruppe. Ist das Verhältnis größer als 1, liegen Exzess-Todesfälle vor, die auf zusätzliche mögliche Todesursachen schließen lassen. Ist das Verhältnis signifikant größer als 1, ziehen die Umstände eine erhöhte Todeswahrscheinlichkeit beziehungsweise Sterblichkeitsrate nach sich. Die tatsächliche Ursache dieser erhöhten Mortalität ist damit nicht festgelegt und muss zwischen den möglichen Umständen und den spezifischen Todesursachen korreliert werden.

Beispielsweise lag 2013 die allgemeine Mortalität in den USA bei 731,9 Todesfällen auf 100 000 Menschen. Das sollte auch für die verschiedenen Einzelstaaten zutreffen. Im Staat Mississippi ist im vergleichbaren Zeitraum die Mortalität jedoch mit 959,6 Todesfällen auf 100 000 Menschen wesentlich höher. Die SMR für Mississippi wäre damit 1,31 im Vergleich zur Gesamtbevölkerung der USA, also 30 Prozent höher. Damit kennt man aber nicht den Grund für diese stark erhöhte Mortalität. Die kann im schlechteren Gesundheitszustand oder einer unzureichenden Gesundheitsversorgung der Bevölkerung des Staates Mississippi liegen. Sie kann ihren Ursprung in ungesünderem Nahrungsverhalten, in kulturellen Faktoren wie Rauchen, Schusswaffengebrauch, Verkehrsverhalten oder schlicht in den schlechteren ökonomischen

---

[276] SMR steht für *Standardized Mortality Ratio*.

Lebensbedingungen haben[277]. Um das herauszufinden, muss man gut ausgewählte Untergruppen aus den entsprechenden Zielbereichen ansprechen. Dieses vielleicht etwas grob gestrickte Beispiel zeigt, dass der Versuch, höhere Mortalität durch erhöhte Strahlung festzustellen, nur bei Betrachtung vieler Lebensbedingungen zulässig ist. Deshalb werden in besser strukturierten epidemiologischen Untersuchungen andere Parameter zur Festlegung des Risikos verwandt.

Das *relative Risiko* (RR) ist definiert als das Verhältnis der Wahrscheinlichkeit für das Eintreten einer negativen Folgeentwicklung (etwa Krebs) bei einer Gruppe von Menschen (oder Tieren), die potenziellen Gefahren (wie Strahlung) ausgesetzt sind, und der Wahrscheinlichkeit für eine ähnliche Entwicklung (Krebs) bei einer Kontrollgruppe von Leuten ohne zusätzliche Gefahrenbelastung.

Klassisches Beispiel ist das Rauchen: Bei männlichen Rauchern beträgt die Wahrscheinlichkeit, Lungenkrebs zu bekommen, 50 Prozent, bei Nichtrauchern 2 Prozent. Das relative Risiko, Krebs zu bekommen, wäre dann RR=50/2=25. Das heißt, dass bei 25-mal mehr Rauchern Lungenkrebs entsteht als bei Nichtrauchern. Wenn eine Beobachtungsgruppe einem verdächtigen Schadstoff ausgesetzt ist und der Vergleich mit der Kontrollgruppe ein relatives Risiko von RR=1 ergibt, zeigt sich statistisch kein Unterschied in dem vermuteten Effekt zwischen der Beobachtungsgruppe und der Kontrollgruppe. Der vermutete Schadstoff hat keine Auswirkungen und wird im Rahmen der Versuchsbedingungen als harmlos erklärt.

Das Exzess-Relative-Risiko (ERR) ist eine von der Weltgesundheitsorganisation definierte Größe, die angibt, um wie viel Prozent das Risiko von schadstoffexponierten Personen das Risiko von nichtexponierten Personen übersteigt[278]. Die Größe wird vorzugsweise in epidemiologischen Studien verwandt und errechnet sich in prozentualen Werten zu ERR·100 bei RR 1 (ERR[%]=(RR-1) ·100). Bei einem RR von 1,5 beträgt das ERR 50 Prozent, bei einem RR von 2,0 ergibt sich ein ERR von 100 Prozent und bei einem RR von 25 entsprechend ERR=2400 Prozent. Wenn die Exposition zu einem vermuteten Schadstoff keine Auswirkungen hat, dann gilt ERR=0 Prozent.

Diese statistischen Begriffe sind allgemein anwendbar. Hier sollen sie im Rahmen einiger Beispiele epidemiologischer Untersuchungen zur Auswirkung von Radioaktivität dargestellt werden. Diese Darstellungen sind nicht umfassend. Das wird in offiziellen, regelmäßig herausgegebenen Berichten wie BEIR der US National Academy und UNSCEAR der UNO versucht. Die folgenden Ausführungen sollen nur die Schwierigkeiten und Widersprüche aufzeigen, die bei solchen statistischen Untersuchungen auftreten können.

---

277 Mögliche Korrelationen können sich die Leser anhand folgender Webseite selbst zusammenstellen: http://www.worldlifeexpectancy.com/usa/all-races-death-rate

278 World Health Organization: Global Risk Report, 2009 (www.who.int/healthinfo/global_burden_disease/GlobalHealthRisks_report_full.pdf)

## 8.2.2 Berg- und Talbewohner

Die kosmische oder Höhenstrahlung trägt mit durchschnittlich 8 Prozent zur jährlichen Strahlenbelastung der Menschen bei (vgl. Abbildung 4-7). Die Belastung steigt exponentiell mit der Höhe des Aufenthaltsorts und verdoppelt sich alle 1500 m. Bewohner großer Höhenlagen, auch Flugpersonal und Vielflieger, nehmen erheblich mehr kosmische Strahlung als Bewohner von Tiefebenen auf. Diese Bevölkerungsgruppen bieten deshalb gute Voraussetzungen, den Einfluss erhöhter Belastung zu untersuchen. Zu diesem Thema liegen einige Studien vor.

Bei den Bewohnern von Gebirgsgegenden kommt häufig noch eine zusätzliche Belastung durch den Zerfall radiogener Aktiniden im Berggestein. Der radioaktive Zerfall von Radon $^{222}Rn$ liefert mit durchschnittlich 22,5 Prozent einen erheblichen Beitrag zur menschlichen Strahlenbelastung. Eine erhöhte Radon-Emission der Uran- und Thorium-Zerfallsketten besteht vor allem in granithaltigen Gebirgszügen. Radon wird als Gas ein- und gleich wieder ausgeatmet. Es richtet deswegen während seines kurzen Aufenthalts in der Lunge kaum Schaden an; nur 0,2 Prozent der eingeatmeten Radonteilchen zerfallen innerhalb der Lunge. Radon-Zerfallsprodukte wie Polonium und Bismut haften jedoch an winzigen Staubpartikeln in der Atemluft und setzen sich, wenn sie inhaliert werden, in der Lunge ab. Der Zerfall dieser Teilchen setzt $\alpha$-Strahlung frei, die das Lungengewebe auf Dauer schädigen und zur Krebserregung beitragen kann. Das heißt, dass nicht nur Radon, sondern auch der Staubgehalt in der Luft Schadensträger sein kann.

Ein systematischer Vergleich der Krebshäufigkeiten in der Bevölkerung mit der natürlichen Strahlenbelastung in den hochgelegenen US-Bundesstaaten Idaho, Colorado und New Mexico (den sogenannten Mountain-Staaten) und den niedrig gelegenen Staaten Louisiana, Mississippi und Alabama entlang der Golfküste der USA (den Golf-Staaten) zeigt eine direkte Korrelation[279]. Durch die erhöhte Radon-Emission im felsigen Material der Mountain-Staaten ist die jährliche Strahlenbelastung mit 5500 mSv im Durchschnitt drei- bis viermal so hoch wie die Radon-Emission von 1400 mSv in den auf Meereshöhe liegenden Golf-Staaten. In Bezug auf die jährliche Krebsrate ist das Verhältnis jedoch umgekehrt. Gemittelt von 1990 bis 1994 liegt die Krebsrate in den Mountain-Staaten mit 147 Fällen pro 100 000 Bewohner klar unter der Rate von 185 Fällen pro 100 000 Einwohner in den drei Golf-Staaten. Beschränkt man sich auf Lungenkrebs, liegt in den drei Mountain-Staaten die Krebsrate bei 47, in den Golf-Staaten bei 68 Fällen pro 100 000 Einwohner. Dieses Ergebnis ist völlig anders als traditionell erwartet und vorhergesagt.

---

[279] John Jagger: Natural Background Radiation and Cancer Death in Rocky Mountain States and Gulf Coast States. Health Physics 75 (1998), S. 428–434.

Die beobachtete Anti-Korrelation zwischen Strahlung und Krebsrate bestätigte 2012 eine weitere Studie[280], die den Zeitraum von 2002 bis 2006 abdeckte. Diese Studie bezog alle 50 Staaten der USA mit ein und berücksichtigte auch die Auswirkungen anderer möglicher karzinogener Effekte wie Rauchen und Lebenshaltung. Das Ergebnis wird durch den US-weiten Vergleich zwischen der geografischen Verteilung der vom *National Cancer Institute* herausgegebenen jährlichen Krebsrate und der Radon-Emissionsrate der *Environmental Protection Agency* bestätigt (Abbildung 8-4). Erhöhte Krebsraten treten demnach vorwiegend in Staaten mit niedriger Radonbelastung auf.

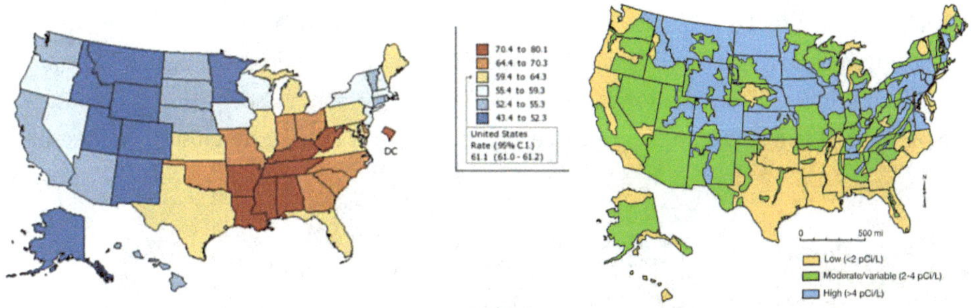


*Abb. 8-4: Links die geografische Verteilung der Krebsrate (pro 100 000 Einwohner) in den USA nach Angaben des National Cancer Institutes (http://statecancerprofiles.cancer.gov/), rechts die Verteilung der Radon-Emission in den verschiedenen Staaten der USA (http://www.kgs.ku.edu/Publications/PIC/pic25.html). Die Darstellung deutet auf eine starke Anti-Korrelation zwischen lokaler natürlicher Strahlung durch Radon und Krebsrate hin.*

Diese Beobachtung werten manche Forscher als Indiz für Hormesis. Vermutlich sind die Beobachtungsergebnisse jedoch eher von Faktoren wie Rauchen, medizinische Versorgung, Armut und andere Lebensumstände geprägt. Es zeigt jedoch auch, dass natürliche Strahlung einen weitaus geringeren Effekt auf die Tumorrate hat als allgemein angenommen.

Ähnliche Ergebnisse wurden auch in offiziellen Studien in Deutschland gefunden. Laut Bericht des *Bundesamts für Strahlenschutz* (BfS) zur Strahlungssituation in Bayern von 1993 und dem Nachfolgebericht von 2001[281] weisen die bayerischen Mittelgebirgs- und Alpenregionen geologisch bedingt eine erhöhte Radon-Emissionsrate auf. Die Daten zur Strahlenbelastung in den einzelnen

---

[280] John Hart, Seunggeun Hyun: Cancer Mortality, State Mean Elevation, and other Selected Predictors. Dose response 10 (2012), S. 58–65.

[281] A. Brachner, B. Grosche, G. Frasch: Inzidenz und Mortalität bösartiger Neubildungen in Bayern. Bundesamt für Strahlenschutz, Salzgitter 1993, und H. Jahraus, B. Grosche: Fortschreibung des Berichts Inzidenz und Mortalität bösartiger Neubildungen in Bayern. Bundesamt für Strahlenschutz, Salzgitter 2001.

Landkreisen stammen vom Bundesamt für Strahlenschutz und wurden mit der Anzahl neu eintretender Krebsfälle (Inzidenz) und der Sterblichkeitsrate (Mortalität) in den jeweiligen Kreisen verglichen. In dem Bericht wurde keine auffällige Korrelation zwischen der örtlichen Strahlenbelastung durch Höhenstrahlung oder Radon-Emission und der Inzidenz- und Mortalitätsrate festgestellt. Dies steht jedoch im Widerspruch zu Aussagen von Mitarbeitern des Umweltinstituts München e.V., die eine erhöhte Krebsrate und Säuglingssterblichkeit diagnostizieren.[282] Eine verbesserte statistische Analyse der vorliegenden Daten zeigt jedoch dass der Zusammenhang zwischen Strahlungsbelastung und Krebsrate auf einer Überinterpretation der Datenlage beruhte.[283] Abbildung 8-5 zeigt die Radon-Aktivität in Bayern und die Rate für das Auftreten bösartiger Tumoren bei Jugendlichen von 1983 bis 1998. Jugendliche gelten als besonders gefährdete Gruppe. Der Vergleich der beiden Verteilungen zeigt jedoch keinerlei Korrelation zwischen ihnen; im Bereich hoher Radon-Aktivität in Ost- und Südbayern findet sich kein erhöhtes Auftreten an Tumoren im Vergleich zum restlichen Bayern.

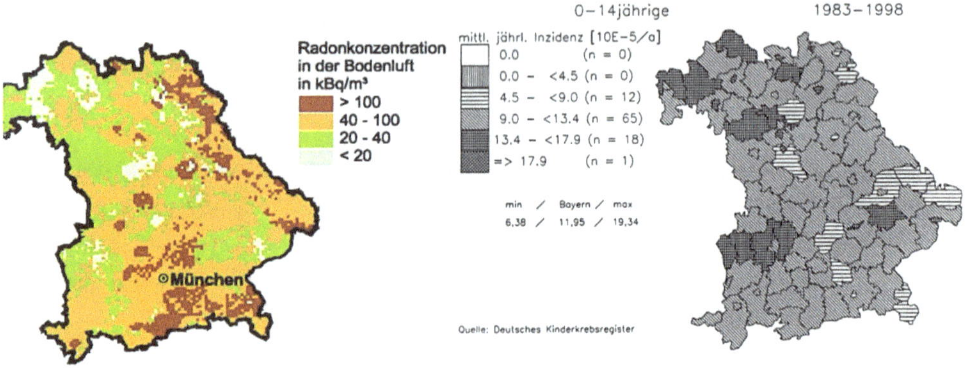


*Abb. 8-5: Radonkonzentration in Bayern in Einheiten von kBq/m³ im Vergleich mit dem Auftreten von Tumoren bei Kindern und Jugendlichen. Die Anzahl der Tumorneubildung ist auf den durchschnittlichen Wert für Gesamtbayern normalisiert. Sie ist für die einzelnen Landkreise je nach Häufigkeit in sechs Gruppen sortiert (unterschiedlich schraffiert, in Klammern die Anzahl der Landkreise in den jeweiligen Gruppen). Die Jahresrate liegt durchschnittlich bei 12 Fällen mit einer Streuung zwischen 6,4 und 19,3 Fällen. Erhöhte Tumorbildung tritt vornehmlich in radonarmen Gegenden Bayerns auf.*

---

282 A. Körblein: Lungenkrebs und Radonbelastung in Bayern. Umweltnachrichten 82 (1999), 8–10, sowie A. Körblein, W. Hoffmann, Background Radiation and Cancer Mortality in Bavaria: An Ecological Analysis. Archives of Environmental @ Occupational Health 61 (2006), S. 109–114.

283 L. Dobrzynski1, K. W. Fornalski2, and L. E. Feinendegen: Cancer Mortality Among People Living in Areas With Various Levels of Natural Background Radiation. Dose-Response 13, (2015) 1559325815592391.

Abbildung 8-6 zeigt dagegen zwei der in der Studie betrachteten Mortalitätsfälle, die eine mögliche Korrelation erkennen lassen: die Mortalität aller bösartigen Tumorbildungen und die Lungenkrebs-Mortalität. In beiden Fällen ist eine Erhöhung der Rate in den granithaltigen Gebieten des Bayerischen Walds zu verzeichnen. Ähnliches wäre für das Fichtelgebirge und den Alpenrand zu erwarten: Diese Regionen verzeichnen jedoch keine erhöhte Rate.

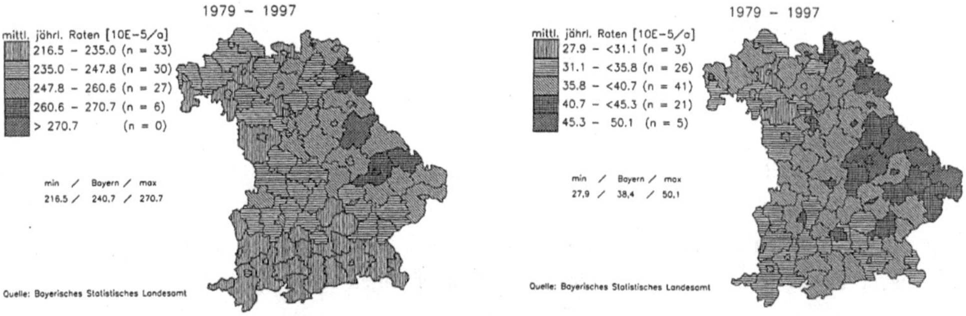


*Abb. 8-6: Die Sterblichkeitsrate an allgemeiner Krebserkrankung (links) und an Lungenkrebs (rechts) im Freistaat Bayern. Die Mortalitätswerte sind auf die Durchschnittswerte für Gesamtbayern normalisiert und für die einzelnen Landkreise je nach Häufigkeit in fünf Gruppen sortiert (unterschiedlich schraffiert). Die dunkel schraffierten Bereiche markieren die Landkreise mit Mortalität über dem bayerischen Durchschnitt und einem SMR-Wert größer als 1. In Klammern ist die Anzahl der Landkreise in den jeweiligen Gruppen angegeben.*

Besonders interessant sind Arbeiten, die den Strahlungseinfluss in Gebieten mit extremer Radonbelastung zeigen. Dies gilt insbesondere für Ramsar im nordwestlichen Iran (vgl. Kapitel 6). Dort liegt die jährliche Dosis bei bis zu 260 mSv/a, also zehnmal über der durchschnittlichen menschlichen Jahresdosis von zirka 20 mSv/a. Die einheimische Bevölkerung ist seit Generationen dieser erhöhten Strahlungsdosis ausgesetzt und bietet deswegen eine einmalige Gelegenheit, die Auswirkungen dieser Dosis sowohl auf Krebsraten, Änderungen der DNA als auch auf Mutationsraten im Erbmaterial zu untersuchen. Iranische wie amerikanische Wissenschaftler haben solche Untersuchungen durchgeführt und in zahlreichen wissenschaftlichen Publikationen verschiedene Aspekte von Langzeit-Bestrahlung dargestellt[284], aber im

[284] Es würde zu weit führen, die verschiedenen Arbeiten in Zielsetzung und wissenschaftlichen Resultaten einzeln aufzuführen. Diese Arbeiten und solche zu anderen Gebieten mit hoher natürlicher Strahlenbelastung zusammengefasst bei: A.S. Aliyu, A.T. Ramli: The world's high background natural radiation areas (HBNRAs) revisited: A broad overview of the dosimetric, epidemiological and radiobiological issues; Radiation Measurements 73 (2015), S. 51–59.

Vergleich mit Kontrollgruppen keine nennenswert erhöhten Krebs- oder Krebssterblichkeitsraten festgestellt.

Für zwei Bereiche wurden durchschnittliche SMR-Werte festgestellt. In einem Ortsbereich hoher Strahlenbelastung ergab sich bei Männern ein SMR-Wert von 0,9, bei Frauen von 1,3. Im Ortsbereich mit niedrigerer Strahlenbelastung wiesen Männer den SMR-Wert 0,8 auf, Frauen 1,2. Der etwas erhöhte Wert bei Frauen wurde damit erklärt, dass diese sich häufiger als Männer in geschlossenen Räumen aufhalten. Wegen der relativ niedrigen Anzahl krebsbedingter Todesfälle sind die statistischen Fehler von 0,35 jedoch so groß, dass sie sowohl bei Männern wie bei Frauen statistisch gesehen keine Abweichung von SMR 1 zeigen. Das heißt, dass bei Bewohnern hochradioaktiver Gebiete trotz extrem erhöhter Strahlungsbelastung keine höheren Krebs- und Sterblichkeitsraten festgestellt wurden[285], was im Zusammenhang mit DNA-Mutationsraten und chromosomalen Abweichungen, als Anzeichen verstärkter enzymatischer Reparaturmechanismen gewertet werden könnte. Bei den Kontrollgruppen schienen sie weniger ausgeprägt zu sein. Die Ergebnisse der Untersuchungen werden häufig kritisiert, weil die Anzahl der untersuchten Bewohner relativ gering sei und die Ergebnisse erhebliche statistische Unsicherheiten aufwiesen. Aber auch andere Gebiete mit stark erhöhter lokaler Radioaktivität liefern ähnliche Ergebnisse. Trotzdem, allein die Tatsache, dass trotz der extrem erhöhten Dosisbelastung keine eindeutigen Ergebnisse von erhöhten Krebs- oder Mutationsraten nachgewiesen werden können, widerspricht den LNT-Voraussagen von direkt linearer Korrelation im niedrigen Dosisbereich.

Zusammenfassend lässt sich feststellen, dass keine eindeutige Korrelation zwischen niedriger Strahlungsbelastung durch Radon und somatischen oder genetischen Zelländerungen beobachtet werden konnte. Dies scheint selbst bei hohen Radon-Bedingungen wie in den geschlossenen Räumen von Ramsar zum gelten.

### 8.2.3 Strahlenbelastung in der Tiefe

Mit zunehmender Erdtiefe steigt die durchschnittliche Strahlenbelastung durch das wachsende Vorkommen aktinidenreicher Gesteine. Natürlich gibt es starke geologische Unterschiede, die von Gesteinsvorkommen und Gesteinschemie bestimmt sind. Salzlager sind zum Beispiel radioaktivitätsfrei, solange es sich nicht um Kaliumsalze handelt. Uranvorkommen dagegen

---

[285] Alireza Mosavi-Jarrahi, Mohammadali Mohagheghi, Suminori Akiba, Bahareh Yazdizadeh, Nilofar Motamedi, Ali Shabestani Monfared: Mortality and morbidity from cancer in the population exposed to high level of natural radiation area in Ramsar, Iran. Elsevier International Congress Series 1276 (2005), S. 106–109.

bedeuten hohe Radioaktivität – außer Uran selbst stellt insbesondere Radon eine Gefahr im Uranbergbau und beim Abbau anderer Stoffe im uranhaltigen Gestein dar, weil sie vor allem $\alpha$-Teilchen mit einer durchschnittlichen Energie von 5 MeV freisetzen. Leichte Isotope fangen diese Teilchen in den sie umgebenden Steinmassen ein und wandeln sie durch Kernreaktionen wie $^{13}C(\alpha,n)$, $^{17,18}O(\alpha,n)$, $^{25,26}Mg(\alpha,n)$ und $^{29,30}Si(\alpha,n)$ in Neutronen um. Dadurch entsteht ein erheblicher radiogener Neutronenfluss in aktinidenreichen Gesteinen. Der Stollengang eines 300 m tief gelegenen Salzlagers im Llano-Estacado im südlichen New Mexico gehört zur *Waste Isolation Pilot Plant* (WIPP), dem vorläufigen Endlager für radioaktive Stoffe der amerikanischen Armee (Abbildung 8-7 links).[286] Neben dieser Endlagerungsstätte besteht auch ein unabhängiges Salzstollensystem, in dem Wissenschaftler vom nahe gelegenen *Los Alamos National Laboratory* in einer fast strahlenfreien Umgebung experimentieren. Das Salz enthält keinerlei Aktinide, und nur bei Kaliumchlorid (KCl)-Vorkommen im vorwiegend von Natriumchlorid (NaCl) dominierten Salzstock kann man die 1,46 MeV-$\gamma$-Linie von $^{40}K$ messen.

*Abb. 8-7: Links ein 300 m tief gelegener Stollen der WIPP-Mine, dessen Wände aus reinem Salz bestehen. Rechts ein 1500 m tiefer Stolle der ehemaligen Homestake-Goldmine in den Black Hills, South Dakota. (Foto: Michael Wiescher)*

Die rechte Abbildung zeigt zum Vergleich einen mehr als 1500 m tiefgelegenen Stollengang der Homestake-Mine in Lead, South Dakota, die mehr als 100 Jahre zum Abbau von Gold gedient hat. Abbildung 8-8 zeigt den Neutronenfluss in der Goldmine im Vergleich zur Erdoberfläche, ebenfalls den Neutronenfluss in der WIPP.

---

286 National Research Council: The Waste Isolation Pilot Plant: A Potential Solution for the Disposal of Transuranic Waste. National Academies Press, 1996.

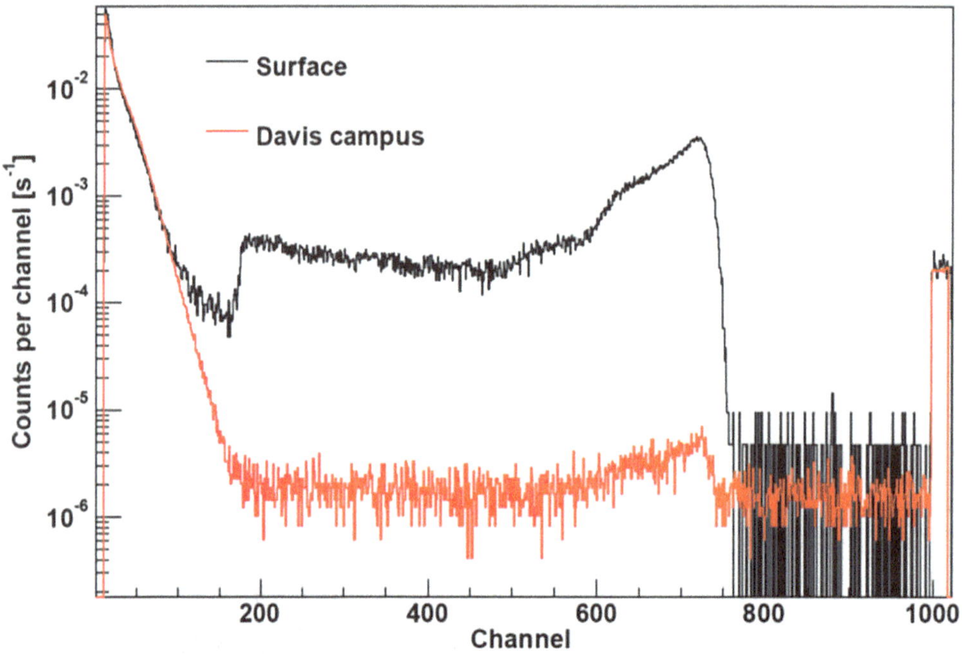


*Abb. 8-8: Ein sogenanntes Neutronen-Spektrum über einen Energiebereich, das mit einem $^3He$ Zähler über die Reaktion $^3He(n,p)$ vermessen wurde. Der Anstieg links ist elektronisches Rauschen im Detektor. Der Bereich in der Mitte des Spektrums zwischen Channel 200 und 800 sind die Neutronen, die an der Oberfläche und in der Homestake-Goldmine in South Dakota gemessen wurden. An der Oberfläche ist der Neutronenfluss ungefähr hundertmal größer als in 1500 m Tiefe. (Nach A. Best et al.: Low energy neutron background in deep underground laboratories. Nuclear Instruments and Methods in Physics Research Section A 812 (2016), S. 1-6)*

Der Neutronenfluss in der Goldmine ist hundertmal kleiner als an der Erdoberfläche, da die aus kosmischer Strahlung stammenden Neutronen in der Tiefe absorbiert werden. Andererseits ist der Neutronenfluss in der Goldmine hundertfach höher als der Neutronenfluss in der weniger tief gelegenen Salzmine. Dies liegt daran, dass die Salzmine frei von schweren Aktiniden ist, während normale goldhaltige Gesteinsschichten einen hohen Aktinidenanteil enthalten. Die bis vor einigen Jahren in den deutschen Mittelgebirgen noch betriebenen Uranminen zeigen das besonders deutlich.

Als Gefahr gelten jedoch weniger die im Bergwerk produzierten Neutronen, da diese, bedingt durch die geringe Reaktionswahrscheinlichkeit, kaum ein Millionstel der Anzahl freigesetzter $\alpha$-Teilchen sind, sondern die $\alpha$-Teilchen selbst. Hier wiederum sind es nicht die $\alpha$-Teilchen, die durch den Zerfall des ursprünglichen Urans und der festen Tochterelemente entstehen, sondern die α-Teilchen aus dem Zerfall von Radon. Die meisten Zerfallsprodukte verbleiben chemisch gebunden im Felsgestein, das die α-Teilchen stoppt und neutralisiert, um langsam als Heliumgas an die Oberfläche zu diffundieren. Radon dagegen ist selbst ein Edelgas, das keine chemische Verbindung eingehen kann und in die Atemluft der Bergwerkstollen diffundiert. Die Gefahr besteht, dass der α-Zerfall des eingeatmeten radioaktiven Gases in der Lunge zu langfristigen Strahlenschäden wie Lungenkrebs führt.

*Abb. 8-9: Uranminenarbeiter in einer Darstellung aus den 1950er Jahren (David McMacken 2014)*

In Sankt Joachimsthal im böhmischen Erzgebirge (heute: Jáchymov) beobachtete der Arzt und Mineraloge Georg Agricola (1494–1555) ungewöhnlich viele schwere, meist tödlich verlaufende Lungenerkrankungen unter Bergarbeitern (Schneeberger Bergkrankheit), die später von Paracelsus als typische Bergarbeiterkrankheit diagnostiziert wurde. Die Krankheit trat besonders in den mitteldeutschen und böhmischen Bergwerken auf, in denen Bleiglanz, Kupfer und Silber abgebaut wurden. Ende des 19. Jahrhunderts wurde die Schneeberger Bergkrankheit als Lungenkrebs diagnostiziert. In diesen Bergbaugebieten ist das Gestein besonders uranhaltig. Schon Marie Curie bezog ihre Pechblende aus Joachimsthal. In der Tat wurden frühere Silberminen wie die Joachimsthaler Mine in Böhmen im 20. Jahrhundert zu lukrativen Uranminen umgewandelt, die besonders das sowjetische Waffenprogramm versorgten.

Das starke Auftreten von Lungenkrebs in diesen Gebieten wird mit dem erhöhten Auftreten von radioaktivem Radon als Teil der Uranzerfallsketten erklärt[287]. In manchen Stollen wurden mehr als 100 000 Bq pro Kubikmeter Luft gemessen[288]. Aber eine genaue quantitative Analyse ist nicht einfach, da viele andere Faktoren wie Staubpartikel in der Atemluft bei Bergleuten zur Belastung der Lunge führen können. Die Kombination von Radon- und Staubgehalt in der Atemluft macht den Gefahrenfaktor für das Absetzen radioaktiven Materials in der Lunge aus. Deshalb muss sorgfältig zwischen den möglichen Belastungsfaktoren differenziert werden.

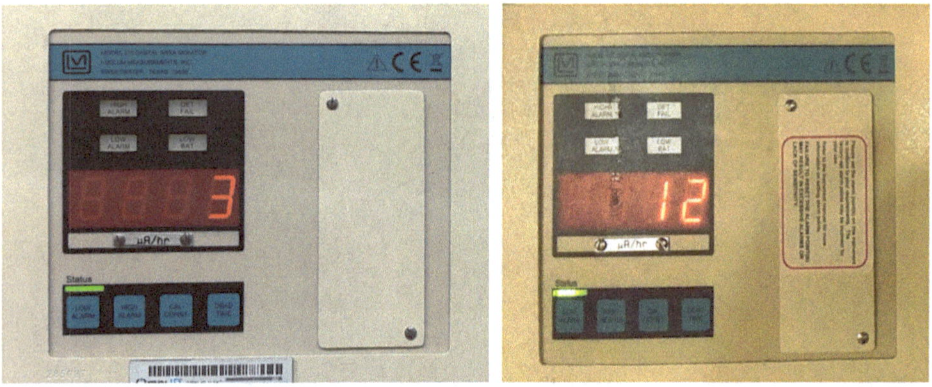


*Abb. 8-10: Messwerte für die natürliche Strahlungsdosis; links an der Wand im Beschleunigerraum des Nuclear Science Laboratoriums der University of Notre Dame, ohne Strahlbetrieb; rechts am CASPAR-Beschleuniger 1500 m unter der Erde in der Homestake-Mine von South Dakota, ohne Strahlbetrieb. Die natürliche radiogene Strahlung in einer Tiefe von 1500 m ist viermal so hoch wie an der Erdoberfläche. (Foto: Michael Wiescher)*

Wegen der höheren Strahlungsbelastung in Bergwerken (Abbildung 8-10) widmen sich viele Studien der epidemiologischen Langzeitanalyse von Bergarbeitern in verschiedenen Ländern und unter verschiedenen Arbeitsbedingungen. Die Ergebnisse zeigen konsistent, dass das

---

[287] S. Darby, D, Hill, A. Auvinen, J. M. Barros-Dio, H. Baysson, F. Bochicchio, H. Deo, R. Falk, F. Forastiere, M. Hakama, I. Heid, L. Kreienbrock, M. Kreuzer, F. Lagarde, I. Mäkeläinen, C. Muirhead, W. Oberaigner, G. Pershagen, A. Ruano-Ravina, E. Ruosteenoja, A. Schaffrath Rosario, M. Tirmarche, L. Tomášek, E. Whitley, H. E. Wichmann, R. Doll: Radon in homes and risk of lung cancer: Collaborative analysis of individual data from 13 European case-control studies. BMJ 330:223–227, 2005.

[288] Der gesetzlich vorgeschriebene Grenzwert liegt bei 250 $Bq/m^3$.

Risiko, Lungenkrebs zu bekommen, im Vergleich zu anderen Bevölkerungsgruppen linear mit der akkumulierten Dosis ansteigt. Der Anstieg variiert, was von den unterschiedlichen Bedingungen und dem Radongehalt im jeweiligen Minenbereich abhängt. Die akkumulierte Dosis wird bei Radon in der Einheit *Working Level Month* (WLM) gemessen. Diese Einheit berücksichtigt, dass nicht nur das radioaktive Radongas $^{222}Rn$ zur Strahlenbelastung in der Lunge beiträgt, sondern auch radioaktive Tochter-Isotope, die durch Staubatmung in die Lunge gelangen. Die Einheit *Working Level* (WL) gilt als kollektive Einheit von Strahlungsenergie in einem Liter Luft und entspricht einer dadurch freigesetzten Energie von 130 000 MeV/l oder 20,8 $\mu J/m^3$. Als Zeiteinheit wird der Monat angenommen, der einer traditionellen Zeit von 170 Stunden untertage entspricht. Damit kann man für ein WLM einen Dosiswert von ungefähr 5 mSv abschätzen, wenn man eine Arbeitszeit von ungefähr 2000 Stunden im Jahr annimmt.

Gut dokumentiert durch eine Reihe von Studien sind die Bergarbeiter der früheren SDAG Wismut (Sowjetisch-Deutsche Aktiengesellschaft). Die SDAG Wismut war ein Bergbauunternehmen der DDR, das sich zwischen 1946 und 1990 zum weltweit viertgrößten Produzenten von Uran nach der UdSSR, den USA und Kanada entwickelte. Das Nachfolgeunternehmen Wismut GmbH ist als Bundesunternehmen mit der Sanierung und Rekultivierung der Hinterlassenschaften des Wismut-Bergbaus betraut. Dazu gehört auch die systematische Untersuchung der Ursachen für die Berufskrankheiten der Bergleute wie Silikose (Staublunge) und Lungenkrebs. Im Rahmen dieser Arbeiten wurden alle Wismut-Bergarbeiter erfasst, die zwischen 1946 bis 1989 mindestens 6 Monate unter Tage gearbeitet hatten. Das betraf im Jahresdurchschnitt ungefähr 15 000 Leute, wobei in den 1950er Jahren, also zur Hochzeit des sowjetischen Atomaufrüstungsprogramms, die Beschäftigungszahlen bis auf 20 000 Bergarbeiter anstiegen. Die Zahl der Bergarbeiter und ihre durchschnittlichen WLM-Werte, denen sie ausgesetzt waren, erreichten die Spitze von 120 WLM in den frühen 1950er Jahren, sanken aber schnell mit den frühen 1960er Jahren auf Durchschnittswerte von 20 WLM ab und verringerten sich weiter auf konstante Werte um 2 WLM in den verbleibenden 30 Jahren des Minenbetrieb (Abbildung 8-18). Dieser rapide Abfall lässt sich zum Teil auf die gesetzliche Verschärfung der Vorschriften zu verbesserten Atemschutzbedingungen für Minenarbeiter zurückführen, aber vor allem auf technischen Neuerungen wie bessere Belüftung der Minen. Das verringerte die Radonkonzentration untertage erheblich. Hilfreich war auch die graduelle Umstellung auf Nassbohren[289] in den 1960er Jahren. Das reduzierte den Staubgehalt in der Luft erheblich. Die Kombination dieser Maßnahmen erklärt den starken Abfall der Strahlenbelastung bei Wismut-Bergleuten.

289 Beim Nassbohren spült Wasser statt Pressluft das Bohrklein aus dem Bohrloch und verringert die Staubbildung erheblich.

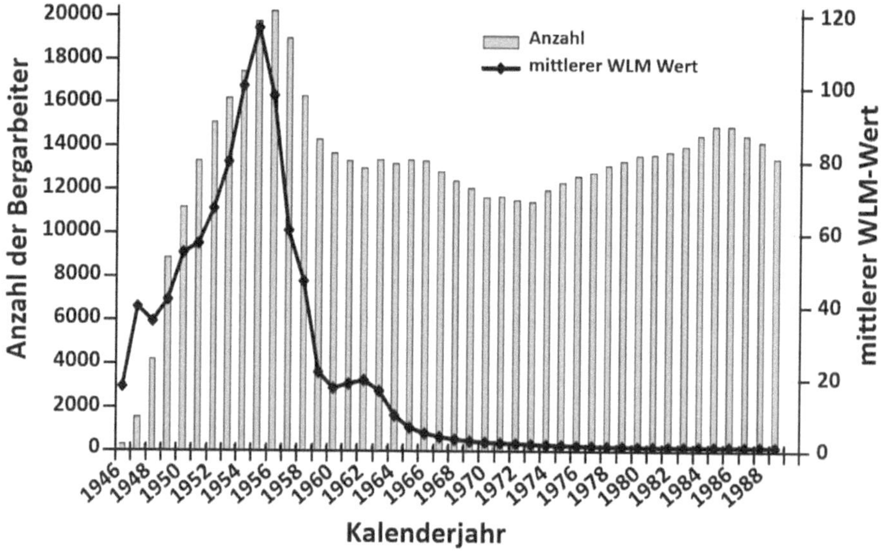


*Abb. 8-11: Jährliche Anzahl der Minenarbeiter in der SDAG Wismut von 1946 bis 1989 und die durchschnittliche jährliche Strahlenbelastung in den Einheiten WLM (Beschreibung siehe Text).*

Die Berufsgruppe umfasste 58 987 Bergleute. Bis 2003 starben 3016 von ihnen an Lungenkrebs, 3355 an anderen Krebskranken, 5141 an Herzkrankheiten und 1742 an Schlaganfall. Bis 2003 sind 20 920 Bergarbeiter verstorben, also fast 36 Prozent der ehemals Beschäftigten[290].

Zur statistischen Risiko-Analyse wurden die Bergarbeiter in Gruppen mit verschieden hohen WLM-Werten eingeteilt. Informationen zu Krankheitsentwicklung und Todesart ergaben das durchschnittliche Exzess-Relative-Risiko ERR pro WLM für verschiedene Krebsarten. Nur beim Lungenkrebs zeigte das ERR einen statistisch relevanten Wert von 0,19 Prozent pro WLM-Belastung mit einem Unsicherheitsbereich von 0,02 Prozent[291]. Etwas erhöht ist auch der Risikowert für den Krebs der Atemwege mit 0,05 Prozent bei vergleichbaren Unsicherheiten. Für alle anderen Krebsarten konnte keine Korrelation zwischen der Radonbelastung und dem

290 Angaben aus M. Kreutzer, B. Grosche, M. Schnelzer, A. Tschense, F. Dugey, L. Walsh: Radon and risk of death from cancer and cardiovascular diseases in the German uranium miners cohort study: follow-up 1946–2003. Radiat Environ. Biophys. 49, S. 177–195 (2010)

291 Wie eine Studie aus sechs Großstädten zeigt, ist dieser Wert mit dem Risiko von Lungenkrebs für Großstadtbewohner vergleichbar, die den täglichen Abgasen des Verkehrs ausgesetzt sind. D. W. Dockery, C. A. Pope III, X Xu, et al.: An association between air pollution and mortality in six U.S. cities; N. Engl. J. Med. 329, S. 1753–1759 (1993).

Krankheitsrisiko festgestellt werden (Abbildung 8-12). Diese Aufstellung ist nicht eindeutig: Eine ähnliche Korrelation zwischen dem ERR für erhöhten Silikat- und Quarzstaub in der Atemluft und dem Auftreten von Lungenkrebs ist nachgewiesen[292].

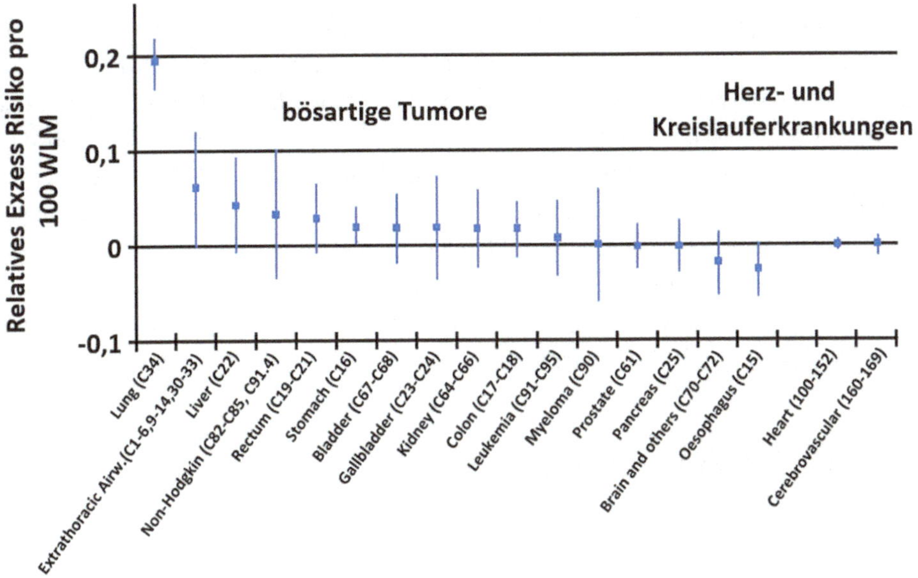


*Abb. 8-12: Das Exzess-Relative-Risiko pro 100 WLM für das Auftreten verschiedener Krebsarten bei Bergarbeitern der SDAG Wismut.*

Hier sei wieder die Praxis von Radon-Heilbädern erwähnt. Bei dieser Art der Strahlentherapie wird Radon inhaliert, radonhaltiges Mineralwasser getrunken oder in stark radonhaltigem Wasser gebadet. Schon die Antike schrieb Radon eine therapeutische Wirkung zu[293]. Epidemiologische Studien bestätigen, dass bei Rheumaerkrankungen und rheumatoider Arthritis sowie degenerativen Wirbelsäulen- und Gelenkerkrankungen eine lang anhaltende Schmerzlinderung und Verbesserung der Gelenkfunktionen durch eine Radontherapie erzielt werden kann[294]. Nach Ansicht von Kritikern nehmen die Patienten dafür die Gefahr der Krebserregung durch zu hohe Dosis auf sich.

---

[292] J. Heinrich, V. Grote, A. Peters, H.-E. Wichmann: Gesundheitliche Wirkungen von Feinstaub: Epidemiologie der Langzeiteffekte. Umweltmed. Forsch. Prax. 7 (2), S. 91–99 (2002)

[293] Z. Zdrojewicz, J. Strzelczyk: Radon Treatment Controversy, Dose Response. 2006; 4(2), S. 106–118.,

[294] A. Franke, L. Reiner, K.-L. Resch: Long-term benefit of radon spa therapy in the rehabilitation of rheumatoid arthritis: a randomised, double-blinded trial, Rheumatology International 27 (2007), S. 703–713.

Es ist deshalb interessant, die Bedingungen in einem typischen Radon-Heilbad wie Bad Gastein in Österreich zu untersuchen[295]. Die Atemluft in den Inhalierräumen enthält dort ungefähr 3300 Bq/m$^3$, wovon fast die Hälfte radioaktive Zerfallsprodukte wie Polonium und Blei sind. Der Staubgehalt ist allerdings erheblich geringer als in einem Bergwerk, da kein Gestein abgebaut wird. Typische Inhalierperioden dauern 3 Stunden. Das entspricht einer Lungendosis an $\alpha$-Teilchen von 19,5 µSv. In einer Kurwoche akkumuliert sich das auf 0,116 mSv, wenn man den erhöhten Radongehalt in der Kurbad-Atmosphäre vernachlässigt. Das wären dann ungefähr 0,02 WLM, verglichen mit den Belastungseinheiten von Bergleuten. Im Thermalbad liegt die Radonkonzentration im Wasser bei 555 000 Bq/m$^3$ mit typischer Aufenthaltsdauer eines Patienten von 20 Minuten. Das entspricht einer Dosis von 0,27 µSv pro Bad, den Radongehalt in der Luft mitgerechnet. Diese Dosis akkumuliert sich beim täglichen Bad auf ungefähr 1,6 µSv pro Kurwoche, erheblich weniger als beim Inhalierbad. Aus diesen Abschätzungen ergibt sich, dass das ERR von Krebs nach jährlichem Besuch eines Radonbads ungefähr 0,04 Prozent beträgt.

### 8.2.4 Strahlenbelastung in der Höhe

Eine direkte Korrelation zwischen verstärkter Höhenstrahlung bei Bergbewohnern und möglichen somatischen und genetischen Konsequenzen für die Bevölkerung konnte nicht festgestellt werden. Flugpersonal ist jedoch im Durchschnitt wesentlich höherer Belastung ausgesetzt. Bei regulärer Flughöhe von 10 km liegen Bedingungen für eine mehr als zehnfach höhere Bestrahlungsdosis vor. 1990 empfahl die Internationale Kommission für Strahlenschutz[296] epidemiologische Untersuchungen. Die vielen Studien konzentrierten sich auf amerikanische und europäische Fluggesellschaften, die Daten zur Verfügung gestellt hatten. Diese Aussagen können wohl verallgemeinert werden. Die durchschnittliche Strahlungsbelastung von Flugpersonal ist breit gefächert und liegt zwischen 1 und 6 mSv/a; der UNSCEAR-Bericht von 1993 gibt eine etwas engere Spannweite von 2,5 bis 3,5 mSv/a an. Damit gehört Flugpersonal zu den am stärksten belasteten Berufsgruppen. Die genaue Dosis hängt hauptsächlich von der Flughöhe und der Flugroute ab. 700 Stunden Dienst auf der Strecke Los Angeles - Frankfurt ergibt bei durchschnittlicher Sonnenaktivität eine Belastung von 4,1 mSv/a, 700 Stunden Dienst auf der Route Frankfurt – Lagos bei vergleichbarer

---

295 E. Pohl, J. Pohl-Rüling: Die Strahlenbelastung der Bevölkerung von Bad Gastein, Österreich. Ber. Nat. Med. Ver. Innsbruck 57, (1969), S. 95–110.

296 International Commissions on Radiological Protection: Recommendations of the International Commissions on Radiological Protection ICRP, Publication 60, Pergamon Press, Oxford (1991).

Flugdauer nur 1,5 mSv/a: Die Intensität der Höhenstrahlung im Äquatorgebiet ist geringer als in nördlichen Breitengraden.

Die ersten zusammenfassenden Ergebnisse zielen insbesondere auf die Mortalitätsrate und die Inzidenzrate für verschiedene Krebsarten bei Flugbediensteten, verglichen mit Referenzgruppen aus der nicht-fliegenden Bevölkerung. Die Ergebnisse zeigen keinen deutlichen Einfluss der Höhenstrahlung auf Krebshäufigkeit und Krebssterblichkeit[297]. Sie schließen eine Vielzahl anderer Arbeiten mit ein und demonstrieren, dass die Mortalitätsrate des Flugpersonals allgemein niedriger ist im Vergleich zur Durchschnittsbevölkerung – inklusive Krebs als Todesursache. Dies wird auf die außergewöhnlich gute Gesundheitsbetreuung der Flugangestellten zurückgeführt. Das Auftreten von Krebs ist für die meisten Krebsarten vergleichbar mit dem in der Gesamtbevölkerung. Ein wesentlicher Unterschied liegt allerdings im Auftreten von Hautkrebs (Melanom). Das wird in den Studien jedoch weniger auf den Einfluss hochionisierender Höhenstrahlung zurückgeführt, sondern auf erhöhte UV-Strahlung, der sich Besatzungsmitglieder bei langen Aufenthalten in tropischen Zonen zwischen den Flügen aussetzen. Als zusätzlich gesundheitsgefährdendes Berufsrisiko (und möglicherweise die Ergebnisse beeinflussend) wurden elektromagnetische Felder der Fluginstrumente, Verschmutzung der Kabinenluft durch Triebwerksgas und unnatürliches Schlafverhalten der Flugzeugbesatzung identifiziert.

Eine detailliertere Studie konzentrierte sich auf mögliche Auswirkungen von Höhenstrahlung auf die Cockpit-Besatzungen deutscher Fluglinien wie Lufthansa und Air Berlin[298]. Dabei wurden gezielt 6006 Personen zwischen 1960 und 2004 erfasst. Die Studie zeigte, dass die durchschnittliche jährliche Flugzeit 1960 von 460 Stunden bis 2004 um 37 Prozent auf 630 Stunden stieg. Dies führt zu einer Erhöhung der jährlichen Dosisbelastung (Abbildung 8-13).

Die in dieser Studie gemachten Beobachtungen stimmen überwiegend mit den Aussagen früherer Arbeiten überein; die allgemeine Mortalität war niedriger als bei der Kontrollgruppe, dies gilt auch für die krebsbedingte Sterblichkeitsrate.

Die allgemeine Mortalität bei Piloten ist mit einem SMR-Wert von 0,5 deutlich geringer als die der Gesamtbevölkerung. Das schließt auch Todesfälle durch Krebs mit ein. Das RR für Mortalität liegt pro 10 mSv bei 0,85, im 95-Prozent-Unsicherheitsbereich zwischen 0,79 und 0,93, das RR pro 10 mSv für krebsbedingte Mortalität ist etwas höher: 1,05 im 95-Prozent-Wahrscheinlichkeitsbereich von 0,91 und 1,20. Das schließt nicht unbedingt strahlungsbedingte

297 J. D. Boice, M. Blettner, A. Auvinen: Epidemiological Studies of Pilots and Aircrew. Health Physics 79 (2000), S. 576–584, und G. P. Hammer, M. Blettner, H. Zeeb: Epidemological Studies of Cancer in Aircrew, Radiation Protection Dosimetry 136 (2009), S. 232–239.

298 G. P. Hammer, M. Blettner, I. Langner, H. Zeeb: Cosmic Radiation and Mortality from Cancer among male German Airline Pilots, Eur. Journal for Epidemiology 27 (2012), S. 418–429.

Krebskrankheiten aus, sondern bedeutet, dass keine statistisch relevanten strahlungsbedingten Krankheitsfolgen festgestellt werden konnten.

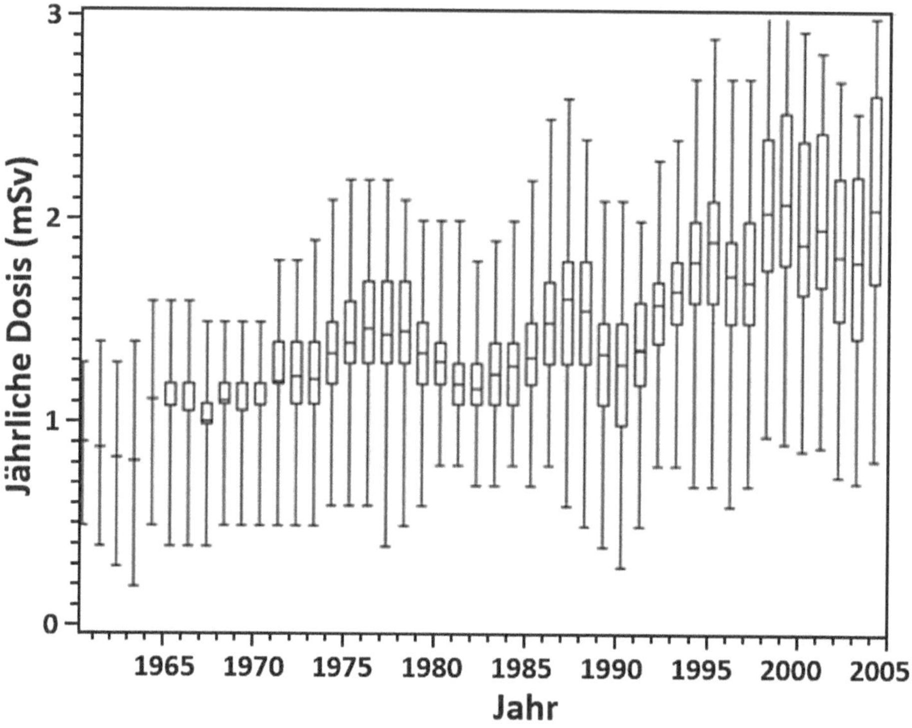


*Abb. 8-13: Verteilung der effektiven jährlichen Dosis (mSv) deutscher Cockpit-Besatzungen (männlich) von 1960 bis 2004. Die Kästchen zeigen den mittleren Bereichswert, die Balken die 5 bis 95 Prozent Verlässlichkeitsrate. (nach: G. P. Hammer, M. Blettner, I. Langner, H. Zeeb: Cosmic Radiation and Mortality from Cancer among male German Airline Pilots. Eur. Journal for Epidemiology 27 (2012), S. 418–429.)*

Eine 2018 erschiene Studie[299] weist allerdings eine erhöhte Krebsrate bei Flugpersonal aus. Für diese Studie wurden die Krankheitsdaten von 5366 US-Flugbegleitern ausgewertet und mit Daten für die Allgemeinbevölkerung verglichen. Die Studie zeigt eine 15 Prozent höhere Krebsrate bei

[299] Eileen McNeely, Irina Mordukhovich, Steven Staffa, Samuel Tideman, Sara Gale and Brent Coull: Cancer prevalence among flight attendants compared to the general population. Environmental Health 17 (2018), S. 49–58.

Flugpersonal als bei der Vergleichsstichprobe aus der allgemeinen Bevölkerung. Im Einzelnen erkrankten 3,4 Prozent der Flugbegleiterinnen an Brustkrebs, bei Frauen allgemein sind es nur 2,3 Prozent. Bei Tumoren des Magen-Darm-Trakts lag die Erkrankungsrate des Kabinenpersonals bei 0,47 Prozent – und damit fast doppelt so hoch wie bei der Allgemeinbevölkerung mit 0,27 Prozent. Ebenfalls fast doppelt so häufig erkrankten die Flugbegleiter am schwarzen Hautkrebs (Melanom) – 1,2 statt 0,69 Prozent. Die Studie legt sich jedoch nicht in Bezug auf die mögliche Ursache dieser erhöhten Werte fest. Neben der erhöhten Strahlenbelastung betonen sie den Einfluss anderer Faktoren wie Luftverunreinigungen in den Flugkabinen, Schlafmangel und Schichtdienst. Beides sind Risikofaktoren, die schon länger im Verdacht stehen, das Krebsrisiko zu erhöhen. Wie eine Studie vor kurzem enthüllte, sinkt bei Schichtarbeit der Melatoninspiegel, was die DNA-Reparatur der Zellen stört. Werden jedoch DNA-Schäden nicht behoben, kann die Zelle entarten und Krebs entstehen.

Diese Ergebnisse zeigen, dass epidemiologische Langzeitstudien zu möglichen Folgen natürlicher Strahlungsexposition in Bevölkerungsgruppen nicht einfach sind: Oft ist die Dosis gering, die statistische Relevanz fragwürdig und die Separierung von anderen möglichen Krankheits- oder Krebsursachen nur schwer realisierbar. Publizierte Ergebnisse widersprechen sich häufig und hängen von der Interpretation der Datensätze ab. Strahlungsbedingte Krebsfälle können zweifelsohne eintreten, aber das Risiko scheint allgemein wesentlich geringer zu sein als vielfach vermutet. Studien zu anderen karzinogenen Stoffen wie Tabak und abgasbedingter Luftverschmutzung zeigen eine weitaus höhere Risikorate. Die Menschen unterliegen aber auch wachsender Belastung durch künstliche oder anthropogene Strahlung deren Ursprung und Auswirkungen im zweitem Band dieser Ausführungen zur Radioaktivität betrachtet werden sollen.

# Weiterführende Literatur

Ruth Bonita, Robert Beaglehole, Tord Kjellström: Einführung in die Epidemiologie. 2013 (Hogrefe).

Hanno Krieger: Grundlagen der Strahlungsphysik und des Strahlenschutzes. Wiesbaden 2007 (Vieweg+Teubner).

Hanno Krieger: Strahlungsmessung und Dosimetrie. 22012 (Springer Spektrum).

Mark P. Mattson, Edward J. Calabrese (Hrsg.): Hormesis. Berlin, Heidelberg, New York 2010 (Springer).

Ashley W. Oughterson, Shields Warren: Medical Effects of the Atomic Bomb in Japan. New York 1956 (McGraw-Hill).

John H. Relethford: Human Population Genetics. Hoboken NJ 2012 (Wiley-Blackwell).

Charles L. Sanders: Radiation Hormesis and the Linear-No-Threshold Assumption. Berlin, Heidelberg 2010 (Springer).

Charles L. Sanders: Radiobiology and Radiation Hormesis. Berlin, Heidelberg 2017 (Springer).

Christel Weiß: Basiswissen Medizinische Statistik. [6]2013 (Springer).

# 9 Zusammenfassung und Ausblick

Radioaktivität ist ein natürliches Phänomen, das sich aus der Quantenstruktur der Atomkerne und im Falle der Röntgenstrahlung der Atomhülle ergibt. Der radioaktive Zerfall entspricht in der mikroskopischen Welt dem Übergang von einem energetisch angeregten Zustand in einen stabileren Zustand des Atomsystems unter Freisetzung der Energie als Strahlung. In unserer makroskopischen Welt entspricht das dem Fall eines vom Boden aufgehobenen Steines, der, losgelassen, zurück zum Boden fällt. Das Aufheben des Steins entspricht dem nuklearen oder atomaren Anregungsprozess, das Fallen des Steins dem radioaktiven oder atomaren Zerfall, wobei die freigesetzte Energie sich in der Kompression und Deformation der Aufschlagstelle manifestiert. Die Zeitskala des radioaktiven Zerfalls ist durch seine Wahrscheinlichkeit bestimmt, die wiederum von der quantenmechanischen Konfiguration der beteiligten Zustände abhängt. Daraus ergeben sich kurzlebige Zerfälle von radioaktiven Kernen von Nano-Sekunden bis Minuten oder auch langlebige Zerfälle von Stunden bis Jahrmilliarden.

All diese radioaktiven Übergänge und Erscheinungen sind Teil unserer natürlichen Umwelt, zum Teil als Überrest vergangener Sterngenerationen, eingebettet in den Materialien, aus denen sich unser Sonnensystem formte, zum anderen Teil produziert durch die hochenergetische kosmische Strahlung, die von der Sonne oder weit entfernten stellaren Explosionen herrührend, unseren Planeten ununterbrochen bombardiert.

Die interne Radioaktivität des Sonnensystems hat nicht nur die Planetenbildung beeinflusst, sondern als Energiequelle auch ihre weitere Entwicklung, ihre Stabilisierung und möglicherweise auch die Bildung komplexer biologischer Systeme. Die interne Radioaktivität der Erde bewirkt den Dynamo-Effekt, der unser erdmagnetisches Feld erzeugt und uns damit vor den tödlichen Gefahren der kosmischen Strahlung schützt, die weitgehend durch dieses Feld abgelenkt wird. Das allmähliche Abklingen der internen Radioaktivität signalisiert eine unsichere Zukunft für den Lebensraum Erde – eine Zukunft, die für den benachbarten Planeten Mars schon Wirklichkeit geworden ist.

Radioaktive Strahlung ist in hoher Intensität gefährlich und in großer Dosis tödlich. Sie zerstört die Struktur biologischer Moleküle, insbesondere von Molekülen wie DNA und RNA als Informationsträgern. Das verursacht je nach Dosis somatische und genetische Fehlentwicklungen, oder kann gar zum rapiden Zusammenbruch aller biologisch gesteuerten Kontrollfunktionen führen. Die natürliche Dosis an Radioaktivität in unserer Umwelt liegt weit unter den Werten, die radiologisch als gefährlich gelten, obwohl die Auswirkung niederer

Langzeitdosen nur unzureichend erforscht sind. Art und Auswirkung dieser Belastung wird aus vorhandenen Daten für höhere Strahlungsbelastung extrapoliert – mit je nach mathematischem Ansatz enormen Unterschieden in der Vorhersage, die sich wiederum in den medizinischen und politischen Diskussionen manifestieren.

Die natürliche Radioaktivität, der die Menschheit heute ausgesetzt ist, entspricht einem Gleichgewichtszustand, den sich der Mensch und andere biologische Systeme adaptiert haben. Unter den Wissenschaftlern ist immer noch die Frage umstritten, ob sich die langzeitige Bestrahlung mit niederer Dosis, der der Mensch täglich ausgesetzt ist, als Motor zur Evolution auswirkt, Heilmittel für medizinische Gebrechen sein oder einen frühen Tod verursachen kann.

Dieser seit Jahrtausenden existierende Gleichgewichtszustand des Holozäns ist jedoch gestört durch neue Entwicklungen im Zeitalter des Anthropozäns, des Zeitalters, in der Homo Sapiens die Gestaltung unserer Erde und unserer Umwelt übernommen hat – nicht unbedingt zu deren Besten.[300] Das Anthropozän hat seinen Ursprung in der industriellen Entwicklung der menschlichen Gesellschaft, die mit der technisch-wissenschaftlichen Entwicklung an Universitäten und Forschungsinstituten einherging. Daraus erwuchs auch das Feld der Kernphysik, dessen experimentellen Erfolge und Erkenntnisse zur Geburtsstunde der anthropogenen Radioaktivität führten. Menschengemachte Radioaktivität durch Bombe, Reaktor oder Beschleuniger dominiert heute die Strahlenbelastung des Menschen. Dies wirft die Frage nach den Quellen und Auswirkungen anthropogener Radioaktivität auf, und danach, inwieweit das Jahrtausende währende Gleichgewicht biologischer Systeme gestört sein könnte. Das bedingt die mehr gesellschaftlich relevante Frage, wie man mit dieser neuen Art von Strahlungbelastung umgehen soll und was für technisch notwendige Entwicklungen deren langzeitige Kontrolle erfordert.

Diese Fragen werden im zweiten Band zur anthropogenen Radioaktivität besprochen, der die Ursachen zusätzlicher Strahlungsbelastung durch wirtschaftliche Aktivitäten identifizieren, aber auch die zunehmende Nutzung radioaktiver Strahlung in einem breiten Bereich wissenschaftlich-industrieller Anwendungen darstellen soll.

---

[300] Eckart Ehlers: Das Anthropozän. Die Erde im Zeitalter des Menschen. Darmstadt 2008 (Wissenschaftl. Buchgesellschaft)

# Danksagung

Viele Kollegen, Freunde, Helfer haben zu diesem Projekt mit Diskussionen, Informationen, Gesprächen, Vorschlägen, kritischer Lesung und Motivation beigetragen. Das umfangreiche Thema umfasst viele Fachgebiete, auf denen ich sicherlich nicht als Experte gelten kann. Alle Hilfe von außen war deshalb mehr als notwendig und gleichermaßen geschätzt wie willkommen. Deshalb folge ich der manchmal nicht so neutralen alphabetischen Ordnung und bedanke mich zuerst bei meiner Kollegin und Freundin Professor Dr. Ani Aprahamian in Notre Dame, die derzeit als Direktorin des A. I. Alikhanyan National Science Laboratory in Jerewan, Armenien, weilt und auch von fern mit unermüdlicher Diskussion und Motivation beigetragen hat; Dr. Edward Calabrese, Professor of Toxicology am Department of Public Health der University of Massachusetts, Amhurst, der mir mit seinen Ein- und Ansichten viel Hilfe zur Diskussion der Auswirkung radioaktiver Strahlung auf den menschlichen Körper gegeben hat; Dr. Jerry Cuttler, internationaler Experte in der Strahlenphysik und unabhängiger Berater in Reaktorsicherheitsfragen, der mit kritischem Auge meinen Wissensstand in Frage stellte. Ebenso gilt mein Dank meinen Freunden und Kollegen Dr. Roland Diehl vom Max-Planck-Institut für Extraterrestrische Physik in Garching, der mir in Fragen der Gamma-Astronomie und durch kritisches Lesen der Arbeit sehr geholfen hat; Dr. Franz Käppeler vom Forschungszentrum Karlsruhe, der über die Jahre hin mir die Geheimnisse des Neutroneneinfangs vom Reaktor bis in den Sternen klargemacht hat und mir über viele Jahre hinweg Gelegenheit gab, mich daran zu beteiligen; Prof. Dr. Walter Kutschera vom VERA-Institut der Universität Wien, einem der Väter der Radiocarbon-Altersbestimmung an Beschleunigern, für dessen (sehr) kritische Anmerkungen und stetige Hilfe. Sie alle sind mir gute Freunde gewesen. Daneben möchte ich ebenfalls Professor Suzie Lapi von der University of Alabama danken für ihre Hinweise und Informationen in der Produktion von Radio-Isotopen in der Radiomedizin. Dr. Jay LaVerne vom Radiation Laboratory an Notre Dame danke ich für die jahrelange kritische Zusammenarbeit, insbesondere für seine Hinweise in Strahlenchemie und Biologie. Ihm danke ich auch für mehrere der hier gezeigten Abbildungen. Besonders danke ich auch Dr. Khachatur Manukyan, Materialwissenschaftler am Nuclear Science Laboratory, für die Entwicklung des Programms in Cultural-Heritage-Forschung und für die Co-Autorschaft an unserem gemeinsamen Buch *Scientific Analysis of Cultural Heritage Objects*, von dem viel in diese Arbeit eingeflossen ist. Dr. Alberto Mengoni, seit Jahrzehnten Collaborator und Freund bei vielen Arbeiten am Forschungszentrum CERN und am Forschungszentrum Karlsruhe, danke ich für seine Informationen, die er mir als Wissenschafts-Attaché der italienischen Botschaft in Tokio zur Verfügung gestellt hat, Professor Dr. René Reifarth von der Universität Frankfurt, der mich als Heraeus-Gastprofessor nach Frankfurt holte, um dort gemeinsame Forschungen zu betreiben und die Vorlesung zu Anwendungen der Kernphysik in allen Lebensumständen zu geben, von der ebenfalls viel in dieses Buch eingeflossen ist. Besonderer Dank meinem alten Studienfreund und Kritiker Martin Stadtler, der diese Arbeit Zeile für Zeile durchgearbeitet, Tipp- und Interpunktionsfehler korrigiert sowie meine zum Teil etwas umständliche Diktion geglättet hat und mir sowohl bei meinen Argumenten wie auch bei meinen Schachtelsätzen energisch Paroli bot. Schließlich, last not least – wie wir Amerikaner sagen – danke ich Dr. Armenuhi Yeghishyan für ihre unermüdliche und schnelle Hilfe bei der Erstellung der hier gezeigten grafischen Darstellungen.

Teil 3

# Anthropogene Radioaktivität

Teil 3 findet sich Band 2, der ab Herbst 2021 ebenfalls bei der wbg erhältlich ist.

FSC
www.fsc.org
MIX
Papier | Fördert
gute Waldnutzung
FSC® C083411

Zeitfracht Medien GmbH
Ferdinand-Jühlke-Straße 7
99095 Erfurt, Deutschland
produktsicherheit@kolibri360.de